分子生物学实验
——实用操作技术与应用案例

陈丽梅　编

科学出版社
北　京

内 容 简 介

全书共分为两部分。上篇重点介绍分子生物学常用实验技术，包括总RNA的提取和cDNA的合成、基因组DNA的制备和PCR反应、琼脂糖凝胶电泳和目的DNA片段回收、DNA的浓缩与目的片段的连接、细菌感受态细胞的制备与质粒DNA的转化、质粒DNA的提取和酶切、组织总蛋白提取、聚丙烯酰胺凝胶电泳和Western blot分析、重组蛋白的表达和纯化、蛋白互作分析、农杆菌介导植物的遗传转化、抑制消减杂交、cDNA芯片杂交、染色质免疫共沉淀技术、凝胶阻滞分析等技术的原理及操作步骤。这些技术的来龙去脉及发展趋势在目前已经出版的很多书籍和综述中都有详细的介绍，因此本书对这些内容只是作简明扼要的说明。下篇用了很大的篇幅介绍这些实验技术的应用实例，通过对这些具体应用实例的阅读和了解，使得刚开始接触和需要应用分子生物技术的学生或研究人员能很容易地理解这些实验技术的操作方法及应用过程中各环节的要求，并使其尽快入门，学会应用这些实验技术设计自己的实验方案。

本书可作为从事生物学、医学、农学、环境生物学领域研究的学生及教学人员的参考用书。

图书在版编目（CIP）数据

分子生物学实验——实用操作技术与应用案例 / 陈丽梅编. —北京：科学出版社，2017.3

ISBN 978-7-03-051774-6

Ⅰ. ①分…　Ⅱ. ①陈…　Ⅲ. ①分子生物学-实验　Ⅳ. ①Q7-33

中国版本图书馆CIP数据核字（2017）第027497号

责任编辑：刘　畅 / 责任校对：赵桂芬

责任印制：张　伟 / 封面设计：迷底书装

科学出版社 出版

北京东黄城根北街16号

邮政编码：100717

http://www.sciencep.com

涿州市般润文化传播有限公司 印刷

科学出版社发行　各地新华书店经销

*

2017年3月第 一 版　开本：787×1092　1/16

2023年1月第六次印刷　印张：17 3/4

字数：437 000

定价：78.00元

（如有印装质量问题，我社负责调换）

前　言

当前所有生命现象的研究都已深入到分子水平，分子生物学技术的应用也渗透到生物学相关学科的所有研究领域，并成为重要的研究方法和手段，这种形势要求生物学所有专业的本科生和研究生都要了解现代分子生物学的基础理论知识，掌握并学会应用分子生物学的实验技术及方法。将现代分子生物学设置为研究生的必修课，使他们能够掌握遗传信息的传递和表达机制，学会运用基本的实验技术对遗传物质进行实验操作，对于培养和训练他们的研究性思维大有益处。

在给研究生开课的过程中，我们发现新进研究生由于缺乏实际应用分子生物学实验操作的经验和体会，因此很难理解和掌握现有课本上描述的各类分子生物学实验技术。为了提高研究生掌握和应用分子生物学实验操作技术的能力，并加强其对这些实验技术的应用体验，我们根据自己的研究经验及积累的实验操作方法和技术技巧编写了本书。本书系统汇总了目前分子生物学中较为实用的一些实验操作技术及应用实例，涉及的内容包括 PCR 产物的亚克隆技术及应用实例、原核表达载体的构建与应用实例、酵母细胞表达载体的构建与应用实例、利用通路克隆技术构建植物表达载体及应用实例、大肠杆菌感受态细胞的制备与转化技术、酵母感受态细胞的制备与转化技术、常用转基因植物的遗传转化技术、基因插入情况与拷贝数的检测技术、基因表达水平的检测技术、差异表达基因的分离鉴定技术、转基因株系表型分析技术、蛋白质互作分析技术、转录因子的功能分析技术等。这些技术经过我们往届研究生的体验和反复应用及验证，确认为可操作性与实用性较强的技术。

本书可作为生物学、农学、医学、环境生物学专业的博士和硕士研究生及这些专业高年级本科生的参考用书，也可以作为新进研究生的实验培训教材和实验操作指南，使读者能及时掌握分子生物学实验操作技术。

编　者

2017 年 1 月

目　录

前言

上篇　实验操作技术

第一章　核酸分析与分子克隆技术 …… 3
一、用 PCR 扩增目的 DNA 片段 …… 3
二、琼脂糖凝胶电泳 …… 9
三、DNA 片段的回收 …… 10
四、用乙醇沉淀法浓缩 DNA 样品 …… 11
五、目的 DNA 片段的连接 …… 11
六、感受态细胞的制备 …… 13
七、质粒 DNA 的转化 …… 15
八、质粒 DNA 的提取 …… 18
九、质粒的酶切 …… 20
十、利用 Gateway 技术构建植物表达载体 …… 21
十一、Southern 杂交分析 …… 21
第二章　蛋白质分析技术 …… 23
一、植物组织总蛋白提取及含量的测定 …… 23
二、聚丙烯酰胺凝胶电泳 …… 24
三、Western blotting 分析 …… 26
四、Far Western blotting 分析 …… 28
五、重组蛋白的表达和纯化技术 …… 29
六、蛋白兔抗的制备 …… 31
七、蛋白互作分析实验技术 …… 32
第三章　农杆菌介导的植物转基因操作技术 …… 35
一、原理 …… 35
二、实验操作流程 …… 35
第四章　基因差异表达分析技术 …… 40
一、抑制消减杂交 …… 40
二、cDNA 芯片杂交 …… 48
第五章　DNA 与蛋白互作分析技术 …… 49
一、染色质免疫共沉淀技术 …… 49
二、凝胶阻滞分析技术 …… 51

下篇　应 用 实 例

第六章　通路克隆技术入门载体的改造 ······ 57
一、含有 Rubisco 小亚基启动子和叶绿体基质定位序列的通路克隆入门载体的构建 ······ 57
二、通路克隆入门载体 pEN-L4*-PrbcS-*T-GFP-L3*的构建 ······ 63
三、通路克隆入门载体 pENTR*-T-GFP 的构建及功能验证 ······ 68
第七章　用 Gateway 技术构建目的基因的光诱导型植物表达载体 ······ 75
一、光诱导型 GFP 基因植物表达载体的构建 ······ 75
二、光诱导型 GUS 基因植物表达载体的构建 ······ 76
三、光诱导型 *hps/phi* 融合基因植物表达载体的构建 ······ 80
四、拟南芥细胞质型苹果酸脱氢酶基因 *AMDH* 光诱导型植物表达载体的构建 ······ 84
第八章　用 Gateway 技术构建目的基因的组成型植物表达载体 ······ 89
一、GFP 基因植物组成型表达载体的构建 ······ 89
二、短芽孢杆菌甲醛脱氢酶基因植物表达载体的构建 ······ 91
三、大豆 *14-3-3a* 基因(*SGF14a*)植物表达载体的构建 ······ 96
第九章　用 Gateway 技术构建目的基因与报告基因融合植物表达载体 ······ 100
一、大豆转录因子 GmbHLH30 与 GFP 融合基因植物表达载体的构建 ······ 100
二、拟南芥 *RCA* 启动子和荧光素酶基因 *LUC* 融合表达载体的构建及应用 ······ 104
第十章　用 Gateway 技术构建目的基因的 RNAi 干扰植物表达载体 ······ 113
蚕豆 *PP1c* 基因抑制表达载体的构建与应用 ······ 113
第十一章　用 Gateway 技术构建串联两个目的基因表达盒的植物表达载体 ······ 118
二羟基丙酮合成酶和二羟基丙酮激酶基因表达盒串联的植物表达载体构建 ······ 118
第十二章　用经典的酶切连接技术构建目的基因的植物表达载体 ······ 128
一、柠檬酸合成酶基因 *cs* 光诱导型植物表达载体 pPZP211-PrbcS-*cs* 的构建 ······ 128
二、芫荽丝氨酸乙酰转移酶基因的植物表达载体构建 ······ 132
第十三章　利用植物表达载体转化植物及转基因植物表型分析 ······ 136
一、用 GFP 和 GUS 植物表达载体产生转基因植物及转基因的整合与表达分析 ······ 136
二、用植物表达载体 pK2-35S-PrbcS-*T-*hps/phi* 转化天竺葵获得转基因植株及表型分析 ······ 141
三、用植物表达载体 pK-35S-PrbcS-*T-DAK-PROLD-PrbcS-*T-DAS 转化拟南芥获得转基因植株及表型分析 ······ 145
四、用植物表达载体 pPZP211-PrbcS-*cs* 转化烟草获得转基因植株及表型分析 ······ 156
五、用植物表达载体 p1300-Surperpromoter-*AgSAT* 转化烟草及转基因植株表型分析 ······ 160
六、利用 CS 和 PEPC 的表达载体产生双转基因烟草及表型分析 ······ 163
第十四章　原核表达载体的构建和应用 ······ 170
一、恶臭假单胞菌谷胱甘肽-非依赖型甲醛脱氢酶的原核表达载体的构建和应用 ······ 170
二、黑大豆醛脱氢酶基因原核表达载体的构建和应用 ······ 175
第十五章　酵母表达载体的构建及应用 ······ 181
AtHSFA1d 基因在酵母中的表达与功能分析 ······ 181

第十六章　利用 SSH cDNA 文库技术分析基因的差异表达 ······ 185
一、喷施甲醇的蚕豆叶片中上调表达基因的分离与鉴定 ······ 185
二、甲醛胁迫拟南芥叶片中下调表达基因的分离与鉴定 ······ 188
第十七章　利用 DNA 芯片技术分析基因的差异表达 ······ 191
一、用拟南芥全基因组芯片杂交分析基因的差异表达 ······ 191
二、用大豆全基因组芯片杂交分析基因的差异表达 ······ 194
第十八章　利用免疫共沉淀技术分析体内蛋白与蛋白之间的的相互作用 ······ 199
一、用免疫共沉淀分析铝胁迫下大豆根中 14-3-3 蛋白对质膜 H^+-ATPase 活性的调控 ······ 199
二、用免疫共沉淀分析烟草质膜 H^+-ATPase 与 14-3-3 蛋白的互作对干旱胁迫的应答 ······ 203
三、用免疫共沉淀分析云南红梨果皮转录因子 MYB、bHLH 和 WD40 的互作模式 ······ 207
第十九章　利用双分子荧光技术分析植物体内转录因子间的相互作用 ······ 209
在洋葱表皮细胞中验证 PyMYB、PybHLH 和 PyWD40 之间的相互模式 ······ 209
第二十章　用 Pulldown 和 Far Western blot 技术做体外实验分析蛋白质之间的互作 ······ 213
PyMYB、PybHLH 和 PyWD40 重组蛋白之间互作模式分析 ······ 213
第二十一章　用 ChIP 分析植物体内转录因子和启动子的结合 ······ 218
一、云南红梨果皮 MYB 转录因子结合花青素结构基因启动子元件的分析 ······ 218
二、甲醇和乙醇刺激对烟草转录因子 RSG 与 GA20ox1 启动子结合的影响 ······ 224
第二十二章　利用 EMSA 技术做体外实验分析转录因子和基因启动子元件的结合 ······ 229
EMSA 分析在体外 PyMYB 与花青素合成结构基因启动子的结合 ······ 229
第二十三章　利用 PCR 技术筛选拟南芥的 T-DNA 插入突变体 ······ 231
一、拟南芥 *SHMT1* 纯合 T-DNA 插入突变体的筛选 ······ 231
二、拟南芥 *HY5* 纯合 T-DNA 插入突变体的筛选 ······ 232
三、拟南芥 *bHLH30* 纯合 T-DNA 插入突变体的筛选 ······ 234
参考文献 ······ 237
附录 ······ 240
一、常用抗生素贮存液配制方法 ······ 240
二、常用培养基的配制 ······ 241
三、常用菌种的特性 ······ 244
四、常用质粒载体图谱 ······ 246
五、转基因生物表型常见生理生化指标的分析方法 ······ 263

上　篇

实验操作技术

第一章　核酸分析与分子克隆技术

一、用 PCR 扩增目的 DNA 片段

用 PCR 方法可以通过 RT-PCR、基因组 PCR、菌落 PCR 扩增出目的 DNA 片段。进行 RT-PCR 反应之前需要提取 RNA，然后将 RNA 逆转录为 cDNA，再以 cDNA 为模板进行 RT-PCR 反应；做基因组 PCR 之前需要提取基因组 DNA，然后以基因组 DNA 为模板进行基因组 PCR 扩增目的基因，菌落 PCR 可直接以煮沸的菌落为模板进行 PCR 反应。

(一) 植物总 RNA 的提取

RNA 在细胞内并不以游离状态存在，一般都是与蛋白质结合形成核酸和蛋白质的复合体，所以如果要分离出细胞内游离的 RNA 分子，首先要用蛋白质变性剂来裂解细胞，使 RNA 分子从蛋白质和核酸的复合体中释放出来，然后通过苯酚和氯仿抽提去除蛋白质才能分离出细胞内游离的 RNA 分子。RNA 酶非常稳定，在体外，RNA 分子很容易被 RNA 酶降解，因此在抽提 RNA 的过程中需要用 RNA 酶抑制剂来抑制 RNA 酶的活性，避免它对 RNA 分子的降解。我们提取 RNA 主要用 TRIzoL 法和异硫氰酸胍法，商业化出售的 TRIzoL 试剂中添加的 RNA 酶抑制剂是胍盐(异硫氰酸胍或盐酸胍)。TRIzoL 试剂的主要成分是苯酚，在提取 RNA 过程中苯酚的作用是裂解细胞，使细胞内的蛋白质和 RNA 复合体分离，然后用氯仿沉淀变性的蛋白质，用异丙醇沉淀上清液中的 RNA。

1. TRIzoL Reagent(Invitrogen)法

对幼嫩的组织材料可以用 TRIzoL 试剂提取，Invitrogen 公司生产的 TRIzoL 试剂质量最好，但价格昂贵；价格较优惠的国产或其他进口 TRIzoL 试剂也可用，但是用这些 TRIzoL 试剂提取的总 RNA 质量稍次。用 TRIzoL 试剂提取总 RNA 操作步骤如下：

(1) 取植物嫩叶约 0.1g 于加有液氮的研钵中，充分研磨成粉末。

(2) 加入 1mL 红色 TRIzoL 提取液在研钵中继续研磨成澄清的水状，室温静置 5min 后移入 2mL 离心管。

(3) 加入 200μL 氯仿，振荡 15s 混匀，4℃、12 000r/min 离心 15min。

(4) 将上清液转移至新 2mL EP 管，加入 500μL 异丙醇，混匀，–20℃或室温放置 10min。

(5) 4℃、12 000r/min 离心 10min。

(6) 弃上清，沉淀用 75%乙醇 0.8～1mL 清洗；4℃、12 000r/min 离心 1min，弃 75%乙醇。

(7) 重复洗 1 次以彻底除去盐杂质。

(8) 真空干燥沉淀或自然晾干，用 20μL 焦碳酸二乙酯(DEPC)处理水或试剂盒自带的溶解液溶解 RNA，–20℃保存备用。

2. 异硫氰酸胍法

对含多糖多酚的成熟组织或较老的材料如果皮、块根或块茎等，可用异硫氰酸胍法提取。

1) 提取液的配方(表 1-1)

表 1-1 异硫氰酸胍法提取液的配方

组分	*Mr*	配制 100mL 的量	配制 500mL 的量
4mol/L 异硫氰酸胍(guanidine thiocyanate)	118.2	47.28g	236.4g
25mmol/L 柠檬酸钠(sodium citrate)	294.1	0.74g	3.7g
0.5%(*m/V*)十二烷基肌氨酸钠(sodium lauroyl sarcosine)	288.4	0.5g	2.5g
2%(*m/V*)PVP(聚乙烯吡咯烷酮)		2g	10g

2) 配制方法

(1) 称取表 1-1 中所列的固体成分全部加入 100mL 带刻度的试剂瓶中，加 50mL ddH$_2$O，放入 65℃水浴中，摇动使其溶解，最后使用 ddH$_2$O 定容到 100mL 即可(由于异硫氰酸胍溶解会膨胀很多，所以不能加水太多，约 1/2 终体积即可)。使用前加入β-巯基乙醇(5mL/L)，65℃使其变澄清。

(2) 2mol/L 乙酸钠(pH4.2)的配制(50mL)：称取 13.6g 乙酸钠至烧杯中，然后添加 40mL 的 ddH$_2$O，置于 65℃水浴溶解后，使用冰醋酸调至 pH4.2，补加 DEPC 处理水至 50mL。

(3) 使用之前每 100mL 抽提缓冲液加入 500μL β-巯基乙醇。

3) 异硫氰酸胍提取总 RNA 实验操作步骤

A. 粗提总 RNA

用液氮将 1g(0.1g)组织研磨成粉末以后，转入 50mL(2mL)离心管中，加入 10mL(1mL) RNA 提取缓冲液，再研磨一会儿后，加入 1/10 体积的 2mol/L 乙酸钠(pH4.2)。

(1) 颠倒 EP 管数次，混匀之后，接着加入等体积的氯仿：异戊醇(24：1)(或只用氯仿)，盖紧离心管盖，剧烈摇动 5min，冰上静置 15min 后，4℃离心 15min(12 000r/min)。

(2) 离心结束后取上清于新离心管中，加入等体积的氯仿，盖紧离心管盖，剧烈摇动 5min，冰上静置 15min 后，4℃离心 15min(12 000r/min)；

(3) 取上清，加入等体积异丙醇在−20℃沉淀 RNA 30min，再次离心 15min(12 000r/min，4℃)，让 RNA 沉淀在管壁(如果没有沉淀，证明已经失败)。

(4) RNA 沉淀经 75%乙醇(DEPC 水配制)清洗两次以后抽真空，加入 20～50μL DEPC 水(无 RNase)彻底溶解 RNA。

(5) 1.5%的琼脂糖凝胶电泳检测 RNA。

B. 纯化

纯化时，如果粗提 RNA 样品体积为 0.5mL，可以稀释到 2mL，使用 5mL EP 管纯化。

(1) 首先加入等体积 TE 饱和酚：氯仿：异戊醇(25：24：1)，盖紧离心管盖，剧烈摇动 5min，冰上静置 15min 后，4℃离心 15min (12 000r/min)。

(2) 取上清液，加入氯仿：异戊醇(24：1)再抽提一次。接着加入等体积的氯仿，盖紧离心管盖，剧烈摇动 5min，冰上静置 15min 后，4℃离心 15min (12 000r/min)。

(3) 取上清液并加入 1/10 体积的 2mol/L 乙酸钠(pH 4.2)和两倍体积的无水乙醇在−20℃沉淀

30min。

(4) 离心 15min(12 000r/min，4℃)，75%乙醇清洗 RNA 沉淀两次，风干以后用适量(20～40μL)ddH_2O(无 RNase)溶解，使用前置–80℃保存。

C. 判断 RNA 的质量

核酸分子中的嘌呤环和嘧啶环具有双键，因此都能形成共轭双键体系，这些共轭双键体系赋予核酸吸收紫外线的特性，核酸的最大吸收波长为 260nm。蛋白质中存在的芳香族氨基酸也赋予其紫外吸收特性，蛋白质的最大吸收峰为 280nm。基于核酸和蛋白质的紫外吸收特性建立鉴定核酸纯度和含量的方法：RNA 的 A_{260}/A_{280} 比值为 2.0，DNA 的 A_{260}/A_{280} 比值为 1.8。当 RNA 样品 A_{260}/A_{280} 的比值低于 2.0 时，说明样品中有 DNA 或蛋白质污染。

(1) RNA 纯度的分析方法：取 2μL RNA 样品，加入 700μL DEPC 水，使用紫外分光光度计测定其在波长 260nm 及 280nm 处的 OD 值，计算 A_{260}/A_{280} 比值和 RNA 样品的浓度。

(2) RNA 完整性的分析方法：通过电泳分析来观察，未降解的总 RNA 电泳时在凝胶中有完整的 18S 和 28S rRNA 条带，有 DNA 污染时凝胶中会出现基因组 DNA 的条带。取 1μL RNA 样品于 1.5%的琼脂糖凝胶上进行电泳检测。

3. cDNA 的合成与 RT 反应

合成 cDNA 的原理：以总 RNA 中的 mRNA 为模板，以 Oligo(dT)为引物在逆转录酶催化作用下进行 RT 反应合成第一链 cDNA。再以 cDNA 为模板与待扩增 cDNA 片段的引物进行 RT-PCR 反应，扩增出目的基因的 cDNA 片段。RT-PCR 对 RNA 检测的灵敏性很高，可以用于分析极为微量的 RNA 样品。RT-PCR 可用于分析基因的转录水平、获取目的基因的 cDNA、合成 cDNA 探针等。我们通常用 TaKaRa 或 Promega 逆转录酶合成 cDNA。

1) RT-反应(用 TaKaRa 的逆转录酶)

(1) 按照表 1-2 在 EP 管中加入组分 1。

表 1-2　TaKaRa RT-反应组分 1

组分	使用量
总 RNA	?μL(1ng～1μg)
oligo(dT) 50ng	1μL
RNase-free water	Hold to 12μL

(2) 70℃ 10min 后，迅速冰上静置 2～5min。

(3) 离心数秒使模板 RNA/引物的变性溶液聚集于 EP 管底部。

(4) 再按照表 1-3 向 EP 中加入组分 2。

表 1-3　TaKaRa RT-反应组分 2

组分	使用量
5*M-MLV Buffer	4μL
10mmol/L dNTP mix	1μL
RNase Inhibitor	1μL
RTase M-MLV(RNase H)	0.5～1μL
RNase-free water	Hold to 20μL

(5) 42℃保温 60min。

(6) 70℃保温 15min 后冰上冷却；PCR 扩增时建议模板量为 1～5μL；–20℃保存备用。

2) RT-PCR 反应(用 Promega 的逆转录酶)

表 1-4 Promega RT-反应组分 1

组分	使用量
总 RNA	2μg
oligo(dT)	0.5μg
RNase-free water	Hold to < 15μL

(1) 按照表 1-4 在 EP 管中加入组分 1。

(2) 70℃ 5min 后，迅速冰上静置 2min。

(3) 离心数秒使模板 RNA/引物的变性溶液聚集于 EP 管底部。

(4) 再按照表 1-5 向 EP 中加入组分 2。

表 1-5 Promega RT-反应组分 2

组分	使用量
5*M-MLV Buffer	5μL
dNTP mix(10mmol/L)	1.25μL
RNase Inhibitor	0.5μL
RTase M-MLV(200U)	1μL
RNase-free water	Hold to 25μL

(5) 42℃保温 60min，–20℃保存备用。

(二) 基因组 DNA 的制备

基因组 DNA 存在于细胞的染色体中，在染色体中 DNA 分子与组蛋白紧密结合形成 DNA 组蛋白复合体，因此在抽提基因组 DNA 时通常要利用阳离子去污剂 CTAB (hexadecyl trimethyl ammonium bromide，十六烷基三甲基溴化铵)在高离子强度(>0.7mol/L NaCl)的溶液中与蛋白质结合形成复合物，释放染色体中的基因组 DNA。然后通过氯仿-异戊醇抽提去除蛋白质，最后加入乙醇沉淀即可分离基因组 DNA。

1. CTAB 法

(1) CTAB 溶液在低于 15℃时会形成沉淀析出，因此，在将其加入冰冷的植物材料之前必须预热，且离心时温度不要低于 15℃。

(2) 称取植物叶片 100mg 左右置于 1.5mL 离心管中，加液氮用特制研棒研磨至粉末状。

(3) 加入 900μL 预热到 65℃的 2×CTAB 缓冲液(Tris-HCl pH7.5 100mmol/L，EDTA 20mmol/L，NaCl 1.4mol/L，CTAB 2%)，65℃水浴 20min 后取出冷却。

(4) 加入 500μL 氯仿-异戊醇混合液(24∶1)摇匀，室温离心 10min(7500r/min)后转移上清至 1.5mL EP 管。

(5) 再次加入 500μL 氯仿-异戊醇混合液(24：1)摇匀，室温离心 10min(7500r/min)。

(6) 取出上清置于新的 EP 管中，加入 1/10 体积 3mol/L pH 5.2 乙酸钠和等体积异丙醇，摇匀后离心 20min(12 000r/min)。

(7) 弃上清，用 75%乙醇清洗沉淀两次，沉淀块通过离心浓缩干燥，用含 RNase 的 TE 缓冲液融解，放置–20℃保存备用。

2. 适用于快速检测 PCR 的提取法

1) 按照表 1-6 配制基因组 DNA 提取缓冲液

表 1-6　基因组 DNA 提取缓冲液的配方

组分	配 200mL	配 500mL
100mmol/L Tris-HCl (pH8.0)	25mL(1mol/L)	50mL(1mol/L)
50mmol/L EDTA (pH8.0)	12.5mL(1mol/L)	25mL(1mol/L)
500mmol/L NaCl	14.6g	29.25g
2%SDS(*m*/*V*)	4g	10g
1%PVP-360(*m*/*V*)	2mL	5mL
0.1%β-巯基乙醇(*V*/*V*)	200μL	500μL
ddH_2O	210mL	419.5mL

2) 基因组 DNA 提取操作步骤

(1) 剪取植株新鲜叶片 5～10mg(约 2cm 长)，新鲜叶片放于 1.5mL 离心管中，放入有标记的自封袋，迅速投入液氮中；加液氮预冷研钵，放入叶片材料，加液氮充分研磨。

(2) 加 800μL 基因组 DNA 提取缓冲液，充分研磨后，转入一新的 1.5mL EP 管中。

(3) 加 400μL 氯仿，混匀后，2400*g* 离心 30s，将上清液转入一支新的 1.5mL EP 管中。

(4) 加 800μL 无水乙醇或异丙醇，混匀，2400*g* 离心 3min。

(5) 弃上清，70%乙醇清洗，抽干。

(6) 用 50μL 1×TE Buffer 溶解，取 1μL 用于 PCR 分析，其余的–20℃保存。

(三) PCR 反应

PCR 反应(聚合酶链反应)由三个步骤完成：首先，在 95℃高温下双链模板 DNA 变性成单链 DNA；然后，在较低的复性温度下单链 DNA 与引物通过碱基互补配对结合；最后，在最适反应温度下由 *Taq* DNA 聚合酶在引物的 3′端合成互补链。

1. 普通检测型 PCR

采用 *Taq*、rTaq、Taq-plus DNA 聚合酶，按照表 1-7 配制 PCR 反应体系。

表 1-7　普通检测型 PCR 反应体系的配方

反应组分	体积
模板 DNA	0.2～1.5μg 植物基因组, 0.1～10ng 质粒
10×PCR Buffer	2.5μL
dNTP(2.5mmol/L)	2μL

续表

反应组分	体积
上游引物(10μmol/L)	1μL
下游引物(10μmol/L)	1μL
Taq DNA polymerase	1U
ddH_2O	至 25μL

2. 基因克隆 PCR

采用高保真 DNA 聚合酶 Tiangen 的 *Pfu*、TaKaRa 公司的 *Ex Taq*、KOD、Pyrobest。按照表 1-8 配制 PCR 反应体系。

表 1-8　基因克隆型 PCR 反应体系的配方

反应组分	体积
模板 DNA	0.1～10ng(质粒 DNA)
10×*Ex Taq* Buffer	2.5μL
dNTP(2.5mmol/L)	2μL
上游引物(10μmol/L)	1μL
下游引物(10μmol/L)	1μL
Ex Taq DNA polymerase(5U/μL)	0.5μL
ddH_2O	至 25μL

3. 扩增长片段 DNA 的 PCR

用 LA 或 Long *Taq* DNA 聚合酶扩增长片段(>2kb)DNA，按照表 1-9 配制 PCR 反应体系(25μL)。

表 1-9　扩增片段 DNA 的 PCR 反应体系的配方

反应组分	体积
模板 DNA	10～50ng
2×GC BufferⅠ(or 2×GC BufferⅡ)	12.5μL
dNTP(2.5mmol/L)	2μL
上游引物(10μmol/L)	1μL
下游引物(10μmol/L)	1μL
TaKaRa LA *Taq*(5U/μL)	2.5 U
ddH_2O	至 25μL

反应体系配制完成后，按下面的程序进行 PCR 扩增反应：

以扩增 1kb 片段为例：94℃ 3min，(94℃ 30s，55～60℃ 30s，72℃ 1min)30 循环，72℃

10min。不同实验目的的 PCR 体系在此基础上稍作调整。

4. 菌落 PCR

模板需作特别处理：首先用牙签挑取细菌菌落放入 20μL ddH_2O 中，98℃处理 5～10min 后离心，取菌液上清 10μL 作为模板 DNA 加入 PCR 反应体系。

5. 基因组 PCR

每个反应体系基因组加入量为 0.2～1.5μg。此外，基因组作为 PCR 模板时需适当增加模板变性时间。

二、琼脂糖凝胶电泳

(一) 原理

核酸是一种两性分子，在高于其等电点的溶液中 DNA 分子带负电，因此在电场中可向阳极移动。在一定的电场强度下，DNA 分子的迁移速度与其大小和构型有关。琼脂糖凝胶电泳是以琼脂凝胶作为支持物的一种电泳，不同构型的核酸分子在电泳过程中表型出不同的迁移率，DNA 分子的迁移率与其分子质量成反比。影响核酸分子迁移率的因素包括：DNA 的分子质量；琼脂糖浓度；DNA 构象；电泳的电压；琼脂糖种类；电泳缓冲液种类。由于不同核酸分子在电泳过程中有不同的迁移率，因而通过琼脂糖凝胶电泳可分离具有不同分子质量的 DNA 分子。质粒 DNA 样品在琼脂糖凝胶电泳中的表现行为较复杂，通常可观察到 2～3 个电泳条带，共价闭环的超螺旋分子是迁移最快的条带，其次为线形 DNA 分子条带，含有缺口的开环分子是迁移最慢的条带。

(二) 琼脂糖凝胶的制备

根据欲分离 DNA 片段大小，用电泳缓冲液 1×TAE(Tris-乙酸 40mmol/L，EDTA 2.5mmol/L，分离小于<5kb 的 DNA 片段)或 1×TBE(90mmol/L Tris-硼酸、2mmol/L EDTA pH 8.0，分离小于>5kb 的 DNA 片段)配制适宜浓度琼脂糖溶液(胶浓度为 0.8%～1.5%)。待融化的凝胶冷却至 55℃后加入溴化乙啶(EB)，终浓度为 0.5μg/mL(一般是 0.1μL/mL)，混匀后倒胶。

(三) 上样

DNA 或 RNA 样品和 1/6～1/10 总体积的 6×或 10×Loading Buffer(SDS 1%，Glycerol 50%，Bromophenol Blue 0.05%)混合，再加入 1×TAE 使体系总体积至 20μL。

(四) 电泳

电泳时电压不超过 20V/cm，根据指示剂(前端的溴酚蓝约 0.5kb，后边的二甲基苯青约 5kb)的位置判定停止电泳后，在凝胶成像系统进行结果观测。

(五) 注意事项

进行基因组 DNA、总 RNA、质粒 DNA 的电泳时不需点线性的分子质量标记，质粒 DNA 的电泳可用分子质量近似的质粒作为分子质量标记。DNA 片段在 10kb 以下时，其分子质量和电泳迁移率有线性相关性。

三、DNA 片段的回收

(一) 大片段 DNA(载体 DNA)的回收

1. 原理

玻璃棉离心法：利用液氮冻融含有目的基因 DNA 片段的凝胶，使 DNA 分子从凝胶中释放到溶出的胶溶液中，然后以玻璃石英棉(silica wool)为支持介质离心，含有 DNA 分子的胶溶液经离心管底部的小孔流入套管，再用乙醇沉淀即可回收所需的目的 DNA 片段。对分子质量较大的载体 DNA 片段，用这一方法回收的效果较好。

2. 实验操作流程

琼脂糖凝胶电泳后，在紫外灯下切下含有目的基因条带的琼脂糖凝胶块置于 1.5mL 的 EP 管中，加入 1mL 洗胶液[NaAc 0.3mol/L，EDTA 1mmol/L(pH7.0)]，在脱色摇床上温柔振荡 20min。取出胶，用滤纸吸干，把胶切成小块，将其放入 0.5mL 的 EP 管(管底部用注射针穿个洞，然后塞入适量石英棉)中，用液氮冻融 1～2min，再套入 1.5mL 的 EP 管做成离心装置，常温离心 10min(1000r/min)。留下 1.5mL 的 EP 管，估计 EP 管内液体的体积，然后加入 1/50 的 $MgCl_2$ 和 2.5 倍的无水乙醇，混匀放置于−20℃过夜(或−80℃，30min)，4℃离心 20min(15 000r/min)。弃上清，用 75%的乙醇清洗沉淀，4℃离心 5min(7500r/min)。弃上清，真空干燥沉淀，用 10～30μL 1×TE 溶解沉淀。

(二) 小片段 DNA 的回收

1. 原理

用胶回收试剂盒：用试剂盒中的融胶液融化琼脂糖凝胶，然后经过一种新型的离子交换离心柱，在离心过柱的过程中，DNA 结合到纯化柱上，再用洗脱液将 DNA 从柱上洗脱下来，从而实现 DNA 的快速回收。对分子质量较小的 PCR 产物和 DNA 插入片段，用这种方法回收的效果较好。

2. 实验操作流程

(1) 将空小离心管称重。将回收的带 DNA 片段的凝胶放入其中，再次称重，确定凝胶净重。

(2) 将离心管中的凝胶捣碎以助于凝胶溶解，按胶的质量加入 3 倍体积的 Solution Ⅰ(1mg 凝胶加 3μL Solution Ⅰ)。

(3) 加入 10μL 的 Solution Ⅱ。

(4) 55℃恒温加热直到凝胶完全融化(5～15min)，每隔 2～3min 需将管内混悬液混匀一次。

(5) 在室温 6000～13 000r/min 离心 1min，弃上清液。

(6) 加入 500μL Wash Solution，6000～13 000r/min 离心 1min，弃上清液。

(7) 重复步骤(6)一次。

(8) 将有白色沉淀的离心管再离心 1min 后，小心去除残留的液体。

(9) 打开离心管盖子，室温干燥 10min。

(10) 加入 10～20μL 的 Elution Buffer，37℃孵育 5min，离心回收 DNA 样品。

四、用乙醇沉淀法浓缩 DNA 样品

(一) 原理

DNA 分子中的磷酸基团带负电，因此在水溶液中容易和水分子发生相互作用使其表面有一个水化层。在 DNA 溶液中加入大量的乙醇后，通过乙醇与水分子的作用能够消除 DNA 分子表面的水化层，使 DNA 分子的磷酸基团暴露出来，再加入大量阳离子(如 Na^+或 Mg^{2+})与 DNA 分子的磷酸基团充分结合，降低 DNA 分子链间的排斥作用，从而使 DNA 沉淀下来，通过离心后再用少量 TE 或 ddH_2O 溶解沉淀的 DNA，即可达到浓缩 DNA 的目的。

(二) 实验操作流程

1. 高浓度 DNA(质粒 DNA)的回收

乙酸钠(NaAc)沉淀法：DNA 样品加 ddH_2O 至 100μL，再加 100μL 酚：氯仿，13 000r/min 室温离心 15min，转移上清至另一干净管中，加等体积氯仿，13 000r/min 离心 10min，转移上清，并加 1/10 体积 NaAc(3mol/L)，加 2.5 倍体积乙醇(EtOH，100%浓度)，–20℃冷冻 2h，13 000r/min 离心 30min，弃上清，用 70%乙醇润洗，13 000r/min 离心 10min，重复洗一次，离心后将 EP 管倒置于吸水纸上自然干燥，干燥后加 5μL ddH_2O 溶解，弹匀，取 0.5μL 进行琼脂糖电泳确认浓缩是否成功。

2. 低浓度 DNA(胶回收 DNA 片段)的回收

$MgCl_2$ 沉淀法：估计 DNA 溶液的体积，然后加入 1/50 的 $MgCl_2$ 和 2.5 倍的无水乙醇，混匀放置于–20℃过夜(或–80℃，30min)，4℃离心 20min(15 000r/min)。弃上清，用 75%乙醇清洗沉淀，4℃离心 5min(7500r/min)。弃上清，真空干燥沉淀，用 10～30μL 1×TE 溶解沉淀。

五、目的 DNA 片段的连接

(一) PCR 扩增 DNA 片段的克隆

1. TA 克隆

1) 原理

有些扩增 DNA 片段的 *Taq* DNA 聚合酶同时具有末端连接酶的功能，这些 *Taq* DNA 聚合酶会在每条 PCR 扩增产物的 3′端自动添加一个 3′-A 突出末端，利用这些 *Taq* DNA 聚合酶做 PCR 扩增的产物在 DNA 连接酶作用下可以用经过特殊处理的、具有 3′-T 突出末端的 T 载体直接连接，形成重组 DNA 分子。

2) 实验操作流程

PCR反应采用普通*Taq*、rTaq、Taq-plus及LA或Long *Taq* DNA聚合酶扩增的DNA片段末端含有一个A的黏性末端，因此可采用具有T黏性末端的pMD18-T vector kit(TaKaRa)进行连接，基本参照说明书进行操作，反应体系见表1-10。

表1-10　TA克隆反应体系

组分	体积
目的片段DNA	2.5μL(0.1～0.2 pmol/L)
T-载体	0.5μL(50μg/mL)
Ligation Solution Ⅰ	3μL

16℃(水浴或金属浴)连接过夜(8～12h)，然后转化大肠杆菌的感受态细胞，感受态细胞的转化效率需要达到10^8cfu/μg质粒DNA，商业化感受态细胞的转化效率可达到10^8cfu/μg质粒DNA，连接反应液需用商业化出售的感受态细胞转化，才容易获得连接成功的克隆。

2. TOPO克隆

1) 原理

在DNA分子复制过程中，拓扑异构酶(topoisomerase)扮演DNA解旋酶的作用，在DNA复制前切割超螺旋DNA使之解旋，DNA分子复制完成后再连接成线性DNA。Invitrogen公司利用拓扑异构酶高效连接DNA的特性开发Topo克隆技术，利用Topo克隆技术可把平末端的PCR扩增产物快速连接到末端已经接上拓扑异构酶的载体上。

2) 实验操作流程

PCR反应采用高保真*Taq* DNA聚合酶扩增的DNA片段为平末端，可采用Invitrogen公司的Directional TOPO® Cloning Kits进行连接，其反应体系(3μL)如表1-11所示。

表1-11　TOPO克隆反应体系

反应组分	体积
pENTR/D-TOPO vector(15ng/μL)	0.5μL
PCR平末端产物(50ng/μL)	2μL
Salt Solution	0.5μL

回收到的平末端片段和pENTR/D-TOPO载体于室温反应过夜后，转化商业化感受态细胞，感受态细胞转化效率达到10^8cfu/μg质粒DNA。

(二) 目的片段与载体的连接

1. 原理

通过DNA连接酶催化的反应把载体DNA和要克隆的目的DNA片段连接在一起，产生一个完整的重组DNA分子。

2. 实验操作流程

采用 DNA Ligation kit Ver 2.1(TaKaRa)做连接反应，连接反应体系如表 1-12 所示。

表 1-12 连接反应体系配方

反应组分	体系用量
载体片段	约 0.2pmol/L
目的片段	0.8～1pmol/L
Ligation Solution I	3μL
ddH_2O	至 6μL

于 16℃过夜后，连接反应液需用商业化出售的感受态细胞(转化效率需要达到 10^8cfu/μg 质粒 DNA)转化，才容易获得连接成功的克隆。

六、感受态细胞的制备

(一) 化学转化法感受态细胞的制备

1. 原理

在分子生物学实验中化学转化法仅适用于大肠杆菌，大肠杆菌细胞在 4℃的 $CaCl_2$ 低渗溶液中膨胀成球形，在膨胀的细胞中 Ca^{2+}与细胞膜磷脂层结合形成液晶结构，从而导致细胞外膜与内膜间隙中部分核酸酶解离，细胞进入一种容易接受外来 DNA 分子的感受态。用氯化钙法制备的感受态细胞仅能做短期保存，用氯化铷法制备的感受态细胞可做长期保存。

2. 实验操作流程

1) 氯化钙法

(1) –80℃保存的菌种于LB平板培养基上划线培养，挑取单菌落于15mL离心管(含3～4mL LB液体培养基)中37℃过夜培养。

(2) 取 1mL 过夜培养物接种于 100mL LB 液体培养基中，37℃，200r/min 摇菌至 OD≈0.6(一般从 2h 开始测 OD 值)。

(3) 在超净台上分装至 2 个 50mL Backman 管中，4℃、5200r/min 离心 15min。

(4) 去上清，30mL 0.1mol/L $CaCl_2$(无菌)悬浮，动作要轻缓(可先加少量，摇起后补加至 30mL)。

(5) 4℃、5200r/min 离心 10min，去上清，20～30mL 0.1mol/L $CaCl_2$悬浮菌体，冰浴 1h。

(6) 4℃、5200r/min 离心 10min，去上清。

(7) 加入 15%甘油和 0.1mol/L $CaCl_2$约 10mL(视菌体量多少，大致的比例为 10∶1)，轻缓混匀后分装到 1.5mL EP 管中(每管 100μL)，迅速冷冻于液氮中，–80℃保存备用。

(8) 用分子质量为 2～3kb 的已知质粒(浓度稀释为 10ng/μL)转化制备的感受态细胞，如果感受态细胞的转化效率低于 10^8cfu/μg 质粒 DNA，建议用作完成质粒 DNA 的转化用。

(9) 试剂配方

① 0.1mol/L $CaCl_2$(400mL)：称取 5.88g $CaCl_2 \cdot 2H_2O$，用 ddH_2O 定容至 400mL，灭菌。

② 15%甘油+0.1mol/L $CaCl_2$：量取 15mL 甘油，再用 85mL 0.1mol/L $CaCl_2$ 冲洗量筒，灭菌。

③ 两个 Beckman 管、1.5mL EP 管和 200μL 枪头，灭菌备用。

2) 氯化铷法

(1) 无菌接种环取保存于−80℃的菌种于 LB 平板培养基划线，37℃培养过夜。

(2) 次日挑取生长良好的单个菌落接种于 2mL 的 LB 液体培养基中，37℃、180r/min 振荡摇床培养过夜。

(3) 将 2ml 菌液加到放到 250mL 的 ψ-Broth 液体培养基(表 1-13)中，37℃振荡培养 2.5～3h 使 OD_{600} 达到 0.6 左右。

表 1-13　ψ-Broth　(1000mL)配方

组分	质量/g
Tryptone	20
Yeast extract	5
$MgSO_4 \cdot 7H_2O$	5

注：pH 用 1mol/L 的 NaOH 调至 7.5，高压灭菌。

(4) 在超净台上将细菌培养物倒入灭菌后冰预冷的离心管中，冰浴 10min，4℃、4000r/min 离心 5min。

(5) 弃其上清，用冰预冷的 TB Solution(表 1-14)100mL 悬浮菌体，冰浴 1h。

表 1-14　TB Solution(250mL)配方

组分	体积/mL
1mol/L KOAc	7.5
1mol/L RbCl	25
1mol/L $CaCl_2$	2.5
1mol/L $MnCl_2$	12.5
Glycerol	37.5

注：pH 用 0.2mol/L 的 AcOH 调至 5.8，抽虑除菌，4℃保存。

(6) 4℃、3500r/min 离心 5min，弃其上清液。

(7) 用预冷的 FB Solution(表 1-15)10mL 悬浮菌体，冰浴 30min。

表 1-15　FB Solution 配方

组分	体积/mL
100mmol/L MOPS	10
1mol/L $CaCl_2$	7.5
1mol/L RbCl	1.0
Glycerol	15

注：pH 用 2mol/L KOH 调至 6.5，抽虑除菌，−20℃保存。

(8) 最后分装菌液 100μL/管，液氮冷冻后，保存于–80℃备用。

(9) 用分子质量为 2～3kb 的已知质粒(浓度稀释为 10ng/μL)转化制备的感受态细胞，如果感受态细胞的转化效率低于 10^8cfu/μg 质粒 DNA，建议用作完成质粒 DNA 的转化用。

(二) 电转化法感受态细胞的制备

1. 原理

电转化法是利用瞬间高压在细胞上打孔，为 DNA 分子的进入打开通道。为了减少高压对细菌细胞的损伤，需用冰冷的甘油多次洗涤处于对数生长前期的细胞，尽量减少细胞悬浮液中的导电离子。

2. 实验操作流程

1) 电转用大肠杆菌感受态细胞的制备

先接种一环 DH5α到 10mL LB 培养基中并于 37℃摇床培养过夜，第二天转接 1mL 过夜培养物到 100mL 新鲜的 LB 培养基中，继续摇床培养到 OD_{600} 约 0.6(约 3h)，将三角瓶转移到冰上放置 20min，3000r/min、4℃离心 15min 以收集细胞，倒去培养液并尽可能吸去所有培养液，用 10%甘油洗细胞 3 次，每次 100mL，每次都是用 3000r/min、4℃离心 15min 收集细胞。最后收集一次细胞后，尽量倒去所有甘油，最后将细胞悬浮在约 300μL 10%甘油中，按 40μL 每份分装到预冷的 Eppendorf 离心管中并迅速丢入液氮中快速冻结，然后置–80℃保存。用分子质量为 2～3kb 的已知质粒(浓度稀释为 10ng/μL)转化制备的感受态细胞，如果感受态细胞的转化效率低于 10^8cfu/μg 质粒 DNA，建议用作完成质粒 DNA 的转化。

2) 电转用农杆菌感受态细胞的制备

(1) 挑取保存于–80℃的农杆菌菌种于 LB 平板上，28℃培养 2 天。

(2) 挑取单菌落于 2mL LB 液体培养基中，28℃培养过夜。

(3) 取 0.1～0.5mL 培养液于 250mL LB 液体培养基中，28℃、200r/min 摇床培养 12h，至 OD_{600} 为 0.4 左右。

(4) 将培养瓶放置冰浴 15min，4℃离心 15min(3500r/min)，弃其上清，收集菌体。

(5) 加入预冷的 10%甘油 10mL 悬浮菌体后，再加入 10%的甘油至 50mL。4℃离心 15min(4000r/min)，重复以上操作两次。

(6) 弃上清，用 2mL 10%甘油悬浮菌体。

(7) 分装感受态细胞至离心管，每管约 50μL，液氮速冻，–80℃保存备用。

七、质粒 DNA 的转化

(一) 热刺激转化方法

1. 原理

在 4℃的 $CaCl_2$ 低渗溶液中，转化的 DNA 分子与钙离子形成抗 DNase 的羟基-钙磷酸复合物黏附于大肠杆菌细胞表面，通过 42℃的瞬间热刺激可使附在细胞膜表面的 DNA 能被大肠杆菌细胞迅速吸收，在富营养的 SOC 培养基上恢复生长数小时后，大肠杆菌细胞复原并分裂增殖，使筛选标记基因表达，细菌细胞对筛选重组子需要添加的抗生素产生抗性，再涂布到添加抗生素的培养基平板上，在平板上长出的菌落即是需要挑选的转化子菌落。

2. 实验操作流程

(1) 将感受态大肠杆菌(*E. coli*)DH5α(100μL)加入质粒体系(6μL)中。

(2) 混合液冰浴 20min，42℃热激 45s，冰浴 2min。

(3) 加入 500μL LB 或者 400μL SOC，37℃摇床 200r/min 振荡 45～60min。

(4) 培养结束后，10 000r/min 离心 1min。

(5) 在超净台上吸去上清，剩余约 0.1mL 时，用枪混匀。如果转化完整的质粒 DNA，则加 10～50μL 到带有抗性的 LB 平板上；如果转化连接反应液或 Gateway 的 LR 反应液，则需把所有菌液加到带有抗性的 LB 平板上，然后用无菌三角玻璃棒(在酒精灯上烧 2～3 次冷却后)涂布均匀。

(6) 37℃过夜培养，如果 LB 平板上加氨苄青霉素(Amp)来筛选重组子，培养时间不要超过 16h，超过 16h 后由于 Amp 被连接成功的重组子菌落降解，它周围的培养基上会长出大量没有 Amp 抗性的菌落。

(7) SOB 的配制：取蛋白胨 20g、酵母提取物 5g、NaCl 0.5g，加入 950mL 水溶解后，再加入 250mmol/L KCl 溶液 10mL，用 NaOH 调节 pH 至 7.0，补水到 1L，高压灭菌 20min(该溶液使用前加入 5mL 灭菌的 2mmol/L $MgCl_2$ 溶液)。

(8) SOC 的配制：将 SOB 培养基高压灭菌后，降低温度到 60℃以下时，加入 20mL 用 0.22μm 滤膜过滤除菌的 1mol/L 葡萄糖溶液，即为 SOC 培养基。

(二) 电脉冲电转化方法

1. 原理

外加于细胞膜上的电场造成细胞膜的不稳定，形成电穿孔，不仅有利于离子和水进入细菌细胞，也有利于 DNA 等大分子进入。

2. 实验操作流程

(1) 电转条件：电压 1.8kV，电转杯型号 1mm，电容 25F。

(2) 操作方法：连接产物加 50μL 感受态细胞，电转完毕后加入 700μL SOC 或者 LB 培养基，37℃摇床 200r/min 振荡 45～60min。

(3) 培养结束后，10 000r/min 离心 1min。

(4) 在超净台上吸去上清，剩余约 0.1mL 时，用枪混匀。如果转化完整的质粒 DNA，则加 10～50μL 到带有抗性的 LB 平板上；如果转化连接反应液或 Gateway 的 LR 反应液，则需用把所有菌液加到带有抗性的 LB 平板上，然后用无菌三角玻璃棒(在酒精灯上烧 2～3 次冷却后)涂布均匀。

(5) 37℃过夜培养，如果 LB 平板上加氨苄青霉素(Amp)来筛选重组子，培养时间不要超过 16h，超过 16h 后由于 Amp 被连接成功的重组子菌落降解，它周围的培养基上会长出大量没有 Amp 抗性的菌落。

(三) 重组子的蓝白斑筛选

1. 原理

大肠杆菌中编码 β-半乳糖苷酶(β-galactosidase)的 *LacZ* 基因是分子生物学实验广泛应用的报告基因之一，X-Gal(5-溴-4-氯-3-吲哚-β-D-半乳糖苷)是 β-半乳糖苷酶(β-galactosidase)的显色底物，在 β-半乳糖苷酶的催化下产生蓝色产物。在蓝白斑筛选体系中，*LacZ* 基因被分为两段：一段编码 N 端α多肽的序列(LacZ′)放在载体上(图 1-1)，载体中间插入多克隆位点(MCS)；另一段编码 C 端多肽的序列被整合在宿主菌的染色体上。如果载体的 MCS 中没有插入 DNA 片段，则在宿主菌中载体 DNA 编码的α多肽可以和宿主菌编码的 C 端多肽结合，产生有活性的 β-半乳糖苷酶(α-互补)，形成蓝色的菌落(蓝斑)。如果载体 MCS 中有外源 DNA 片段插入，则产生的 β-半乳糖苷酶无活性，产生的菌落为白色(白斑)。可以做蓝白斑筛选的宿主菌有 DH5α、XL 1-Blue、JM105 等含有 *LacZ* 基因 C 端多肽编码序列的菌株。

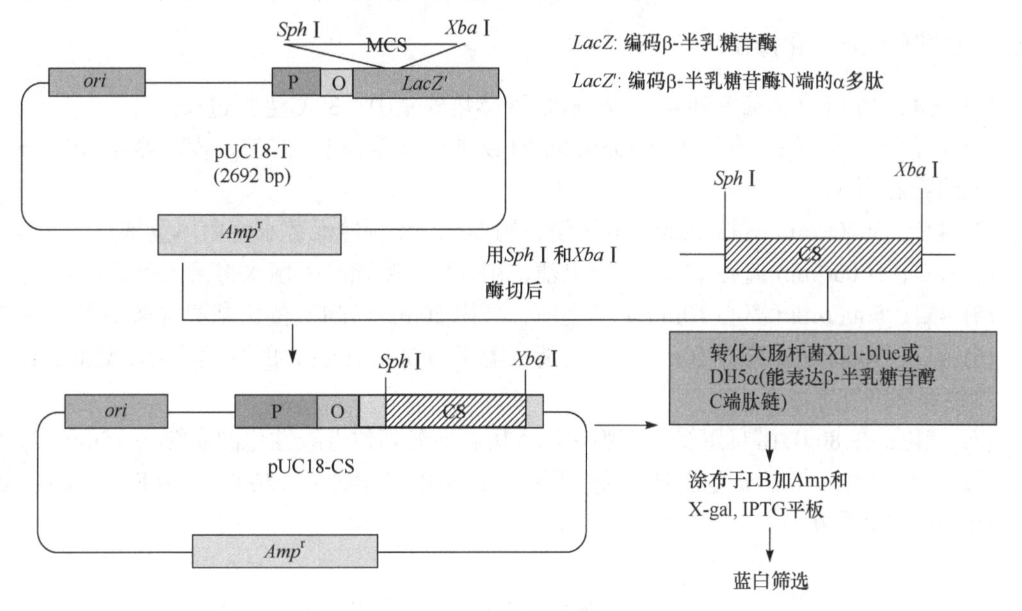

图 1-1　蓝白斑筛选的原理

2. 实验操作流程

在 LB 固体培养基平板上均匀涂上 Amp 抗性、80μL IPTG(100μg/μL)、15μL X-gal(50mg/mL)。37℃过夜倒置培养(倒置)，次日取出放置于在 4℃，进行 12h 的蓝白斑显色筛选(白斑为含有插入片段的菌落)。

(四) 植物表达载体转化农杆菌方法

(1) 取少量(0.2～0.3μL)载体质粒加入农杆菌感受态细胞 ClC58(pPMP90)中，轻轻混匀。

(2) 将混合物加入到冰上预冷的电转杯中，轻轻敲击杯身使混合液至杯底。

(3) 将电转化杯置于电转化仪滑槽中，按照表 1-16 设置电转化电击参数，按“Pulse”电击后，立即取出电转化杯，迅速加入 0.5mL SOC 培养基，混匀，转移到 1.5mL 的离心管中。

(4) 28℃、200r/min 摇床培养 3～5h。

(5) 室温下，7500r/min 离心 1min，弃其上清至 100μL 将细胞悬浮；将细菌涂布带有抗生素(如 Spe)的 LB 固体培养基上，28℃培养 1.5～2 天即可见菌落。

(6) 电转仪的操作使用方法：Power ON → Pre-set Protocols → Enter → 1.Bacteria → Enter → 4.A.Tumerfaciens → Enter → Set Parameters (as below) → "Pulse" → Home → Power OFF

表 1-16 电转化电击参数

参数	数值
Voltage (V)	2400
Capacitation(μF)	25
Resistance(Ω)	200
Cuvette(mm)	1

(五) 酿酒酵母的电转化操作

(1) 挑取一个酵母单菌落到 4mL 的 YPD 液体培养基中，30℃生长过夜。

(2) 接种：吸取 50μL 的菌液至 50mL 的 YPD 液体培养基中，30℃过夜培养至 OD_{600}=1.3～1.5，大约需要 16h。

(3) 4℃、5000r/min 离心 5min，弃上清，用 50mL 冰预冷无菌水将菌体重悬。

(4) 4℃、5000r/min 离心 10min，弃上清，用 30mL 冰预冷无菌水将菌体重悬。

(5) 4℃、5000r/min 离心 10min，弃上清，再用 20mL 1mol/L 的山梨醇洗涤 1 次。

(6) 4℃、5000r/min 离心 10min，弃上清，溶于 200μL 1mol/L 的冰预冷的山梨醇，以备转化，始终保持细胞在冰上。

(7) 转化：在 80μL 酵母感受态细胞中加入用合适酶切位点线性化的质粒(1～5μg)，冰上放置 15min，迅速加入 0.2cm 电击杯中(冰预冷)，电击(电击参数为 1500V、25μF、200Ω)，迅速加入山梨醇，涂平板。

八、质粒 DNA 的提取

(一) 试剂的配制

1. RNase A 母液

将 RNase A 粉末溶于 10mmol/L Tris-HCl(pH8.0)、15mmol/L NaCl 中，配成 10mg/mL 的溶液；100℃下加热 15min，使混有的 DNase 失活，冷却后−20℃保存。

2. 溶液 I

含 50mmol/L 葡萄糖、25mmol/L Tris-HCl(pH8.0)、10mmol/L EDTA(pH8.0)，高压灭菌 15min，4℃保存。

3. 溶液Ⅱ

含 0.2mol/L NaOH(使用前用 10mol/L NaOH 母液稀释)、1% SDS，溶液Ⅱ宜现配现用，因 NaOH 容易和空气中的二氧化碳反应降低其浓度，所以不能长期保存。

4. 溶液Ⅲ

取 5mol/L 乙酸钾 60mL、冰醋酸 11.5mL，用 28.5mL ddH_2O 定容到 100mL，高压灭菌。溶液最终浓度：[K^+]为 3mol/L，[乙酸根]为 5mol/L。

(二) SDS 碱裂解法

1. 原理

SDS 碱裂解法在抽提质粒 DNA 的过程中需要用到三种溶液。细菌细胞在溶液Ⅰ中充分悬浮后加入溶液Ⅱ，溶液Ⅱ含有高浓度的 NaOH 和强阴离子洗涤剂(SDS)，当细菌细胞暴露于高 pH 的溶液Ⅱ后，其细胞壁立即破裂，释放的染色体 DNA 和蛋白质马上变性，相互缠绕形成大型复合物被 SDS 包盖，此时再加入溶液Ⅲ，用钾离子取代溶液Ⅱ中的钠离子使染色体 DNA 和蛋白质复合物沉淀，而质粒 DNA 则悬浮在上清液中，高速离心后转移上清液，再用乙醇沉淀即可回收得到质粒 DNA。

2. 实验操作流程

(1) 取 1.5mL 培养物于 EP 管中(实验台上操作)，室温 12 000r/min 离心 30～60 s。

(2) 弃上清，将 EP 管倒扣到吸水纸上除尽上清，加入 Solution Ⅰ (1mol/L Tris-HCl 稳定适宜溶菌的 pH 8 环境，0.5mol/L EDTA 螯合 Mg 抑制 DNase 活性，20% Glucose 增加黏稠度保护质粒 DNA、悬浮菌体，有葡萄糖配制时需要灭菌)100μL，剧烈振荡悬浮菌体后，加入 Solution Ⅱ (10%SDS，2 当量/L NaOH，pH12～12.5)200μL 颠倒离心管 5～6 次，菌液裂解，DNA 变性，溶液变得清亮，开管口时有 DNA 拉丝现象。

(3) 加入 Solution Ⅲ(3mol/L KOAc，5mol/L CH_3COOH，pH4.8)150μL，使 pH 恢复至 7.0，质粒 DNA 迅速复性溶于上清，拟核 DNA 无法复性与蛋白质等缠绕成网状沉淀，振荡，再加入 25μL 氯仿：异戊醇(24：1)混匀，4℃(或室温)、13 000r/min 离心 5～10min。

(4) 转移上清于一个洁净 EP 管中，加异丙醇 450μL(等体积)或无水乙醇 1mL(2.5 体积)混匀，−20℃(异丙醇可以室温)静置 5～10min，然后 13 000r/min、4℃离心 10min。

(5) 弃上清，用 70%～75%的乙醇 0.8mL 清洗沉淀(使沉淀悬浮，除去盐)，然后 12 000r/min、4℃离心 5min。

(6) 真空干燥沉淀 2min 后，加 20μL 含有 RNase A(20μg/mL)的 1×TE(18～19μL 1×TE，1～2μL RNaseA 母液)溶解。

(7) 取 2μL 在 1%的琼脂糖凝胶上电泳检测结果，−20℃保存备用。

(三) 质粒 DNA 的纯化

需要大量酶切质粒或做 Gateway 的 LR 反应时，需要用试剂盒纯化质粒 DNA，我们采用中量提取试剂盒纯化质粒 DNA。

操作步骤如下：收集10～15mL菌液的沉淀于50mL离心管中，加入0.5mL溶液Ⅰ，振荡至彻底悬浮。加入1mL溶液Ⅱ，立即轻柔颠倒离心管数次，使菌体充分裂解，裂解后的菌体变得清亮。随后将离心管放置于冰上2～3min。加入0.75mL溶液Ⅲ，立即温和颠倒离心管数次，室温放置10min。12 000r/min离心15min。取上清到一个干净的离心管中，随后加入0.6倍体积异丙醇，混匀后于–20℃放置30min(或者–70℃放置10min)，12 000r/min、4℃离心25min。去掉上清，收集沉淀，溶于270μL ddH_2O 并加入30μL 10mg/mL RNase，37℃保温30min。加入等体积的结合缓冲液(约300μL)，混匀后转移到一个离心吸附柱中，12 000r/min离心30s。倒掉废液收集管中的废液,加入750μL漂洗缓冲液于离心吸附柱中，静置1min后，12 000r/min离心30s。倒掉废液收集管中的废液。重复两次。再次于12 000r/min离心2min，尽量除去漂洗缓冲液。小心取出离心吸附柱，将其套入一个干净的1.5mL Eppendorf离心管中，加入适量缓冲液100μL，室温放置2～5min后，12 000r/min离心1min。

九、质粒的酶切

(一) 原理

细菌细胞中存在多种可切割DNA分子的限制性内切核酸酶，有些限制性内切核酸酶对DNA分子的切割有特异性。根据限制性内切核酸酶对DNA分子的识别部位和切点的不同可将它们分为Ⅰ、Ⅱ和Ⅲ类：Ⅰ类酶识别部位和切点不同，切断部位不确定；Ⅲ类酶的识别部位和切点不同，但切点固定；Ⅱ类酶能特异地切断其识别部位或其附近的特定部位，酶切后的双链DNA末端有黏末端和平末端。由于Ⅱ类酶对DNA分子的识别部位和切断部位都有高度的特异性，因此基因工程操作中常用的限制酶主要是Ⅱ类酶。

(二) 实验操作方法

1. 检测用酶切反应体系

1) 按照表1-17设置反应体系

表1-17　酶切反应体系(20μL)

反应组分	体积
质粒DNA	2μL
限制酶1	0.5μL
限制酶2	0.5μL
10×Buffer(TaKaRa H,K,L,M)	2μL
ddH_2O	15μL

2) 酶切反应

根据说明书确定两种限制酶是否可在同样的缓冲液工作，如果可以就能用两种限制酶同时对质粒DNA进行消化；如果两种限制酶用不同的缓冲液，一般先使用适于低盐浓度的酶，然后适当调整缓冲液的盐浓度再加入第二个酶。如果使用一种限制酶消化DNA，则加入0.5μL

酶贮存液和相应缓冲液后，再补充 ddH_2O 至体系为 20μL 即可。

2. 大量酶切反应

(1) 构建载体需要做大规模的酶切反应，可以按照上述反应体系放大至 50～200μL。

(2) 1μg DNA 中添加 10U 的限制酶，在 50μL 的反应体系中，37℃反应 1h 可以完全降解DNA。

(3) 为防止 Star(*)活性的产生，请将反应体系中的甘油含量尽量控制在 10%以下。

(4) 根据 DNA 的种类、各 DNA 立体结构的差别，或当限制酶识别位点邻接时，有时可能会发生双酶切不能顺利进行的状况。

十、利用 Gateway 技术构建植物表达载体

(一) 原理

美国 Invitrogen 公司根据λ噬菌体基因组和大肠杆菌基因组之间的位点专一性重组分子机制开发了一套新的分子克隆新技术，即通路克隆(Gateway)技术。Gateway 技术的 LR 反应是根据λ噬菌体基因组从大肠杆菌的基因组中切离的机制设计出来的实验体系，利用 Gateway 的 LR 反应可以构建目的基因的表达载体。Gateway 入门载体(entry clone)分子质量较小，因此可用常规的酶切和连接方法构建，然后把入门载体和目的载体(destination clone)DNA 混合并加入 LR 反应克隆酶即可完成表达载体的构建。构建载体所需的目的载体可到 https://gateway. psb. ugent. be/网站上查找和订购。

(二) 实验操作方法

按照表 1-18 设置反应体系，25℃反应过夜后转化大肠杆菌(*E. coli*)DH5α感受态细胞。建议用商业化出售的感受态细胞，转化效率需要达到 10^8cfu/μg 质粒 DNA，才容易获得重组成功的克隆。

表 1-18　LR 反应体系

反应组分	体积
Entry clone(150ng)	*x*μL
Destination clone(150ng)	*y*μL
LR Clonase enzyme mix	1μL
1×TE(pH8.0)	补足至 10μL

十一、Southern 杂交分析

(一) 原理

Southern 杂交分析是一种考察目的基因在基因组 DNA 上的拷贝数或验证外源基因插入转基因生物基因组的可靠方法。在 Southern 杂交实验过程中，首先需要提取基因组 DNA，然后用一两种限制性内切核酸酶消化，再利用琼脂糖凝胶电泳分离消化的基因组 DNA 片段。琼脂

糖凝胶用碱性溶液处理，使胶上的双链 DNA 变性为单链 DNA 片段。再转移至尼龙膜支持物上，利用吸水纸中发生的毛细管作用可把变性 DNA 转移到尼龙膜上，经干烤固定后转入杂交袋。在杂交袋中加入杂交溶液，杂交溶液中标记的探针 DNA 按碱基互补的原则与变性 DNA 杂交，杂交反应结束后洗去非特异结合的探针 DNA，最后用放射自显影或酶反应显色，即可观察杂交 DNA 条带在尼龙膜上出现的位置。

(二) 实验操作方法

1. Southern 印迹

采用 CTAB 法提取基因组 DNA，用限制性内切核酸酶消化 20μg 基因组 DNA，用 0.8%的琼脂糖凝胶电泳分离消化后的 DNA，用 0.4mol/L NaOH 作 Southern 印迹使双链基因组 DNA 变性，通过毛细管作用把酶切变性的基因组 DNA 转移到尼龙膜(Hybond-N^+ membrane)上。

2. 探针标记

设计探针引物序列，由上海生工合成并用地高辛标记探针(如 amdh-dig：5′-DIG-AGGGCACATTTGTTTCAATGGGAGTATACTCAGATGGATCC-3′和 emdh-dig：5′-DIG-GTCGAATGTGCCTACGTTGAAGGCGACGGTCAGTACGCC C-3′)。

3. 杂交和洗膜

在 37℃预杂交液(6×SSC、5×Denhardt′s、0.5% SDS 和 100 μg/mL 鲑鱼精 DNA)中进行预杂交 6h 后，加入适量探针进行过夜杂交。杂交结束后，用洗膜液(2×SSC 和 0.1% SDS)于 37℃洗膜 2 次，每次 15min。然后用含 5%脱脂牛奶的马来酸溶液[0.1mol/L 马来酸(maleic acid)和 0.15mol/L NaCl, pH7.5]封闭 1h，再加入偶联有碱性磷酸酶的地高辛抗体(Sigma)孵育 1h。用显色试剂盒 NBT/BCIP(Cwbiotech)检测杂交 DNA 条带的信号。

第二章　蛋白质分析技术

一、植物组织总蛋白提取及含量的测定

(一) 植物可溶性总蛋白质的提取

(1) 取 1g 植物的组培材料放到研钵中，加入 900μL 的蛋白质抽提液(10%甘油，100mmol/L Tris-HCl，1mmol/L PMST，5%PVP，10mmol/L 巯基乙醇)将叶片研成粉末。

(2) 在 4℃、12 000r/min 离心 10min，将上清转移到新的 1.5mL EP 管中，放置在冰上。

(3) 将抽提的蛋白质放置在−20℃保存备用。

(二) 蛋白质浓度的测定

1. 原理

考马斯亮蓝 G-250 染料的酸性溶液颜色为棕黑色，在这种染料的溶液中加入蛋白质样品后，蛋白质中存在的碱性氨基酸和芳香族氨基酸能与考马斯亮蓝 G-250 染料结合，使 G-250 染料的紫外吸收峰由 465nm 变为 595nm，G-250 染料溶液的颜色也由棕黑色变为蓝色。在 595nm 的波长下，G-250 染料吸收的光度值 A_{595} 与样品的蛋白质浓度成正比，利用标准蛋白 BSA(牛血清白蛋白)制作标准曲线，通过标准曲线可计算出待测样品的蛋白浓度。

BSA 溶液常用的浓度单位是质量体积百分比(g/mL，如：1%、0.1%)和质量/体积比(如 10mg/mL)。1%BSA = 10mg/mL BSA；0.1% BSA = 1mg/mL BSA。根据 BSA 的分子质量为 69kDa 可以估算出：10mg/mL BSA = 0.145 mmol/L = 145 μmol/L。

2. 测定方法

蛋白质浓度测定所用染料试剂为 Bio-Rad 的 Bradford Protein Quantitation Reagent(蛋白质定量测定试剂)。

3. 实验操作流程

(1) BSA(TaKaRa, Japan)标准品和样品的准备：用水或其他不干扰显色反应的缓冲液配制样品，使待测定的浓度位于标准曲线的线性部分。每个反应准备 3 个平行测定。标准曲线一般 5～6 个点即可，根据样品的浓度确定各点的具体浓度。稀释 BSA 时可以用水，最好采用与样品一致或近似的溶液。

(2) 可以在 1.5mL Eppendorf 管内进行反应，在管壁上依次标上序列号，在管内加 0.5mg/mL BSA 标准品(0μL、10μL、20μL、40μL、80μL、100μL)，然后用水补足使总体积为 100μL，混匀。注意每次反应都需要做一个与未知样品溶液相同的空白对照。

(3) 加入 200μL Bradford Solution(总体积 1.0mL)，室温放置 2min。

(4) 用容量为 1mL、光径为 1cm 的比色杯测定 595nm 处的光吸收。

(5) 标准曲线的绘制：根据制作标准曲线的体系，设置样品反应体系(800μL H_2O+200μL Brad ford Solution+1～5μL 样品蛋白液)，测定 OD_{595} 后带入标准曲线计算得出蛋白含量。

(6) 待测样品的OD的测定：取2μL蛋白抽提液加入800μL H_2O，与200μL Bradford Solution混匀后室温放置2min，读取595nm处的光吸收值 OD_{595}。

(7) 待测样品蛋白浓度的计算：将测得的待测样品蛋白 OD_{595} 代入标准曲线 y=32.594x–0.224[x：OD_{595}，y：蛋白含量(μg)，R^2=0.9995]，计算得出蛋白含量。

二、聚丙烯酰胺凝胶电泳

(一) 原理

聚丙烯酰胺凝胶电泳(PAGE)也叫垂直电泳，是一种常用的分离蛋白质和小分子质量核酸的电泳技术，其支持介质为聚丙烯酰胺凝胶。在PAGE胶的制备过程中，以过硫酸铵(APS)为催化剂，同时加入四甲基乙二胺(TEMED)作为加速剂，使丙烯酰胺单体和甲叉双丙烯酰胺产生聚合反应，形成具有三维网状结构的凝胶。

如果需要做非变性的垂直电泳，在电泳样品和PAGE胶中均不要加入蛋白质变性剂。如果在蛋白样品和丙烯酰胺凝胶中加入阴离子去污剂SDS(十二烷基磺酸钠)，可做变性的聚丙烯酰胺凝胶电泳，即SDS-PAGE。SDS在SDS-PAGE中具有蛋白变性剂和助溶剂的作用，SDS可使蛋白质分子内和分子间的氢键断裂，破坏其二、三级结构，使蛋白质分子去折叠，最终使所有蛋白质分子都解聚成单体多肽，解聚后蛋白多肽链上的氨基酸侧链可与SDS结合成蛋白-SDS胶束，这种胶束所带的负电荷大大超过蛋白质原有的电荷量，消除不同蛋白分子间的电荷差异和结构差异，因而在SDS-PAGE中蛋白质的迁移率主要取决于它的相对分子质量，而与蛋白质所带电荷及其分子形状无关。在SDS-PAGE的电泳样品中还要加入还原剂β-巯基乙醇，通过β-巯基乙醇的还原作用使蛋白质分子内和分子间的二硫键断裂。

为了获得较好的分辨率，SDS-PAGE电泳缓冲液一般采用不连续缓冲系统。不连续缓冲体系由电极缓冲液、浓缩胶及分离胶组成。浓缩胶在点样区是由 APS 催化低浓度的丙烯酰胺单体和甲叉双丙烯酰胺聚合而成的大孔胶，制备浓缩胶使用的缓冲液为pH6.7的Tris-HCl。分离胶是由 APS 催化高浓度的丙烯酰胺单体和甲叉双丙烯酰胺聚合聚合而成的小孔胶，制备分离胶使用的缓冲液为pH8.9的Tris-HCl。电极缓冲液用pH8.3的Tris-甘氨酸缓冲液。在SDS-PAGE电泳体系中，由2种孔径(大孔和小孔)的凝胶(浓缩胶和分离胶)、2种缓冲体系(浓缩胶中pH6.7的Tris-HCl和分离胶中pH8.9的Tris-HCl)、3种pH(pH6.7、pH8.3、pH8.9)形成的不连续性系统可使较稀的蛋白样品在浓缩胶中发生浓缩和堆积作用，然后在大孔胶中迁移，最后在浓缩胶孔底部浓缩成一个狭窄的区带。

(二) 试剂配方(表2-1)

表2-1　配SDS-PAGE胶母液的配方

组分	配方	配制方法
Solution A 200mL	56g(28%)Acrylamide(C_3H_5NO;MW: 71.08) 2g(1%)*N*, *N'*-Methylenebisacrylamide($C_7H_{10}N_2O_2$;*Mr*: 154.17)	溶于200mL水中，pH7，棕色瓶中4℃保存。
Solution B 100mL	18.15g(1.5mol/L)Tris-HCl(pH8.8) 0.4g(0.4%)SDS	溶于 100mL 水中，浓盐酸调pH8.8，4℃保存。

续表

组分	配方	配制方法
Solution C 100mL	6.05g(0.5mol/L)Tris-HCl(pH6.8) 0.4g(0.4%)SDS	溶于 100mL 水中，浓盐酸调pH6.8，4℃保存。
APS	Ammonium persulfate(APS)($N_2H_8S_2O_8$;*Mr*: 228.2)，10%	initiator for gel formation
TEMED	(*N*,*N*,*N'*,*N'*-tetramethylethylenediamine) ($C_6H_{16}N_2$;*Mr*: 116.21)	APS：TEMED=1：10
固定液 500mL	100g TCA	溶于 500mL 水中
染色液 1L	1g Coomassie Brilliant Blue R-250 (CBB)($C_{45}H_{44}N_3NaO_7S_2$; *Mr*: 825.97) 250mL 异丙醇 100mL 冰醋酸	加水混匀定容到 1L，滤纸过滤
脱色液 1L	100mL 冰醋酸 50mL 无水乙醇	加水定容到 1L

(三) 凝胶的制备

1. 制胶器的组装

用乙醇彻底清洗玻璃板后，根据说明书组装制胶装置。

2. 分离胶的配制

按照表 2-2 的配方配制分离胶，利用磁力搅拌混匀，然后向板间倒入分离胶，小心用 1mL 正/异丁醇覆盖。

表 2-2　SDS-PAGE 分离胶与浓缩胶的配方

40mL 12%分离胶(resolving gel)		15mL 4%浓缩胶(stacking gel)	
Solution A	17mL	Solution A	2.4mL
Solution B	10.8mL	Solution C	4mL
ddH_2O	13mL	ddH_2O	9mL
APS	500μL	APS	200μL
TEMED	26.7μL	TEMED	28μL

3. 浓缩胶的配制

0.5～1h 分离胶凝固后，倾去上层液体，按照上表配制浓缩胶，利用磁力搅拌混匀，在分离胶上灌制浓缩胶，然后插上适合的梳子，保证梳子底端与分离胶间距达到 5mm 以上。

4. 安装电泳装置

0.5～1h 浓缩胶充分聚合后，拔去梳子，安装电泳装置，加入电泳缓冲液，进行后续操作。

5. 蛋白样品的处理

蛋白样品和 1/5 体积 5×蛋白上样缓冲液[Tris-HCl(pH6.8)250mmol/L，SDS 10%，BPB 0.5%，甘油 50%，β-巯基乙醇 5%]，95℃加热 5min 后置于冰上 5～10min。

6. 跑电泳

电泳开始时设置电压为 60V、50mA(8V/cm)，染料进入分离胶后，将电压增加到90V/85mA(15V/cm)，继续电泳到直到染料抵达分离胶底部，断开电源。

7. 考马斯亮蓝染色

(1) 用刀片分开玻璃板，切除浓缩胶，用水冲下分离胶，置于固定液中，摇床 40r/min、20～30min 固定。

(2) 回收固定液，用至少 5 倍体积的染色液浸泡、摇床 40r/min 室温摇 30～60min。

(3) 弃染色液，加脱色液，摇床 40r/min 常温脱色 30～60min。

(4) 弃脱色液，加入 ddH_2O、40r/min 常温脱色，期间换水 2～4 次。

(5) 将脱色后的凝胶照相或干燥，也可无限期地用塑料袋封闭在含 20%甘油的水中。

三、Western blotting 分析

(一) 原理

Western blotting 即蛋白免疫印迹分析，是检测目的蛋白表达或存在的一种常用且非常可靠的方法。Western blotting 分析经过凝胶电泳、样品印迹和免疫学检测三个部分完成。凝胶电泳通过 SDS-PAGE 完成蛋白质的分离过程，使待测样品中的蛋白质按分子质量大小在凝胶中分成不同的条带；样品印迹在半干转膜仪和湿法转膜仪上完成，通过印迹操作把凝胶中的蛋白条带转移到 PVDF 膜上；免疫学检测需要使用以待测蛋白或其特异性多肽为抗原制备的鼠抗或兔抗(在 Western blotting 分析中称为一抗)，通过一抗和印迹在膜上的待测蛋白条带结合的来识别它，最后用羊抗鼠或羊抗兔的二抗与一抗结合，使待测蛋白与一抗结合形成的复合物变得可视化。一般商业化出售的二抗结合有碱性磷酸酶(AP)或辣根过氧化物酶(HRP)，利用二抗中的 AP 或 HRP 催化荧光底物或显色底物反应产生荧光或颜色来观察 PVDF 膜上待测蛋白条带的位置。

(二) 实验操作流程

1. SDS-PAGE 电泳

(1) 75%乙醇清洗玻璃胶板，组装制胶装置，按表 2-3 配制分离胶和浓缩胶。

表 2-3 SDS-PAGE 分离胶与浓缩胶的配方

10mL 12% resolving gel		20mL	3.33mL 4% stacking gel		6.66mL
Solution A	4.25mL	8.5mL	Solution A	0.53mL	1.06mL
Solution B	2.7mL	5.4mL	Solution C	0.88mL	1.77mL
ddH_2O	3mL	6mL	ddH_2O	2mL	4mL
APS	125μL	250μL	APS	45μL	90μL
TEMED	6.5μL	13μL	TEMED	6μL	12μL

(2) 蛋白样品制备：蛋白样品和 1/5 体积 5×蛋白上样缓冲液[Tris-HCl(pH6.8)250mmol/L，SDS 10%，BPB 0.5%，甘油 50%，β-巯基乙醇 5%]，95℃加热 5min 后置于冰上 5～10min，常温离心 13 000r/min 1min，沉淀淀粉。

(3) 电泳：需要恒流，浓缩胶 30mA，分离胶 40mA。

2. 转膜操作

1) 按表 2-4 配制转膜所需的溶液。

表 2-4　转膜所需溶液的配方

封闭液	1g 脱脂奶粉 20mL 1×PBT(500mL 的 1×PBS + 5mL 10% Tween20)	37℃摇床 2h； 加抗体时须过夜
10×PBS	NaCl 0.8%，$Na_2HPO_4·12H_2O$ 0.29%，KCl 0.02%，KH_2PO_4 0.02%	使用时稀释 10 倍
Western blotting buffer	2.9g Glycine 39 mmol/L 5.8g Tris 48mmol/L 0.37g SDS 0.037%	600mL 去离子水搅拌溶解， 加入 200mL 甲醇，混匀， 用水定容到 1L

2) 转膜仪器

转膜使用的仪器为 Semi-Dry Transfer Cell(BIO-RAD)转膜系统。

3) 转膜操作步骤

(1) 剪刀剪取分离胶大小的 PVDF 膜(Millipore)、Whatman 3MM 滤纸 6 张(8.2cm×5.8cm)。

(2) 将 PVDF 膜浸入甲醇约 5s，立即转移至 20mL Western blotting buffer，同时放入分离胶，摇床 20min。

(3) 用平头镊子夹 3 层滤纸用 Western blotting buffer 浸润后放置于 Semi-Dry Transfer Cell，取出 PVDF 膜置于滤纸上，后将胶置于 PVDF 膜上。

(4) 3 层滤纸用 Western blotting buffer 浸润后置于分离胶上。

(5) 设定电流为 $2.0mA/cm^2$(100 mA)转膜，转膜时间为 1～2h。

4) 洗膜

(1) 转膜完毕，将 PVDF 膜(8.2cm×5.8cm)转至 20mL 的 1×PBS，摇床 5min。

(2) 弃 PBS，加入 20mL 封闭液液(1×PBT + 1g 脱脂奶粉)，37℃摇床 2h(40～45r/min)。

(3) 弃封闭液，加 20mL 1×PBT，室温 40～45r/min 摇床 10min。

(4) 加一抗混合液[20mL 1×PBT + 1～5μL 一抗(1：100～1：1000 稀释)，40～400pg/μL + 1mL Blocking Solution Ⅰ(商业化)]，室温摇床 2h 或 4℃摇床过夜。

(5) 回收一抗混合液，加 1×PBT 室温摇床 10～20min(40r/min)。

(6) 弃 1×PBT，加入二抗混合液[20mL 1×PBT + 1μL 二抗(1：20 000 稀释)]，室温摇床 1h。

(7) 弃二抗混合液；加入 20mL 1×PBT，摇床 10min，重复 3 次。

5) 结果观察

弃 1×PBT，加 1mL 工作液(500μL 稳定剂 + 500μL 发光底物，混匀)，浸润整个 PVDF 膜，转入成像系统 Chemidoc XRS(BIO-RAD)，将成像系统上方调至 0 档，选 Chemi Hi Sensitivity 进行成像。

四、Far Western blotting 分析

(一) 原理

Far-Western blotting 是检测在凝胶中已分离的蛋白质与溶液中的蛋白质(探针蛋白)是否有相互作用的一种方法。在 Far-Western blotting 实验中用探针蛋白(非抗体蛋白)来检测目标蛋白，探针蛋白一般要有一段标签序列如 His、GST 或 FLAG，因此可用原核表达载体在大肠杆菌中大量表达后纯化获得。通过标签序列的特性或者其特异抗体来结合和识别探针蛋白，然后与二抗结合形成复合物，再通过二抗上结合的 AP 或 HRP 催化的显色或产生荧光底物的反应来观察与探针蛋白结合(互作)的待测蛋白。

(二) 实验操作流程

1. 在变性凝胶中分离待测蛋白

取纯化的带 His 和 GST 标签融合蛋白各 50μg 进行 SDS-PAGE 凝胶(12%)分离。

2. 转膜

分离后的蛋白质在转膜缓冲液(39mmol/L Glycine，48mmol/L Tris，0.037% SDS)中电转移到 PVDF 膜上。

3. 分离蛋白的复性

转移到膜上的蛋白质分别在浓度为 6mol/L、3mol/L、1mol/L、0mol/L 的盐酸胍 AC buffer[10% Glycerol, 0.1mol/L NaCl, 20mmol/L Tris-HCl (pH 7.5), 1mmol/L EDTA, 0.1% Tween-20, 2%奶粉，1mmol/L DTT]中进行变性/复性。

4. 膜的封闭

膜分别在含有 6mol/L、3mol/L、1mol/L 盐酸胍的 AC Buffer 中室温振荡(40r/min)孵育 2h，然后在 0mol/L 盐酸胍的 AC Buffer 中 4℃振荡孵育过夜(40r/min)。孵育后用含有 5%脱脂奶粉的封闭液(50mmol/L Tris-HCl, pH 8.0, 0.15mol/L NaCl, 0.02% Tween 20)室温封闭 2h。

5. 膜蛋白与探针蛋白的结合

分别往封闭后的 PVDF 膜上加入 30μL GST 融合蛋白作为探针，在结合缓冲液[50 mmol/L Tris-Cl (pH7.5), 1mmol/L EDTA，100mmol/L NaCl, 1mmol/L DTT，0.25% TritonX-100]中 4℃孵育过夜。

6. 一抗和二抗的结合

最后用 anti-GST 一抗进行孵育，用含有辣根过氧化物酶的羊抗鼠或羊抗兔二抗进行 Western blotting 检测。

五、重组蛋白的表达和纯化技术

(一) 重组蛋白表达条件的优化

1. 原理

在含有乳糖操纵子作为诱导表达元件的原核表达载体中表达重组蛋白时，都需要用诱导物诱导目的蛋白的表达。诱导物一般用与乳糖结构相似的类似物如 IPTG(异丙基-β-D-硫代半乳糖苷)，由于大肠杆菌细胞不能代谢 IPTG，因而不会被消耗，可实现重组蛋白的持续诱导表达，且诱导作用不会逐渐减弱。由于每种重组蛋白诱导表达所需的时间、温度和 IPTG 浓度不同，因此在大规模诱导重组蛋白表达时需要优化其最佳表达条件。

2. 实验操作流程

(1) 取保存于−80℃的菌种，于含有相应抗生素的 LB 固体培养基上活化。

(2) 挑取阳性克隆，接种于含有相应抗生素的 2mL LB 液体培养基中，按不同温度、不同 IPTG 的诱导浓度、不同时间进行蛋白质表达条件的考察。

(3) 4℃、12 000r/min 离心 2min，收集菌体。

(4) 加入 200μL 洗菌缓冲液[Tris-HCl(pH7.4)100mmol/L，甘油 10%]，悬菌，离心。

(5) 加入 100μL 蛋白抽提缓冲液[磷酸钠缓冲液(pH7.4)20mmol/L，NaCl 0.5mol/L]，悬菌。

(6) 超声波破碎(冰上操作)，4℃、12 000r/min 离心 30min，取上清。

(7) 使用 Bradford 法确定蛋白质浓度，SDS-PAGE 鉴定最优表达条件。

(二) 亲和层析法纯化带标签的重组蛋白

1. 原理

亲和层析是通过将具有亲和力的两个分子中的一个固定在不溶性的载体基质上，再通过两个分子间特异性和可逆性的结合，对另一个分子进行分离纯化的方法。基质一般装载在柱子中，构成亲和层析的固定相，被固定在基质上的分子称为配体，配体与基质的结合可通过共价键或离子之间的静电作用实现。在含有组氨酸(His)或谷胱甘肽转移酶(GST)标签的重组蛋白的亲和层析体系中，固定在基质填料上的配体分子是镍离子或谷胱甘肽(GSH)，当重组蛋白通过挂有这些配体的基质填料填满的柱子时，重组蛋白分子上的组氨酸或 GST 标签序列可以使重组蛋白与柱子上的配体发生特异性结合，由于这种结合力比不含标签的杂质蛋白与配体的非特异性结合力强，最后再利用洗脱液的快速变换并加入竞争性结合的试剂洗脱出结合在配体上的重组蛋白，因此可以用亲和层析法快速纯化重组蛋白。

2. 实验操作流程

1) 带组氨酸标签重组蛋白的纯化方法

(1) 0.22μm 滤器过滤蛋白破碎上清液，除去杂质。

(2) His-Trap HP 柱的预处理：5 柱体积纯水洗柱；5 柱体积结合缓冲液[磷酸钠缓冲液

(pH7.4)20mmol/L，NaCl 0.5mol/L，咪唑 5 mmol/L]平衡柱子，流速为 2mL/min。

(3) 蛋白样品上柱：流速为 1mL/min，收集流出液。

(4) 洗柱：5 柱体积结合缓冲液[20mmol/L 磷酸钠缓冲液(pH7.4)，NaCl 0.5mol/L，咪唑 30mmol/L]洗脱。5 柱体积洗脱缓冲液[20mmol/L 磷酸钠缓冲液(pH7.4)，NaCl 0.5mol/L，咪唑 30～500mmol/L]依次洗脱，收集洗脱液。

(5) His-Trap HP 柱的后处理：5 柱体积洗脱缓冲液[20mmol/L 磷酸钠缓冲液 pH7.4，NaCl 0.5mol/L，咪唑 500mmol/L]洗去所有蛋白质；5 柱体积纯水洗柱；5 柱体积 20%乙醇洗柱；柱子前后封口，4℃保存于 20%乙醇中。

(6) 分别取少量各步骤流出液，Bradford 法确定蛋白质浓度，进行 SDS-PAGE 分析。

(7) 70%硫酸铵，4℃沉淀洗脱液。

(8) 电泳确定蛋白洗脱浓度后，4℃离心 12 000r/min,，25min，收集蛋白沉淀。

(9) 加入少量蛋白贮存液[ADH 蛋白贮存液：磷酸钾缓冲液(pH8.0)50mmol/L，DTT 1mmol/L，20%甘油；FDH 蛋白贮存液：磷酸钾缓冲液(pH7.5)100mmol/L，DTT 1mmol/L，20%甘油]，分成小管置于–20℃保存。

2) 带 GST 标签重组蛋白的纯化方法

(1) 配制如下三种缓冲溶液

① 洗脱缓冲液：10mmol/L 谷胱甘肽(Glutathion，还原型)、50mmol/L Tris-HCl，pH8.0。

② 再生缓冲液 1：0.1mol/L Tris-HCl、0.5mol/L NaCl，pH8.5。

③ 再生缓冲液 2：0.1mol/L 乙酸钠、0.5mol/L NaCl，pH4.5。

(2) 重组蛋白样品的制备

① 每 100mL 培养物的细胞沉淀悬于 4mL 预冷的 PBS。

② 冰上超声波破碎直至不再黏稠，呈透明状，10 000r/min，4℃离心 15min，并将上清(可溶部分)转移至一干净的预冷离心管中，然后用预冷的 PBS Buffer(每 50mL 培养液加 3mL PBS)重悬沉淀。

③ 分别取 10μL 上清和沉淀悬液进行 SDS-PAGE 电泳检测，若用 GST 融合蛋白形成包涵体(不可溶蛋白)，应用适当的方式进行溶解和重折叠再进行纯化(详见包涵体蛋白的割胶纯化)。

(3) GST 融合蛋白的纯化

① 吸取 1mL 充分悬浮的 GST 凝胶至层析柱(含有滤膜)中，用 10 倍柱床体积的 PBS Buffer 洗涤柱子。

② 将含有 GST 融合蛋白的 PBS 溶液加入到已平衡好的层析柱中(不超过 8mL)，在加入样品体积 5%～10%的 DTT 后置于 4℃，70r/min 摇床中振荡 2～4h。

③ 收集流穿液，在用 10 倍柱床体积的 PBS Buffer 洗涤柱子，并收集洗涤液。用 3～5mL 新鲜配制的洗脱缓冲液洗脱 GST 融合蛋白(4℃，70r/min 摇床中振荡 2～4h)。

④ 分别取等量的流穿液、洗涤液和洗脱液进行 SDS-PAGE 以分析目的蛋白。

⑤ 洗脱完成后用 5 倍柱床体积的 PBS Buffer 洗涤柱子(如需继续纯化，重复步骤①操作)。

⑥ 用 5 倍柱床体积的去离子水洗涤柱子，GST 凝胶最后保存在 3 倍柱床体积的 20%乙醇中。

(4) GST 纯化柱的再生：GST 纯化柱可以多次重复使用，不需再生；若要纯化不同的蛋白质，需按以下方法再生：

① 用两倍体积的再生缓冲液 1 洗涤柱子；

② 用两倍柱床体积的再生缓冲液 2 平衡柱子；

③ 用 3～5 倍柱床体积的 1×PBS Buffer 重新平衡柱子。

3) 包涵体蛋白的割胶纯化

(1) 原理

重组蛋白表达后如果是可溶性的状态，可用亲和层析法纯化；如果是不溶性的包涵体蛋白，则可用高浓度的尿素溶解后通过 SDS-PAGE 分离，再通过透析电洗脱法纯化。

(2) 实验操作流程

① 包涵体的制备和洗涤：按照最优条件大量表达重组蛋白，加入蛋白抽提液后超声波破碎；4℃ 12 000r/min 离心 30min，收集沉淀；3mol/L 尿素洗涤沉淀，离心 12 000r/min，4℃、20min，加入适量 8mol/L 尿素冰上溶解沉淀。

② 透析袋的预处理：剪取适当长度(10～20cm)的透析袋(截留范围为 8000～12 000Da)；置于大体积的 2%(*m/V*)碳酸氢钠和 1 mmol/L EDTA(pH8.0)中，煮沸 10min，蒸馏水彻底清洗透析袋，置于 1mmol/L EDTA(pH8.0)溶液中再次煮沸 10min，冷却后 4℃保存。

③ SDS-PAGE 电泳：取已溶解的蛋白沉淀，加 1/5 体积 5×蛋白上样缓冲液进行 SDS-PAGE 电泳。

④ SDS-PAGE 胶的染色：电泳结束后将胶放在 0.25mol/L 预冷的 KCl 中，4℃浸泡 5min 使蛋白显色。蒸馏水冲洗蛋白胶，用刀片从 SDS-PAGE 电泳凝胶上切下目的蛋白，切成 $1mm^3$ 碎片，放入预处理好的透析袋中，注入 2mL SDS-PAGE 电泳缓冲液，将透析袋前后封口。

⑤ 电泳蛋白的回收：在水平核酸电泳槽中加入适量 SDS-PAGE 电泳缓冲液，将装有凝胶的透析袋置入其中，100V 电压、4℃电泳 4～5h，直至凝胶变透明，说明目的蛋白从凝胶中洗脱出来。

⑥ 透析：洗脱完毕，吸出透析袋内溶液，SDS-PAGE 检测(以 10μL 的 BSA 标准蛋白定量)电泳结果，鉴定后正确的蛋白溶液装入干净的透析袋中，用预冷的 1×PBS 溶液(10×PBS 1L、KCl 0.2g、NaCl 8g、Na_2HPO_4 1.42g、KH_2PO_4 0.27g，添加尿素 8mol/L 96g、6mol/L 72g、4mol/L 48g、2mol/L 24g、0mol/L)于 4℃下分别透析 3～5h，其间换透析液 2～3 次。

六、蛋白免抗的制备

(一) 原理

做免疫化学实验时必须有一个能特异识别抗原蛋白的抗体，用原核表达载体表达的重组蛋白，无论是可溶性蛋白还是包涵体蛋白纯化后，都可以作为抗原用来免疫动物，产生其特异性抗体。免疫用的动物有哺乳类和禽类，主要有羊、马、家兔、猴、猪、豚鼠、鸡等，实验室常用的动物为家兔、山羊和豚鼠等。免疫途径有静脉内、腹腔内、肌肉内、皮内、皮下、淋巴结内注射等，一般常用皮下或背部多点皮内注射。由于不同动物个体对同一抗原的反应性不同，而且不同抗原产生免疫反应的能力也有强弱之分，因此在注射抗原时，加入能增强抗原作用的抗原性物质免疫佐剂，可刺激机体产生较强的免疫反应。

(二) 实验操作流程

1. 抗原制备

将纯化好的重组蛋白 1mL(约含有蛋白 5mg)与弗氏佐剂 1mL 乳化。先在研钵里加入 1mL 弗氏佐剂，再缓慢加入蛋白液，迅速研磨。反复乳化 3～4 次。将乳化剂滴入冷水中，若保持完整不分散，呈滴状浮于水面，即乳化完全，为合格的油包水剂。

2. 免免疫

1) 家兔捉拿方法

① 一只手抓住兔的颈部皮毛，将兔提起，用另一只手托其臀，或用手抓住背；②初次免疫：在家兔足掌、腋窝淋巴结周围、背部两侧、颌下、耳后等处选择 6～10 处免疫接种点，采用肌内、皮下或皮内注射，每点注射上述乳化人 IgG 抗原 0.2mL；③二次免疫：第一次免疫后间隔 2 周再以 1mg/mL 人 IgG 抗原加等体积 IFA 乳化后于后腿肌肉或背部皮下多点加强免疫；④三次免疫：第二次免疫后间隔 1 周再以 1mg/mL 人 IgG 抗原加等体积 IFA 乳化后于后腿肌肉或背部皮下多点加强免疫。

2) 终末免疫

第三次免疫后间隔 1 周再以 lmg/mL 人 IgG 抗原加等体积 IFA 乳化后于后腿肌肉或背部皮下多点加强免疫。

3) 试血

末次免疫 7 天后经兔耳缘静脉采血 2mL，分离血清，用琼脂双向扩散实验测定抗体效价达 1∶16 以上(稀释抗体)，即可放血；如效价不高，继续加大剂量，加强 1～2 次后，再行检测。

4) 心脏采血

将兔仰面，四肢缚于动物固定架上(或由助手抓住四肢固定)；剪去左胸部兔毛，消毒皮肤；用左拇指摸到胸骨剑突处，食指及中指放在右胸处轻轻向左推心脏，并使心脏固定于左胸侧位置。然后，以左拇指触摸心脏搏动最强的部位(一般在第三和第四肋骨之间)；用 50mL 注射器(连接 16 号针头)，倾针 45°，对准心搏最强处刺入心脏抽血；将抽取的血液立即注入无菌三角烧瓶中，待凝固后分离血清。

5) 分离血清

将三角烧瓶的血置 37℃温箱 1h，再置 4℃冰箱内 3～4h。待血液凝固血块收缩后，用毛细滴管吸取血清。于 3000r/min 离心 15min，取上清加入防腐剂(0.01%硫柳汞或 0.02%叠氮钠，最终浓度)，分装后置 4℃冰箱中保存备用。

七、蛋白互作分析实验技术

(一) Co-IP 分析

1. 原理

基于抗体和抗原之间特异性相互作用开发的免疫共沉淀(CoIP)技术是研究蛋白质相互作用的一种最常用也是最有效的经典方法。细菌的 Protein A 或 G 能特异性地结合到抗体免疫球蛋白的 Fc 片段，在蛋白溶液中有相互作用的两种目的蛋白，如果加入其中一种目的蛋白的抗体，抗体与这种目的蛋白结合后会形成由抗体与两种有相互作用的目的蛋白组成的三元复合物，再加入能与抗体特异结合的 Protein A 或 G 的琼脂糖小珠，就能通过离心沉淀的方法分离出和 Protein A 或 G 的琼脂糖小珠结合的三元复合物。这种方法常用于测定两种目标蛋白是否在体内结合。检测到能发生相互作用的蛋白质都是经翻译后修饰的天然状态，蛋白质之间的相互作用也是在自然状态下发生的，无人为因素的干扰。

2. 实验操作流程

1) 蛋白质的提取

(1) 取 1g 植物材料放到研钵中，使用液氮研磨成粉末。

(2) 加入 1～3mL 的蛋白质抽提液(10%甘油，100mmol/L Tris-HCl，1mmol/L PMST，5%PVP，10mmol/L 巯基乙醇)，研磨均匀。

(3) 转入 EP 管，80℃水浴 30min，10 000r/min 离心 10min，收集上清。

(4) 检测蛋白浓度后，–20℃保存备用。

2) 免疫共沉淀

(1) 取 100～500μg 植物蛋白，添加 2～5μg 一抗，总体积 500μL。

(2) 4℃放置 1h。

(3) 加入 Protein A/G-Agarose 20μL，4℃过夜。

(4) 4℃、1000*g* 离心 5min。

(5) 弃上清，加入 1mL 1×PBS；4℃、1000*g* 离心 5min。

(6) 重复步骤(5)3 次；弃上清，向沉淀中加入 32μL 1×PBS，再加入 8μL 5×Loading Buffer，煮沸 3～5min。

(7) 4℃、13 000r/min 离心 2～5min，取 10～20μL 上清 SDS-PAGE-Western 检测互作蛋白。

(二) Pull-down 分析

1. 原理

Pull-down 是一种在体外研究两种蛋白质(A 蛋白和 B 蛋白)相互作用的方法之一，两种蛋白中的一个(比如 A 蛋白)需带有标签序列(如 GST-A 有 GST 标签，可以通过原核表达获得)，在 Pull-down 实验中，将 GST-A 和 B 以及能特异结合 GST 的琼脂糖树脂(Sephrose 4B beads)孵育一定时间，然后充分洗涤未结合的蛋白质，收集结合在琼脂糖树脂上的蛋白质进行 SDS-PAGE 电泳，然后进行 Western blot 分析，如果观察到 GST-A 和 B 两种蛋白质分别对应的条带，则证实 GST-A 和 B 有相互作用，因而被 GST-A Pull-down；如果它们没有相互作用，则在 Western blot 分析中只有 GST-A 蛋白相对应的一条带。

2. 实验操作流程

(1) 表达并纯化含有标签的重组蛋白 GST-A、His-B 及 GST-C。

(2) Pull-down 实验：分别将纯化的 50μg GST-A 和 His-B 融合蛋白、GST-C 和 His-B 融合蛋白混合，在结合缓冲液[50mmol/L Tris-Cl, (pH7.5), 100mmol/L NaCl, 0.25% TritonX-100, 1mmol/L EDTA, 1mmol/L DTT]中室温振荡结合 2h，然后加入 30μL GST 琼脂糖结合树脂在 4℃

摇床(40r/min)孵育过夜；

(3) 收集 Pull-down 的蛋白质，4℃、3500*g* 离心 5min 收集沉淀物，收集的沉淀蛋白混合物用结合缓冲液洗涤 3 次。

(4) Western blot 分析：沉降下来的蛋白质用沸水浴煮，用在 12%的 SDS-PAGE 胶分离所沉淀的蛋白质，分离后的蛋白质转移到 PVDF 膜上，然后分别用 anti-B 和 anti-C 特异性多克隆一抗孵育膜，随后在 Chemidoc XRS(BIO-RAD)中观察膜上的蛋白条带。

第三章　农杆菌介导的植物转基因操作技术

一、原　　理

农杆菌是普遍存在于土壤中的一种杆状革兰氏阴性菌，常见的有根癌农杆菌和发根农杆菌。根癌农杆菌细胞中有 Ti 质粒，而发根农杆菌细胞中有 Ri 质粒。Ti 质粒和 Ri 质粒上都有一段可转移的 DNA(T-DNA)，T-DNA 中含有参与植物激素合成相关酶的编码基因。Ti 质粒和 Ri 质粒还有另一段帮助 T-DNA 完成转移的功能区，称为毒性基因区(VirA-G)。当植物受伤时，受伤部位的细胞分泌的一种酚类物质叫乙酰丁香酮，与 VirA 编码的受体蛋白结合，使受体蛋白发生自磷酸化作用，诱导调控基因 VirG 的表达，在 VirG 蛋白作用下，和接合相关的 VirB 蛋白、切割单链 DNA 的 VirD 蛋白、单链 DNA 结合蛋白 VirE 及驱动单链 DNA 与 VirE 蛋白复合物转移的 VirC 蛋白才会表达，在这些蛋白质的帮助下，T-DNA 转移到植物细胞的基因组中，之后 T-DNA 编码基因表达，促进植物受伤部位合成过量激素，导致受伤部位的细胞无限分裂从而诱导冠瘿瘤或发状根的产生。

农杆菌能在自然条件下感染并转化大多数双子叶植物受伤部位的细胞，因此是一种天然的植物遗传转化体系。在实际的转基因操作中构建植物表达载体时，可用转基因植物的筛选标记基因和目的基因的表达盒替换 T-DNA 中参与植物激素合成相关的基因，同时把 Vir 区基因转移到另一个载体上，再把这两种分别含有 T-DNA 区和 Vir 区的表达载体(双元载体)都转入农杆菌中，借助含有双元载体农杆菌的感染实现外源基因向植物基因组的转移与整合，然后在培养基上添加植物激素和抗生素，通过细胞和组织培养技术，再生并筛选出有抗生素抗性的转基因植株。

二、实验操作流程

(一) 农杆菌介导叶盘法转化烟草

1. 无菌材料的培养

将烟草种子浸入清水中，用清水冲洗。用购于日本的农药 medience-sporetexnase(原液稀释 200 倍)浸泡，摇床放置 24h，2000r/min 离心 2min，弃上清，加入 1mL 1% SDS + 5% NaCl，并加无菌水至 10mL，上下混匀 1～2min，2000r/min 离心 2min，弃上清，再加入 10mL 1% SDS + 5% NaCl，置于摇床 30min 后，离心，弃上清，用无菌水洗 4～5 次，在无外源激素的 MS 培养基中，30 天后即可取其叶片作为植株再生或遗传转化的外植体。

2. 培养条件

在 25℃左右、光照强度 100～150μmol/(m^2 · s)的组培室中进行连续光照培养。

3. 根癌农杆菌的活化

挑取单菌落，接种于含抗生素的 50mL LB 液体培养基中，28℃、150r/min 振荡培养过夜。

4. 转化操作

1) 农杆菌菌体处理

挑取农杆菌菌株接种于 50mL 的 LB 培养基中(含 Spe 100μg/mL)，180r/min 离心，28℃培养 24h，菌液 OD_{600} 至 1.0 左右时离心 10min(3000r/min)，沉淀菌体。再用 10mL 左右的 MS 液体培养基(配方见表 3-1)悬浮，离心 10min(3000r/min)，沉淀菌体。重复以上操作 2～3 次。最后用加入一定体积的 MS 液体培养基重悬浮，使菌体的 OD_{600} 值为 0.4～0.5。

2) 叶盘法转化程序

(1) 正对照：未使用农杆菌侵染、不加抗生素，在分化培养基上一定能够分化出芽。

(2) 负对照：未侵染的叶片在抗生素选择压力下完全不能够分化出芽。

(3) 选取理想状态的外植体，在制备好的农杆菌菌液中浸染 15～20min，用无菌吸水纸吸干后，平铺于 MS1 培养基(配方见表 3-1)上黑暗共培养 2 天(以第一个叶片肉眼看出菌体时所需的时间计)，将外植体转移至含筛选因子的芽诱导培养基如 MS4(配方见表 3-1)上进行筛选，约 15 天继代一次。待有 2cm 芽生成后，转入生根培养基 MS(配方见表 3-1)上，进行根诱导生长。

5. 转基因植物的筛选

在继代培养基中光照培养，20～25 天即可观察到叶片边缘长出愈伤或丛生再生芽，1 个月左右可长至 1～2cm，转入 MS(配方见表 3-1)再生培养基中，待其长到 3～4cm 时，用解剖刀将再生芽切下，并转入生根培养基中。待根充分发育后，将幼苗转至温室栽培。

表 3-1　烟草转化筛选培养基(1L)配方

成分	共培养 MS1	发芽 MS4	继代 MS4	筛选 MS4	生根 MS	再生 MS
大量元素	MS	MS	MS	MS	MS	MS
NAA(0.21mg/mL)	10mL	0.5mL	0.5mL	0.5mL	—	—
BAP(0.05mg/mL)	0.4mL	10mL	10mL	10mL	—	—
Sucrose/g	30	30	30	30	20	20
Cefotaxime(Cef，μg/mL)	—	400	400	400	400	—
Hygromycin(Hyg，μg/mL)	—	25	25	25	25	—/
Kanamycin(Km，μg/mL)	—	50	50	50	50	—

(二) 天竺葵的遗传转化

天竺葵的叶柄细胞比其叶片细胞的再生能力好，因此可以用其叶柄来做转化使用。把无菌天竺葵的叶柄切成小段，在制备好的农杆菌菌液中浸染 15～20min，用无菌吸水纸吸干后，平铺于愈伤组织诱导培养基 MS1(MS+NAA 0.21μg/mL + BAP 0.02μg/mL)上黑暗共培养 2 天，将外植体转移至含抗生素的芽诱导培养基 MS4(MS+ NAA 0.53μg/mL + BAP 0.5μg/mL)上进行芽的诱导，约 15 天继代一次。待有芽生成后，转入含抗生素的 MS 培养基上进行根的诱导，获得转基因植株。

(三) 农杆菌介导的花蕾侵染法转化拟南芥

拟南芥的营养器官不易做组织培养，但研究发现用农杆菌溶液感染其花蕾后，子房中的生殖细胞会发生 T-DNA 的转移，因此拟南芥的转化不用组织培养法，而改用花蕾侵染法，然后收集侵染植株上结出的种子。如果表达载体中携带有抗生素或除草剂抗性基因，则被农杆菌成功感染的花蕾结出的种子长出的幼苗对抗生素或除草剂有抗性，因此在培养基上添加抗生素可筛选出有抗性的转基因植株。有时也可把种子播种在土壤上，种子发芽后直接喷一定浓度的除草剂也可以筛选到抗性植株。

1. 拟南芥的播种

将拟南芥种子装入 2mL EP 中，加入 1.5mL ddH$_2$O 和 7.5μL 农药 medience-sporetexnase (真菌消毒)，摇床消毒 24h；2000r/min 离心 2min，弃上清，加入 1mL 1% SDS + 5% NaClO，并加无菌水至 2mL，上下混匀 1～2min，2000r/min 离心 2min，弃上清，再加入 2mL 1% SDS+5% NaCl，置于摇床 30min 后，离心，弃上清，用无菌水洗 4～5 次。使用剪过的 1mL 枪头，吸取种子播种于 MS 培养基上，种子分散均匀后，吸去多余水分。

2. 拟南芥的栽培

25℃左右，暗中发芽 2 天，后在光照强度 100～150μmol/(m^2 · s)的组培室中进行连续光照培养至小苗。如果太密，可以分栽到新的 MS 培养基上培养；根发育完好后，栽种到温室小盆中；使用铁皮桶，装上蛭石，外加 3 袋营养花卉土，121℃、20min 灭菌，冷却后使用；在小盆中下部放蛭石，上部放蛭石花卉营养土混合物，浇水；移栽拟南芥小苗；等主花序开放后，使用剪刀剪掉主花序，除去顶端优势，4～7 天等侧枝长出很多花序后可进行转化。

3. 花蕾侵染操作流程

1) 农杆菌菌体处理

挑取农杆菌菌株或取以保存的菌液接种于添加 Spe 的 50mL LB 液体培养基中，180r/min、28℃培养过夜，然后以菌种：LB 培养基=1：100 比例扩大培养到 200～300mL，继续培养 8～16h 至菌液 OD$_{600}$ 达 2.0 左右，3000r/min、4℃离心 10min，沉淀菌体。再用 5%蔗糖溶液(50g 蔗糖溶于 1L ddH$_2$O)悬浮，使菌体的 OD$_{600}$ 值为 0.8。

2) 转化程序

(1) 在菌液中加入表面活性剂，使其终浓度为 0.005%(如 500mL 菌液中需要加入 500mL×0.005%=25μL)。

(2) 将栽种拟南芥的小盆使用小塑料袋包好、皮筋扎好，防止蛭石和土落入菌液。

(3) 向方形培养瓶中倒入入农杆菌菌液达到培养瓶容积的 85%～95%，做好标记后，放入钟形玻璃罩。

(4) 将包好的拟南芥小盆倒置，使拟南芥的地上部分全部浸没于农杆菌菌液，在钟形罩边缘均匀涂上凡士林，盖上钟形罩，连接橡胶抽气管。

(5) 开启抽真空装置 ON，计时 15min，压力为 0.07MPa 左右。

(6) 转染结束后，将拟南芥小盆侧放于平铺的卫生纸上。

(7) 在密闭温箱保湿、组培室暗培养 12～24h 后，转入温室遮阴的第一、二间培养 15～30 天。

(8) 收获种子：一般先成熟的种子转化效率较高！

(9) 将收获的种子消毒后播种于 MS+Cef+Km 30mg/L(Hyg 10mg/L, Gen 50mg/L)固体培养基上，冷库放置 3～5 天。

(10) 转入温室，7～10 天后长出小苗，将绿色的小苗(可能为转基因植株)转入 MS 固体培养基中，短日照培养 7 天后，移入盆中(花卉土与蛭石混合物)栽种。

(11) 获得 T_1 代种子，再次播种于 MS+Cef+Kan(或 Hyg/Gen)固体培养基上进行筛选，获得 T_2 代种子。

(四) 农杆菌介导大豆的遗传转化

1. 根癌农杆菌介导的大豆原位转化法

1) 受体材料的准备

挑取饱满的大豆种子，置于蛭石中萌发 4 天，子叶展开前用刀片小心去除顶芽和侧芽，轻轻在子叶节上划 3～5 道伤口后作为受体。

2) 农杆菌侵染

农杆菌(EHA105)培养至 OD_{600} = 0.8 时，取 30 mL 于 4000r/min 离心 5min；用 50mL 的培养基 M1 重悬，将制备好的菌液沿子叶缝隙滴入，保湿培养。

3) 芽诱导阶段

隔天在伤口处滴加培养基 M2，诱导新芽的分化生长。

4) 抗性苗的筛选

利用 100mg/L 的 PPT(草丁膦)对分化后伸长芽的三出叶进行涂抹，3 天后观察，用剪刀从基部去除阴性植株，直至筛选到抗性植株。PCR 检测 PPT 阳性苗。

5) 移栽

将 PCR 阳性苗移至土中正常培养。

6) 大豆原位转化法中应用的培养基

M1：1/2 MS + 3%蔗糖 + 1.67 mg/L 6-BA (6-BA 6-苄氨基嘌呤)+0.3‰ Silwet77 + 0.1 g/L Cys(半胱氨酸)+0.158 g/L $Na_2S_2O_3$+0.154 g/L DTT(二硫苏糖醇)+200μmol/L AS(乙酰丁香酮)；

M2：1/2 MS+1.67 mg/L 6-BA+0.3‰ Silwet77(有机硅表面活性剂)

2. 利用发根农杆菌诱导大豆生根

1) 细菌菌株及培养

实验用菌种为野生型发根农杆菌 K599。将–80℃保藏的菌种在 LB+Str(链霉素)50mg/L 的固体培养基上划线，28℃过夜培养，挑取单菌落在 LB+Str(链霉素)50mg/L 的液体培养中、230～250r/min、28℃过夜培养，生长旺盛的菌液用作感染实验。

2) 大豆的培养

大豆种子用氯气过夜灭菌(氯气由 100mL 5.24%NaClO+3.5mL 12mol/L HCl 产生)，用无菌的蒸馏水冲洗两次，无菌滤纸吸干水分。灭毒后的种子直接接种于 SA 培养基(5%蔗糖+0.8%琼脂，pH5.8)上，在 24～26℃、14h 光照/天条件下发苗和感染后培养。

3) 毛状根的诱导

将过夜培养、生长旺盛的发根农杆菌 K599 用 LB 培养基清洗两次后重悬于 LB 培养基中，调光密度(OD_{600})到 0.5 左右。将培养 7 天的小植株子叶用解剖刀纵横深切数刀，滴加农杆菌菌液于伤口处，随后继续培养并观察结果。

第四章　基因差异表达分析技术

一、抑制消减杂交

(一) 原理

抑制消减杂交(suppression subtractive hybridization，SSH)技术是基于杂交二级动力学和抑制 PCR(suppression PCR)原理建立起来的、富集差异表达基因片段最常用且最有效的方法之一，它是以抑制 PCR 为基础，将对照材料的 mRNA 称为 driver，将需要检测方的 mRNA 称为 tester，将两者的 mRNA 分别反转录成 cDNA，然后通过两次消减杂交将对照方和检测方共有的 cDNA 进行消减，然后再利用两次抑制性 PCR 技术对特异表达的基因进行特异性扩增。这样通过两轮消减杂交和两次 PCR 过程，能够有效地分离到与对照方相比在检测方中差异表达的基因。

(二) SSH 的实验操作流程

1. tester 和 driver 样品 mRNA 的提取及 cDNA 合成

将要用于 SSH 实验的两种组织的 mRNA 样品(tester 和 driver)反转录为 cDNA，用同一种限制性内切核酸酶 *Rsa* Ⅰ切割，产生末端平头的片段。将测试 cDNA 分为两份，每份连接不同的接头，即接头 1(adaptor 1)和接头 2(adaptor 2)。接头为双链 DNA 片段，且 5′端均无磷酸基，这样保证只有接头中的长链可以与 cDNA 的 5′端连接，两个接头含有可识别的序列(图 4-1)。

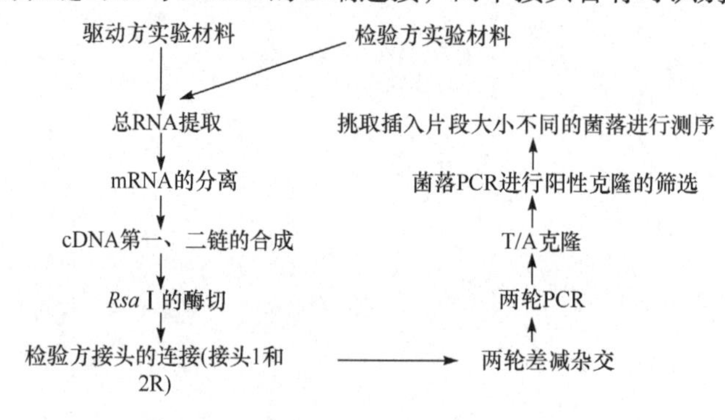

图 4-1　构建 SSH cDNA 文库的流程图

2. tester 和 driver cDNA 的杂交

第一次杂交分别向连接好不同接头的 tester cDNA 中加入过量 driver cDNA，进行不充分杂交(图 4-2)。根据杂交动力学第二定律，即丰度越高的分子退火速度越快，因此 tester cDNA 与 driver cDNA 相同片段大都形成异源双链分子，使得差异表达的单链分子得到富集。在不充分杂交后，各种单链分子在浓度上基本相同，达到均一化高丰度表达基因的 cDNA 的作用。第二次杂交，将第一次杂交的两份产物混合，并加入新变性的 driver cDNA，进行第二轮消减杂交(图 4-2)，以进一步富集差异表达的杂交体分子，这样差异表达的测试序列-杂交体分子 5′端和 3′端就有了进行巢式 PCR 所需的不同的退火位点(图 4-2)。

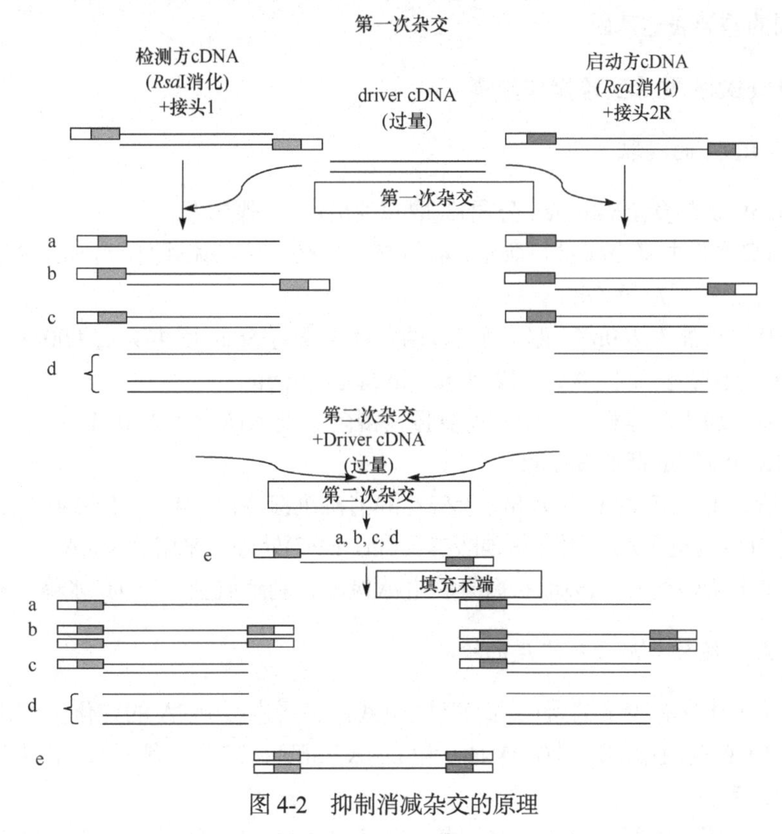

图 4-2 抑制消减杂交的原理

3. 抑制消减杂交产物的 PCR 扩增

消减杂交完成后，将接头补平，加入 primer 1 和 primer 2R，进行第一次抑制 PCR 扩增(图 4-3)。第一次 PCR 只有两端连接有不同接头的双链 cDNA 片段才得以指数扩增；而其他形式如一端有接头而另一端无接头的，只能线性扩增；没有引物结合点的不能扩增；还有两端为同一接头的形成袢状而无法获得指数扩增。第二次 PCR 以第一次抑制 PCR 的产物为模板(图 4-3)，加入巢式引物 nested primer 1 和 nested primer 2R，对目标片段进行进一步的特异性富集扩增。PCR 产物可以被直接插入 T 载体，用于构建消减文库。

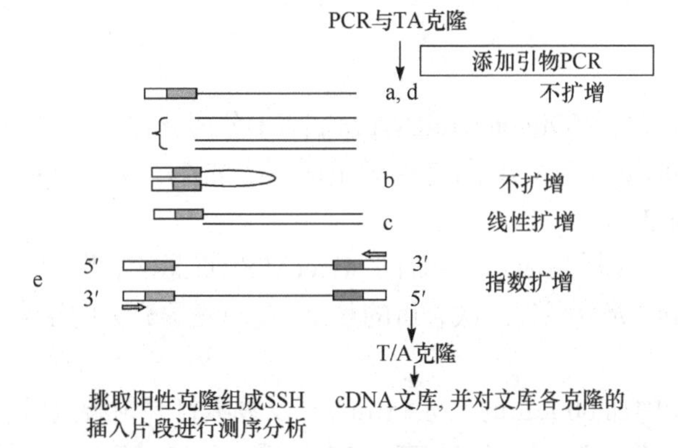

图 4-3 抑制消减杂交产物的 PCR 扩增与 SSH cDNA 文库的构建

对没有任何基因组测序相关数据的物种，在不同发育阶段或受到某些环境因子刺激或胁迫后，可通过构建正向或反向 SSH cDNA 文库，对文库中各种长度的插入片段进行测序，可鉴定出上调或下调的差异表达基因。

(三) 构建 SSH cDNA 文库实验操作步骤

1. 样品总 RNA 的提取

采用 TRIzoL 试剂盒(Invitrogen 公司)提取总 RNA，步骤如下。

(1) 于–80℃冰箱中将冷冻材料取出，液氮充分研磨，每克材料加入 1mL TRIzoL RNA 提取液，研磨成匀浆，室温放置 5min。

(2) 每毫升样品加入 200mL 氯仿，混匀，插入冰上静置 5min 后 4℃、12 000r/min 离心 20min；取上清用氯仿重复抽提一次，4℃、12 000r/min 离心 20min。

(3) 取上清并加入等体积异丙醇，反复振荡混匀，插入冰中放置 0.5h 以上，使 RNA 充分沉淀；4℃、12 000r/min 离心 30min。

(4) 弃上清，用 1mL 的 RNase-free 75%乙醇清洗沉淀两次，4℃、12 000r/min 离心 10min，弃上清，并将沉淀真空干燥，用含焦碳酸二乙酯(DEPC)处理水来溶解 RNA。

(5) 取适量 RNA 溶液用 1%琼脂糖凝胶电泳检测，剩余放置于–80℃冰箱中备用。

2. 总 RNA 的纯化与质量及浓度的检测

由于 RNA 可能含有少量的蛋白质和基因组残留，要进行 RNA 的纯化。纯化方法如下。

(1) 在 RNA 粗提液中加适量的 DNase 和 DNA buffer，37℃放置 1 h，用以去除原 RNA 粗提液中基因组的残留。

(2) 继续加入相同体积的氯仿∶水饱和酚(*V*/*V*=1∶1)，振荡混匀，4℃、12 000r/min 离心 20min 后取上清加入等体积氯仿，振荡混匀，4℃、12 000r/min 离心 20min。

(3) 取上清，加入 1/10 体积的 2mol/L 乙酸钠(pH 4.2)和 2.5 倍体积的无水乙醇，–20℃放置 1h 以沉淀 RNA；4℃、12 000r/min 离心 30min。

(4) 弃上清，沉淀用 1mL 的 RNase-free 75%乙醇清洗(重复两次)，4℃、12 000r/min 离心 10min，弃上清真空干燥沉淀，用适量焦碳酸二乙酯(DEPC)处理水溶解 RNA。

纯化后的 RNA 通过电泳检测确认 RNA 没有蛋白杂质和基因组残留后，紫外分光光度计测其在波长 260nm、280nm 处的吸光值，计算出 RNA 的浓度。

3. mRNA 的分离

利用 mRNA 分离试剂盒(Oligotex mRNA Midi Kit)分离 mRNA。

(1) 将各个时间梯度的 RNA 样品(包括对照)取等量混匀，共 500μg 总 RNA 的混合液，并加入 500μg 的 RM0 Buffer。

(2) 每 100 μg 总 RNA 样品加入 15μL 的 oligo(dT)磁珠悬液，混匀，68℃，5min(水浴)，后室温放置 10min(每 2min 充分混匀一次，目的是 RNA 与磁珠充分的结合)，2000*g* 离心 15s，后 11 000*g* 离心 2min。

(3) 弃上清，沉淀中加 600μL 的 RM2 Buffer, 反复吸打混匀漩涡后，呈半乳状，将悬浮液移至滤柱 Nucleo Trap Microfilter，2000*g* 离心 15s，后 11 000*g* 离心 2min；弃废液，加入 500μL

的 RM3 Buffer，小心吸打重悬至奶状，离心 2000*g* 15s，后 11 000*g* 离心 2min，再重复一次，弃收集液留磁珠。

(4) 11 000*g* 离心 1min，去除RNA缓冲液，将滤柱Nucleo Trap Microfilter转移至新RNase-free离心管中(干燥磁珠)。

(5) 加 20μL 68℃预热的 RNase-free H_2O /10μL 磁珠，吸打混匀至奶状，68℃(水浴)7min，11 000*g* 离心 1min，收集洗脱液重复洗脱一次，便于增加产量，得到纯净的 poly(A)RNA。

(6) 为了得到浓缩的 Poly(A)RNA，将 1/10 体积的 10×Sample Buffer[10 mmol/L Tris-HCl(pH 7.5)，1mmol/L EDTA(pH 7.5)，5mol/L NaCl]加入到上一步的洗脱液中，再加入–20℃预冷的无水乙醇，混匀后–20℃过夜后，4℃、12 000r/min 离心 30min，弃上清，75%乙醇清洗沉淀两次，真空干燥，DEPC 处理水溶解，取少量琼脂糖凝胶电泳检测。

4. cDNA 的合成

(1) 两个离心管(DEPC 水处理过的)中分别加入检验方 mRNA 样品(甲醇喷洒)和驱动方(对照)各 2～4μg，再加入 cDNA 合成引物(10μmol/L)1μL，补 DEPC 处理水至总体积为 5μL，充分混匀后迅速离心，70℃、2min 后迅速置于冰上。

(2) 分别在上述两个离心管中加入如下反应体系：[5×First-Strand Buffer (2μL)，dNTP Mix(10mmol/L，1μL)，AMV Reverse Transcriptase(20U/μL，1μL)，ddH_2O(1μL)]。

(3) 42℃金属浴 1.5～2h 后迅速置于冰上，cDNA 第一链合成终止。

(4) 将表 4-1 的混合溶液加入到 cDNA 第一链反应体系中。

表 4-1　cDNA 合成反应液配方

名称	用量/μL
5×Second-Strand Buffer	16
dNTP (10mmol/L)	1.6
20×Second-Strand Enzyme cocktail	4.0
灭菌去离子水	48.4

(5) 充分混匀，16℃保温 2h，加入 2μL T4 DNA polymerase (6U)，16℃保温 30min；加入 20×EDTA/Glycogen Mix 4μL，cDNA 第二条链的合成终止。

(6) 新合成的双链 cDNA 的纯化：加入 100μL 氯仿，混匀后 37℃、14 000r/min 离心 10min，吸上清转移至新离心管中后加入 40μL NH_4OAc(4mol/L)、300μL 无水乙醇，混合均匀后 37℃、14 000r/min 离心 20min，弃上层水相，沉淀用 75%乙醇清洗，4℃、12 000r/min 离心 10min。弃上清，真空干燥，加入 50μL RNase-free H_2O 溶解沉淀。

5. *Rsa* Ⅰ酶切 cDNA

(1) 分别向两个离心管中加入 50μL 的反应体系[10×*Rsa* Ⅰ Restriction Buffer(5μL)，dscDNA(43.5μL)，*Rsa* Ⅰ(10U/μL，1.5μL)]，充分混匀，37℃(金属浴)过夜。

(2) 酶切后，加入 2.5μL 的 20×DETA/Glycogen Mix，以终止反应。

(3) 酶切产物的纯化：加 50μL 氯仿混合均匀后 37℃、14 000r/min 离心 10min，取上清，加 25μL NH_4OAc(4mol/L)、187.5μL 无水乙醇混合均匀后 37℃、14 000r/min 离心 20min，弃上

清。沉淀用75%乙醇清洗，14 000r/min 离心 10min，弃上清，真空干燥，用 4μL RNase-free H_2O 溶解，贮于–20℃备用。

6. 接头的连接

将 *Rsa* Ⅰ酶消化过的检验方(tester)cDNA 平均分为两份，一份与接头 1(adaptor1)连接，另一份与接头 2R(adaptor2R)连接，削减方(driver)cDNA 不用加接头。

(1) 取 1μL，酶切后的检验方(tester)cDNA 加 5μL ddH_2O 稀释。

(2) 配制 Ligation Master Mix 6μL 体系见表 4-2。

表 4-2 Ligation 反应体系的配方

成分	用量/μL
T4 DNA Ligase(400μ/μL)	1
5×Ligation Buffer	2
Sterile H_2O	3

(3) 两个离心管分别编号为 Tester1-1(加接头 1)、Tester1-2(加接头 2R)，加入表 4-3 的试剂制备成应体系。

表 4-3 接头连接反应体系

成分	Tester1-1	Tester1-2
稀释的 Tester cDNA	2μL	2μL
Adaptor1(10 μmol/L)	2μL	—
Adaptor2R(10 μmol/L)	—	2μL
Ligation Master Mix	6μL	6μL
终体积	10μL	10μL

(4) 分别加 1μL EDTA/Glycogen Mix 终止反应。

(5) 72℃水浴/金属浴 5min，于–20℃备用。

7. 抑制性消减杂交

1) 第一次杂交

操作前，检查 4×Hybrization Buffer 是否放置室温 20min 以上，确定没有明显颗粒沉淀物存在。如若存在，请 37℃加热 10min 以便溶解沉淀物。

(1) 分别向两个离心管中加入表 4-4 的试剂后滴加一滴矿物油，短暂离心。

表 4-4 接头连接反应体系

Component	Sample 1/μL	Sample 2/μL
Rsa Ⅰ digested driver cDNA	1.5	1.5
Tester1-1	1.5	—
Tester1-2	—	1.5
4×Hybrization Buffer	1.0	1.0

(2) 设置 PCR 仪 98℃ 1.5min，接着 68℃杂交 8h(一般 6～8h，最长不能超过 12h)，第一轮杂交完毕随后进入第二次杂交。

2) 第二次杂交

(1) 在新的离心管中加表 4-5 的杂交混合液(4.0μL)。

表 4-5　二次杂交反应体系

名称	用量
Rsa Ⅰ digested driver cDNA	1.0μL
4×Hybrization Buffer	1.0μL
Sterile H_2O	2.0μL

(2) 将矿物油滴加到各反应管中，98℃处理 1.5min。

(3) 移液枪调到 15μL，小心地把枪头尖端伸入 Hybridization sample 2 管中的下端，仔细迅速地吸出产物，随后吸入少量气体，接着同样吸取新变性的驱动方，最后将全部混合物打入 Hybridization sample 1，吸打混合均匀后，68℃杂交过夜。

(4) 将杂交产物取出，分为两份，各 6μL，其中一份加 20μL 稀释缓冲液(pH8.3, 20mmol/L HEPES, 20mmol/L NaCl, 0.2mmol/L EDTA)，而另一份加 100μL Dilution Buffer，稀释成不同的浓度，存于−20℃备用。

8. PCR 扩增

1) 第一次 PCR 扩增

(1) PCR 反应体系如表 4-6。

表 4-6　一次 PCR 扩增反应体系

成分	用量
Sterile H_2O	7.18μL
PCR Primerl(10mmol/L)	0.42μL
10×PCR Reaction Buffer	1.0μL
dNTP Mix(10mmol/L)	0.2μL
50×Advantage cDNA Polymerase Mix	0.2μL
cDNA	1.0μL

(2) 每个 PCR 管中滴加一滴矿物油，PCR 仪中 75℃ 5min 用来延伸接头。PCR 反应条件为：94℃、30s，65℃、30s，72℃、1.5min，程序进行 25 个循环， 最后 72℃延伸 10min。

(3) 反应结束后，取适量产物进行琼脂糖凝胶电泳检测。

2) 第二次 PCR 扩增

取 3μL 第一次 PCR 反应物，加水稀释 10 倍，取 1μL 作为第二次抑制 PCR 模板。

(1) PCR 反应体系(总体系 20μL)见表 4-7。

表 4-7　二次 PCR 扩增反应体系

成分	用量
Sterile H_2O	15.5μL
10×PCR Reaction Buffer	2.0μL
Nested PCR primer 1(10μmol/L)	0.83μL
Nested PCR primer 2R(10μmol/L)	0.83μL
dNTP Mix(10mmol/L)	0.42μL
50×Advantage cDNA Polymerase Mix	0.42μL
cDNA	1.0μL

(2) 每个 PCR 管中滴加一滴矿物油后，开始 PCR 循环，反应条件为：预变性 94℃ 1min；之后的 15 个循环的条件为：94℃、30s，65℃、30s，72℃、1.5min；最后 72℃延伸 10min。

(3) 反应结束后，取 6μL 产物进行电泳检测，其余贮存于–20℃备用。

9. PCR 产物的回收

1) 大量 PCR 扩增

(1) 准备 PCR 反应体系(20μL)如表 4-8。

表 4-8　大量 PCR 扩增反应体系

成分	用量
Sterile H_2O	15.5μL
10×PCR Reaction Buffer	2.0μL
Nested PCR primer 1(10μmol/L)	0.83μL
Nested PCR primer 2R(10μmol/L)	0.83μL
dNTP Mix(10mmol/L)	0.42μL
50×Advantage cDNA Polymerase Mix	0.42μL
cDNA	1.0μL

(2) 每个 PCR 管中滴加一滴矿物油，PCR 循环的反应条件为：94℃预变性 1min；之后的 15 个循环的条件为：94℃、30s，65℃、30s，72℃、1.5min；最后 72℃延长 10min。

(3) PCR 过程 4 次后得 4 管 PCR 产物，混成一管。

2) PCR 产物浓缩回收

将 PCR 产物转移到一个新的离心管中，等体积氯仿混合均匀，4℃ 12 000r/min 离心 10～15min 后取上清，加入 1/10 体积 3mol/L NaAc(pH5.2)、2.5 倍体积的无水乙醇，吸打混匀，置于–20℃，30min。4℃ 12 000r/min 离心 20min 后弃上清，沉淀用 500μL 75%乙醇清洗 2 次。4℃ 12 000r/min 离心 10min 后弃上清，沉淀真空干燥后用 5～6μL ddH_2O 重新溶解沉淀，取 1μL 电泳检测，剩余样品–20℃保存。

10. PCR 产物与载体连接及转化

PCR 产物与 pMD18-T 载体连接的体系见表 4-9。

表 4-9　PCR 产物 TA 克隆反应体系

反应组分	用量
PCR 产物	2.5μL
ddH_2O	1.5μL
pMD18-T	1.0μL
5×Ligation buffer	4.0μL
T4 DNA Ligase(5U)	1.0μL

16℃连接过夜，采用热激转化的方法来转化连接产物。

取两支商业化出售的 *E. coli* DH5*α*感受态细胞(每支 100μL)在冰浴条件下解冻。把连接产物加到 2 支解冻的 *E. coli* 感受态细胞中，混合均匀后，冰浴 30min。42℃热激 5～50s 后立即插入冰中 3～5min。后加入 1mL 预冷的 SOC 液体培养基，37℃振荡(150r/min)培养 1h。无菌操作台中将菌液均匀涂于 LB 固体培养基平板上，此平板上加有 Amp(100mg/L)、80μL IPTG (100μg/μL)、15μL X-gal(50mg/mL)，37℃过夜培养(需倒置)。

11. 菌落 PCR

将平板从 37℃的培养箱取出后首先放到 4℃进一步显色，显色明显后，在无菌操作台从平板上挑取白斑菌落(含有插入片段)，接种到 96 孔板中(内含有 12%～15%甘油和 Amp 的液体 LB 培养基)，37℃过夜培养，以 96 孔板中菌液为模板进行菌液 PCR。

(1) PCR 反应体系(总体积 20μL)见表 4-10。

表 4-10　菌落 PCR 反应体系

名称	用量
Sterile H_2O	15.2μL
10×*Taq* Buffer	2.0μL
Nested PCR primer 1(10μmol/L)	0.02μL
Nested PCR primer 2R(10μmol/L)	0.02μL
dNTP Mix(10mmol/L)	0.4μL
Taq 酶	0.3μL
菌液	2.0μL

(2) 向每 PCR 管中滴加一滴矿物油，反应体系充分混合均匀后进行 PCR 循环。PCR 反应条件：94℃预变性 5min；之后的 32 个循环条件为：94℃、10s，65℃、30s，72℃、1.5min；最后 72℃延伸 5min。

(3) 将扩增产物进行电泳检测，分析克隆插入片段的有无及片段的大小。

12. 序列测定及生物信息学分析

(1) 随机挑选插入片段为 200～1500bp 的阳性克隆，送北京华大基因生物技术有限责任公司测序。

(2) 对测序结果进行分析，在 NCBI 上去除接头与载体部分的序列，同时去除序列相同的克隆获得单一的 EST 序列。

(3) 通过 BLASTn 程序进行序列相似性检索，与已知基因的同源程度比对，推测 EST 序列所代表基因。根据序列长度、配准百分比等进行同源性比对，将所有 EST 序列上传至 GenBank 基因库中而获得登录号。

(4) 将所得的具有功能的 EST 与 Uniprot 数据库(http://www.uniprot.org/)中已知功能的蛋白质进行分析比较，同时通过 Gene Ontology (GO，http://www.geneon-tology. org/)数据库进行基因注释，对所获得的 EST 进行功能聚类。

二、cDNA 芯片杂交

cDNA 芯片杂交技术也是一种鉴定差异表达基因快速、有效的手段，芯片杂交结果能够直接显示整个转录组基因的表达和受调控情况，从而可以寻找对环境因子应答的关键基因，目前已广泛应用于分析植物中营养缺乏、重金属、盐分、干旱等多种胁迫应答基因的鉴定。对基因组已测序的物种，有商业化的 DNA 芯片可用，因此只需要收集实验材料送相关的公司做 DNA 芯片杂交，分析在不同发育阶段或受到某些环节因子刺激或胁迫后的差异表达基因，即可找出胁迫应答基因。

第五章　DNA 与蛋白互作分析技术

一、染色质免疫共沉淀技术

(一) 原理

染色质免疫共沉淀技术(chromatin immunoprecipitation assay, CHIP)是目前研究体内 DNA 与蛋白质相互作用的一种常用方法。在 CHIP 实验过程中，利用甲醛的交联作用在活细胞状态下固定蛋白质和 DNA 的复合物，然后用超声波将染色体随机切断为一定长度范围的染色质小片段，再加入 DNA 结合蛋白的特异抗体，通过抗体的免疫学作用沉淀 DNA 结合蛋白复合物，富集目的蛋白结合的 DNA 片段，对目的 DNA 片段进行纯化后用 PCR 扩增目的 DNA 片段，对目的 DNA 片段测序后可获得蛋白质与 DNA 相互作用的信息。

(二) 实验操作流程

1. 配制染色质免疫共沉淀所用缓冲液

染色质免疫共沉淀所用缓冲液组成配方见表 5-1。

表 5-1　染色质免疫共沉淀使用缓冲液配方

名称	成分
交联缓冲液	0.01mmol/L Tris-HCl(pH8.0)、1mmol/L EDTA、0.4mmol/L 蔗糖、1%甲醛、1mmol/L PMSF
提取缓冲液	0.135mol/L NaCl、0.05mol/L HEPES-KOH(pH7.5)、0.1%脱氧胆酸钠、1mmol/L EDTA，1% TritonX-100(*V/V*)、1mmol/L PMSF
低盐洗脱液	1mmol/L PMSF、0.05mol/L HEPES-KOH(pH7.5)、0.135 mmol/L NaCl、0.1% 脱氧胆酸钠、1mmol/L EDTA、1% TritonX-100
高盐洗脱液	1mmol/L PMSF、0.05mol/L HEPES-KOH(pH7.5)、0.55 mmol/L NaCl、0.1% 脱氧胆酸钠、1mmol/L EDTA、l% TritonX-l00
氯化锂洗脱液	1mmol/L EDTA、10 mmol/L Tris-HCI(pH8.0)、0.5% 脱氧胆酸钠、250 mmol/L LiCl 和 0.5% NP-40
洗脱液	100mmol/L $NaHCO_3$、1% SDS，pH 7.5
TE 缓冲液	0.01mmol/L Tris-HCl(pH8.0)、1mmol/L EDTA
消化缓冲液	500mmol/L EDTA、1mol/L Tris-HCl(pH8.0)、proteinase K(25mg/mL)

2. 甲醛交联

取植物组织材料如叶片(1.5～2g)放入 50mL 的离心管中，用超纯水洗涤材料 2 次，除去杂质，然后尽可能去除叶片上的水珠；加入 37mL 含有 1%甲醛的预冷 Crossing Buffer 溶液[0.4mmol/L 蔗糖，10mmol/L Tris-HCl(pH8.0)，1mmol/L EDTA，1mmol/L PMSF, 1%甲醛]，真空干燥器中抽真空 10～15min，此时叶片出现半透明现状；加入 2.5mL 1mol/L 的甘氨酸溶液混匀后，抽真空 5min 终止交联反应；倒掉上清液，用超纯水清洗叶片 2～3 次，尽可能去除多余的水分，然后投入液氮中，–80℃保存备用。

3. 染色质的分离

用液氮预冷研钵，在液氮中充分研磨叶片至粉末状，然后加入 3～5 倍体积冰上预冷的 Extraction Buffer[50mmol/L HEPES-KOH，pH7.5，1mmol/L EDTA，140mmol/L NaCl，0.1%脱氧胆酸钠，1% TritonX-100，1mmol/L PMSF]在研钵中充分混匀，然后转移到离心管中进行超声波破碎。超声波破碎在冰上进行，处理时间为 5min，应用工作 5s、停止 10s 的程序，振幅一般为 50%～60%。破碎后的溶液在 4℃、12 000r/min，离心 10min，取上清液到一个新的 EP 管中。收集后的上清液用 0.22μm 孔径的滤膜过滤，取 10μL 在 1%琼脂糖凝胶电泳上进行检测。

4. 染色质免疫共沉淀

取 1.5mL EP 管，加入 60μL Protein-A-Agarose，用 1mL 预冷的 Extraction Buffer 预清洗两次，3500*g*、4℃离心 5min 收集 Protein-A-Agarose。再往 Protein-A-Agarose 中加入 1mL 1%的 BSA，4℃共培养 2h 封闭非特异性结合位点。用 1mL Extraction Buffer 洗涤封闭的 Protein-A-Agarose，4℃、3500*g* 离心 5min，收集沉淀。取 1mL 收集的红梨叶片细胞上清液，加入 60μL 特异性抗体，4℃振荡孵育过夜，对照组加入等体积的 PBS 缓冲液。第二天往上述混合溶液中加入 60μL Protein-A-Agarose，4℃振荡孵育 4h，4℃、3500*g* 离心收集沉淀。

5. 沉淀洗涤

用 1mL Low Salt Wash Buffer[50mmol/L HEPES-KOH(pH 7.5)，1mmol/L EDTA，150mmol/L NaCl，0.1%脱氧胆酸钠，1% TritonX-100，1mmol/L PMSF]洗涤沉淀三次；然后用 1mL 的 High Salt Wash Buffer[50mmol/L HEPES-KOH(pH7.5)，1mmol/L EDTA，500mmol/L NaCl，0.1%脱氧胆酸钠，1% TritonX-100，1mmol/L PMSF]洗涤沉淀物三次；再用 1mL LiCl Wash Buffer[10mmol/L Tris-HCl(pH8.0)，0.5% Sodium Deoxycholate，0.25mol/L LiCl，0.5% NP-40，1mmol/L EDTA]洗涤沉淀复合物一次后，4℃离心收集沉淀；最后用 1mL TE 缓冲液[10mmol/L Tris-HCl(pH8.0)，lmmol/L EDTA]洗涤沉淀两次。对于免疫共沉淀获得的蛋白质-DNA 复合物，通过 elution buffer[1% SDS，0.1mol/L $NaHCO_3$(pH 7.5)]进行洗脱。往上述沉底中加入 40μL Elution Buffer，65℃孵育 15min。13 000r/min 4℃离心 1min，将上清液转移到新的 EP 管中。再加入 40μL Elution Buffer 重复洗脱一次，两次获得的上清液充分混匀，往上清液中加入 20μL 5mol/L NaCl 溶液，65℃孵育过夜。对照组也做同样处理。

6. 沉淀蛋白和 DNA 的分析

往上述样品中加入 6μL 0.5mol/L 的 EDTA，12μL 1mol/L Tris-HCl(pH8.0)和 1μL 20mg/mL Proteinase K，45℃孵育 1h。然后加入等体积的苯酚/氯仿抽提，4℃ 13 000r/min 离心 15min，将收集的上清液转移到新的 1.5mL 离心管中。加入 1/10 体积的 3mol/L 乙酸钠(pH 5.2)、3 倍体积的无水乙醇及 20μg，–20℃静置过夜。4℃、13 000r/min 离心 30min，弃上清，用 75%的乙醇洗涤沉淀。13 000r/min 离心收集沉淀，进行真空干燥，加入 20μL 无菌水溶解 DNA，获得的 DNA 片段进行 PCR 反应，扩增与蛋白质结合的 DNA 序列。随后对特异性抗体免疫沉淀后的样品进行 Western blotting 分析。

二、凝胶阻滞分析技术

(一) 原理

电泳迁移率分析(electrophoretic mobility shift assay，EMSA)是一种体外研究和验证蛋白质(如转录因子、组蛋白等)与 DNA 序列(如启动子、增强子等)相互作用的一种技术，在 EMSA 实验过程中，首先用生物素标记 DNA 做成核酸探针，然后在体外完成核酸探针和蛋白质结合反应，在非变性聚丙烯酰胺凝胶中分离标记的 DNA，电泳时核酸探针和蛋白质结合的复合物与没有蛋白质结合的探针相比在凝胶中泳动速度较慢，表现会相对滞后(阻滞)。

(二) 实验操作流程

1. EMSA 探针的制备

对含有蛋白结合位点的 3′端 DNA 片段进行生物素标记，每对标记好的 DNA 探针单链稀释成浓度为 10μmol/L，把正义链和反义链等体积混合，用 Touch down PCR 合成双链。具体反应程序如下：95℃预变性 5min，95℃开始 1℃/min 下降到 70℃，70℃退火反应 30min，然后 70℃开始 1℃/min 下降至 24℃。退火结束后，–20℃保存标记好的双链 EMSA 探针。

2. EMSA 凝胶的制备

1) 准备好倒胶的器具

可以使用常规制备蛋白电泳胶的器具(如 BioRad 常规用在蛋白电泳的制胶器)，或用其他适当的代替。最好选择可以灌制较薄胶的制胶模具，以便于容易干胶及后续操作。为得到更好的效果，制胶前一定把制胶模具用 ddH_2O 冲洗干净，特别注意的是制胶板上不能有 SDS 残留。

2) 配制聚丙烯酰胺凝胶

按照以下配方配制 20mL 4%的 EMSA 聚丙烯酰胺凝胶(注意：使用 29:1 等不同比例的 Acr/Bis 对实验结果影响不大)。按顺序依次加入各种配制好的试剂，加入 TEMED 前先混匀，加入 TEMED 后再立刻混匀，并立即倒入到制胶器中。避免有气泡产生，然后加上梳齿。

TBE Buffer (10×)	1.0mL
重蒸水	16.2mL
39：1 Acrylamide/bisacrylamide (40%, *m*/*V*)	2mL
80%甘油(glycerol)	625μL
10%过硫酸铵(ammonium persulfate)	150μL
TEMED	10μL

3. EMSA 的结合反应

EMSA 结合反应如下设置：

样品反应：

Nuclease-Free Water	5μL
EMSA/Gel-Shift 结合缓冲液(5×)	2μL

纯化的蛋白质	2μL
标记好的探针	1μL
总体积	10μL

阴性对照反应 1(阴性对照蛋白)：

Nuclease-Free Water	5μL
EMSA/Gel-Shift 结合缓冲液(5×)	2μL
阴性对照蛋白	2μL
标记好的探针	1μL
总体积	10μL

阴性对照反应 2(以 H_2O 代替纯化蛋白)：

Nuclease-Free Water	7μL
EMSA/Gel-Shift 结合缓冲液(5×)	2μL
H_2O	0μL
标记好的探针	1μL
总体积	10μL

按照以上体系依次加入各种试剂，混匀后，室温放置 2h 或 4℃过夜。然后加入 1μL 无色 10×EMSA/Gel-Shift 上样缓冲液，混匀后进行上样。

4. 电泳

用 0.5×TBE 作为电泳缓冲液。把混匀的、含有上样缓冲液的样品加入到样孔内，并且在多余的样孔内加入 10μL 的 1×EMSA/Gel-Shift 蓝色上样缓冲液，以便观察电泳进行的情况。按照 10V/cm 的电压进行电泳。电泳时注意胶的温度不应过高，一般不超过 30℃；如果温度过高，适当降低电压。当电泳至 EMSA/Gel-Shift 上样缓冲液中的溴酚蓝到胶的下边缘 1/4 处时，停止电泳。

5. 转膜

(1) 取一张和 EMSA 凝胶大小相近或略大的尼龙膜，用干净的剪刀剪去一角作为标记，然后用 0.5×TBE 缓冲液浸泡尼龙膜和 EMSA 凝胶 10min(注意：操作过程中尼龙膜自始至终仅能使用镊子夹取，不可用手触摸以防造成膜的污染)。

(2) 取 6 张略大于尼龙膜的 Whatman 3MM 滤纸，在 0.5×TBE 缓冲液中浸湿。

(3) 用镊子夹取 3 层已浸湿的滤纸放置在 Semi-Dry Transfer Cell (BIO-RAD)，取尼龙膜放置于滤纸上，把 EMSA 胶放置在尼龙膜上，最后再取 3 层浸湿的滤纸放置于 EMSA 胶上(注意：保持胶与膜之间、膜与滤纸之间没有气泡产生)。

(4) 采用半干转膜仪进行转膜，转膜时用 0.5×TBE 缓冲液作为转膜液，把 EMSA 胶上的探针、蛋白质，以及探针和蛋白质的复合物等转移到尼龙膜上。电转时可以设置为 380mA(约 10V) 转膜 30～60min。

(5) 转膜完毕后，取下尼龙膜，放在一干燥的滤纸上，尽量使尼龙膜上不带有液体，但不能使尼龙膜干燥。

6. 紫外交联

(1) 用紫外交联仪(UV-light cross-linker)选择波长为 254nm，120mJ/cm^2，交联 45～60s。也可使用超净工作台内的紫外灯，距离膜 5～10cm 左右紫外光照射 3～15min。

(2) 紫外交联完后，直接进入下一步检测。

7. 化学发光法检测生物素标记的探针

(1) 首先用 37～50℃的水浴溶解洗涤液和封闭液(注意：封闭液和洗涤液要彻底完全溶解才能使用，这两种溶液在常温和 50℃之间均可使用，但使用前必须确保溶液没有沉淀)。

(2) 往交联过的尼龙膜中加入 20mL 封闭液，室温摇床 15min，弃封闭液。

(3) 取 10μL Streptavidin-HRP Conjugate 和 20mL 封闭液(1:2000 稀释)，加入尼龙膜中，室温摇床 15min。

(4) 取 25mL 5×洗涤液，加入 100mL 超纯水，将其稀释成 1×的洗涤液，共 125mL。

(5) 每次加入 20～25mL 洗涤液，室温摇床洗涤 5min(共重复 3 次)。

(6) 取 20～25mL 检测平衡液平衡尼龙膜，摇床缓慢摇动 5min。

(7) 取 1mL BeyoECL Plus Reagent A 和 1mL BeyoECL Plus Reagent B 混匀，配制 BeyoECL Plus Reagent 工作液(现配现用)。

(8) 取出尼龙膜，放入到一个玻璃器皿中，在尼龙膜中加入 2mL BeyoECL Plus Reagent 工作液，使尼龙膜完全被浸没，室温静置 3～5min。

(9) 用 Chemidoc XRS(BIO-RAD)成像系统观察结果。

下　篇
应用实例

第六章　通路克隆技术入门载体的改造

一、含有 Rubisco 小亚基启动子和叶绿体基质定位序列的通路克隆入门载体的构建

(一) 引言

目前 Invitrogen 公司开发的 Gateway 技术体系中没有植物表达载体，而比利时的 VIB/Gent 公司开发的 Gateway 植物表达载体用的启动子都是 CaMV 35S，因此利用这些表达载体表达的目的蛋白只能定位在细胞质中，这就极大地限制了 Gateway 技术在植物基因工程操作中的应用。叶片是植物的光合作用器官，在叶绿体中有很多的代谢途径，如果要使目的基因在叶片中获得高水平表达，用光诱导型启动子 PrbcS 控制目的基因的表达往往会获得理想的结果。利用 Gateway 的 BP 反应可以产生 Gateway 的入门克隆，但是在实践中发现使用这种技术操作的 PCR 产物片段较大时成功的概率不高。Invitrogen 公司还开发了另外两种产生 Gateway 入门克隆的方法，其中之一是 TOPO 克隆技术，但是这种技术的成本较高，如果 PCR 产物片段较大时成功的概率也不高，因此我们利用限制酶和连接酶的技术把光诱导型启动子(PrbcS)启动子和绿色荧光蛋白 GFP 报告基因插入到 Gateway 入门载体 pENTR-2B 的多克隆位点中，获得一个含有 PrbcS 序列和 GFP 报告基因的 Gateway 入门载体，用其他目的基因替换该载体中的 GFP 基因，通过 Gateway 的 LR 反应就能快速地构建目的基因的光诱导型植物表达载体，在所获得的表达载体中，目的基因的表达受 PrbcS 的控制。

(二) 载体构建的技术路线

PrbcS 是从番茄的基因组中分离出来的 rbcS-3C 的启动子，是一个由 *Hin*dⅢ切割产生的 1.7kb 的 DNA 片段，已经亚克隆于 pUC118 中，该亚克隆的质粒载体名称为 pUC118-PrbcS-T-rbcS-3C(图 6-1)。采用 Gateway 的入门载体 pENTR-2B(图 6-2)为基本骨架构建含有 PrbcS 序列的 Gateway 入门载体，使用的报告基因 GFP 来自 Invitrogen 公司的 pGFP 中的 GFP(图 6-4)。

在构建该入门载体 pENTR*-PrbcS-*T-GFP 时，首先用限制性内切核酸酶 *Sph* Ⅰ将 pUC118-PrbcS-T-rbcS-3C 中的 rbcS-3C 切割出来，然后用连接酶重新连接不含 rbcS-3C 的载体 DNA 片段，产生一个中间载体 pUC118-PrbcS-T(图 6-1)。为了能构建由启动子 PrbcS 控制、表达的目的蛋白能定位在叶片细胞质中的目的基因的植物表达载体，利用一对互补引物(图 6-1)，通过点突变技术在 pUC118-PrbcS-T 的叶绿体定位序列起始密码处引入 *Nco* Ⅰ位点产生中间载体 pUC118-PrbcS-*T。再利用一对互补引物(图 6-2)，通过点突变技术把 pENTR-2B 多克隆位点中的 *Xmn* Ⅰ位点改为 *Hin*dⅢ产生中间载体 pENTR*-2B，然后用 *Hin*dⅢ和 *Eco*R Ⅰ切开 pENTR*-2B 和 pUC118-PrbcS-*T，回收 pENTR*-2B 被切割后产生的载体片段 pENTR*及 pUC118-PrbcS-*T 被切割产生的启动子 DNA 片段 PrbcS-*T，用连接酶把 pENTR*和 PrbcS-*T 连接起来获得中间载体 pENTR*-Prbcs-*T(图 6-3)。

以 pGFP 为模板，用 GFP 基因上下游特异性引物扩增 GFP 基因，获得的 PCR 产物亚克隆于 T 载体 pUCm-T 中，获得中间载体 pUCm-T-GFP(图 6-4)。用 *Sph* Ⅰ 和 *Bam*H Ⅰ 切割 pENTR*-PrbcS-*T 和 pUCm-T-GFP，回收载体 pENTR*-PrbcS-*T 片段和 GFP 基因片段，用连接酶连接 PENTR*-PrbcS-*T 和 GFP，获得入门载体 pENTR*-PrbcS-*T-GFP(图 6-6)。

(三) 实验的具体操作流程

1. 中间载体 pUC118-T-PrbcS 的构建

用质粒抽提试剂盒纯化(按试剂盒说明书操作)pUC118-PrbcS-T-rbcS-3C，用限制性内切核酸酶 *Sph* Ⅰ (Fermentas)将 pUC118-PrbcS-T-rbcS-3C 中的 rbcS-3C 切割出来，通过琼脂糖凝胶电泳分离已切开的载体 pUC118-PrbcS-T 和 rbcS-3C 片段，回收 4.6kb 的载体 pUC118-PrbcS-T，然后用宝生物(TaKaRa)的连接酶试剂盒连接(按试剂盒说明书操作)不含 rbcS-3C 的载体 DNA 片段，产生一个中间载体 pUC118-PrbcS-T(图 6-1)。用连接反应混合物转化高效率(10^8cfu/μg 质粒 DNA)的大肠杆菌感受态细胞(DH5α，天根生化科技)，把转化好的大肠杆菌涂于加有氨苄青霉素(Amp，100μg/mL)的平板上，于 37℃过夜培养，筛选 Amp 抗性重组子菌落，从 Amp 抗性重组子菌落中提取质粒，用 *Sph* Ⅰ 进行酶切检测，连接成功的质粒在琼脂糖凝胶电泳图上只产生一条 4.6kb 条带，选出连接成功的质粒载体 pUC118-PrbcS-T，重新转化大肠杆菌 DH5α，挑单个菌落进行液体培养，用试剂盒纯化质粒。

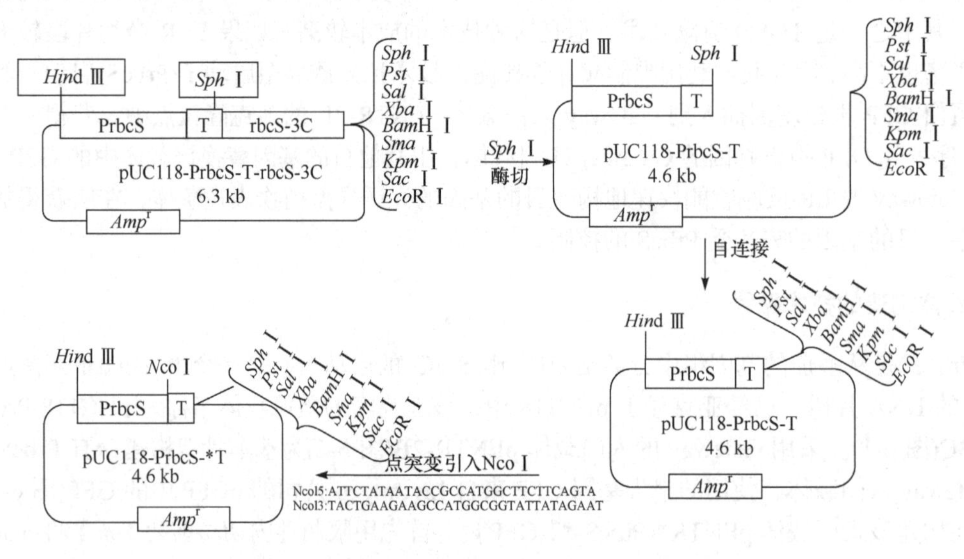

图 6-1　中间载体 pUC118-PrbcS-*T 的构建策略

2. 利用点突变技术在中间载体 pUC118-T-PrbcS 中引入 *Nco* Ⅰ 位点

以纯化质粒 pUC118-Prbcs-T 为模板，根据叶绿体定位序列设计一对(*Nco* Ⅰ 5 和 *Nco* Ⅰ 3)用于点突变的互补引物(图 6-1)，委托 TaKaRa 合成。在点突变反应混合液中加入 25ng 的纯化质粒 pUC118-PrbcS-T 作为模板，同时加入 125ng 的点突变引物 *Nco* Ⅰ 5 和 *Nco* Ⅰ 3、1μL dNTP (2.5mmol/L)、5μL 的 10×KOD 反应缓冲液和 1μL 的 KOD 聚合酶(日本东洋纺)，加双蒸水使反应终体积为 50μL。在 PCR 仪上于 95℃加热 30s，然后按照 95℃、30s，55℃、1min，68℃、10min 的程序进行 15 个循环的反应，最后在 68℃延伸反应 10min，合成含突变位点的子链。

反应完成后把反应混合液置于冰上冷却 2min，向反应混合液加入 1μL 的限制性内切核酸酶 *Dpn* Ⅰ (10U/μL)和 5μL 的 *Dpn* Ⅰ反应缓冲液，于 37℃保温 1h，降解不含突变位点的母链。用反应混合液转化高效率(10^8cfu/μg 质粒 DNA)的大肠杆菌感受态细胞(DH5α，天根生化科技)，把转化好的大肠杆菌涂于加有氨苄青霉素(Amp，100μg/mL)的平板上，筛选 Amp 抗性重组子菌落，从 Amp 抗性重组子菌落中提取质粒，用 *Nco* Ⅰ(Fermentas)进行酶切检测，突变成功的质粒可被 *Nco* Ⅰ切开并在琼脂糖凝胶电泳图上产生一条 4.6kb 的条带，选出突变成功的质粒载体 pUC118-PrbcS-*T，重新转化大肠杆菌 DH5α，挑单个菌落进行液体培养，用试剂盒纯化质粒。在 pUC118-PrbcS-T 的叶绿体定位序列起始密码处引入 *Nco* Ⅰ位点后，为构建由启动子 PrbcS 控制、表达的目的蛋白定位在叶片细胞质中的目的基因的植物表达载体奠定基础。

3. 利用点突变技术把 Gateway 入门载体 pENTR-2B 多克隆位点中的 *Xmn* Ⅰ改变为 *Hind* Ⅲ

以纯化质粒 pENTR-2B 为模板，根据 *Xmn* Ⅰ附近的序列设计一对(*Hind* Ⅲ5 和 *Hind* Ⅲ3)用于点突变的互补引物(图 6-2)。在点突变反应混合液中加入 25ng 的纯化质粒 pENTR-2B 作为模板，同时加入 125ng 的点突变引物 *Hind* Ⅲ5 和 *Hind* Ⅲ3、1μL dNTP(2.5mmol/L)、5μL 的 10×KOD 反应缓冲液和 1μL 的 KOD 聚合酶(日本东洋纺)，加双蒸水使反应终体积为 50μL。在 PCR 仪上于 95℃加热 30s，然后按照 95℃、30s，55℃、1min，68℃、10min 的程序进行 15 个循环的反应，最后在 68℃延伸反应 10min，合成含突变位点的子链，反应完成后把反应混合液置于冰上冷却 2min，向反应混合液加入 1μL 的限制性内切核酸酶 *Dpn* Ⅰ(10U/μL)和 5U 的 *Dpn* Ⅰ反应缓冲液(晶美)，于 37℃保温 1h，降解不含突变位点的母链。用反应混合液转化高效率(10^8cfu/μg 质粒 DNA)的大肠杆菌感受态细胞(DH5α，天根生化科技)，把转化好的大肠杆菌涂于加有氨苄青霉素(Amp，100μg/mL)的平板上，筛选 Amp 抗性重组子菌落，从 Amp 抗性重组子菌落中提取质粒，用 *Hind* Ⅲ(晶美)进行酶切检测，突变成功的质粒可被 *Hind* Ⅲ切开并在琼脂糖凝胶电

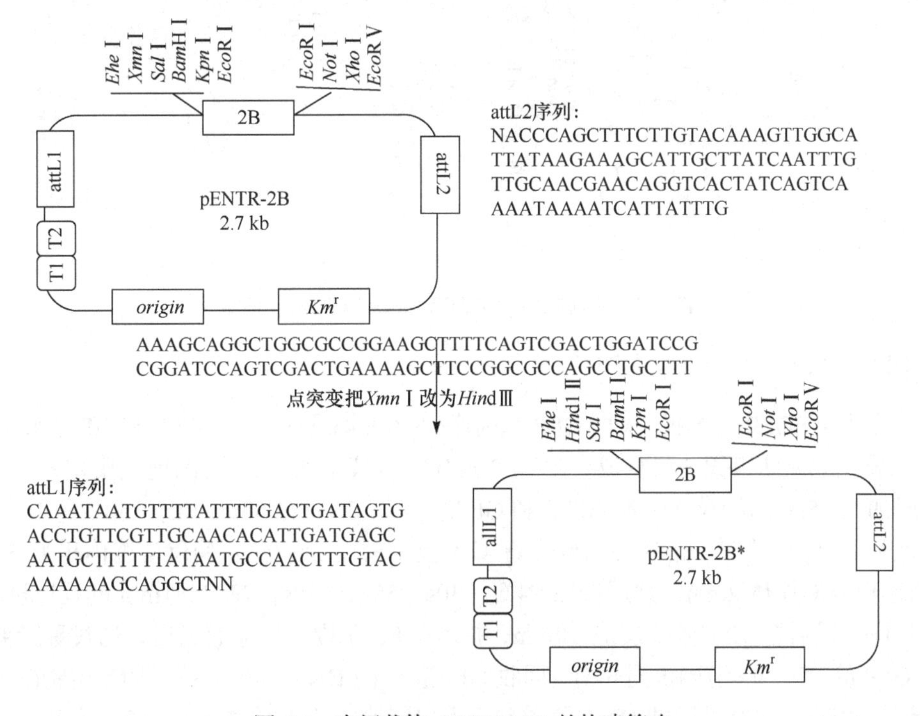

图 6-2　中间载体 pENTR*-2B 的构建策略

泳图上产生一条 3.5kb 的条带。选出突变成功的质粒载体 pENTR*-2B，重新转化大肠杆菌 DH5α，挑单个菌落进行液体培养，用试剂盒纯化质粒。

4. 中间载体 pENTR*-Prbcs-*T 的构建

用 *Hin*dⅢ和 *Eco*RⅠ切开纯化的质粒载体 pENTR*-2B 和 pUC118-PrbcS-*T(图 6-3)，通过琼脂糖凝胶电泳分离已切开的载体和插入片段，回收 pENTR*-2B 被切割后产生的载体片段 pENTR*(2.3kb)及 pUC118-PrbcS-*T 被切割后产生的启动子 DNA 片段 PrbcS-*T(1.7kb)，然后用宝生物(TaKaRa)的连接酶试剂盒连接 pENTR*和 PrbcS-*T 产生中间载体 pENTR*-Prbcs-*T (图 6-3)。用连接反应混合物转化高效率(10^8cfu/μg 质粒 DNA)的大肠杆菌感受态细胞(DH5α，天根生化科技)，把转化好的大肠杆菌涂于加有卡那霉素(Km，50μg/mL)的平板上，于 37 ℃过夜培养，筛选 Km 抗性重组子菌落，从 Km 抗性重组子菌落中提取质粒，用 *Hin*dⅢ和 *Sph*Ⅰ双酶切检测，连接成功的质粒在琼脂糖凝胶电泳图上只产生两条带，一条为 2.3kb 的载体带，另一条为 1.7kb 的插入片段 PrbcS-*T。选出连接成功的质粒载体 pENTR*-PrbcS-*T，重新转化大肠杆菌 DH5α， 挑单个菌落进行液体培养，用试剂盒纯化质粒。

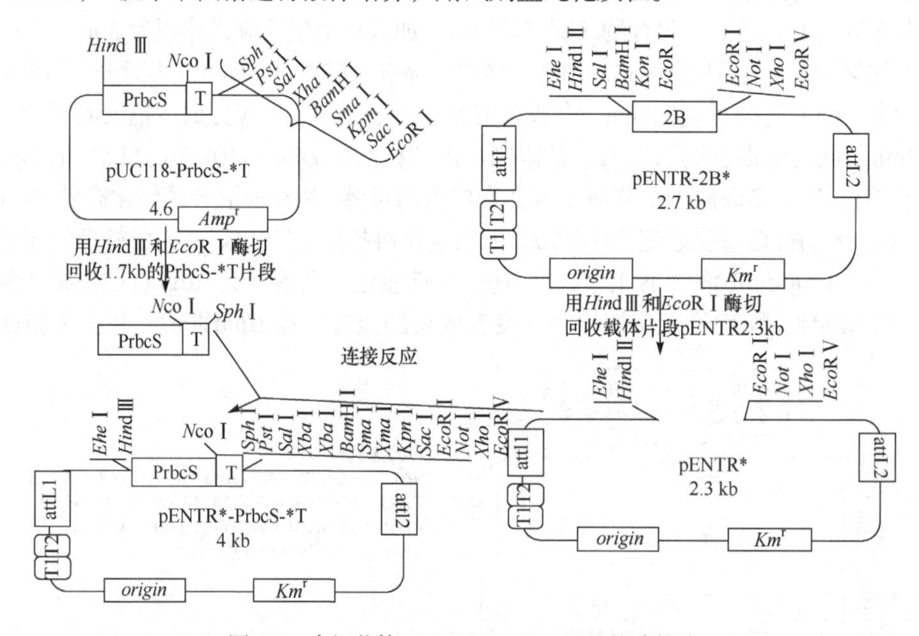

图 6-3　中间载体 pENTR*-Prbcs-*T 的构建策略

5. GFP 基因的扩增与 TA 克隆

以纯化质粒 pGFP 为模板，根据 GFP 基因序列(图 6-4)设计一对(GFP5 和 GFP3)特异性引物(图 6-4)，委托北京博迈德公司合成。在 PCR 反应混合液中加入 20ng 的纯化质粒 pGFP 作为模板，同时加入 75ng 的特异性引物 GFP5 和 GFP3、4μL dNTP(2.5mmol/L)、5μL 的 10×Extaq 反应缓冲液和 0.25μL 的 Extaq(5U/μL)聚合酶(日本宝生物)，加双蒸水使反应终体积为 50μL。在 PCR 仪上于 94℃加热 2min，然后按照 94℃、30s，55℃、30s，72℃、1min 的程序进行 30 个循环的反应，最后在 72℃延长反应 10min，扩增 GFP 基因。反应完成后，通过琼脂糖凝胶电泳分离 GFP 的 PCR 扩增产物(图 6-5)，回收 GFP 基因的 DNA 片段，然后用宝生物(TaKaRa)的连接酶试剂盒连接 GFP 基因的 DNA 片段和上海申能博采的 T 载体 pUCm-T，获得 GFP 基因

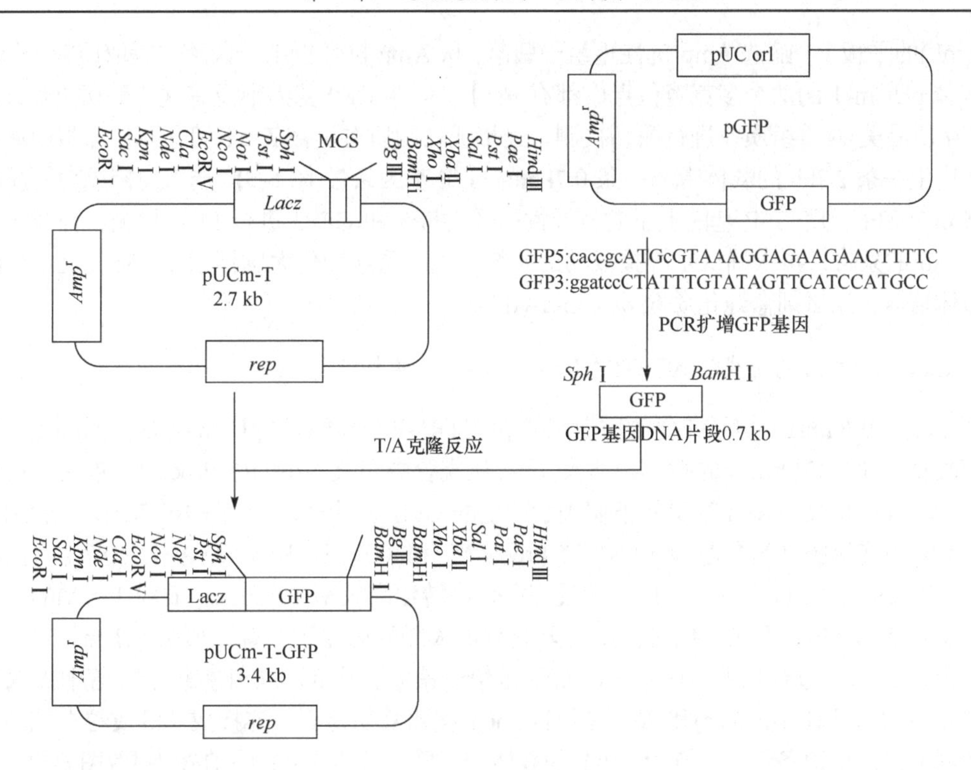

GFP基因的核苷酸序列

ATGAGTAAAGGAGAAGAACTTTTCACTGGAGTTGTCCCAATTCTTGTTGAATTAGATGGTGATGTTAATGGG
CACAAATTTTCTGTCAGTGGAGAGGGTGAAGGTGATGCAACATACGGAAAACTTACCCTTAAATTTATTTG
CACTACTGGAAAACTACCTGTTCCATGGCCAACACTTGTCACTACTTTCTCTTATGGTGTTCAATGCTTTTCA
AGATACCCAGATCATATGAAACGGCATGACTTTTTCAAGAGTGCCATGCCCGAAGGTTATGTACAGGAAA
GAACTATATTTTTCAAAGATGACGGGAACTACAAGACACGTGCTGAAGTCAAGTTTGAAGGTGATACCCTT
GTTAATAGAATCGAGTTAAAAGGTATTGATTTTAAAGAAGATGGAAACATTCTTGGACACAAATTGGAATA
CAACTATAACTCACACAATGTATACATCATGGCAGACAAACAAAAGAATGGAATCAAAGTTAACTTCAAAA
TTAGACACAACATTGAAGATGGAAGCGTTCAACTAGCAGACCATTATCAACAAAATACTCCAATTGGCGAT
GGCCCTGTCCTTTTACCAGACAACCATTACCTGTCCACACAATCTGCCCCTTTCGAAAGATCCCAACGAAAA
AATAG

图 6-4 GFP 基因的 TA 克隆策略

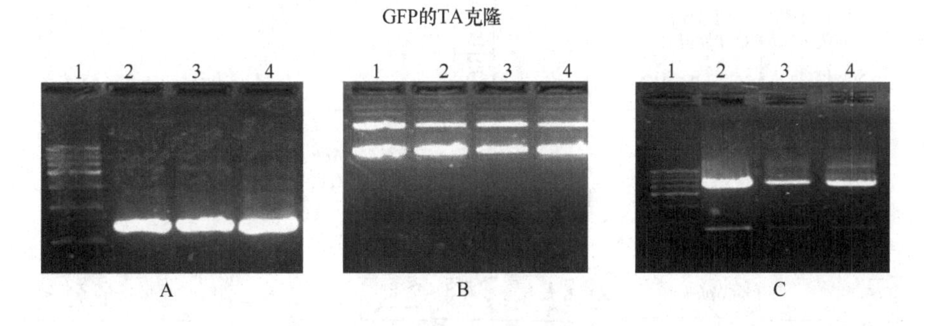

图 6-5 GFP 基因的核苷酸序列和 TA 克隆

A. 电泳检测 GFP 的 PCR 产物。1，500bp DNA Marker；2～4，GFP 的 PCR 产物。B. pUCm-T-GFP 质粒的电泳检测。1，正对照(分子质量为 3.4kb 的质粒)；2～4，pUCm-T-GFP 质粒。C. pUCm-T-GFP 质粒的酶切检测。1，500bp DNA Marker；2～4，用 *Pst* I 酶切 pUCm-T-GFP 质粒

的 TA 克隆质粒 pUCm-T-GFP(图 6-4)。用反应混合液转化高效率(10^8cfu/μg 质粒 DNA)的大肠杆菌感受态细胞(DH5α，天根生化科技)，把转化好的大肠杆菌涂于加有氨苄青霉素(Amp，

100μg/mL)的平板上，筛选 Amp 抗性重组子菌落，从 Amp 抗性重组子菌落中提取质粒(图 6-5)，在 T 载体 pUCm-T 的两个多克隆位点中都有 *Pst* Ⅰ，但在 GFP 基因中没有这一酶切位点，因此选用 *Pst* Ⅰ(晶美)对重组质粒进行酶切检测，连接成功的质粒可被 *Pst* Ⅰ切开并在琼脂糖凝胶电泳图上产生一条 2.7kb 的载体带和一条 0.7kb 的 GFP 基因条带(图 6-5)，选出连接成功的质粒载体 pUCm-T-GFP，用 GFP 基因上下游特异性引物 GFP5 和 GFP3 进行 PCR 检测，都能扩增出一条 0.7kb 的条带，再次确认是连接成功的质粒，然后重新转化大肠杆菌 DH5α，挑单个菌落进行液体培养，用试剂盒纯化质粒 pUCm-T-GFP。

6. Gateway 入门克隆载体 pENTR*-PrbcS-*T-GFP 的构建

用 *Sph* Ⅰ和 *Bam*H Ⅰ切开纯化的质粒载体 pENTR*-PrbcS-*T 和 pUCm-T-GFP(图 6-6)，通过琼脂糖凝胶电泳分离已切开的载体和插入片段，从凝胶中回收 pENTR*-PrbcS-*T 被切割后产生的载体片段(4.0kb)及 pUCm-T-GFP 被切割后产生的 GFP 基因的 DNA 片段(0.7kb)，然后用宝生物(TaKaRa)的连接酶试剂盒连接 pENTR*-PrbcS-*T 和 GFP 基因的 DNA 片段产生入门载体 pENTR*-PrbcS-*T-GFP(图 6-6)。用连接反应混合物转化高效率(10^8cfu/μg 质粒 DNA)的大肠杆菌感受态细胞(DH5α，天根生化科技)，把转化好的大肠杆菌涂于加有卡那霉素(Km，50μg/mL)的平板上，于 37℃过夜培养，筛选 Km 抗性重组子菌落，从 Km 抗性重组子菌落中提取质粒(图 6-7)，用 *Sph* Ⅰ(Fermentas)和 *Bam*H Ⅰ(Fermentas)双酶切检测，连接成功的质粒在琼脂糖凝胶电泳图上只产生两条带，一条为 4.0kb 的载体带，另一条为 0.7kb 的 GFP 片段(图 6-7)。选出连接成功的质粒载体 pENTR*-PrbcS-*T-GFP，用 GFP 上下游的特异性引物 GFP5 和 GFP3 进行 PCR 检测，都能扩增出一条 0.7kb 的 GFP 条带(图 6-7)，确认是连接成功的质粒后，重新转化大肠杆菌 DH5α，挑单个菌落进行液体培养，用试剂盒纯化质粒 pENTR*-PrbcS-*T-GFP。

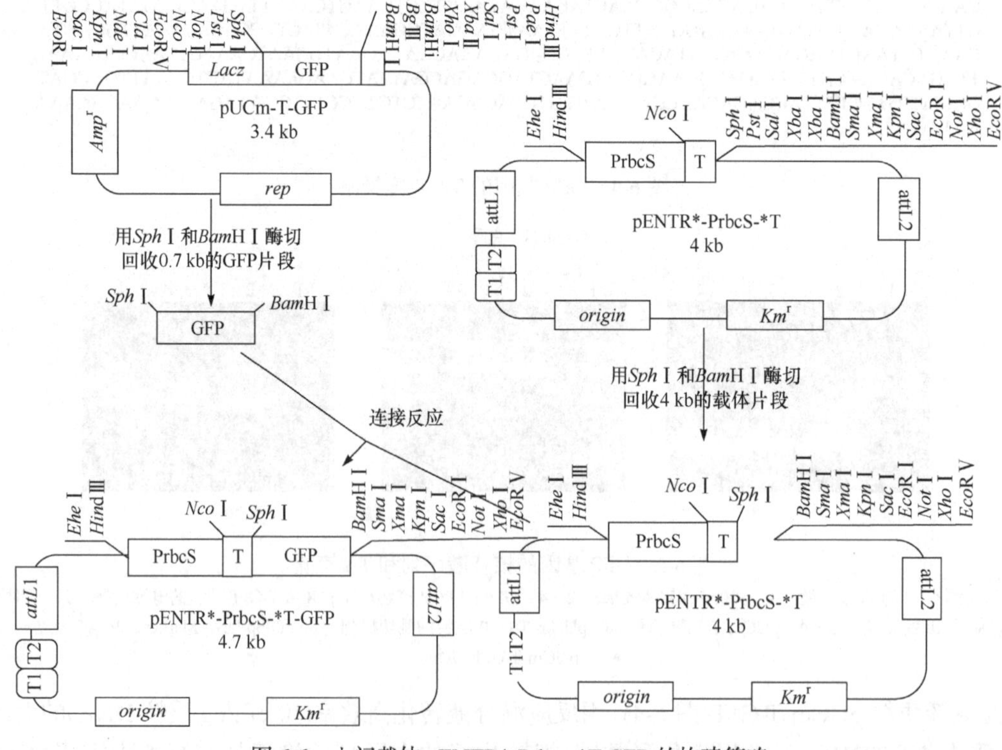

图 6-6　入门载体 pENTR*-Prbcs-*T-GFP 的构建策略

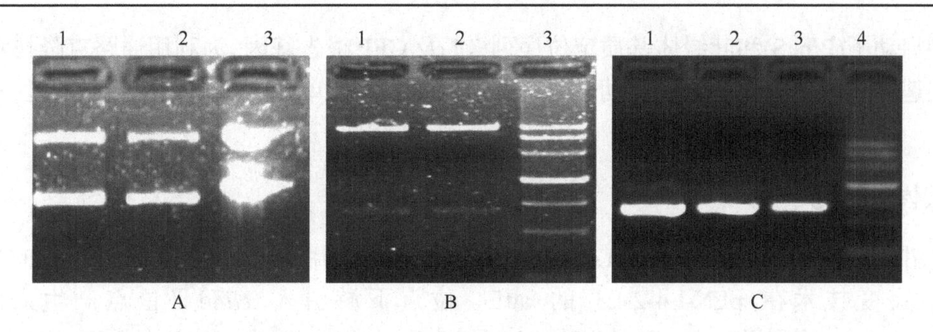

图 6-7　pENTR*-Prbcs-*T-GFP 的构建

A. pENTR*-PrbcS-*T-GFP 质粒的电泳检测。1～2，pENTR*-PrbcS-*T-GFP；3，正对照(分子质量 4.7kb 的质粒)。B. pENTR*-PrbcS-*T-GFP 质粒的酶切检测。1～2，用 *Sph* I 和 *Bam*H I 酶切 pENTR*-PrbcS-*T-GFP 质粒；3, DNA Marker。C. ENTR*-PrbcS-*T-GFP 的 PCR 检测。1～2，以 pENTR*-rbcS-*T-GFP 为模板用引物 GFP5 和 GFP3 扩增到的 PCR 产物；3，正对照(以 pUCm-T-GFP 质粒为模板扩增到的 PCR 产物)；4，DNA Marker

二、通路克隆入门载体 pEN-L4*-PrbcS-*T-GFP-L3*的构建

(一) 引言

在过去十年中，通过遗传工程对单个基因进行操作已经变得相当容易，然而许多重要性状和代谢途径涉及多个基因的相互作用，所以遗传工程操作技术需要从单基因发展到操作多基因。目前使用的介导多个基因进入植物基因组的方法有单基因转化株的有性杂交、连续转化、多质粒共转化，但这些方法往往成功率高的耗时很长，而耗时短的成功率低。因此在基础和应用研究中，用现有技术导入并表达多个基因的分子操作非常困难。

基于位点特异性重组的多位点 Gateway 克隆系统，可以使多个 DNA 片段按预定的顺序、方向和框架域同时进行组装。最近，多位点 Gateway 技术已经在用一个通用的模式同时克隆多个 DNA 片段方面得到发展，在植物中为了使得用于功能分析的目的基因表达载体的构建流程化，比利时的 VIB/Gent 公司开发了 36 个 Gateway 入门克隆载体的集合。这些 Gateway 入门克隆载体携带有启动子、终止子和报告基因，这种集合遵循简单的基因工程原则，遗传元件按标准的格式来设计。他们可以完全按文献的要求相互交换，并且可以根据所期望的结果随意组合。他们还利用多个 Gateway 重组位点构建植物的目的表达载体，在这类载体中，两个或三个目的基因可以同时亚克隆在不同的表达盒中。携带独立 Gateway 表达盒的目的载体，可用于在不同的植物强启动子控制下表达两个或三个目的基因。在 pK7m34G2-8m21GW3 的 T-DNA 中，在 ROLD 启动子和 OCS 终止子之间含 attR1-ccdB-attR2 盒,在 CaMV 35S 启动子和终止子之间含有 attR4-ccdB-attR3 盒。含有 attL1-gene1-attL2 和 attL4-gene2-attL3 入门克隆的 DNA 序列可以同时被整合到这种双元载体中。

因为在含有 attL4-gene2-attL3 片段的所有入门克隆载体中 attL4 位点后合适基因亚克隆的酶切位点很少，CaMV 35S 启动子后面也没有叶绿体的转移肽序列，所以目前还不能直接使用现有技术利用这类入门克隆载体和目的载体 pK7m34G2-8m21GW3 构建合适叶绿体基因工程同时又能表达两个目的基因的植物表达载体。我们构建了 Gateway 技术入门质粒载体 pEN-L4*-PrbcS-*T-GFP-L3*，该载体含有通路克隆技术 LR 重组反应所需的 L4 和 L3 序列、光

诱导型启动子(PrbcS)和叶绿体基质定位序列(T*)及GFP报告基因，为利用通路克隆技术的LR反应快速构建一个串联PrbcS启动子的两个目的基因结构单元的植物表达载体搭建一个技术平台。

(二) 载体构建策略

采用Gateway的入门载体pEN-L4-2-L3为基本骨架构建，用一对互补引物*Hind*Ⅲ5和*Hind*Ⅲ3，通过点突变技术在pEN-L4-2-L3的attL4位点下游引入*Hind*Ⅲ位点产生入门载体pEN-L4*-2-L3；再利用另一对互补引物*Xho*Ⅰ5和*Xho*Ⅰ3，通过点突变技术把pEN-L4*-2-L3中attL3位点下游的多克隆位点中的*Pst*Ⅰ位点改为*Xho*Ⅰ产生入门载体pEN-L4*-2-L3*；最后用*Hind*Ⅲ和*Xho*Ⅰ切开pEN-L4*-2-L3*和pENTR*-PrbcS-*T-GFP，回收pEN-L4*-2-L3*被切割后产生的载体片段pEN-L4*-L3*及pENTR*-PrbcS-*T-GFP被切割后产生的PrbcS-*T-GFP DNA片段，用连接酶把pEN-L4*-L3*和PrbcS-*T-GFP连接起来产生入门质粒载体pEN-L4*-PrbcS-*T-GFP-L3*。

(三) 实验操作流程

1. 利用点突变技术在入门载体pEN-L4-2-L3中引入*Hind*Ⅲ位点

以纯化质粒pEN-L4-2-L3(购自比利时VIB/Gent公司)为模板，根据该载体中attL4位点下游的序列设计一对用于点突变的互补引物*Hind*Ⅲ5和*Hind*Ⅲ3(图6-8)，在点突变反应混合液中加入25ng的纯化质粒pEN-L4-2-L3作为模板，同时加入50ng的点突变引物*Hind*Ⅲ5和*Hind*Ⅲ3、1μL dNTP(10mmol/L)、5μL的10×Long *Taq*反应缓冲液和1μL的Long *Taq*聚合酶(天根生化科技)，加双蒸水使反应终体积为50μL。在PCR仪上于94℃加热3min，然后按照94℃、30s，50℃、30s，72℃、3min 40s的程序进行18个循环的反应，最后在72℃延长反应10min，

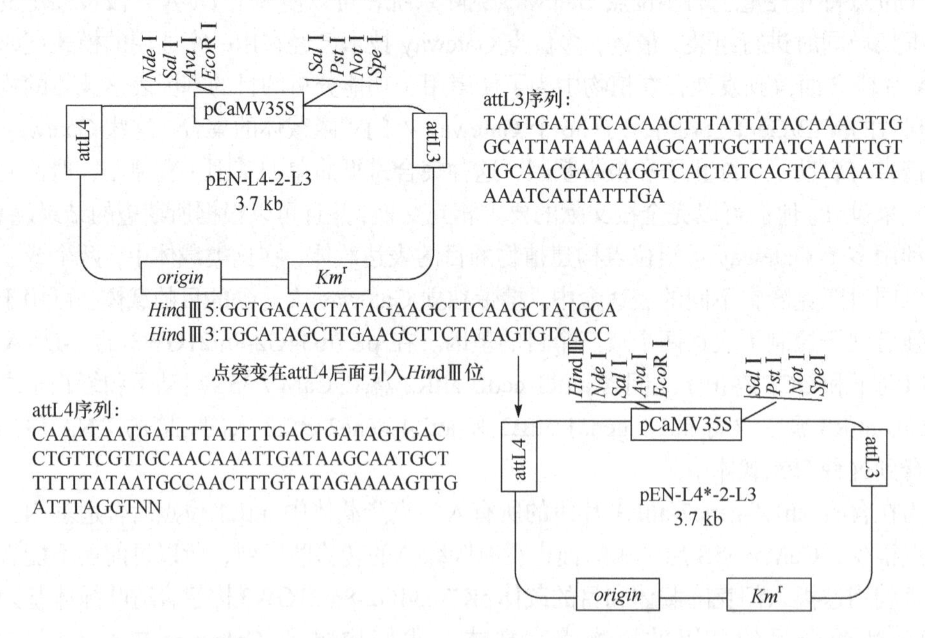

图6-8 利用点突变技术在Gateway的入门载体pEN-L4-2-L3.0中引入*Hind*Ⅲ位点

合成含突变位点的子链(图 6-9A)。反应完成后把反应混合液置于冰上冷却 2min，向反应混合液加入 1μL 的限制性内切核酸酶 *Dpn* Ⅰ(10U/μL)和 8μL 的 *Dpn* Ⅰ反应缓冲液，于 37℃保温 2h，降解不含突变位点的母链。用反应混合液转化高效率(10^8cfu/μg 质粒 DNA)的大肠杆菌感受态细胞(DH5α，天根生化科技)，把转化好的大肠杆菌涂于加有卡那霉素(Km，50μg/mL)的平板上，筛选 Km 抗性重组子菌落，从 Km 抗性重组子菌落中提取质粒(图 6-9B)，用 *Hind*Ⅲ(Fermentas)进行酶切检测，突变成功的质粒可被 *Hind*Ⅲ切开并在琼脂糖凝胶电泳图上产生一条 3.7kb 的条带(图 6-9C)，选出突变成功的质粒载体 pEN-L4*-2-L3，重新转化大肠杆菌 DH5α，挑单个菌落进行液体培养，用试剂盒纯化质粒。

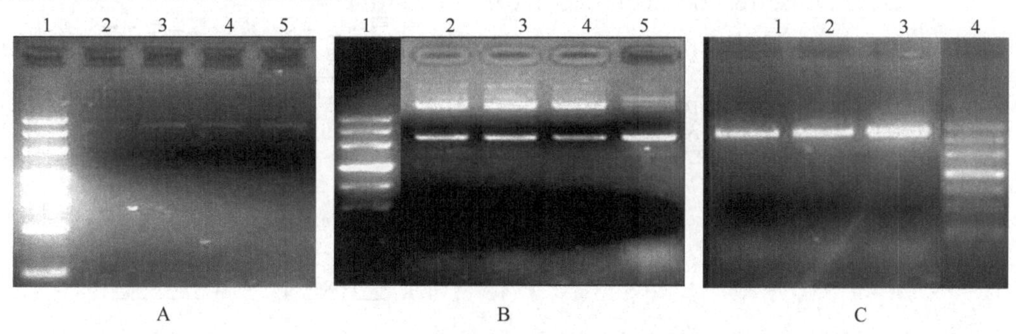

图 6-9　突变质粒 pEN-L4*-2-L3 的检测

A. 电泳检测 pEN-L4-2-L3.0 的 PCR 扩增产物。1，DNA Marker Ⅲ；2～5，pEN-L4-2-L3.0 的 PCR 扩增产物。B. 突变质粒 pEN-L4*-2-L3.0 的电泳检测。1，DNA Marker Ⅲ；2～4，突变质粒 pEN-L4*-2-L3.0 质粒；5，正对照(未突变的 pEN-L4-2-L3.0 质粒)；C. 突变质粒 pEN-L4*-2-L3.0 的酶切检测。1～3，用 *Bam*HⅠ酶切突变质粒 pEN-L4*-2-L3.0；4，DNA Marker Ⅲ

2. 利用点突变技术把入门载体 pEN-L4*-2-L3 的 attL3 下游多克隆位点中的 *Pst*Ⅰ改变为 *Xho*Ⅰ

以质粒 pEN-L4*-2-L3 为模板，根据 *Pst*Ⅰ位点附近的序列设计一对(*Xho*Ⅰ5 和 *Xho*Ⅰ3)用于点突变的互补引物(图 6-10)，委托上海生工合成。在点突变反应混合液中加入 25ng 的纯化质粒 pEN-L4*-2-L3 作为模板，同时加入 50ng 的点突变引物 *Xho*Ⅰ5 和 *Xho*Ⅰ3、1μL dNTP (10mmol/L)、5μL 的 10×Long *Taq* 反应缓冲液和 1μL 的 Long *Taq* 聚合酶(天根生化科技)，加双蒸水使反应终体积为 50μL。在 PCR 仪上于 94℃加热 3min，然后按照 94℃、30s，60℃、30s，72℃、4min 的程序进行 18 个循环的反应，最后在 72℃延伸反应 10min，合成含突变位点的子链(图 6-11A)。反应完成后把反应混合液置于冰上冷却 2min，向反应混合液加入 1μL 的限制性内切核酸酶 *Dpn*Ⅰ(10U/μL)和 4μL 的 *Dpn*Ⅰ反应缓冲液(Fermentas)，于 37℃保温 2h，降解不含突变位点的母链。用反应混合液转化高效率(10^8cfu/μg 质粒 DNA)的大肠杆菌感受态细胞(DH5α，天根生化科技)，把转化好的大肠杆菌涂于加有卡那霉素(Km，50μg/mL)的平板上，筛选 Km 抗性重组子菌落，从 Km 抗性重组子菌落中提取质粒(图 6-11B)，用 *Hind*Ⅲ和 *Xho*Ⅰ(Fermentas)进行双酶切检测，突变成功的质粒可被 *Hind*Ⅲ和 *Xho*Ⅰ切开并在琼脂糖凝胶电泳图上产生两条分子质量分别为 2.6kb 和 1.kb 的条带(图 6-11C)，选出突变成功的质粒载体突变质粒 pEN-L4*-2-L3*，重新转化大肠杆菌 DH5α，挑单个菌落进行液体培养，用试剂盒纯化质粒。

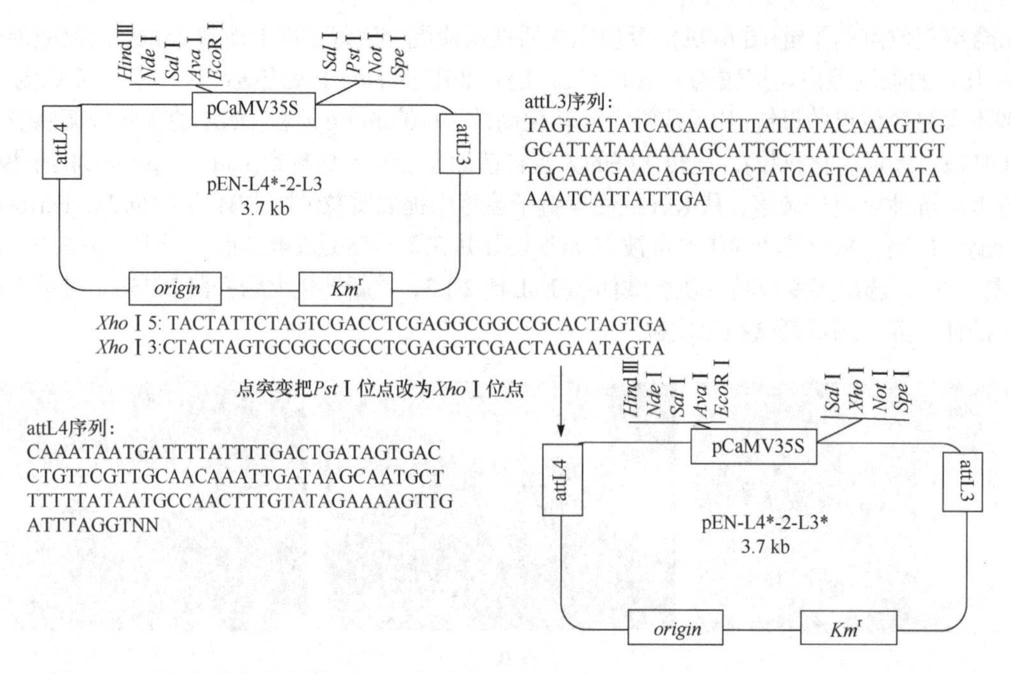

图 6-10　利用点突变技术在突变的入门载体 pEN-L4*-2-L3.0 中把 *Pst* Ⅰ位点改为 *Xho* Ⅰ位点

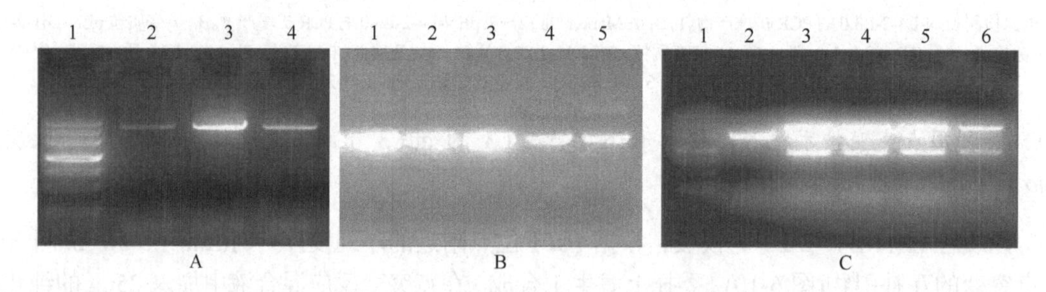

图 6-11　突变质粒 pEN-L4*-2-L3*的检测

A. 电泳检测 pEN-L4*-2-L3.0 的 PCR 扩增产物。1，DNA Marker Ⅲ；2～4，pEN-L4*-2-L3.0 的 PCR 扩增产物。B. 突变质粒 pEN-L4*-2-L3*的电泳检测。1～4，突变质粒 pEN-L4*-2-L3*质粒；5，正对照(未突变的 pEN-L4*- 2-L3.0 质粒)。C. 用 *Xho* Ⅰ和 *Hind* Ⅲ双酶切检测突变质粒 pEN-L4*-2-L3*。1，DNA Marker Ⅲ；2，未突变的 pEN-L4*-2-L3.0 质粒；3～6，突变质粒 pEN-L4*-2-L3*

3. 入门载体 pEN-L4*-PrbcS-*T-GFP-L3*的产生

用 *Hind* Ⅲ和 *Xho* Ⅰ切开 pEN-L4*-2-L3*和 pENTR*-PrbcS-*T-GFP，通过琼脂糖凝胶电泳分离已切开的载体和插入片段，回收 pEN-L4*-2-L3*被切割后产生的载体片段 pEN-L4*-L3*(2.6 kb)及 pENTR*-PrbcS-*T-GFP 被切割后产生的 PrbcS-*T-GFP DNA 片段(2.4kb)，然后用宝生物(TaKaRa)的连接酶试剂盒把 pEN-L4*-L3*和 PrbcS-*T-GFP 连接起来获得入门载体 pEN-L4*-PrbcS-*T-GFP-L3*(图 6-12)。用连接反应混合物转化高效率(10^8cfu/μg 质粒 DNA)的大肠杆菌感受态细胞(DH5α，天根生化科技)，把转化好的大肠杆菌涂于加有卡那霉素(Kan，50μg/mL)的平板上，于 37℃过夜培养，筛选 Km 抗性重组子菌落，从 Km 抗性重组子菌落中提取质粒(图 6-13A)，用 *Sph* Ⅰ和 *Eco*R Ⅰ双酶切检测，连接成功的质粒在琼脂糖凝胶电泳图上产生两条带，一条为 4.3kb 的载体条带，另一条为 0.7kb 的 GFP 基因片段(图 6-13B)。之后又用

Sph Ⅰ和 *Xho* Ⅰ双酶切检测，结果相似，连接成功的质粒在琼脂糖凝胶电泳图上也产生两条带，一条为 4.3kb 的载体条带，另一条为 0.7kb 的 GFP 基因片段(图 6-13C)。选出连接成功的质粒载体 pEN-L4*-PrbcS- *T-GFP-L3*，重新转化大肠杆菌 DH5α，挑单个菌落进行液体培养，用试剂盒纯化质粒。

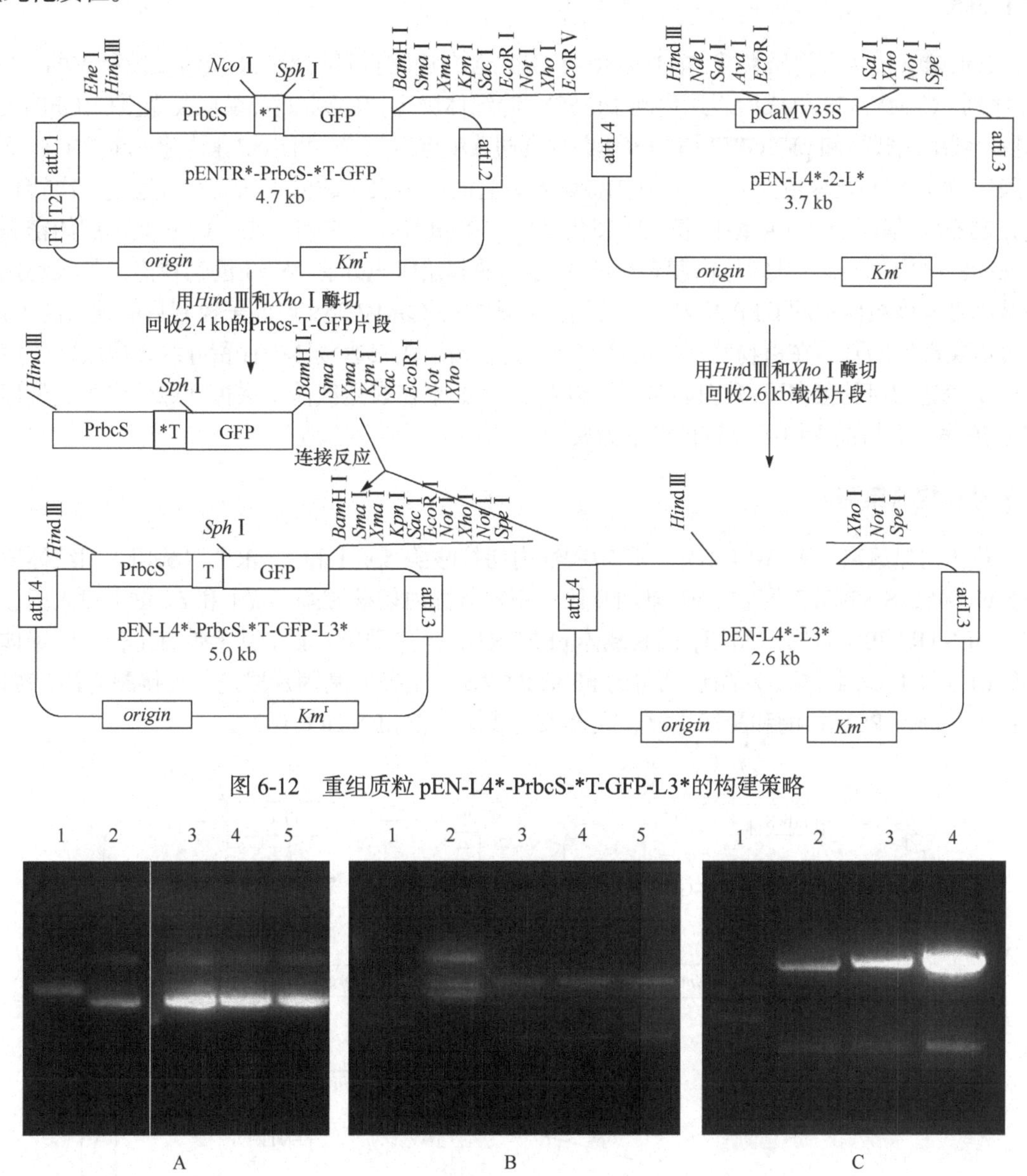

图 6-12　重组质粒 pEN-L4*-PrbcS-*T-GFP-L3*的构建策略

图 6-13　重组质粒 pEN-L4*-PrbcS-*T-GFP-L3*的检测

A. pEN-L4*-PrbcS-*T-GFP-L3*的电泳检测。1，负对照(5.8kb 的质粒)；2，正对照质粒(4.7kb 的质粒)；3～5，pEN-L4*-PrbcS-*T-GFP-L3*质粒 DNA。B. 用 *Sph* Ⅰ和 *Eco*R Ⅰ双酶切检测重组质粒 pEN-L4*-PrbcS-*T-GFP-L3*。1，DNA Marker Ⅲ；2，λDNA/*Hind*Ⅲ DNA Marker；3～5，pEN-L4*-PrbcS-*T-GFP-L3*。C. 用 *Sph* Ⅰ和 *Xho* Ⅰ双酶切检测重组质粒 pEN-L4*-PrbcS-*T-GFP-L3*。1，DNA Marker Ⅲ；2～4，pEN-L4*-PrbcS-*T-GFP-L3*

三、通路克隆入门载体 pENTR*-T-GFP 的构建及功能验证

(一) 引言

Gateway 技术入门质粒载体(pENTR*-T-GFP)含有通路克隆技术 LR 重组反应所需的 L1 和 L2 序列、CaMV 35S 组成型表达启动子(35S)、叶绿体膜定位序列(T)及绿色荧光蛋白(GFP)报告基因。利用该载体和 pK2GW7 植物表达载体通过 LR 重组反应，可以快速构建一个含有叶绿体内膜定位序列(T)及绿色荧光蛋白(GFP)报告基因盒的植物表达载体，从而实现通过一次转化事件完成 GFP 基因定位于叶绿体膜上的转化操作。在 pENTR*-T-GFP 中，GFP 基因起始密码处有 *Eco*R Ⅰ 酶切位点，叶绿体内膜转移肽序列(T)的起始密码处有 *Sph* Ⅰ 酶切位点，如果利用目的基因替换该载体中的 GFP 基因，则可用该载体中的 CaMV 35S 启动子控制目的基因的表达。并可以实现目的基因在植物叶片中的高水平表达。如果在表达载体中保留叶绿体内膜定位序列(T)，所表达的目的蛋白可以定位到叶绿体内膜上；如果在表达载体中去掉叶绿体内膜定位序列(T)，所表达的目的蛋白可以定位到细胞质中。

(二) 载体构建策略

载体构建策略如图 6-14 所示，用限制性内切核酸酶 *Sph* Ⅰ 和 *Eco*R Ⅰ 双酶切入门载体质粒 pENTR*-PrbcS-*T-GFP 回收 GFP 基因片段；用限制性内切核酸酶 *Sph* Ⅰ 和 *Eco*R Ⅰ 对入门载体质粒 pENTR*-PPT 进行双酶切，回收载体 pENTR*-2B*-T 质粒片段，其上带有定位于叶绿体内膜的信号肽 T 基因片段；对酶切获得的 pENTR*-2B*-T、GFP 基因片段进行连接酶连接，转化、抽提质粒进行 PCR 检测和酶切检测，获得入门载体质粒 pENTR*-T-GFP。

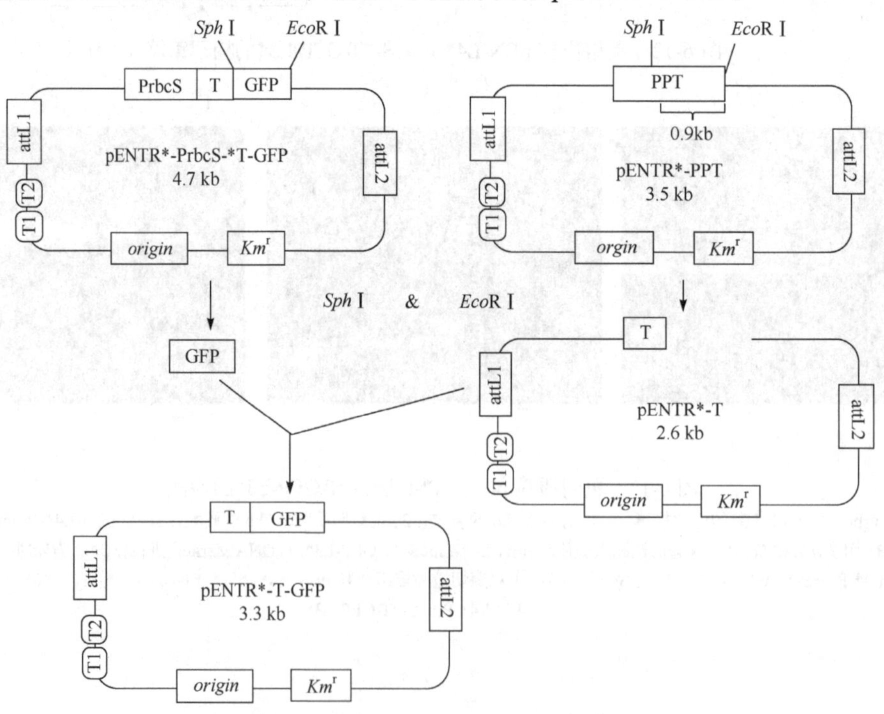

图 6-14　入门载体 pENTR*-T-GFP 的构建策略

(三) 实验操作流程

1. 构建入门载体 pENTR*-T-GFP

挑取−80℃冰箱中 pENTR*-PPT、pENTR*-PrbcS-*T-GFP 保藏菌种，在含有抗生素(Km)的 LB 平板上划线，挑取单菌落进行液体培养(LB+Km)，质粒抽提后分别得到载体质粒 pENTR*-PPT(图 6-15A)、pENTR*-PrbcS-*T-GFP(图 6-15B)。用 *Sph* Ⅰ和 *Eco*RⅠ分别双酶切 pENTR*-PPT、pENTR*-PrbcS-*T-GFP 质粒(图 6-15C 和图 6-15D)，通过琼脂糖凝胶电泳分离已切开的载体和插入片段，从凝胶中回收 pENTR*-PPT 被切割后产生的载体片段 pENTR*-T(2.6kb)及 pENTR*-PrbcS-*T-GFP 被切割后产生的 GFP 基因的 DNA 片段(0.7kb)，然后用宝生物(TaKaRa)的连接酶试剂盒连接 pENTR*-T 和 GFP 基因的 DNA 片段产生入门载体 pENTR*-T-GFP(图 6-16A)。用连接反应混合物转化高效率(10^8cfu/μg 质粒 DNA)的大肠杆菌感受态细胞(DH5α，购自天根生化科技公司)，把转化好的大肠杆菌涂于加有卡那霉素(Km，50μg/mL)的平板上，于 37℃过夜培养，筛选 Km 抗性重组子菌落，从 Km 抗性重组子菌落中提取质粒，选出连接成功的质粒载体 pENTR*-T-GFP，进行电泳检测，其大小为 3.3kb，已有 3.5kb 大小的质粒作为对照(图 6-16A)。以 pENTR*-T-GFP 为模板、以 PPT5 和 GFP3 为引物进行目的片段 T-GFP 的 PCR 扩增，扩增结果得到 1.0kb 左右的条带(图 6-16B)。用 *Eco*RⅠ(TaKaRa)酶切检测 pENTR*-T-GFP，连接成功的质粒在琼脂糖凝胶电泳图上出现一条 3.3kb 左右的条带(图 6-16C)。用 *Sph* Ⅰ和 *Eco*RⅠ双酶切检测 pENTR*-T-GFP，连接成功的质粒会产生 0.7kb 和 2.6kb 的两条条带(图 6-16D)。确认是连接成功的质粒后，重新转化大肠杆菌 DH5α，挑单个菌落进行液体培养，用试剂盒纯化质粒 pENTR*-T-GFP。

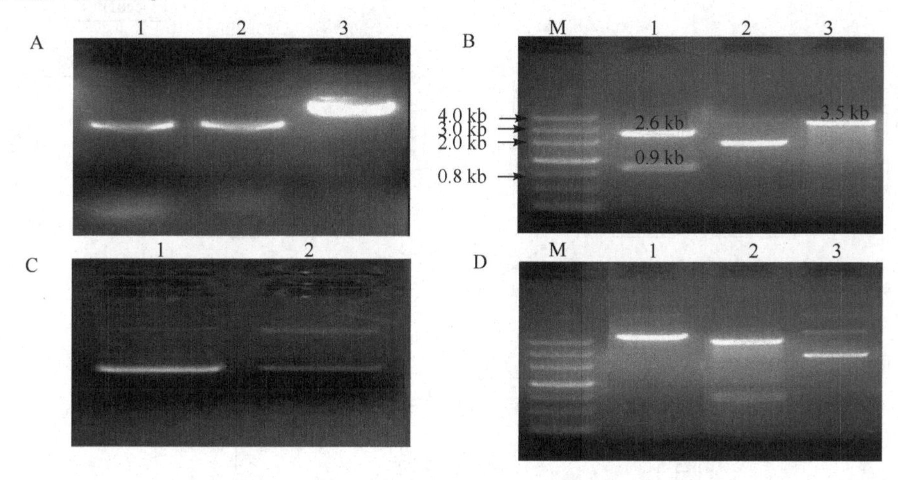

图 6-15　入门载体 pENTR*-T-GFP 的构建

A. 质粒 pENTR*-PPT 的电泳检测。1～2，质粒 pENTR*-PPT；3，正对照(分子质量为 3.5kb 的质粒 DNA)。B. 质粒 pENTR*-PPT 的酶切检测。M，DNA marker Ⅲ；1，*Sph* Ⅰ+*Eco*RⅠ双酶切 pENTR*-PPT；2，质粒 pENTR*-PPT；3，用 *Bam*HⅠ单酶切检测 pENTR*-PPT。C. 质粒 pENTR*-PrbcS-*T-GFP 的电泳检测。1，质粒 pENTR*-PrbcS-*T-GFP；2，正对照(分子质量为 4.7kb 的质粒 DNA)。D. 质粒 pENTR*-PrbcS-*T-GFP 的酶切检测。M，DNA marker Ⅲ；1，用 *Hind*Ⅲ单酶切检测 pENTR*-PrbcS-*T-GFP；2，*Sph* Ⅰ+*Eco*RⅠ双酶 pENTR*-PrbcS-*T-GFP；3，质粒 pENTR*-PrbcS-*T-GFP

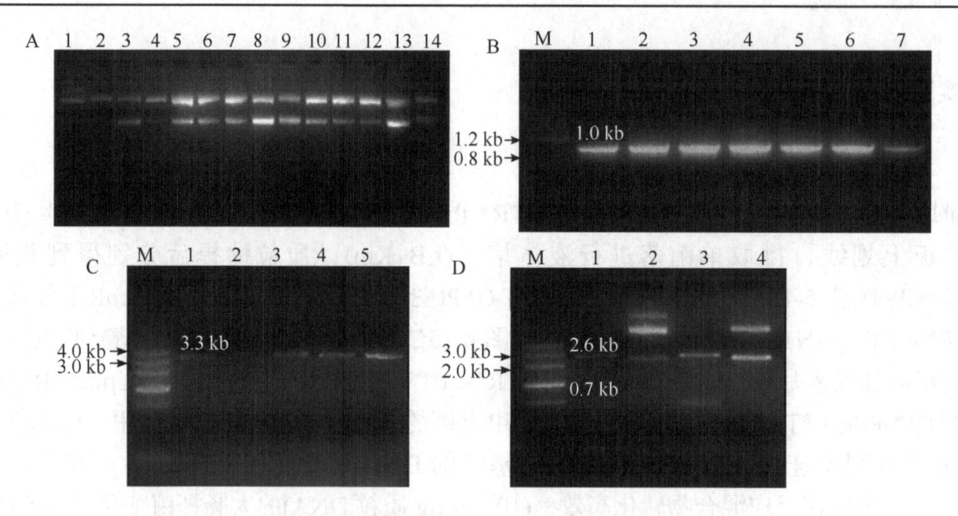

图 6-16　入门载体 pENTR*-T-GFP 的检测

A. 质粒 pENTR*-T-GFP 的电泳检测。1～13，质粒 pENTR*-T-GFP；14，正对照(分子质量为 3.5kb 的质粒 DNA)。B. 质粒 pENTR*-T-GFP 的 PCR 检测。M，DNA marker Ⅲ；1～7，以酶切正确的质粒 pENTR*-T-GFP 为模版的扩增产物(用 5′PPT 和 3′GFP 引物扩增)。C. 质粒 pENTR*-T-GFP 的单酶切检测。M，DNA marker Ⅲ；1～5：*Eco*RⅠ单酶切检测质粒 pENTR*-T-GFP。D. 质粒 pENTR*-T-GFP 的双酶切检测。 M，DNA marker Ⅲ；1，*Eco*RⅠ+ *Sph*Ⅰ双酶切检测 1#质粒 pENTR*-T-GFP；2，1#质粒 pENTR*-T-GFP；3，*Eco*RⅠ+ *Sph*Ⅰ双酶切检测 13#质粒 pENTR*-T-GFP；4，13#质粒 pENTR*-T-GFP

2. 植物表达载体 pK2-35S-T-GFP 的构建

通过 Gateway 技术的 LR 反应把 pENTR*-T-GFP 亚克隆到植物表达载体 pK2GW7(Gateway 的目的载体，比利时 VIB/Gent 公司)中(图 6-17)。

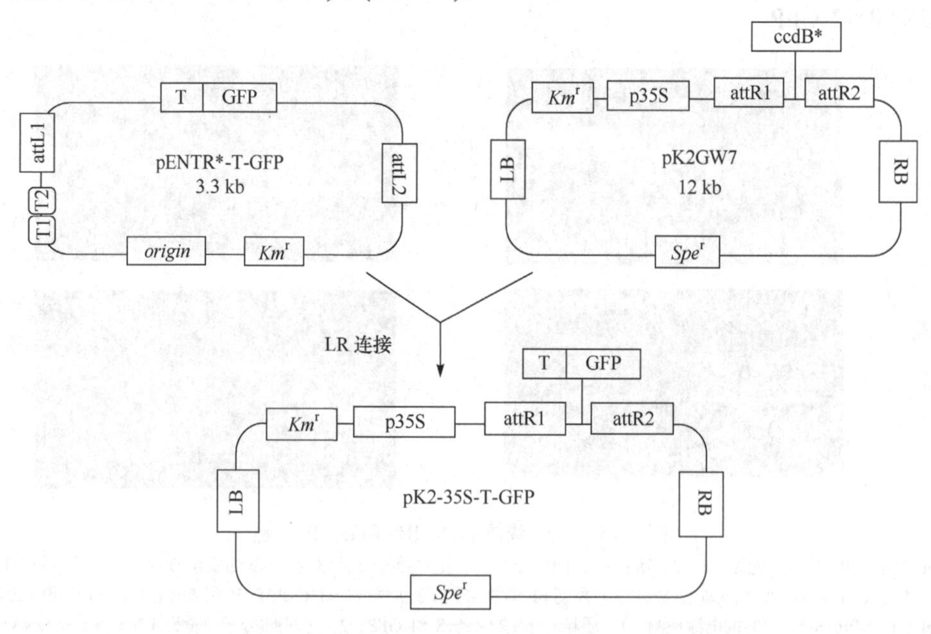

图 6-17　植物表达载体 pK2-35S-T-GFP 的构建策略

具体的做法是：用质粒抽提试剂盒纯化 Gateway 的目的载体 pK2GW7，在 Gateway 的 LR 反应体系中加 pENTR*-T-GFP 和 pK2GW7 各 150ng、1μL LR Clonase Ⅱ Enzyme Mix (Invitrogen)，混均于 25℃反应过夜，通过整合酶的作用把 T-GFP 片段整合到 pK2GW7 中获得

含 T-GFP 的植物表达载体质粒 pK2-35S-T-GFP(图 6-17)。用反应混合物转化高效率(10^8cfu/μg 质粒 DNA)的大肠杆菌感受态细胞(DH5α，购自天根生化科技公司)，把转化好的大肠杆菌涂于加有壮观霉素(Spe，50μg/mL)的平板上，于 37 ℃过夜培养，筛选 Spe 抗性重组子菌落。从 Spe 抗性重组子菌落中提取质粒，选出大小和对照质粒 pK2GW7 相似的、整合成功的质粒 pK2-35S-T-GFP(图 6-18A)。pK2-35S-T-GFP 进行 PCR 检测，上游使用 5′PPT 的特异性引物，下游使用 3′GFP 引物进行 PCR 扩增，正对照用 pENTR*-T-GFP 作为模板，负对照用 pK2GW7 作为模板。pK2-35S-T-GFP 和 pENTR*-T-GFP 扩增产物均出现 1.0kb 目的条带，负对照没有扩增产物(图 6-18B)。确认是整合成功的质粒后，重新转化大肠杆菌 DH5α，挑单个菌落进行液体培养，用试剂盒纯化质粒。pK2GW7 携带的筛选标记基因为卡那霉素抗性基因(Km，因此可用加有卡那霉素的平板筛选转基因植物)。

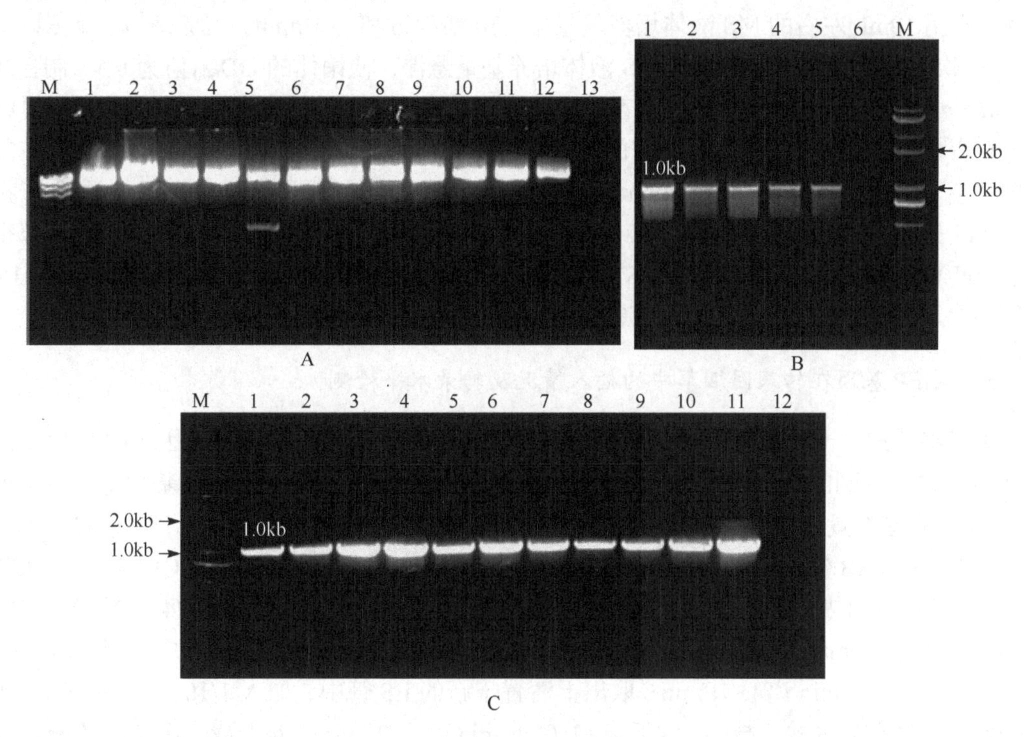

图 6-18 植物表达载体 pK2-35S-T-GFP 及其转化农杆菌菌落中 T-GFP 基因片段的 PCR 检测

A. 植物表达载体 pK2-35S-T-GFP 的电泳检测。M，λDNA/*Hin*dⅢ；1～12，重组质粒 pK2-35S-T-GFP；13，正对照(pK2GW7 质粒)。B. 重组质粒 pK2-35S-T-GFP 的 PCR 检测。1～5，以重组质粒 pK2-35S-T-GFP 为模版的 PCR 检测(用 5′PPT 和 3′GFP 引物扩增)；6，负对照(pK2GW7 质粒)；M，DL2000。C. 农杆菌质粒 pK2-35S-T-GFP 菌落 PCR 检测。M，DL2000；1～11，以农杆菌菌落为模版的扩增产物(用 PPT5 和 GFP3 引物扩增)；12，负对照(pK2GW7 质粒)

3. 植物表达载体 pK2-35S-T-GFP 转化农杆菌

制备农杆菌的感受态细胞，用电脉冲法将上述构建好的植物表达载体 pK2-35S-T-GFP 转入农杆菌[C58C1(pPMP90)]中，在加有卡那霉素的平板上筛选转化子。取少量质粒加入农杆菌感受态细胞中，轻轻混匀；将混合物加入到预冷的电转化杯中，轻轻敲击杯身使混和液落至杯底；将电转化杯置于电转化仪(BIO-RAD)滑槽中，用 1mm 的电击杯和 200Ω、2.5kV/0.2cm 的参数进行电击，电击后立即取出电转化杯，迅速加入 0.5mL SOC 培养基，混匀，转移到 1.5mL 的离心管中；28℃，200r/min 摇床培养 3～5h；室温下，7500r/min 离心 1min，弃大部分上清，保留 100μL 将细胞悬浮；把农杆菌涂布于有卡那霉素(Km，50μg/mL)的 LB 固体培养基上，28℃培养 2 天获得单菌落；用牙签挑取农杆菌菌落放入 20μL ddH$_2$O 中，98℃处理 5min 后取出 10μL 农杆菌裂解液作为 PCR 反应的模板。PCR 检测 pK2-35S-T-GFP 转化结果，上下游引物分别为 5′PPT 和 3′GFP，正对照扩增体系模板使用 pENTR*-T-GFP 质粒，负对照使用 pK2GW7 质粒，扩增片段理论长度为 1.0kb，PCR 产物经电泳分析显示其片段大小与理论预测值相符，表明质粒已转入农杆菌(图 6-18C)。

4. 用含有 T-GFP 基因植物表达载体的农杆菌转化烟草

挑取携带有质粒 pK2-35S-T-GFP 的农杆菌单菌落接种于 50mL 的 LB 培养基中(含 Spe，100μg/mL)，180r/min，28℃培养 24h，待菌液 OD_{600} 至 1.0 左右，3000r/min 离心 10min，沉淀菌体。再用 10mL 左右的 MS 液体培养基悬浮，3000r/min 离心 10min，沉淀菌体。重复以上操作 2～3 次。最后加入一定体积的 MS 液体培养基重悬浮，使菌体的 OD_{600} 值为 0.5。制备烟草(*Nicotiana tabacum* cv. Xanth)的无菌苗，通过农杆菌介导，用叶盘法转化烟草，然后通过组织培养获得小苗，进一步筛选获得所需的转基因植物。把无菌烟草的叶片切成小片叶盘，在制备好的农杆菌菌液中浸染 15～20min，用无菌吸水纸吸干后，平铺于愈伤组织诱导培养基 MS1(MS+NAA 0.21μg/mL+BAP 0.02μg/mL)上黑暗共培养 2 天，将外植体转移至含卡那霉素(50μg/mL)的芽诱导培养基 MS(MS+NAA 0.53μg/mL+BAP 0.5μg/mL)上进行芽的诱导，约 15 天继代一次。待有芽生成后，转入卡那霉素(50μg/mL)的 MS 培养基上进行根的诱导。

5. T-GFP 基因在转基因烟草中的插入情况及转录水平检测

为了确认通过卡那霉素筛选的转基因烟草株系确实含有导入的目的基因 DNA 片段，用 PCR 方法对筛选到的转基因烟草进一步鉴定。首先采用 CTAB 法提取植物基因组：称取植物叶片 100mg 左右置于 1.5mL 离心管中，加液氮用特制研棒研磨至粉末状；加入 900μL 预热到 65℃的 2×CTAB 缓冲液(Tris-HCl pH 7.5 100mmol/L，EDTA 20mmol/L，NaCl 1.4mol/L，CTAB 2%)，65℃水浴加热 20min 后取出冷却；加入 500μL 氯仿-异戊醇混合液(24∶1)摇匀，4℃、7500r/min 离心 10min 后转移上清至 1.5mL EP 管；再次加入 500μL 氯仿-异戊醇混合液(24∶1)摇匀，4℃、7500r/min 离心 10min；取出上清置于新的 EP 管中，加入 1/10 体积 3mol/L pH5.2 乙酸钠和等体积异丙醇，摇匀后 4℃、12 000r/min 离心 20min；弃上清，用 75%乙醇清洗两次后，干燥，用含 RNase 的 TE 缓冲液溶解并降解 RNA，获得基因组 DNA 样品。以转 T-GFP 烟草抗性苗基因组(图 6-19A)作为模板，上下游引物分别为 5′PPT、3′GFP 进行 PCR 扩增检测 T-GFP 是否插入烟草基因组。扩增产物大小为 1.0kb 左右，3#、4#泳道均出现大小为 1.0kb 左右的条带，正对照(pENTR*-T-GFP)5#泳道也出现 1.0kb 左右的条带，与预期推测一致，说明目的基因均已插入这些转基因株系的基因组，野生型烟草基因组(6#泳道)PCR 产物未出现目标条带(图 6-19B)。

为了考察目的基因在转基因烟草株系中的转录情况，从转基因植物中抽取总 RNA，反转录成 cDNA 后用于 RT-PCR 分析，检测 T-GFP 片段在转基因植物中的转录水平。采用 TRIzoL Reagent(Invitrogen)提取 RNA，取植物嫩叶约 0.1g，加入 1mL 的 TRIzoL 提取液在研钵中研磨，室温静置 5min 后移入离心管，再加入 0.2mL 氯仿，振荡混匀，12 000r/min 离心 15min，转移

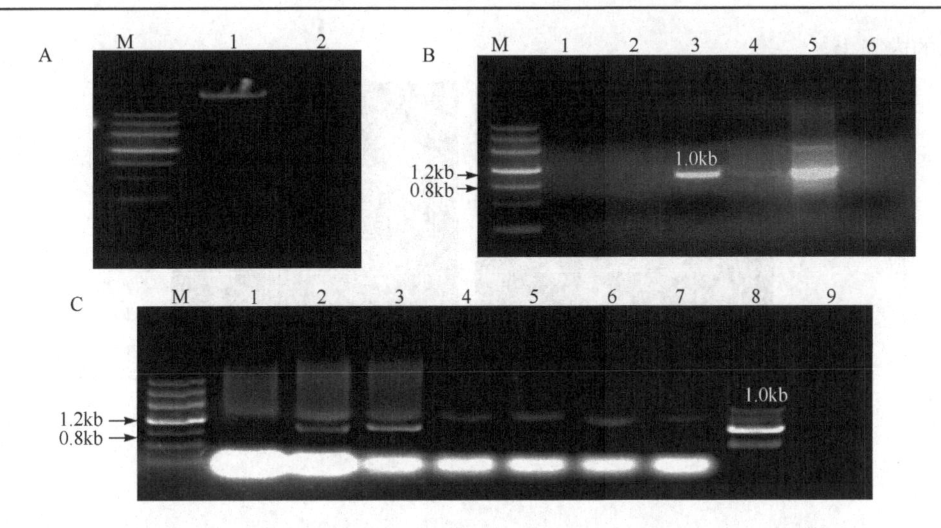

图 6-19　T-GFP 基因片段在转基因烟草中的插入情况以及转录水平检测

A. 转基因烟草基因组电泳检测。M，DNA marker Ⅲ；1～2，转基因烟草基因组。B. 转基因烟草 PCR 检测。1～4. 以转基因烟草基因组为模版的 PCR 检测(用 5′PPT 和 3′GFP 引物扩增)；5，正对照(以 pENTR*-T-GFP 为模板的扩增产物)；6，WT(负对照)。C. 转基因烟草的转录水平检测。M，DNA marker Ⅲ；1～7，以转基因烟草 cDNA 为模版的 RT-PCR 检测(用 5′PPT 和 3′GFP 引物扩增)；8，正对照(以 pENTR*-T-GFP 为模板的扩增产物)；9，WT(负对照)

上清液至新管，加入 0.5mL 异丙醇，混匀室温放置 10min，4℃、12 000r/min 离心 10min，弃上清，沉淀用 75%乙醇 1mL 清洗，4℃、离心 5min(7500r/min)，弃乙醇真空干燥沉淀或自然晾干，用 20μL 焦碳酸二乙酯(DEPC)处理水溶解 RNA。所获得的 RNA 样品用凝胶电泳检测质量和浓度。使用 Reverse Transcriptase 进行 cDNA 的合成，取植物总 RNA 0.1～5μg、oligo(dT) 50ng、10mmol/L dNTP mix 1μL，用 DEPC 处理水补足至 10μL，混匀后，短暂离心将之收集于管底，置于 65℃加热 5min，冰浴 10min，加入反应混合物 9μL(5×Reaction Buffer 4μL，25mmol/L $MgCl_2$ 4μL，0.1mol/L DTT 2μL，RNA 酶抑制剂 1μL)，将上述混合物混匀，短暂离心将之收集于管底，25℃保温 2min，加入 1μL M-MuLV Reverse Transcriptase，将上述混合物混匀，短暂离心将之收集于管底，25℃保温 20min，然后 42℃保温 70min，合成 cDNA。以 cDNA 为模板，用 5′PPT 作为上游引物、3′GFP 作为下游引物进行 T-GFP 基因片段的 RT-PCR 分析，考察转基因烟草中是否有目的基因的转录物。结果证明 2#、3#、4#、5#泳道的转基因烟草植株均有目的基因的转录物，而野生型的烟草(9#泳道)则没有(图 6-19C)，证明 T-GFP 基因片段在转基因烟草中成功地转录，经 RT-PCR 确认的转基因植株可进一步用于叶绿体 GFP 的荧光观察。

6. 叶绿体中 GFP 的荧光观察

选取在 MS 培养基上 4 周的烟草叶片，制备原生质体。从原生质体悬浮液中吸取部分置于载玻片上，盖上盖玻片，使用荧光显微镜(奥林巴斯)观察原生质体的叶绿体 GFP 的表达情况。先用显微镜普通光源(明场)找出结果完整的原生质体，然后关掉普通光源，使用紫外光源照射观察(暗场)原生质体的叶绿体中 GFP 荧光并拍照。结果观察到在用本方法构建的植物表达载体 pK2-35S-T-GFP 转化植物产生的转基因烟草叶片原生质体的叶绿体中，除了有红色的叶绿素荧光外还有黄色的 GFP 荧光亮点(图 6-20B)，而在未转化的烟草叶片原生质体的叶绿体中同样条件下观察只有红色的叶绿素荧光没有 GFP 黄色荧光(图 6-20A)，说明用 pK2-35S-T-GFP 载体转化植物组织后可以实现 GFP 基因在转基因植物叶片的正常表达，表达的目的蛋白可以定位到叶绿体的内膜上。

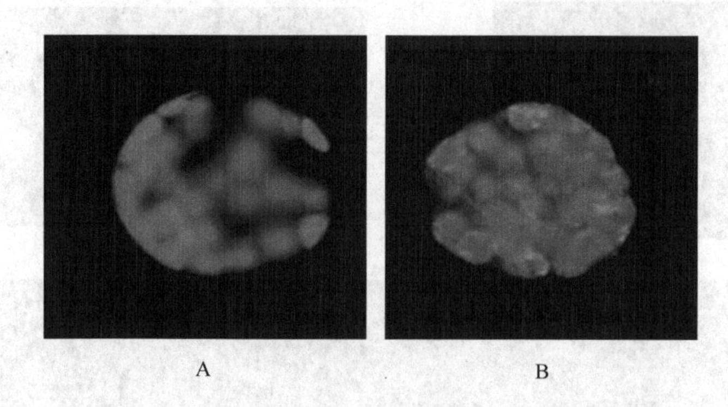

图 6-20　转 pK2-35S-T-GFP 基因烟草叶片叶绿体 GFP 荧光观察

第七章　用 Gateway 技术构建目的基因的光诱导型植物表达载体

一、光诱导型 GFP 基因植物表达载体的构建

(一) 引言

通过 Gateway 技术的 LR 反应把 PrbcS-*T-GFP 亚克隆到植物表达载体 pK2GW7(Gateway 的目的载体，比利石 VIB/Gent 公司)中，即可获得 GFP 基因的光诱导型植物表达载体。

(二) 具体操作流程

1. Gateway 的 LR 反应

用质粒抽提试剂盒纯化 Gateway 的目的载体 pK2GW7，在 Gateway 的 LR 反应体系中加 pENTR*-PrbcS-*T-GFP 和 pK2GW7 各 150ng、1μL LR Clonase Ⅱ Enzyme Mix (Invitrogen)，混匀于 25℃反应过夜，通过整合酶的作用把 PrbcS-*T-GFP 整合到 pK2GW7 中获得 GFP 的植物表达载体质粒 pK2-35S-PrbcS-*T-GFP(图 7-1)。用反应混合物转化高效率(10^8cfu/μg 质粒 DNA)的大肠杆菌感受态细胞(DH5α，天根生化科技)，把转化好的大肠杆菌涂于加有大观霉素(Spe，50μg/mL)的平板上，于 37℃过夜培养，筛选 Spe 抗性重组子菌落。

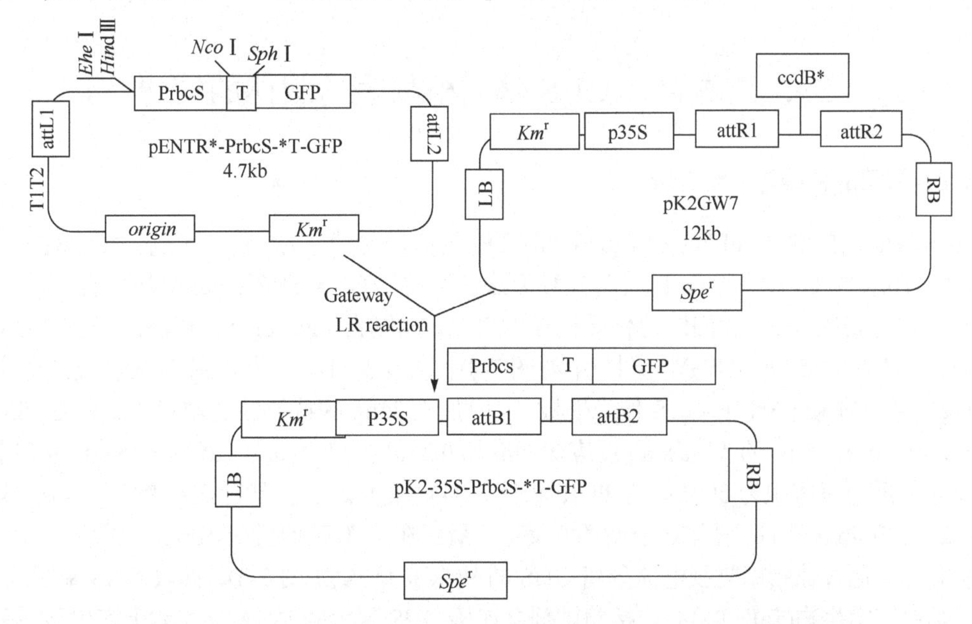

图 7-1　通过 Gateway 的 LR 反应产生 pK2-35S-PrbcS-*T-GFP 的策略

2. 整合质粒的酶切检测

从 Spe 抗性重组子菌落中提取质粒(图 7-2)，用 *Hind*Ⅲ(Fermentas)和 *Eco*RⅠ(Fermentas)双酶切检测，整合成功的质粒在琼脂糖凝胶电泳图上产生三条带，第一条为 9.6 kb 的载体带，第二条为 2.4kb 的 PrbcS-*T-GFP 片段，第三条为 0.4 kb 的 P35S 启动子带。

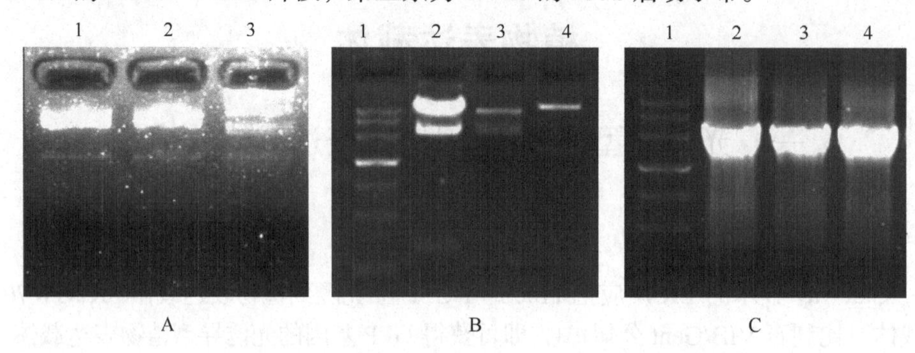

图 7-2 pK2-35S-PrbcS-*T-GFP 质粒的检测

A. 电泳检测 pK2-35S-PrbcS-*T-GFP。1～2，pK2-35S-PrbcS-*T-GFP 质粒; 3，正对照(分子质量为 12.5kb 的质粒)。B. pK2-35S-PrbcS-*T-GFP 质粒的酶切检测。1，DNA Maker; 2, 用 *Hind*Ⅲ和 *Eco*RⅠ酶切 pK2-35S-PrbcS-*T-GFP 质粒; 3，用 *Hind*Ⅲ和 *Eco*RⅠ酶切 pENTR*-PrbcS-*T-GFP; 4，用 *Hind*Ⅲ和 *Eco*RⅠ酶切 pK2GW7。C. PCR 检测 pK2-35S-PrbcS-*T-GFP。1，DNA Maker; 2～4，以 pK2-35S-PrbcS-*T-GFP 质粒为模板，用引物 attB1 和 GUS3 扩增到的 PCR 产物

3. 整合质粒的 PCR 检测

选出整合成功的质粒载体 pK2-35S-PrbcS-*T-GFP，用 attB1 位点的特异性引物 attB1 和 GFP 基因下游特异性引物 GFP3 进行 PCR 检测，能扩增出一条 2.4kb 的 PrbcS-*T-GFP 条带(图 7-2)，确认是连接成功的质粒后，重新转化大肠杆菌 DH5α，挑单个菌落进行液体培养，用试剂盒纯化质粒。

二、光诱导型 GUS 基因植物表达载体的构建

(一) GUS 基因的扩增与 TA 克隆

为了验证入门载体 pENTR*-PrbcS-*T-GFP 的应用价值，用另一个报告基因 GUS 替换 pENTR*-Prbcs-*T-GFP 中的 GFP，通过这种方法快速构建 GUS 的植物表达载体，然后通过 GUS 染色观察它的表达水平。我们以纯化质粒 pENTR-GUS(购自 Invitrogen)为模板，根据 GUS 基因序列设计一对(GUS5 和 GUS3)特异性引物(图 7-3)，委托赛百盛合成。在 PCR 反应混合液中加入 20ng 的纯化质粒 pENTR-GUS 作为模板，同时加入 75ng 的特异性引物 GUS5 和 GUS3、4μL dNTP(2.5mmol/L)、5μL 的 10×Extaq 反应缓冲液和 0.25μL 的 Extaq(5U/μL)聚合酶(日本宝生物)，加双蒸水使反应终体积为 50μL。在 PCR 仪上于 94℃加热 2min，然后按照 94℃、30s，55℃、30s，72℃、2min 的程序进行 30 个循环的反应，最后在 72℃延伸反应 10min，扩增 GUS 基因。反应完成后，通过琼脂糖凝胶电泳分离 GUS 的 PCR 扩增产物(图 7-4)，回收 GUS 基因的 DNA 片段，然后用宝生物(TaKaRa)的连接酶试剂盒连接 GUS 基因的 DNA 片段和上海申能博采的 T 载体 pUCm-T，获得 GUS 基因的 TA 克隆质粒 pUCm-T-GUS(图 7-3)。用反应混合液转化高效率(10^8cfu/μg 质粒 DNA)的大肠杆菌感受态细胞(DH5α，天根生化科技)，把转化好的大肠杆菌

涂于加有氨苄青霉素(Amp，100μg/mL)的平板上，筛选 Amp 抗性重组子菌落，从 Amp 抗性重组子菌落中提取质粒(图 7-4)，用 *Sph* Ⅰ(Fermentas)和 *Bam*H Ⅰ(Fermentas)进行双酶切检测。连接成功的质粒可被 *Sph* Ⅰ和 *Bam*H Ⅰ切开并在琼脂糖凝胶电泳图上产生两条带，一条为 2.7kb 的载体带，另一条为 1.8 kb 的 GUS 带(图 7-4)，选出连接成功的质粒载体 pUCm-T-GUS，用 GUS 基因上下游特异性引物进行 PCR 检测，再次确认是连接成功的质粒后，重新转化大肠杆菌 DH5α，挑单个菌落进行液体培养，用试剂盒纯化质粒 pUCm-T-GUS。

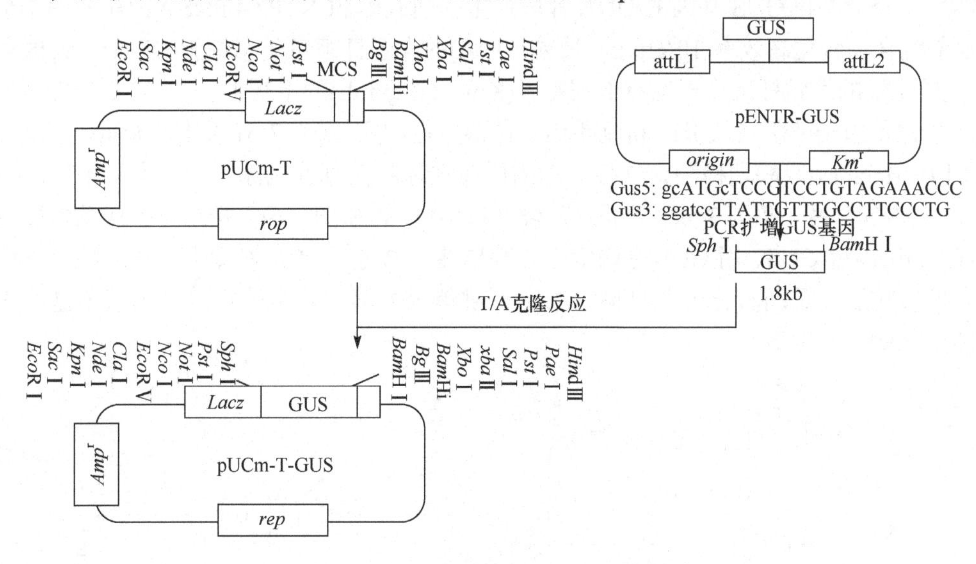

图 7-3　GUS 基因的扩增与 TA 克隆策略

GUS的DNA序列

ATGTTACGTCCTGTAGAAACCCCAACCCGTGAAATCAAAAAACTCGACGGCCTGTGGGCATTCAGTCTGGATCGCGAAAACTGTGGAATTGATCAGCGTT
GGTGGGAAAGCGCGTTACAAGAAAGCCGGGCAATTGCTGTGCCAGGCAGTTTTAACGATCAGTTCGCCGATGCAGATATTCGTAATTATGCGGGCAACG
TCTGGTATCAGCGCGAAGTCTTTATACCGAAAGGTTGGGCAGGCCAGCGTATCGTGCTGCGTTTCGATGCGGTCACTCATTACGGCAAAGTGTGGGTCAA
TAATCAGGAAGTGATGGAGCATCAGGGCGGCTATACGCCATTTGAAGCCGATGTCACGCCGTATGTTATTGCCGGGAAAAGTGTACGTATCACCGTTTGT
GTGAACAACGAACTGAACTGGCAGACTATCCCGCCGGGAATGGTGATTACCGACGAAAACGGCAAGAAAAAGCAGTCTTACTTCCATGATTTCTTTAACT
ATGCCGGAATCCATCGCAGCGTAATGCTCTACACCACGCCGAACACCTGGGTGGACGATATCACCGTGGTGACGCATGTCGCGCAAGACTGTAACCACG
CGTCTGTTGACTGGCAGGTGGTGGCCAATGGTGATGTCAGCGTTGAACTGCGTGATGCGGATCAACAGGTGGTTGCAACTGGACAAGGCACTAGCGGGA
CTTTGCAAGTGGTGAATCCGCACCTCTGGCAACCGGGTGAAGGTTATCTCTATGAACTGTGCGTCACAGCCAAAAGCCAGACAGAGTGTGATATCTACCC
GCTTCGCGTCGGCATCCGGTCAGTGGCAGTGAAGGGCCAACAGTTCCTGATTAACCACAAACCGTTCTACTTACTGGCTTTGGTCGTCATGAAGATGCG
GACTTACGTGGCAAAGGATTCGATAACGTGCTGATGGTGCACGACCACGCATTAATGGACTGGATTGGGGCCAACTCCTACCGTACCTCGCATTACCCTT
ACGCTGAAGAGATGCTCGACTGGGCAGATGAACATGGCATCGTGGTGATTGATGAAACTGCTGCTGTCGGCTTTAACCTCTCTTTAGGCATTGGTTTCGA
AGCGGGCAACAAGCCGAAAGAACTACAGCGAAGAGGCAGTCAACGGGGAAACTCAGCAAGCGCACTTACAGGCGATTAAAGAGCTGATAGCGCGT
GACAAAAACCACCCAAGCGTGGTGATGTGGAGTATTGCCAACCGGATACCCGTCCGCAAGTGCACGGGAATATTTCGCCACTGGCGGAAGCAAC
GCGTAAACTCGACCCGACGCGTCCGATCACCTGCGTCAATGTAATGTTCTGCGACGCTCACACCGATACCATCAGCGATCTCTTTGATGCTGTGCCTG
AACCGTTATTACGGATGGTATGTCCAAAGCGGCGATTTGGAAACGGCAGAGAAGGTACTGGAAAAAGAACTTCTGGCCTGGCAGGAGAAACTGCATCAG
CCGATTATCATCACCGAATACGGCGTGGATACGTTAGCCGGGCTGCACTCAATGTACACCGACATGTGGAGTGGAGTGAAGAGTATCAGTGTGCATGGCTGGAT
ATGTATCACCGCGTCTTTGATCGCGTCAGCGCCGTCGTCGGTGAACAGGTATGGAATTTCGCCGATTTTGCGACCTCGCAAGGCATATTGCGCGTTGGCG
GTAACAAGAAAGGGATCTTCACTCGCGACCGCAAACCGAAGTCGGCGGCTTTTCTGCTGCAAAAACGCTGGACTGGCATGAACTTCGGTGAAAAACCGC
AGCAGGGAGGCAAACAATGA

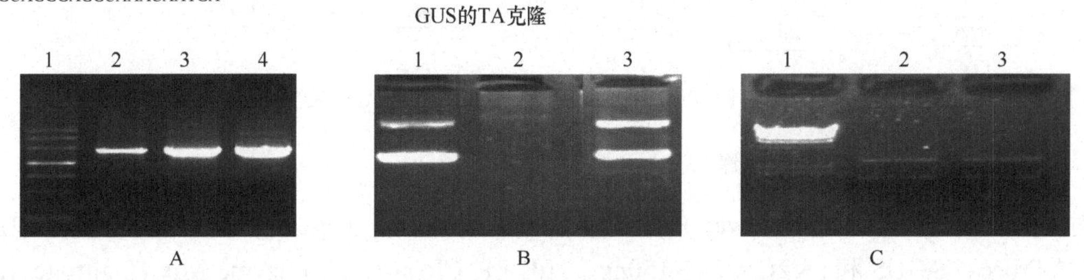

图 7-4　GUS 基因的核苷酸序列与 TA 克隆

A. 电泳检测 GUS 基因的 PCR 产物。1,DNA Marker；2～4, GUS 基因的 PCR 产物。B. 电泳检测 pUCm-T-GUS 质粒。1，正对照(分子质量为 4.7kb 的质粒)；2～3，pUCm-T-GUS 质粒。C. pUCm-T-GUS 质粒的酶切检测。1，λDNA/*Hind*Ⅲ；2～3，用 *Sph* Ⅰ和 *Bam*H Ⅰ酶切 pUCm-T-GUS 质粒

(二) Gateway 入门克隆载体 pENTR*-PrbcS-*T-GUS 的构建

用 *Sph* Ⅰ(Fermentas)和 *Bam*H Ⅰ(Fermentas)切开纯化的质粒载体 pENTR*-PrbcS-*T-GFP 和 pUCm-T-GUS，通过琼脂糖凝胶电泳分离已切开的载体和插入片段(图 7-5)，从凝胶中回收 pENTR*-PrbcS-*T-GFP 被切割后产生的载体片段 pENTR*-PrbcS-*T(4.0kb)及 pUCm-T-GUS 被切割后产生的 GUS 基因的 DNA 片段(1.8kb)。然后用宝生物(TaKaRa)的连接酶试剂盒连接 pENTR*-PrbcS-*T 和 GUS 基因的 DNA 片段产生入门载体 pENTR*-PrbcS-*T-GUS(图 7-5)。用连接反应混合物转化高效率(10^8cfu/μg 质粒 DNA)的大肠杆菌感受态细胞(DH5α，天根生化科技)，把转化好的大肠杆菌涂于加有卡那霉素(Km，50μg/mL)的平板上，于 37℃过夜培养，筛选 Km 抗性重组子菌落，从 Km 抗性重组子菌落中提取质粒(图 7-6)，用 *Hin*dⅢ(Fermentas)和 *Bam*H Ⅰ(Fermentas)双酶切检测，连接成功的质粒在琼脂糖凝胶电泳图上产生两条带，一条为 2.3kb 的载体带，另一条为 3.5kb 的插入片段 PrbcS-*T-GUS(图 7-6)。选出连接成功的质粒载体 pENTR*-PrbcS-*T-GUS，用 GUS 基因上下游特异性引物进行 PCR 检测(图 7-6)，再次确认是连接成功的质粒后，重新转化大肠杆菌 DH5α，挑单个菌落进行液体培养，用试剂盒纯化质粒 pENTR*-PrbcS-*T-GUS。

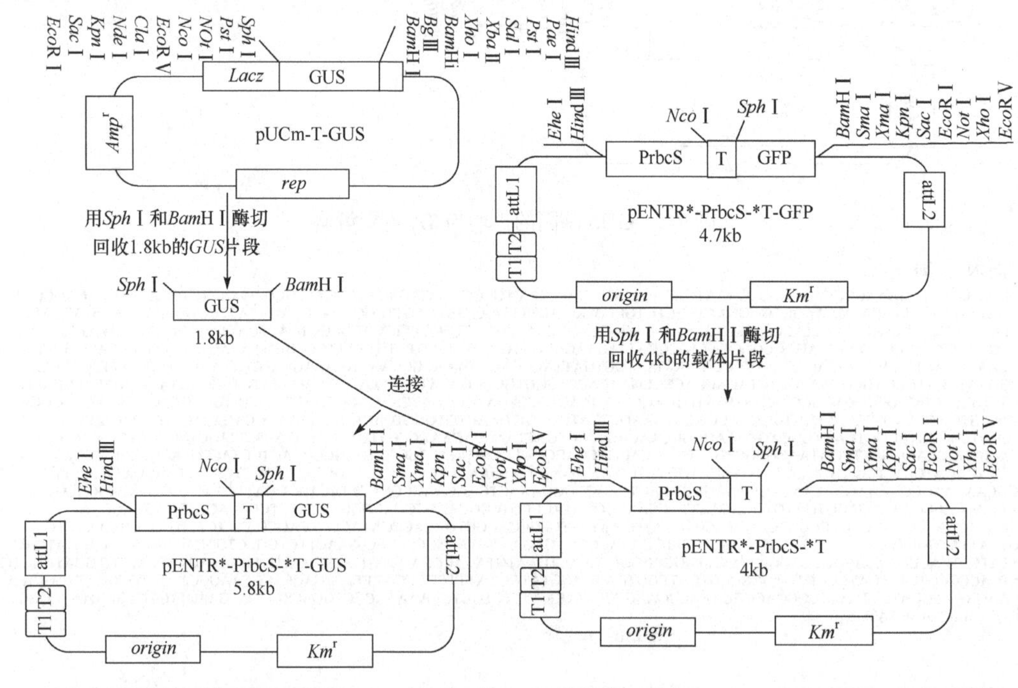

图 7-5　用 GUS 基因替换 pENTR*-PrbcS-*T-GFP 中的 GFP 产生 pENTR*-Prbcs-*T-GUS 的策略

(三) GUS 基因植物表达载体的构建

用质粒抽提试剂盒纯化 Gateway 的目的载体 pK2GW7，在 Gateway 的 LR 反应体系中加 pENTR*-PrbcS-*T-GUS 和 pK2GW7 各 150ng、1μL LR Clonase Ⅱ Enzyme Mix (Invitrogen)，混均于 25℃反应过夜，通过整合酶的作用把 PrbcS-*T-GUS 整合到 pK2GW7 中获得 GUS 的植物表达载体质粒 pK2-35S-PrbcS-*T-GUS(图 7-7)。用反应混合物转化高效率(10^8cfu/μg 质粒 DNA)的大肠杆菌感受态细胞(DH5α，天根生化科技)，把转化好的大肠杆菌涂于加有壮观霉素(Spe，50μg/mL)的平板上，于 37℃过夜培养，筛选 Spe 抗性重组子菌落，从 Spe 抗性重组子菌落中

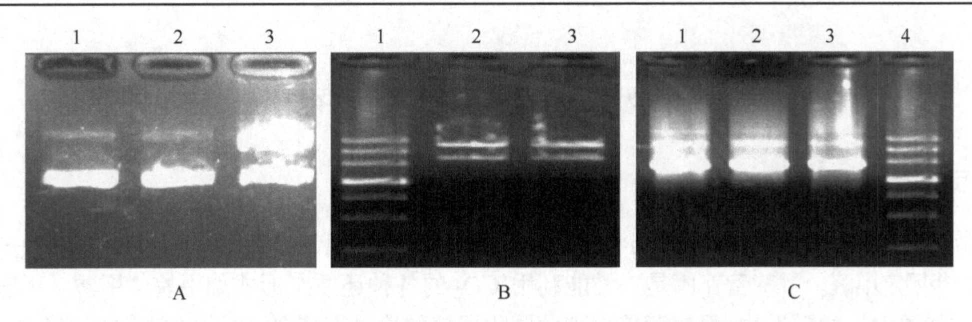

图 7-6　入门克隆 pENTR*-Prbcs-*T-GUS 的检测

A. 电泳检测 pENTR*-PrbcS-*T-GUS。1～2，pENTR*-PrbcS-*T-GUS；3，正对照(分子质量为 6.2kb 的质粒)。B. pENTR*-PrbcS-*T-GUS 质粒的酶切检测。1，DNA Marker；2～3，用 *Hind*Ⅲ和 *Bam*HⅠ酶切 pENTR*-PrbcS-*T-GUS 质粒。C. PCR 检测 pENTR*-PrbcS-*T-GUS 质粒。1～3，以 pENTR*-PrbcS-*T-GUS 质粒为模板，用引物 GUS5 和 GUS3 扩增到的 PCR 产物；4，DNA Marker

提取质粒(图 7-8)，用 *Pst*Ⅰ(Fermentas)酶切检测，整合成功的质粒在琼脂糖凝胶电泳图上产生两条带，一条为 9.6kb 的载体带,第二条为 3.5kb 的 PrbcS-*T-GUS 片段(图 7-8)。选出整合成功的质粒载体 pK2-35S-PrbcS-*T-GUS，用 GUS 上下游的特异性引物 GUS5 和 GUS3 进行 PCR 检测(图 7-8)，能扩增出一条 1.8kb 的 GUS 条带，确认是连接成功的质粒后，重新转化大肠杆菌 DH5α，挑单个菌落进行液体培养，用试剂盒纯化质粒。

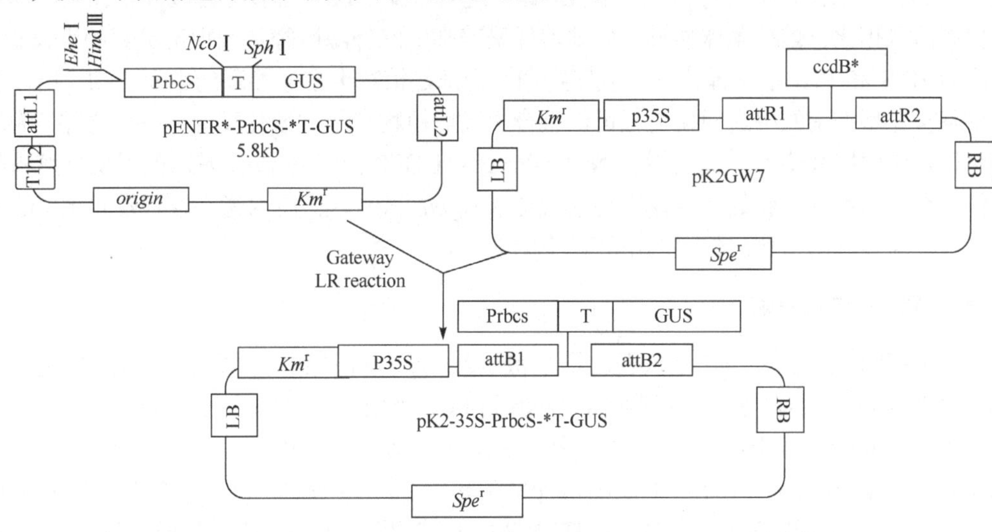

图 7-7　通过 Gateway 的 LR 反应产生 pK2-35S-Prbcs-T-GUS 的策略

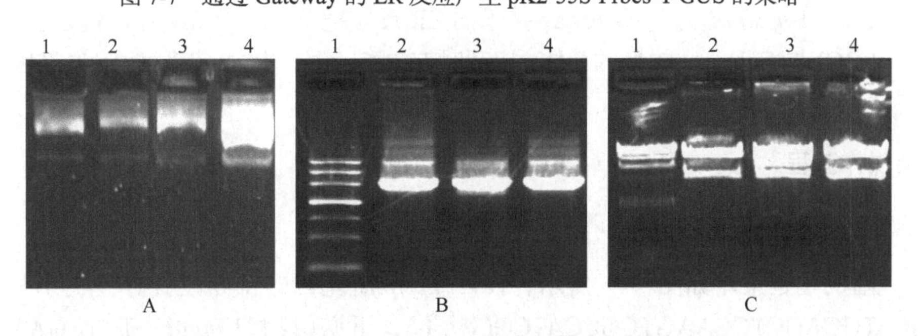

图 7-8　pK2-35S-Prbcs-T-GUS 质粒的检测

A. 电泳检测 pK2-35S-PrbcS-*T-GUS 质粒。1～3，pK2-35S-PrbcS-*T-GUS；4，正对照(分子质量为 14kb 的质粒)。B. PCR 检测 pK2-35S-PrbcS-*T-GUS 质粒。1，DNA Marker；2～4，以 pK2-35S-PrbcS-*T-GUS 质粒为模板，用引物 GUS5 和 GUS3 扩增得到的 PCR 产物。C. pK2-35S-PrbcS-T-GUS 质粒的酶切检测。1，λDNA/*Hind*Ⅲ；2～4，用 *Pst*Ⅰ酶切 pK2-35S-PrbcS-*T-GUS 质粒

三、光诱导型 *hps*/*phi* 融合基因植物表达载体的构建

(一) 引言

微生物应对甲醛毒性有不同的方法，总体上可归纳为两种机制：氧化甲醛最终生成 CO_2；利用同化途径固定甲醛。甲基营养菌是一类能利用 CO_2 的各种还原态形式如甲烷、甲醇、甲胺作为碳源和能源生长的微生物。甲基营养型细菌同化甲醛的途径有三种：核酮糖单磷酸途径(RuMP)，丝氨酸途径，核酮糖二磷酸途径(Ribulose bisphosphate pathway, RuBP)。RuMP 途径作为高效捕捉游离甲醛的一个系统，在甲醛浓度极低的情况下还能发挥作用，在该途径中固定甲醛的关键酶是 6-磷酸己酮糖(hexulose-6-P)合成酶(HPS)和 6-磷酸果糖异构酶(PHI)，目前已从多种甲基营养型细菌中克隆到 *hps* 和 *phi* 基因。由于 RuMP 途径的所有反应均是放能的，所以它同化甲醛的效率比丝氨酸途径或核酮糖二磷酸途径高得多。Orita 等将来自甲基营养菌 *Mycobacterium gastri* MB19 的 *hps* 和 *phi* 基因构建成融合基因 *hps*/*phi* 并用原核表达载体 pET-23a 在大肠杆菌(*Escherichia coli*)中表达，体外分析表明其产物融合蛋白 HPS-PHI 在室温下具有 6-磷酸己酮糖合成酶和 6-磷酸果糖异构酶两种酶的活性，其催化效率比 HPS 和 PHI 两种蛋白质的混合物高。与野生型菌株相比，重组菌株能够高效地消耗培养基中的外源甲醛且表现出更好的生长状况。

因为 HPS 和 PHI 依次催化的反应底物和产物都是植物卡尔文循环的中间产物，所以我们预期甲基营养型细菌的甲醛同化途径可以整合成高等植物卡尔文羧化反应的一个支路。为了提高天然植物代谢甲醛能力，我们用 pENTR*-PrbcS-*T-GFP 构建 *hps*/*phi* 基因的光诱导型植物表达载体，在植物叶片细胞的叶绿体中过量表达 *hps*/*phi* 基因，从而构建一条有效同化甲醛的同化途径，提高转基因植物净化室内甲醛污染的能力。

(二) 表达载体的构建策略

以 Orita 等构建的 *hps*/*phi* 原核表达载体 pET-23a-*hps*/*phi* 质粒为模板，用 *hps*/*phi* 基因的特异性引物进行 PCR 反应，扩增得到大约 1.2 kb 的 PCR 产物；回收并纯化 *hps*/*phi* 基因片段，并将其连接到 pMD18-T 载体上，通过 PCR 检测和酶切检测获得重组质粒 pMD-*hps*/*phi*；用 *Sph* Ⅰ和 *Eco*R Ⅰ切割 pENTR*-PrbcS-*T-GFP 和 pMD-*hps*/*phi*，回收载体 pENTR*-PrbcS-*T 片段和 *hps*/*phi* 基因片段，用连接酶连接 PENTR*-PrbcS-*T 和 *hps*/*phi* 基因片段，获得入门载体 pENTR*-PrbcS-*T-*hps*/*phi*；通过 Gateway 技术的 LR 反应把 PrbcS-*T-*hps*/*phi* 片段亚克隆到植物表达载体 pK2GW7(Gateway 的目的载体，比利时 VIB/Gent 公司)中，获得 *hps*/*phi* 基因的植物表达载体 pK2-35S-PrbcS-*T-*hps*/*phi*。

(三) 实验操作流程

1. *hps*/*phi* 基因的扩增及 TA 克隆

TA 克隆的构建策略如图 7-9 所示，设计 *hps*/*phi* 基因的特异性引物[上游引物 5′*rmp*A: CACCGCATGCAGCTCCAAGTCGCCATCG(*Sph* Ⅰ)，下游引物 3′*rmp*B：TCTAGATCACTCGAGGTTGGCGTGGCGCG(*Xba* Ⅰ)]进行扩增。用 *hps*/*phi* 基因上下游特异性引物 5′*rmp*A 和 3′*rmp*B 进行 PCR，在 PCR 反应混合液中加入 50ng 的 pET-23a-*hps*/*phi* 质粒作为模板，同时加入 75ng 的特异性引物 5′*rmp*A 和 3′*rmp*B、4μL dNTP(2.5mmol/L)、25μL 的 2×GC Buffer I 和 0.25μL 的

LA Taq(5U/μL)聚合酶(TaKaRa)，加双蒸水使反应终体积为 50μL。在 PCR 仪上于 94℃加热 2min，然后按照 94℃、30s，55℃、30s，72℃、2min 的程序进行 30 个循环的反应，最后在 72℃延伸反应 10min，得到 *hps/phi* 基因。反应完成后，通过琼脂糖凝胶电泳分离 *hps/phi* 的 PCR 扩增产物(图 7-10A)。回收并纯化 *hps/phi* 全长基因(1.2kb)，然后用宝生物(TaKaRa)的 TA 克隆试剂盒将其连接到 pMD18-T (大连宝生物公司)载体上，实验操作按试剂盒的说明书进行，反应过夜后用反应混合液转化大肠杆菌感受态 DH5α(购自天根生化科技公司)，采用碱裂解法提取质粒 DNA，经 1%琼脂糖凝胶电泳(图 7-10B)，选取大小和理论值相符的重组质粒 pMD-*hps/phi* 做进一步的 PCR 检测，用 *hps/phi* 基因上下游特异性引物 5′*rmp*A 和 3′*rmp*B 做 PCR，亚克隆成功的重组质粒均能扩增出 1.2kb 左右的 *hps/phi* 基因 DNA 片段(图 7-10D)。根据阳性重组质粒 pMD-DAS 载体两端的多克隆位点，用 *Sph* Ⅰ 和 *Xba* Ⅰ 双酶切重组质粒，经 1%琼脂糖凝胶电泳检测酶切产物，连接成功的重组质粒 pMD-*hps/phi* 产生两条带，一条为 1.2kb 左右的 *hps/phi* 基因 DNA 插入片段，另一条为 2.3kb 的载体片段(图 7-10C)。再次确认是连接成功的质粒后，重新转化大肠杆菌 DH5α，挑单个菌落进行液体培养，用试剂盒纯化质粒 pMD-*hps/phi*。

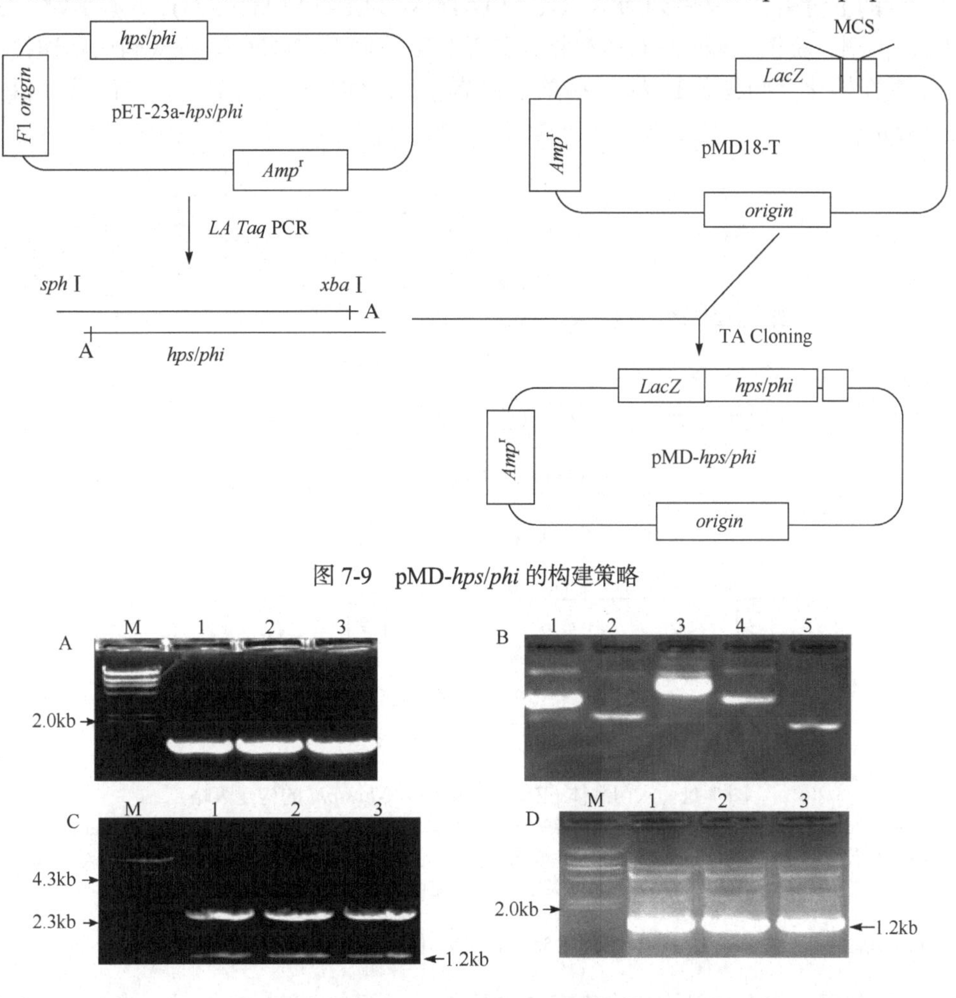

图 7-9　pMD-*hps/phi* 的构建策略

图 7-10　pMD-*hps/phi* 的检测

A. *hps/phi* 基因扩增产物的检测。M，λDNA/*Hind* Ⅲ；1～3，*hps/phi* 基因 PCR 扩增产物。B. pMD-*hps/phi* 质粒电泳检测。1～4，pMD-*hps/phi*；5，负对照(pUC18)。C. pMD-*hps/phi* 质粒的酶切检测。M，λDNA/*Hind* Ⅲ；1～3，*Sph* Ⅰ＋*Xba* Ⅰ 酶切 pMD-*hps/phi* 的产物。D. pMD-*hps/phi* 的 PCR 检测。M，λDNA/*Hind* Ⅲ；1～3，PCR 扩增产物

2. 入门载体 pENTR*-PrbcS-*T-*hps/phi* 的构建

pENTR*-PrbcS-*T-*hps/phi* 的构建策略如图 7-11 所示，用 *Sph* Ⅰ(TaKaRa)和 *Eco*R Ⅰ(TaKaRa)切开纯化的质粒载体 pENTR*-PrbcS-*T-GFP 和 pMD-*hps/phi*，通过琼脂糖凝胶电泳分离已切开的载体和插入片段，从凝胶中回收 pENTR*-PrbcS-*T-GFP 被切割后产生的载体片段 pENTR*-PrbcS-*T(4.0kb)及 pMD-*hps/phi* 被切割后产生的 *hps/phi* 基因 DNA 片段(1.2kb)，然后用宝生物(TaKaRa)的连接酶试剂盒连接 pENTR*-PrbcS-*T 和 *hps/phi* 基因的 DNA 片段产生入门载体 pENTR*-PrbcS-*T-*hps/phi*。用连接反应混合物转化高效率(10^8cfu/μg 质粒 DNA)的大肠杆菌感受态细胞(DH5α，天根生化科技)，把转化好的大肠杆菌涂于加有卡那霉素(Km，50μg/mL)的平板上，于 37℃过夜培养，筛选 Km 抗性重组子菌落，从 Km 抗性重组子菌落中提取质粒(图 7-12A)，用 *Xho* Ⅰ(TaKaRa)进行酶切检测，连接成功的质粒和对照质粒 pUC-r-*hps/phi* 及 pMD-*hps/phi* 在琼脂糖凝胶电泳图上产生一条 1.1kb 大小的条带(图 7-12B)。选出连接成功的质粒载体 pENTR*- PrbcS-*T-*hps/phi* 作为模板，上游引物为 5′PrbcS-2(根据 PrbcS 光诱导启动子下游序列设计的上游引物，其序列为 AAGCCTTATCACTATATATACAAG)，下游引物为 3′*rmp*B 进行 PCR 检测，获得 1.4kb 左右的产物，和正对照一致(图 7-12C)。再次确认是连接成功的质粒后，重新转化大肠杆菌 DH5α，挑单个菌落进行液体培养，用试剂盒纯化质粒 pENTR*-PrbcS-*T-*hps/phi*。

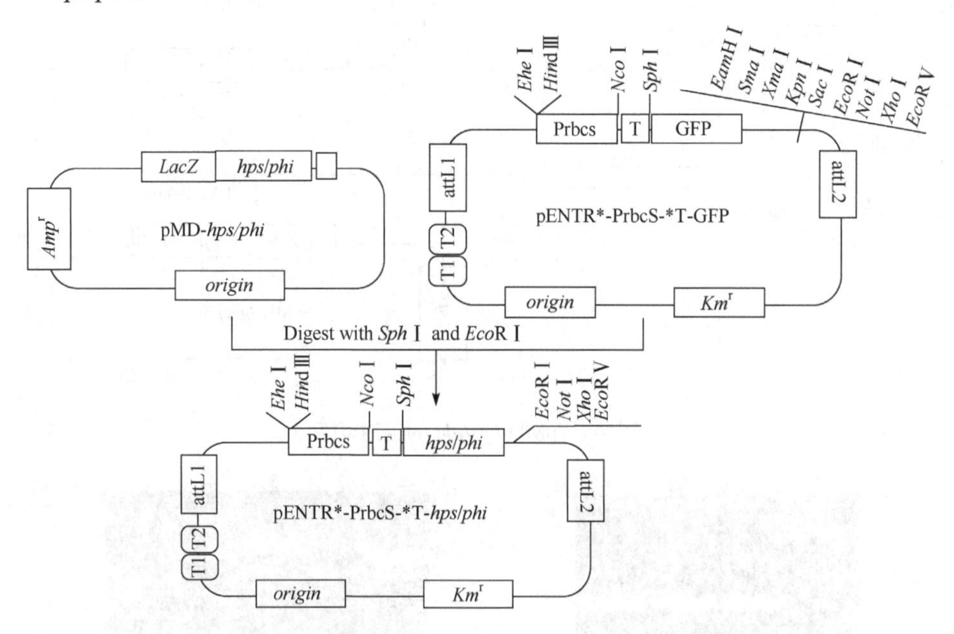

图 7-11 入门载体 pENTR*-PrbcS-*T-*hps/phi* 的构建策略

PrbcS，番茄 rbcS-3C 启动子；*T，具有 *Nco* Ⅰ位点的番茄 rbcS-3C 转运肽; *hps/phi*, *hps* 和 *phi* 的融合基因; LB and RB，左边界与右边界序列; Amp^r，氨苄青霉素抗性基因; Km^r，卡那霉素抗性基因; Digest with *Sph* Ⅰ and *Eco*R Ⅰ，用 *Sph* Ⅰ和 *Eco*R Ⅰ酶切; attL1 and attL2，通路克隆(Gateway)的两个专一性重组位点; Origin，复制起始位点

3. *hps/phi* 基因植物表达载体 pK2-35S-PrbcS-*T- *hps/phi* 的构建

hps/phi 基因植物表达载体的构建策略如图 7-13 所示，通过 Gateway 技术的 LR 反应把 PrbcS-*T-*hps/phi* 亚克隆到植物表达载体 pK2GW7(Gateway 的目的载体，购自比利时 VIB/Gent 公司)中。具体的做法是：用质粒抽提试剂盒纯化 Gateway 的目的载体 pK2GW7，在 Gateway

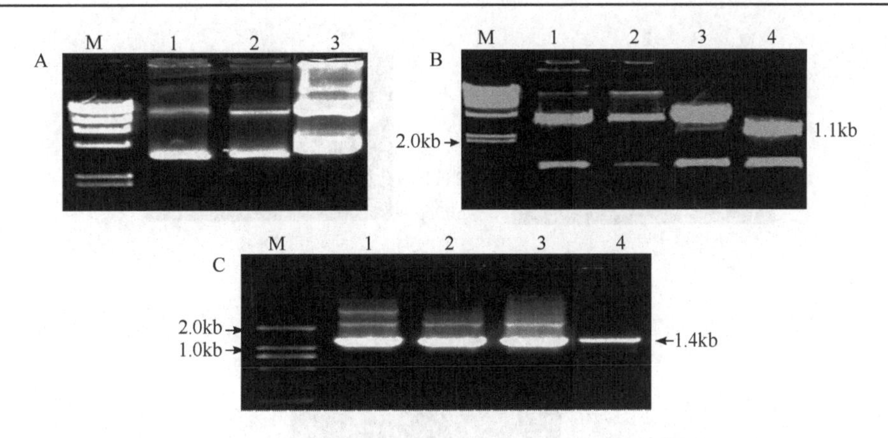

图 7-12　入门载体 pENTR*-PrbcS-*T-*hps*/*phi* 的检测

A. pENTR*-PrbcS-*T-*hps*/*phi* 质粒电泳检测。M, λDNA/*Hind*Ⅲ;1～2, pENTR*-PrbcS-*T-*hps*/*phi*; 3, 正对照(pUC-r-*rmp*AB)。B. pENTR*-PrbcS-*T-*hps*/*phi* 的酶切检测。M, λDNA/*Hind*Ⅲ; 1～2, *Xho* Ⅰ 酶切 pENTR*-PrbcS-*T-*hps*/*phi* 的产物; 3，正对照(pUC-r-*hps*/*phi*)；4，负对照(pMD-*hps*/*phi*)。C. pENTR*-PrbcS-*T-*hps*/*phi* 的 PCR 检测。M，D2000 DNA marker；1～3, pENTR*-PrbcS-*T-*hps*/*phi* 的 PCR 扩增产物; 4, 正对照(以 pMD-*hps*/*phi* 为模板的 PCR 扩增产物)

的 LR 反应体系中加 pENTR*-PrbcS-*T-*hps*/*phi* 和 pK2GW7 各 150ng、1μL LR Clonase Ⅱ Enzyme Mix (Invitrogen)，混均于 25℃反应过夜，通过整合酶的作用把 PrbcS-*T-*hps*/*phi* 整合到 pK2GW7 中获得 *hps*/*phi* 的植物表达载体质粒 pK2-35S-PrbcS-*T-*hps*/*phi*。用反应混合物转化高效率(10^8cfu/μg 质粒 DNA)的大肠杆菌感受态细胞(DH5α，天根生化科技)，把转化好的大肠杆菌涂于加有大观霉素(Spe，50μg/mL)的平板上，于 37℃过夜培养，筛选 Spe 抗性重组子菌落，从 Spe 抗性重组子菌落中提取质粒(图 7-14A)。*Xho* Ⅰ 单酶切 pK2-35S-PrbcS-*T-*hps*/*phi* 质粒和对照质粒 pUC-r-*hps*/*phi*，二者均出现一条 1.1kb 左右大小的条带(图 7-14B)。以 pK2-35S-PrbcS-*T-*hps*/*phi* 为模板，下游引物为 3′*rmp*B、上游引物分别为 5′*rmp*A 和 5′PrbcS-2 进行 PCR 扩增，*hps*/*phi* 基因上下游引物扩增的片段大小为 1.2kb，上游用 5′PrbcS-2 引物扩增产物约为 1.4kb(图 7-14C)。确认是连接成功的质粒后，重新转化大肠杆菌 DH5α，挑单个菌落进行液体培养，用试剂盒纯化质粒。

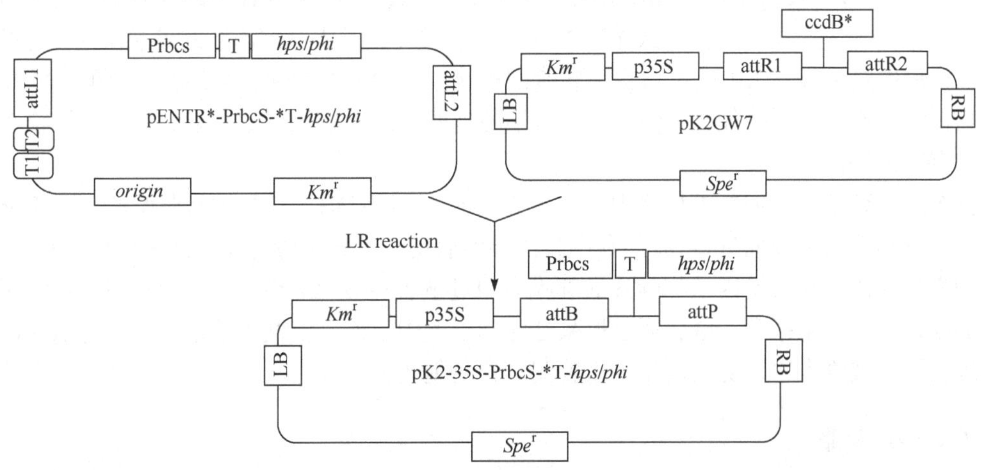

图 7-13　用 Gateway 的 LR 反应构建 *hps*/*phi* 基因的植物表达载体的策略

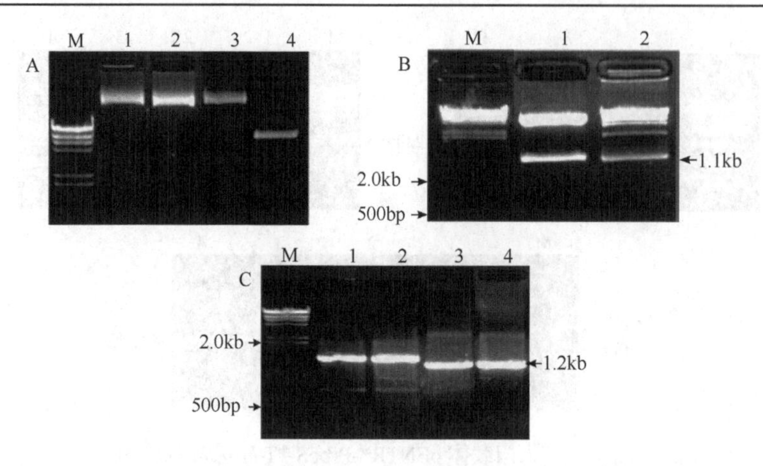

图 7-14 植物表达载体 pK2-35S-PrbcS-*T-*hps*/*phi* 的检测

A. 重组质粒 pK2-35S-PrbcS-*T-*hps*/*phi* 的电泳检测。M，λDNA/*Hin*dⅢ；1～2，pK2-35S-PrbcS-*T-*hps*/*phi* 质粒样品；3，正对照(pK2GW7)；4，负对照(pENTR*-PrbcS-*T-*hps*/*phi*)。B. pK2-35S-PrbcS-*T-*hps*/*phi* 的 *Xho* Ⅰ 酶切检测。M，λDNA/*Hin*dⅢ；1，pUC-r-*rmp*AB(对照)；2，pK2-35S-PrbcS-*T-*hps*/*phi*。C. pK2-35S-PrbcS-*T-*hps*/*phi* 的 PCR 检测。下游引物均为 3′*rmp*B；M，λDNA/*Hin*dⅢ；1～2，上游引物为 5′PrbcS-2；3～4，上游引物为 5′*rmp*A。参考模板：以 pPZP211-PrbcS-*cs* 重组质粒为模板，用一个位于 PrbcS 启动子内部的一个引物(rbcS5)及 *cs* 基因的下游引物 cA2 扩增的 PCR 产物

四、拟南芥细胞质型苹果酸脱氢酶基因 *AMDH* 光诱导型植物表达载体的构建

(一) 引言

Al 胁迫下植物耐 Al 基因型或品种通过根系大量分泌有机酸来解除或减轻 Al 的毒害是植物的重要耐 Al 机理之一。当根系处于高水平铝环境中时，耐铝品种(系)根系能大量分泌苹果酸或柠檬酸到质外体或根际溶液，螯合土壤中的铝离子，降低铝对植物体的毒害作用。苹果酸脱氢酶(malate dehydrogenase，MDH)在生物中以 NADH 或 NADPH 为还原剂，催化 OAA 形成 L-苹果酸的可逆反应，在柠檬酸循环中催化苹果酸脱氢形成草酰乙酸的可逆反应。通过遗传操作在植物中过量表达 MDH 可以提高转基因植物中 MDH 的活性，增加其有机酸分泌量，从而提高植物对铝毒的耐受能力，使植物在有铝胁迫的情况下能更好地生长，是提高植物对铝耐受性的有效方法。

已有的研究结果表明高等植物中至少有 5 种类型的 MDH，其中细胞质型的 MDH 催化的反应向生成苹果酸的方向进行。我们利用光诱导型启动子 PrbcS 构建拟南芥 MDA 基因(*AMDH*)的植物表达载体，在转基因植物叶片的细胞质中过量表达 *MDH* 基因，直接利用光合作用产物产生的碳骨架合成苹果酸，最后通过根系分泌到土壤中，螯合土壤中的铝离子，解除酸性土壤中高浓度铝对植物毒害，提高转基因植物耐铝毒的能力。

(二) 载体构建策略

从 GenBank 中查找拟南芥细胞质型 *AMDH* 的全长基因 cDNA 序列，设计其特异性引物，以拟南芥第一链 cDNA 为模板进行 PCR 反应，扩增得到 *AMDH* 基因的全长 cDNA；回收并纯化 *AMDH* 全长基因 cDNA 片段，并将其连接到 pUCm-T 载体上，获得重组质粒 pUCm-*AMDH*；

用 *Nco* Ⅰ和 *Xho* Ⅰ切割 pENTR*-PrbcS-*T-GFP 和 pUCm-*AMDH*，回收载体 pENTR*-PrbcS 片段和 *AMDH* 基因 cDNA 片段，然后连接、转化、抽提质粒获得重组质粒 pENTR*-PrbcS-*AMDH*；通过 Gateway 技术的 LR 反应把 PrbcS-*AMDH* 亚克隆到植物表达载体 pH2GW7(Gateway 的目的载体，比利时 VIB/Gent 公司)中；获得 *AMDH* 基因的植物表达载体 pH2-35S-PrbcS-*AMDH*。

(三) 实验操作流程

1. *AMDH* 基因 cDNA 扩增及 TA 克隆

首先从 GenBank 中查找 *AMDH* 的全长基因序列，并设计一对引物，序列如下：

AMDH5：5′-CACCATGGCGAAGGAACCAGTTCGTG-3′

AMDH3：5′-CTCGAGTTAAGAGAGGCATGAGTAAGCG-3′

5′端引物 AMDH 5′端加 CACC 特征序列，并由此形成 *Nco* Ⅰ酶切位点；3′端引物 EMDH 3′端加 *Xho* Ⅰ酶切位点。

用 TRIzoL Reagent(Invitrogen)从拟南芥(*Arabidopsis thaliana*)幼苗中提取总 RNA：取植物嫩叶约 0.1g，加入 1mL 的 TRIzoL 提取液在研钵中研磨，室温静置 5min 后移入离心管，再加入 0.2mL 氯仿，振荡混匀，12 000r/min 离心 15min，转移上清液至新管，加入 0.5mL 异丙醇，混匀室温放置 10min，4℃、12 000r/min 离心 10min，弃上清，沉淀用 75%乙醇 1mL 清洗，4℃、7500r/min 离心 5min，弃乙醇真空干燥沉淀或自然晾干，用 20μL 焦碳酸二乙酯(DEPC)处理水溶解 RNA。使用 M-MuLV Reverse Transcriptase Kit(TaKaRa)进行 cDNA 的合成，取植物总 RNA 约 0.1～5μg，oligo(dT) 50ng、10mmol/L dNTP mix 1μL，用 DEPC 处理水补足至 10μL，混匀后，短暂离心将之收集于管底，置于 65℃加热 5min，冰浴 10min，加入反应混合物 9μL(5×Reaction Buffer 4μL，25mmol/L $MgCl_2$ 4μL，0.1mol/L DTT 2μL，RNA 酶抑制剂 1μL)，将上述混合物混匀，短暂离心将之收集于管底，25℃保温 2min，加入 1μL M-MuLV Reverse Transcriptase，将上述混合物混匀，短暂离心将之收集于管底，25℃保温 20min，然后 42℃保温 70min，合成 cDNA。以 cDNA 为模板，用 *AMDH* 基因上下游特异性引物 AMDH5 和 AMDH3 进行 PCR，扩增得到 *AMDH* 的全长 cDNA 1.0kb(图 7-15)。回收并纯化 *AMDH* 全长基因片段，并将其连接到 pUCm-T (大连宝生物公司)载体上，转化大肠杆菌感受态 DH5α(天根生化科技)，采用碱裂解法提取质粒 DNA，

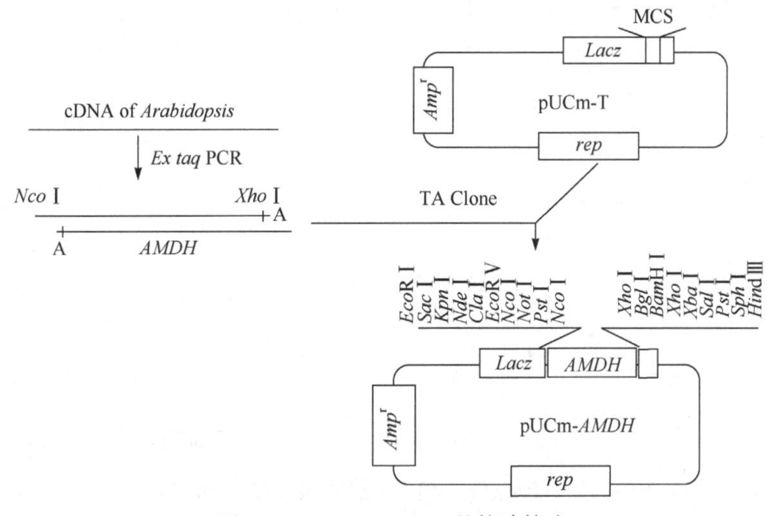

图 7-15　pUCm-*AMDH* 的构建策略

经 1%琼脂糖凝胶电泳，选取大小和理论值相符的重组质粒做进一步的 PCR 检测和双酶切检测。以重组质粒为模板，用引物 AMDH5 和 AMDH3 扩增得到 1.0kb 的 PCR 产物(图 7-16A)。根据阳性重组质粒 pUCm-*AMDH* 载体两端的多克隆位点，用 *Nco* Ⅰ和 *Xho* Ⅰ双酶切重组质粒，经 1%琼脂糖凝胶电泳检测酶切产物，连接成功的重组质粒 pUCm-*AMDH* 含有 1.0kb 左右的 DNA 插入片段(图 7-16B)。

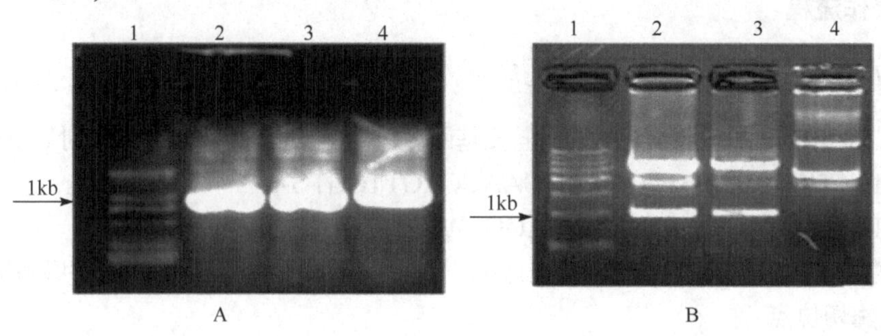

图 7-16　pUCm-*AMDH* 的检测

A. 重组质粒 pUCm-*AMDH* 的 PCR 检测。1. DNA Marker D2000；2～4，以 pUCm-*AMDH* 为模板，用引物 AMDH5 和 AMDH3 扩增得到 PCR 产物。B. *Nco* Ⅰ和 *Xho* Ⅰ双酶切检验 pUCm-*AMDH*。1，DNA Marker 500bp；2～3，*Nco* Ⅰ和 *Xho* Ⅰ双酶切 pUCm-*AMDH* 重组质粒；4，pUCm-*AMDH* 重组质粒

2. AMDH 基因的 Gateway 入门克隆载体 pENTR*-PrbcS-*AMDH* 的构建

用 *Nco* Ⅰ和 *Xho* Ⅰ切开纯化的质粒载体 pENTR*-PrbcS-*T-GFP 和 pUCm-*AMDH*(图 7-17)，通过琼脂糖凝胶电泳分离已切开的载体和插入片段，从凝胶中回收 pENTR*-PrbcS-*T-GFP 被切割后产生的载体片段 pENTR*-PrbcS(4.0kb)及 pUCm-*AMDH* 被切割后产生的 *AMDH* 基因 DNA 片段(1.0kb)，然后用宝生物(TaKaRa)的连接酶试剂盒连接 pENTR*-PrbcS 和 *AMDH* 基因

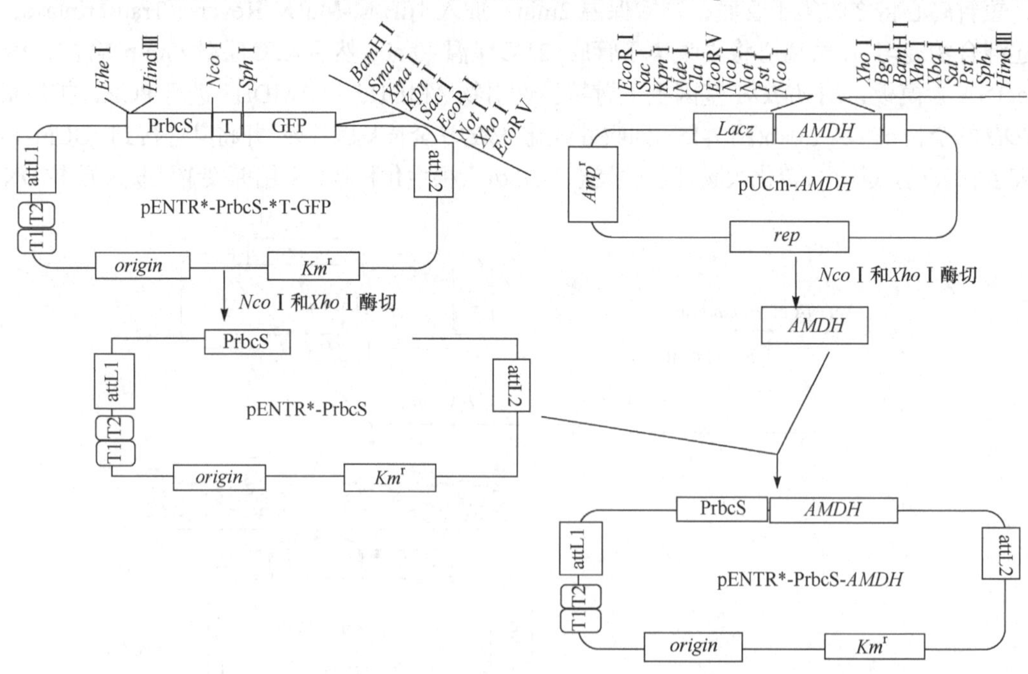

图 7-17　AMDH 基因的 Gateway 入门克隆载体 pENTR*-PrbcS-*AMDH* 的构建策略

的 DNA 片段产生入门载体 pENTR*-PrbcS-*AMDH*(图 7-17)。用连接反应混合物转化高效率(10^8cfu/μg 质粒 DNA)的大肠杆菌感受态细胞(DH5α，购自天根生化科技公司)，把转化好的大肠杆菌涂于加有卡那霉素(Km，50μg/mL)的平板上，于 37℃过夜培养，筛选 Km 抗性重组子菌落，从 Km 抗性重组子菌落中提取质粒，选出连接成功的质粒载体 pENTR*-PrbcS-*AMDH*，用两组引物做 PCR 检测。第一组用 AMDH 上下游的特异性引物 AMDH5 和 AMDH3 进行 PCR 扩增，所选的质粒都能扩增出一条 1.0kb 的 *AMDH* 条带(图 7-18A)；第二组用位于 PrbcS 区域中的特异性引物 PrbcS5 和 AMDH 的下游特异性引物 AMDH 3 进行 PCR 扩增，所选的质粒能扩增出一条 1.1kb 的条带(图 7-18A)。用 *Nco* Ⅰ(Fermentas)和 *Xho* Ⅰ(Fermentas)双酶切检测，连接成功的质粒在琼脂糖凝胶电泳图上只产生两条带，一条为 4.0kb 的载体带，另一条为 1.0 kb 的 *AMDH* 基因片段(图 7-18B)。确认是连接成功的质粒后，重新转化大肠杆菌 DH5α，挑单个菌落进行液体培养，用试剂盒纯化质粒 pENTR*-PrbcS-*AMDH*。

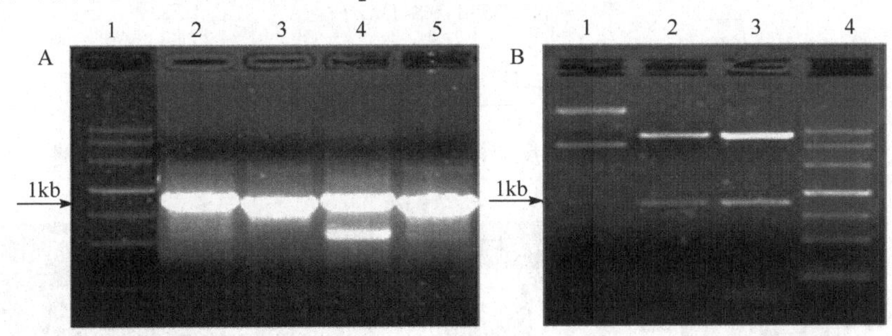

图 7-18　入门克隆载体 pENTR*-PrbcS-*AMDH* 的检测

A. 重组质粒 pENTR*-PrbcS-*AMDH* 的 PCR 检测。1. DNA MarkerⅢ；2 和 4，以 pENTR*-PrbcS-*AMDH* 质粒为模板，利用 PrbcS5 和 AMDH3 引物扩增得到的 PCR 产物；3 和 5，以 pENTR*-PrbcS-*AMDH* 质粒为模板，利用 AMDH5 和 AMDH3 引物扩增得到的 PCR 产物。B. 用 *Nco* Ⅰ和 *Xho* Ⅰ酶切检验 pENTR*-PrbcS-*AMDH*。1，pENTR*-PrbcS-*AMDH* 质粒；2～3，*Nco* Ⅰ和 *Xho* Ⅰ双酶切 pENTR*-PrbcS-*AMDH* 重组质粒；4，DNA MarkerⅢ

3. *AMDH* 基因植物表达载体 pH2-35S-PrbcS-*AMDH* 的构建

通过 Gateway 技术的 LR 反应把 PrbcS-*AMDH* 亚克隆到植物表达载体 pH2GW7(Gateway 的目的载体，比利时 VIB/Gent 公司)中(图 7-19)。具体的做法是：用质粒抽提试剂盒纯化 Gateway 的目的载体 pH2GW7，在 Gateway 的 LR 反应体系中加 pENTR*-PrbcS-*AMDH* 和 pH2GW7 各 150ng、1μL LR Clonase Ⅱ Enzyme Mix (Invitrogen)，混均于 25℃反应过夜，通过整合酶的作用把 PrbcS-*AMDH* 整合到 pH2GW7 中获得 *AMDH* 的植物表达载体质粒 pH2-35S-PrbcS-*AMDH*(图 7-19)。用反应混合物转化高效率(10^8cfu/μg 质粒 DNA)的大肠杆菌感受态细胞(DH5α，购自天根生化科技公司)，把转化好的大肠杆菌涂于加有大观霉素(Spe，50μg/mL)的平板上，于 37℃过夜培养，筛选 Spe 抗性重组子菌落，从 Spe 抗性重组子菌落中提取质粒，选出大小和理论预测值相符的整合质粒 pH2-35S-PrbcS-*AMDH* 进行 PCR 检测，用位于载体 pH2GW7 的特异性引物 attB1 和 AMDH 的下游特异性引物 AMDH3 进行 PCR 扩增，所选的质粒能扩增出一条 2.5kb 的条带(图 7-20A)。然后进一步用酶切验证重组质粒的正确性，用 *AMDH* 基因内部的酶切位点 *Pst* Ⅰ酶切质粒 pENTR*-PrbcS-*AMDH* 和 pH2-35S-PrbcS-AMDH 及 pH2GW7，含有 AMDH 片段的可以得到 0.7kb 左右的片段，整合质粒 pH2-35S-PrbcS-*AMDH* 可以得到 0.7kb 的片段(图 7-20B)。确认是整合成功的质粒后，重新转化大肠杆菌 DH5α，挑单个菌落进行液体培养，用试剂盒纯化质粒。pH2GW7 携带的筛选标记基因为潮霉素抗性基因(Hgr)，这样可用加有潮霉素的平板筛选转基因植物。

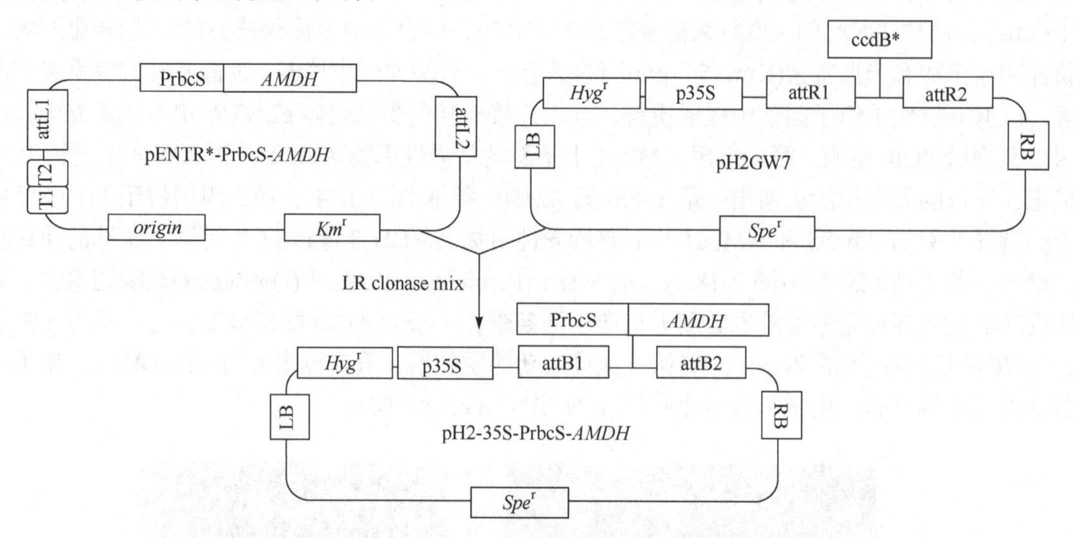

图 7-19　用 Gateway 的 LR 反应构建 *AMDH* 基因的植物表达载体的策略

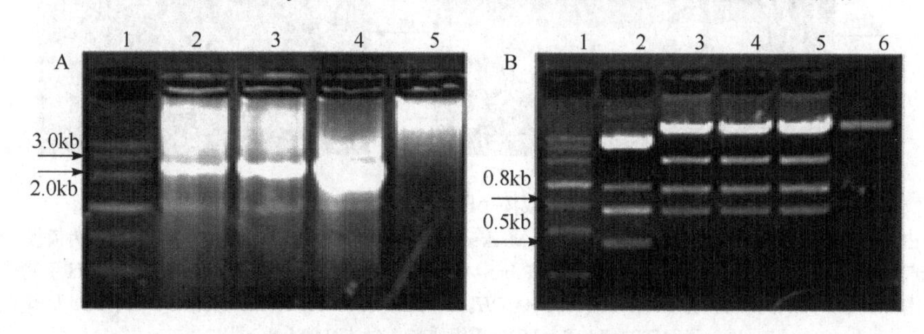

图 7-20　AMDH 植物表达载体 pH2-35S-PrbcS-*AMDH* 的检测

A. 重组质粒 pH2-35S-PrbcS-*AMDH* 的 PCR 检测。1，DNA Marker Ⅲ；2～4：以 pH2-35S-PrbcS-*AMDH* 质粒为模板，利用 attB1 和 AMDH3 引物扩增得到的 PCR 产物；5，以 pH2GW7 质粒为模板，利用 attB1 和 AMDH3 引物扩增得到 PCR 产物。B. 用 *Pst* Ⅰ 酶切检验 pH2-35S-PrbcS-*AMDH*。1.DNA Marker Ⅲ；2. 用 *Pst* Ⅰ 酶切 pENTR*-PrbcS-AMDH 质粒；3～5，用 *Pst* Ⅰ 酶切 pH2-35S-PrbcS-*AMDH* 质粒；6，用 *Pst* Ⅰ 酶切 pH2GW7 质粒

第八章　用 Gateway 技术构建目的基因的组成型植物表达载体

一、GFP 基因植物组成型表达载体的构建

(一) 引言

为了比较 GFP 基因的组成型和诱导型表达载体表达 GFP 水平的差异，构建 GFP 基因的组成型植物表达载体。

(二) 表达载体的构建策略

表达载体的构建策略如图 8-1 所示，以 pGFP 为模板，通过 PCR 扩增得到目的 DNA 片段，产物回收后经过 TOPO 克隆得到入门克隆 pENTR-GFP。入门克隆和 pK2GW7(目的克隆)通过 LR 反应得到植物表达载体 pK2-35S-GFP。

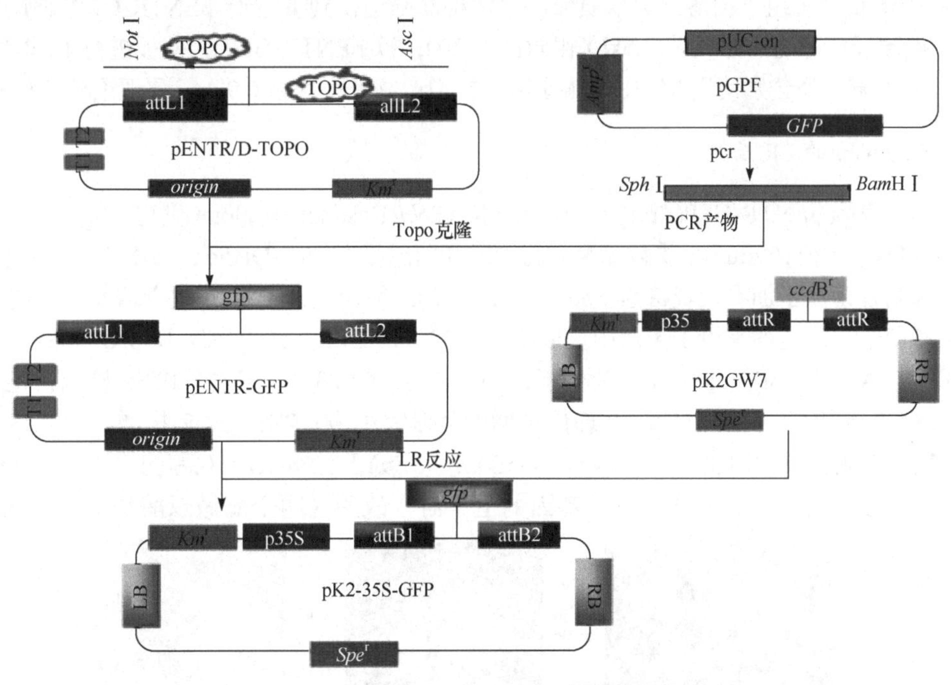

图 8-1　pK2-35S-GFP 表达载体构建策略

(三) 实验操作流程

1. GFP 基因的 TOPO 克隆

以 pGFP 为模板，用 *gfp* 基因的特异性引物[上游引物 GFP5：CACCGCATGCGTAAAGGAGA

AGAACTTTTC(*Sph* Ⅰ),下游引物 GFP3：GGATCCCTATTTGTATATGTTCATCCATGCC(*Bam*H Ⅰ)]进行扩增，得到大约 0.7kb 的 PCR 产物(图 8-2A)和高保真的 KOD 聚合酶(日本东洋纺)进行 PCR(94℃、30s，55 ℃、30s，68℃、1min 的程序进行 30 个循环的反应)扩增 GFP 基因，用琼脂糖凝胶电泳分离回收。

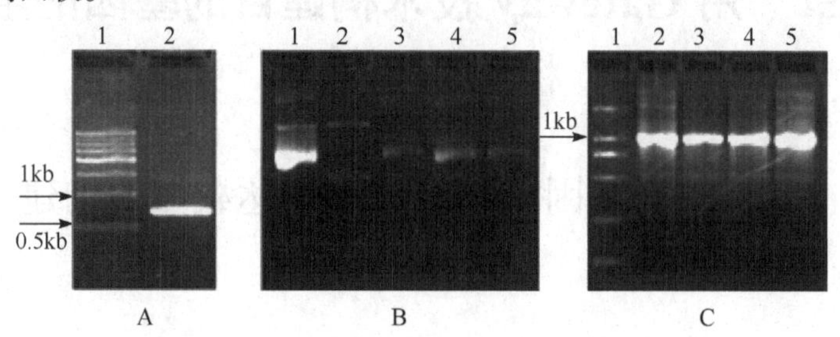

图 8-2 pENTR-GFP 质粒的检测

A. GFP 基因扩增产物。1，500bp DNA Ladder；2，PCR 扩增产物。B. pENTR- GFP 质粒电泳检测。1，对照质粒。2～5，pENTR-GFP。C. PCR 扩增检验 pENTR-GFP 质粒。1，DNA Marker D2000；2～5，PCR 扩增产物

GFP 的 PCR 扩增产物(图 8-1A)利用 TOPO 克隆技术亚克隆于 pENTR/SD/D-TOPO(购自 Invitrogen 公司)载体中，获得 GFP 的 Gateway 入门克隆载体 pENTR-GFP。用反应混合物转化高效率(10^8cfu/μg 质粒 DNA)的大肠杆菌感受态细胞(DH5α，天根生化科技)，把转化好的大肠杆菌涂于加有卡那霉素(Km，100μg/mL)的平板上，于 37℃过夜培养，筛选 Km 抗性重组子菌落，从 Km 抗性重组子菌落中提取质粒。电泳检测筛选得到重组子 pENTR-GFP 理论大小为 3.4kb，电泳迁移率与对照质粒(3.5kb)相同(图 8-2B)；以 pENTR-GFP 为模板进行 PCR 检测(图 8-2C)，上下游引物分别使用 M13F 和 M13R，扩增产物大小约为 0.9kb，和理论预期相符。

2. Gateway 的 LR 反应

用入门克隆 pENTR-GFP(Entry clone)和 pK2GW7(Destination clone)进行 LR 反应，用反应混合物转化高效率(10^8cfu/μg 质粒 DNA)的大肠杆菌感受态细胞(DH5α，天根生化科技)，把转化好的大肠杆菌涂于加有大观霉素(Spe，100μg/mL)的平板上，于 37℃过夜培养，筛选 Spe 抗性重组子菌落，从抗性重组子菌落中提取质粒 pK2-35S-GFP。pK2GW7 和 pK2-35S-GFP 大小相当(图 8-3A)。以 pK2-35S-GFP 为模板，用 GFP5、GFP3 引物进行 PCR 检测，正对照用 pENTR-GFP 为模板，pK2-35S-GFP 理论扩增的片段大小为 0.7Kb，PCR 扩增结果和预期一致(图 8-3B)，表明已成功构建表达载体 pK2-35S-GFP。*Sph* Ⅰ、*Bam*H Ⅰ双酶切检测 pK2-35S-GFP (图 8-3C)。*Sph* Ⅰ、*Bam*H Ⅰ分别位于基因的上下游，故用这两个酶做双酶切应该出现一条

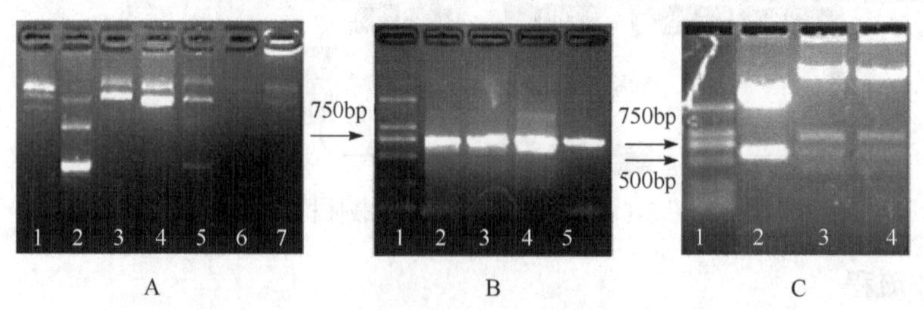

图 8-3 植物表达载体 pK2-35S-GFP 的检测

A. 电泳检测重组质粒。1，pK2GW7；2～7，pK2-35S-GFP 质粒样品。B. PCR 扩增检测。1. DNA Marker D2000; 2～4，pK2-35S-GFP 质粒 PCR 产物；5，正对照 pENTR-GFP 质粒 PCR 产物。C. 酶切检测。1. DNA Marker D2000；2，正对照 pENTR-GFP 质粒；3～4. pK2-35S-GFP 质粒酶切产物

0.7kb 左右大小的条带，正对照质粒 pENTR-GFP 也应该出现一条 0.7kb 左右大小的条带，实际结果与预测相符(图 8-3C)，说进一步证实载体构建成功。

二、短芽孢杆菌甲醛脱氢酶基因植物表达载体的构建

(一) 引言

谷胱甘肽依赖型甲醛脱氢酶(FALDH)是植物和微生物甲醛氧化的关键酶之一，它催化的反应以甲醛和谷胱甘肽的加合物硫代羟甲基谷胱甘肽(*S*-hydroxymethylglutathione)为底物，产生硫代甲酰基谷胱甘肽(*S*-formylglutathione)，在植物中硫代甲酰谷胱甘肽水解酶能把 *S*-formylglutathione 分解为甲酸和谷胱甘肽，这两个酶组成一条甲醛到甲酸的氧化途径。高等植物都拥有甲醛代谢途径，但其甲醛代谢关键酶在高等植物中表达水平较低，稳定性差，使植物无法应对外界环境中高浓度甲醛的胁迫，很多研究结果说明来自耐热性微生物的酶稳定性好，应用范围广，作用效果好。因此我们从耐热甲基营养短芽孢杆菌(*Bacillus brevis*)中克隆甲醛脱氢酶基因 *faldh* 构建植物表达载体转化植物，以期提高其甲醛吸收和代谢能力。

(二) 载体构建策略

从 GenBank 中查找相近物种甲醛脱氢酶基因的氨基酸序列，根据氨基酸保守序列设计一对简并引物，以短芽孢杆菌基因组 DNA 为模板扩增，得到 *faldh* 基因的部分片段 *fld*；回收并纯化 *faldh* 基因的部分片段 *fld*，并将其连接到 pMD-18T 载体上；将 *faldh* 基因的部分序列 *fld* 在 NCBI 上进行比对，根据同源性最高的短小芽孢杆菌(*Bacillus pumilus*)的甲醛脱氢酶基因序列设计一对特异性引物，以短芽孢杆菌基因组 DNA 为模板扩增，得到 *faldh* 基因的全长片段；回收并纯化 *faldh* 全长基因片段，并将其连接到 pMD-18T 载体上，测定重组质粒 pMD18-T-*faldh* 所含的 *faldh* 序列，得到全长 *faldh* 基因核苷酸序列，并推测出该基因编码蛋白质的氨基酸序列；用 *Bam*H Ⅰ 和 *Xho* Ⅰ 酶切 pMD18-T-*faldh* 和 pENTR2B(Invitrogen)，得到目的基因片段 *faldh* 和载体片段 pENTR-2B，回收后进行连接、转化感受态细胞，获得重组质粒 pENTR-2B-*faldh*；通过 Gateway 技术的 LR 反应把 *faldh* 基因亚克隆到植物表达载体 pK2GW7 中，获得 *faldh* 基因的植物表达载体 pK2-35S-*faldh*。

(三) 实验操作流程

1. 克隆 *faldh* 基因

faldh 基因的克隆策略如图 8-4 所示，从 GenBank 中查找相近微生物种(包括 *Escherichia coli* K-12, *Paracoccus denitrificans*, *Photobacterium damselae* subsp. Piscicida, *Pichia pastoris*, *Rhodobacter sphaeroides* 2.4.1)甲醛脱氢酶基因的氨基酸序列，根据氨基酸保守序列设计一对简并引物，序列如下：

fld 3:　GGNCAYGARCCNATGGGNATNGTNGARGA

fld 4:　TCCATNCCNACRCARTCNATNACNACRTC

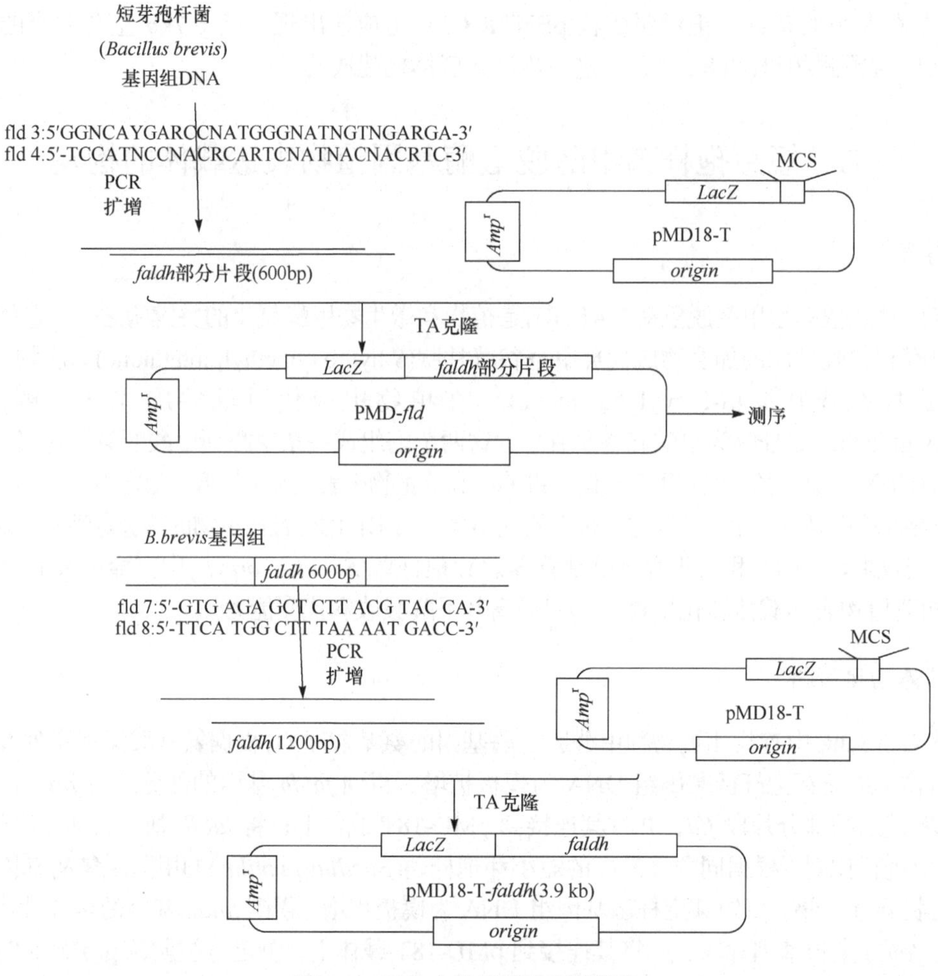

图 8-4　*faldh* 全长基因的克隆策略

用下述方法提取基因组 DNA：挑取生长良好的单菌落接种于 LB 液体培养基中，30℃振荡培养过夜；按 1%接种量转接到 100mL 新鲜 LB 液体培养基中，于 37℃振荡培养 4h(OD_{600}=2.0)，6000r/min 离心收集菌体；加入 1/10 菌液体积的 SⅠ溶液[0.3mol/L Sucrose，25μmol/L Tris-HCl(pH8.0)，25mmol/L EDTA]，混匀，37℃放置 1～2h；加入 9/10 菌液体积的 SⅡ溶液[0.1mol/L NaCl, 0.1%(*m*/*V*)SDS, 0.1mol/L Tris-HCl]，轻轻混匀；反复冻融裂解使溶液透明，加入等体积的 Tris-饱和酚，抽提 2 次，取上清液；用等体积的氯仿：异戊醇(24：1)抽提一次；用 1/10 体积 3mol/L NaAc、2 倍体积无水乙醇沉淀 DNA；12 000r/min，离心 5min，用 70%乙醇洗涤沉淀，干燥备用；用适量含有 RNaseA 的水溶解，37℃放置 1h；电泳检测(图 8-5A)，–20℃保存备用。以基因组 DNA 为模板，用 *fld* 3 和 *fld* 4 为引物进行 PCR，扩增得到 *faldh* 基因的部分片段(约 600bp，简称 *fld*)(图 8-5B)；回收并纯化 *faldh* 基因的部分片段 *fld*，并将其连接到 pMD-18T(大连宝生物公司)载体上，转化大肠杆菌感受态 DH5α(天根生化科技)，采用碱裂解法提取质粒 DNA(图 8-5C)，经 1%琼脂糖凝胶电泳，选取大小和理论值相符的重组质粒做进一步的 PCR 检测和双酶切检测。以重组质粒为模板，用引物 *fld* 3 和 *fld* 4 扩增得到 0.6kb 的 PCR 产物(图 8-5D)。根据阳性重组质粒 pMD-*fld* 载体两端的多克隆位点，用 *Sac* Ⅰ和 *Eco*R Ⅰ双酶切重组质粒，经 1%琼脂糖凝胶电泳检测酶切产物，连接成功的重组质粒 pMD-*fld* 酶切产物为 2.7kb

和 0.6kb 左右的条带(图 8-5E)，将正确的重组质粒送测序公司测序。

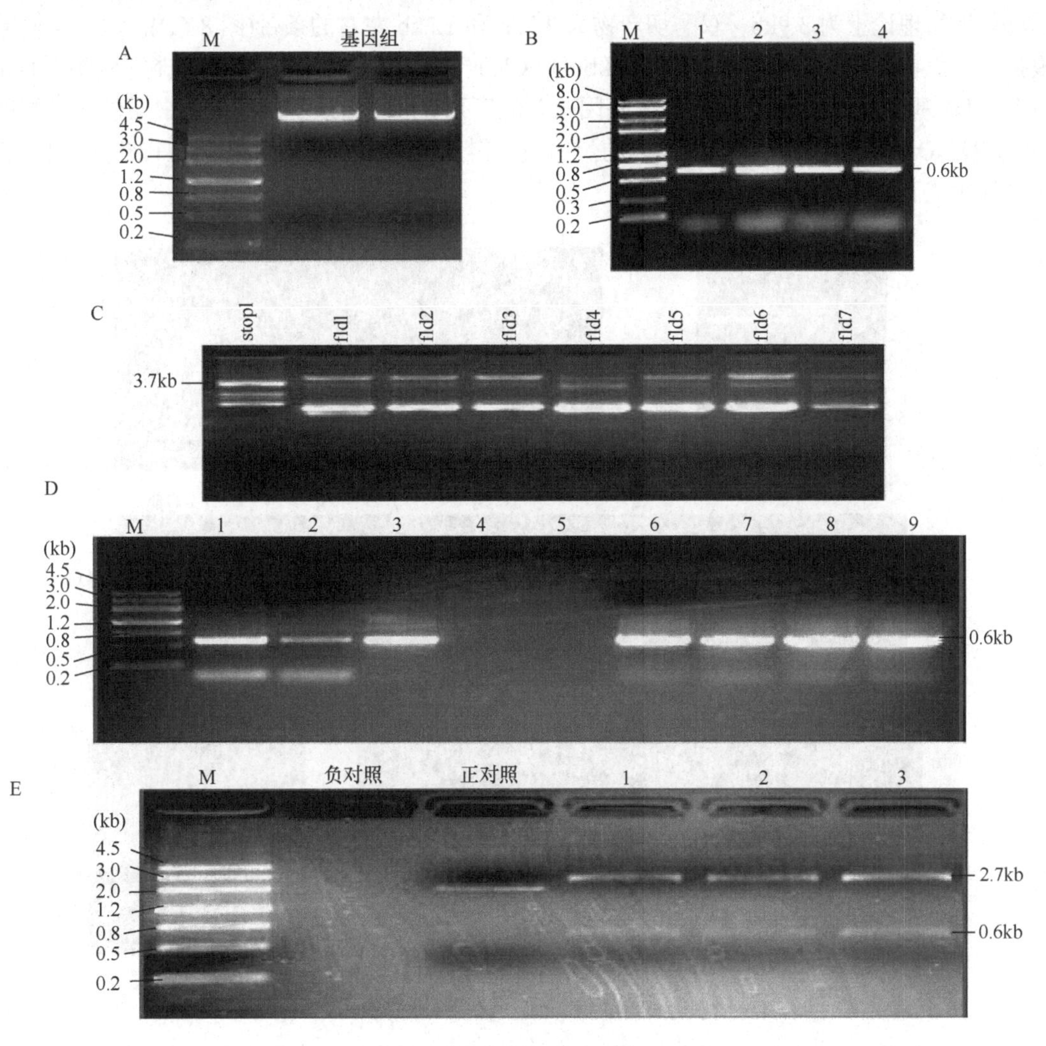

图 8-5　*faldh* 基因部分 DNA 片段 TA 克隆 pMD-*fld* 的电泳检测

A. *B. brevis* 基因组 DNA。B. PCR 扩增 *faldh* 基因部分 DNA 片段 *fld*。M，Marker Ⅲ；1～4，PCR 扩增产物。C. 质粒 pMD18-T-*faldh* 电泳检测。stop1，对照质粒；*fld1*- *fld6*，pMD-*fld* 质粒。D. 重组质粒 pMD18-T-*fld* 的 PCR 检测。M:Marker Ⅲ；1～3 和 6～9，以 pMD18-T-*fld* 为模板扩增的 PCR 产物；4～5：负对照。E.重组质粒 pMD18-T-*fld* 双酶切检测。M: Marker Ⅲ；1～3 为 *Sac* Ⅰ和 *Eco*RⅠ双酶切 pMD18-T-*fld* 产物

将 *fld* 序列在 NCBI 上进行比对，根据同源性最高的短小芽孢杆菌(*Bacillus pumilus*)的甲醛脱氢酶基因序列，设计序列如下的一对特异性引物：

fld 7：GTGAGAGCTGTTACGTACCA

fld 8：TTATGGCTTTAAAATGACC

以短芽孢杆菌基因组 DNA(图 8-6A)为模板 PCR，扩增得到 *faldh* 基因的全长片段约 1.2kb(图 8-6B)；回收并纯化 *faldh* 全长基因片段，并将其连接到 pMD-18T 载体上(大连宝生物公司)，转化大肠杆菌感受态 DH5α(天根生化科技)，采用碱裂解法提取质粒 DNA(图 8-6C)，经 1%琼脂糖凝胶电泳，选取大小和理论值相符的重组质粒做进一步的 PCR 检测和双酶切检测。根据阳性重组质粒 pMD18-T-*faldh* 载体两端的多克隆位点，用 *Eco*RⅠ单酶切、*Hin*dⅢ和 *Eco*RⅠ

双酶切重组质粒，经 1%琼脂糖凝胶电泳检测酶切产物，连接成功的重组质粒 pMD18-T-*faldh* 单酶切产物理论上为 3.9kb，双酶切产物为 2.7kb 和 1.2kb 左右的条带(图 8-6D)。以重组质粒为模板，用引物 *fld* 7 和 *fld* 8 扩增到 1.2kb 的 PCR 产物(图 8-6E)。测定重组质粒 pMD18-T-*faldh* 所含 *faldh* 基因序列，得到全长 *faldh* 基因核苷酸序列，推测出该基因编码蛋白质的氨基酸序列(SEQ ID NO1)。通过分析该基因编码的蛋白质，得知该基因的编码区是 3～1128bp，由 377 个氨基酸组成。

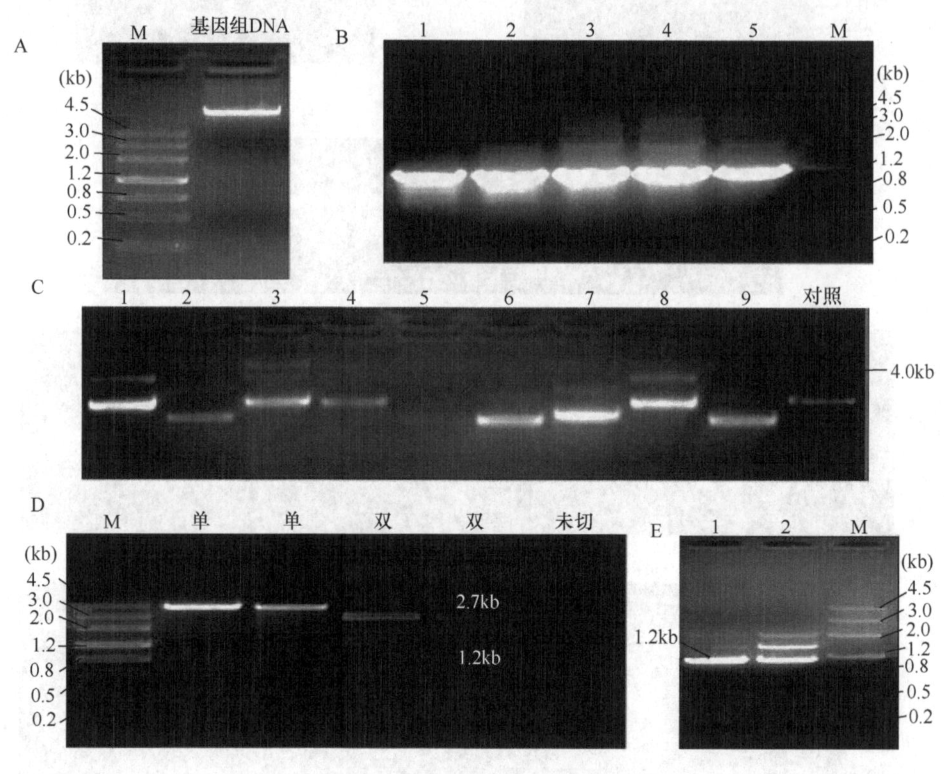

图 8-6　pMD18-T-*faldh* 的检测

A. *B. brevis* 基因组 DNA。M，Marker Ⅲ。*B. brevis* 基因组。B. PCR 扩增 *faldh* 基因全长片段，1～5 是 PCR 扩增产物。M, Marker Ⅲ。C. 质粒 pMD18-T-*faldh* 电泳检测。1～9，pMD18-T-*faldh* 质粒。对照：对照质粒。D. 重组质粒 pMD18-T-*faldh* 的单双酶切检测。M，Marker Ⅲ；单，*Eco*R Ⅰ单酶切；双，*Hind* Ⅲ和 *Eco*R Ⅰ双酶切。E. 重组质粒 pMD18-T-*faldh* 的 PCR 检测。1～2，扩增产物；M: Marker Ⅲ

2. 构建入门载体 pENTR-2B-*faldh*

入门载体 pENTR-2B-*faldh* 的构建如图 8-7 所示。用 *Bam*H Ⅰ和 *Xho* Ⅰ双酶切 pMD18-T-*faldh* 和 pENTR-2B*，通过琼脂糖凝胶电泳分离已切开的载体和插入片段，分别回收 pMD18-T-*faldh* 被切割后产生的 *faldh* 基因片段(1.2kb)和通路克隆(Gateway)的入门载体 pENTR-2B*被切割后产生的载体片段 pENTRT-2B*，然后用宝生物(TaKaRa)的连接酶试剂盒连接 pENTRT-2B*和 *faldh* 基因的 DNA 片段产生入门载体 pENTR-2B-*faldh*(图 8-8)。用连接反应混合物转化高效率(10^8cfu/μg 质粒 DNA)的大肠杆菌感受态细胞(DH5α，购自天根生化科技公司)，把转化好的大肠杆菌涂于加有卡那霉素(Km，50μg/mL)的平板上，于 37℃过夜培养，筛选 Km 抗性重组子菌落，从 Km 抗性重组子菌落中提取质粒，选出连接成功的质粒载体 pENTR-2B-*faldh*，进行电泳检测，其大小为 4.0kb，已有质粒 pENTR-2B*作为对照(图 8-8A)。用 *Bam*H Ⅰ(TaKaRa)和 *Xho*

Ⅰ(TaKaRa)双酶切检测，连接成功的质粒在琼脂糖凝胶电泳图上只产生两条带，分别为 2.7kb 和 1.2kb(图 8-8B)。确认是连接成功的质粒后，重新转化大肠杆菌 DH5α，挑单个菌落进行液体培养，用试剂盒纯化质粒 pENTR-2B-*faldh*。

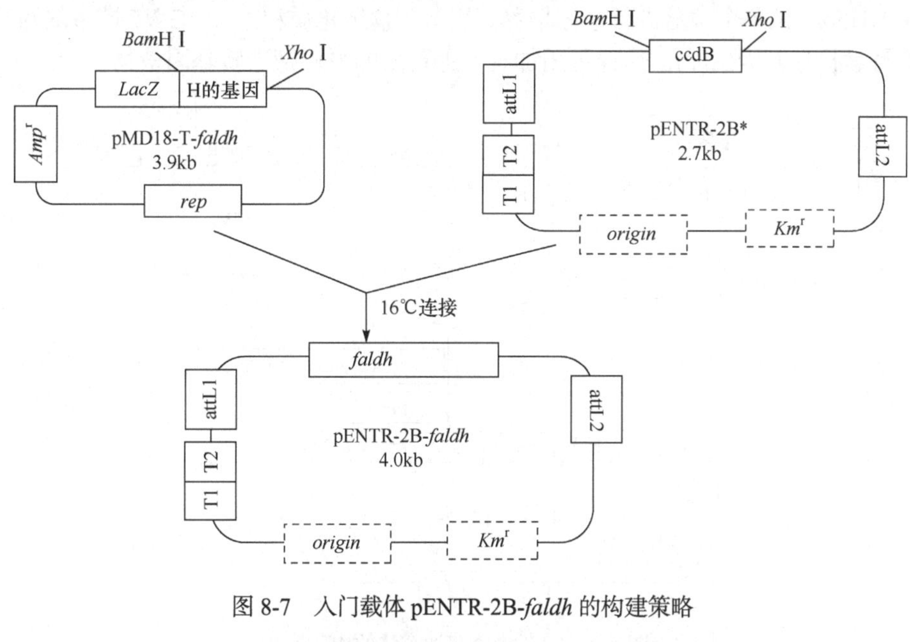

图 8-7　入门载体 pENTR-2B-*faldh* 的构建策略

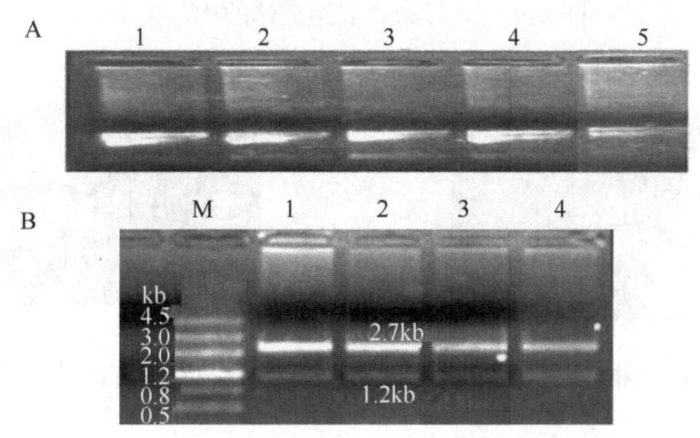

图 8-8　入门载体 pENTR-2B-*faldh* 的电泳检测

A. pENTR-2B-*faldh* 质粒电泳检测。1～4.pENTR-2B-*faldh*；5. 对照质粒 pENTR-2B-ccdB。B. *Bam*H Ⅰ 和 *Xho* Ⅰ 双酶切检测 pENTR-2B-*faldh*。M：DNA Marker Ⅲ；1～4：pENTR-2B-*faldh* 酶切质粒

3. 植物表达载体 pK2-35S-*faldh* 的构建

植物表达载体 pK2-35S-*faldh* 的构建策略如图 8-9 所示。通过 Gateway 技术的 LR 反应把 *faldh* 亚克隆到植物表达载体 pK2GW7(Gateway 的目的载体，比利时 VIB/Gent 公司)中。具体的做法是：用质粒抽提试剂盒纯化 Gateway 的目的载体 pK2GW7，在 Gateway 的 LR 反应体系中加 pENTR-2B-*faldh* 和 pK2GW7 各 150ng、1μL LR Clonase Ⅱ Enzyme Mix (Invitrogen)，混匀于 25℃反应过夜，通过整合酶的作用把 *faldh* 整合到 pK2GW7 中获得 *faldh* 的植物表达载体质粒 pK2-35S-*faldh*。用反应混合物转化高效率(10^8cfu/μg 质粒 DNA)的大肠杆菌感受态细胞 DH5α(购自天根生化科技公司)，把转化好的大肠杆菌涂于加有大观霉素(Spe，50μg/mL)的平板上，于 37℃过夜培养，筛选 Spe 抗性重组子菌落。从 Spe 抗性重组子菌落中提取质粒，选出大

小和对照质粒 pK2GW7 相似的整合成功的质粒 pK2-35S-*faldh*(图 8-10A)。然后用酶切验证重组质粒的正确性，用 *Bam*H Ⅰ 和 *Xho* Ⅰ 双酶切检测 pK2-35S-*faldh*，酶切产物为 1.2kb 的条带(目的基因大小)和 11.1kb 条带(pK2GW7 载体大小)(图 8-10B)。确认是整合成功的质粒后，重新转化大肠杆菌 DH5α，挑单个菌落进行液体培养，用试剂盒纯化质粒。pK2GW7 携带的筛选标记基因为卡那霉素抗性基因(Km^r)，这样可用加有卡那霉素的平板筛选转基因植物。

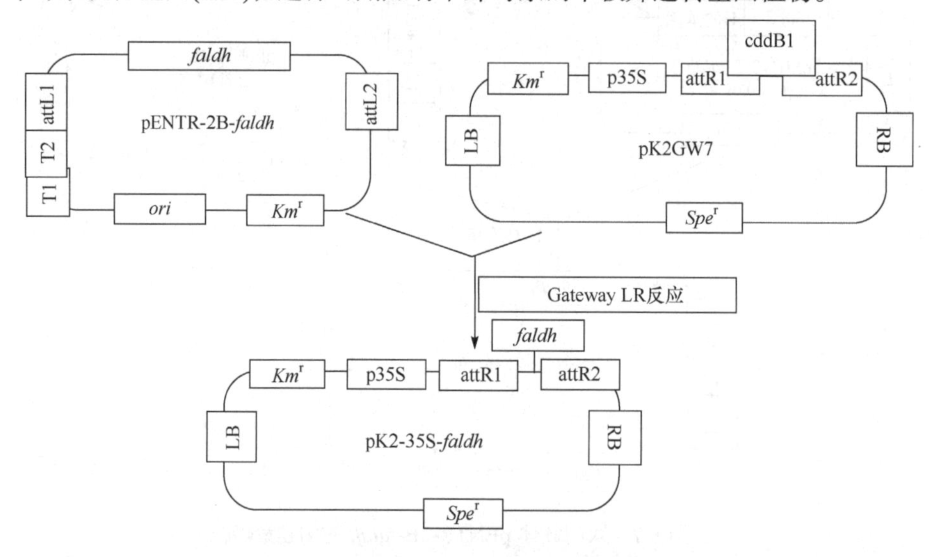

图 8-9　*faldh* 植物表达载体的构建策略

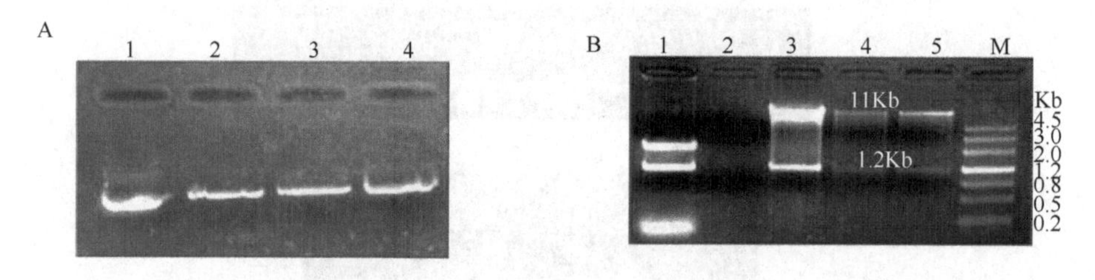

图 8-10　*faldh* 植物表达载体 pK2-35S-*faldh* 的检测及其农杆菌转化子菌落的检测

A. 电泳检测重组质粒 pK2-35S-*faldh*。1，pK2GW7；2～4，pK2-35S-*faldh* 质粒样品。B. 酶切检测重组质粒 pK2-35S-*faldh*。1，原始质粒；2～5，pK2-35S-*faldh* 酶切质粒样品；M，DNA Marker Ⅲ

三、大豆 *14-3-3a* 基因(*SGF14a*)植物表达载体的构建

(一) 引言

植物 14-3-3 蛋白是一类调控蛋白，能够与磷酸化靶蛋白相互作用，调节植物代谢、生长、发育、信号转导及逆境胁迫应答等生命活动。许多研究者通过基因工程的手段增强或抑制植物 14-3-3 蛋白的表达来研究其功能。铝毒是酸性土壤中限制作物生长的主要因素之一，质膜 H^+-ATPase 是 14-3-3 蛋白在质膜上的主要结合靶点，14-3-3 蛋白能够通过与质膜 H^+-ATPase 的 C 端结合而维持其磷酸化的稳定性并增加其活性。我们通过 Gateway 技术构建大豆 *14-3-3a* 基因(*SGF14a*)的植物表达载体 pK-35S-*SGF14a*，为研究大豆 *14-3-3a* 基因在植物耐铝机制中的作用提供了有效的基因工程操作手段。

(二) 载体构建策略

pK-35S-*SGF14a* 载体构建策略如图 8-11 所示，以大豆 cDNA 为模板，用 *SGF14a* 基因的特异性引物，通过 RT-PCR 的方法扩增获得 *SGF14a* 基因的全长。然后通过 T/A 克隆获得 pMD18T-*SGF14a* 载体，对获得的阳性克隆进行测序检测外源基因 *SGF14a* 是否发生突变，再经过 *Hin*dⅢ和 *Xho* Ⅰ双酶切 pMD18T-*SGF14a* 和 pENTR 载体，将 *SGF14a* 基因片段亚克隆到 pENTR 载体上，产生入门克隆载体 pENTR-*SGF14a*。最后在 LR Mix Enzyme 的作用下，入门克隆载体 pENTR-*SGF14a* 和植物载体 pK2GW7.0 进行 LR 反应，产生植物表达载体 pK-35S-*SGF14a*。

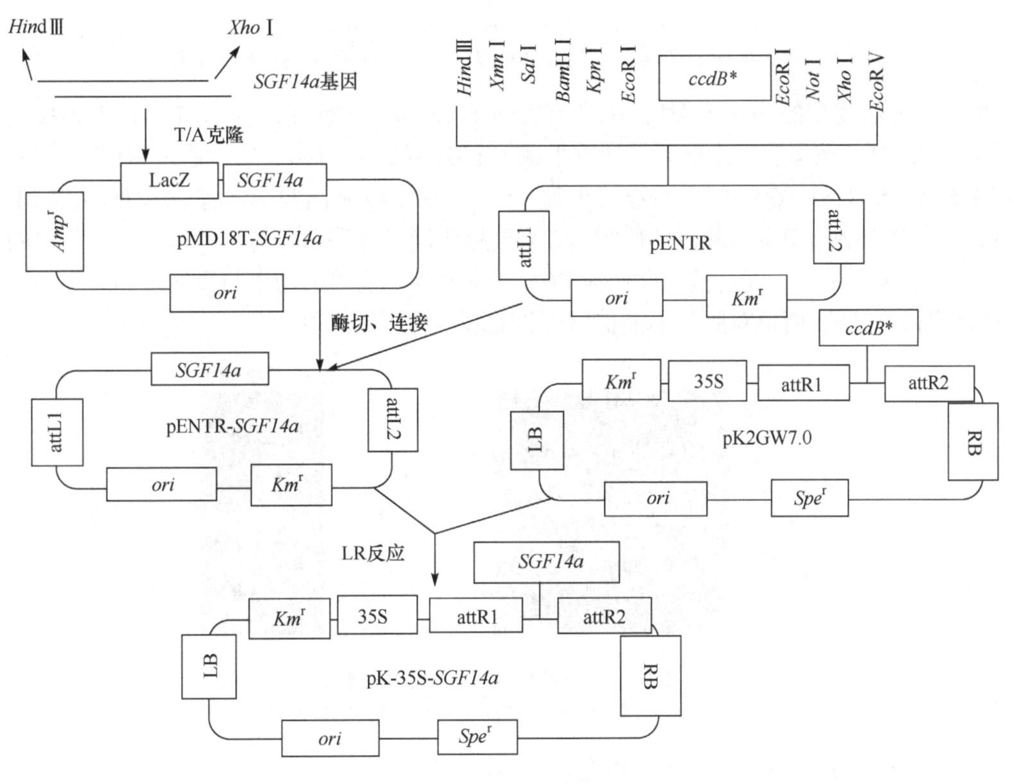

图 8-11　pK-35S-*SGF14a* 载体构建策略

(三) 实验操作流程

1. *SGF14a* 基因的 PCR 扩增与 TA 克隆

提取 RB 根中总 RNA，反转录为 cDNA 后，以反转录的 cDNA 为模板，用带有合适酶切位点的 *SGF14a* 基因引物扩增获得 *SGF14a* 的基因片段。引物序列上游为：5′-**AAGCTT**ATGTCGGATTCTTCTCGGGAGGAG-3′(含 *Hin*dⅢ酶切位点)，下游为：5′-**CTCGAG**CTATTCACCTGGTTGTTGCTTAGAT-3′(含 *Xho*Ⅰ酶切位点)。实验结果如图 8-12A 显示，从图中可以看出 PCR 产物大小大约在 0.8kb(图 8-12A)，与目的基因 *SGF14a* 的大小(774bp)类似。然后将 PCR 产物切胶，用 DNA 胶回收试剂盒回收 PCR 产物(图 8-12B)，以便后续的 T/A 克隆。

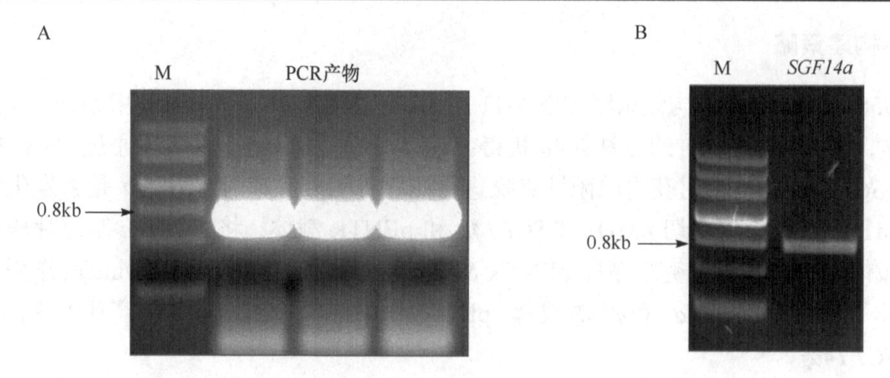

图 8-12　*SGF14a* 基因的扩增与分离

A. *SGF14a* 基因的 PCR 扩增产物；B.*SGF14a* 基因 PCR 胶回收；M：Marker Ⅲ

将经胶回收得到的 PCR 产物(两端带有 *Hind*Ⅲ和 *Xho* Ⅰ酶切位点)，在 T4-DNA 连接酶的作用下与 pMD-18T 载体进行连接，得到重组载体 pMD18T-*SGF14a*。然后通过酶切和 PCR 来检测重组载体 pMD18T-*SGF14a* 是否连接正确。由于 *SGF14a* 基因两端含有 *Hind*Ⅲ和 *Xho* Ⅰ酶切位点，用这两个酶酶切重组载体的质粒，如果连接正确能够酶切出与目的基因大小类似的片段 0.8kb(图 8-13A)。同时，经过菌液和质粒 PCR 检测发现都能够扩增出与目的基因大小类似的片段 0.8kb(图 8-13B)，而负对照并不能扩增出目的基因大小的片段。

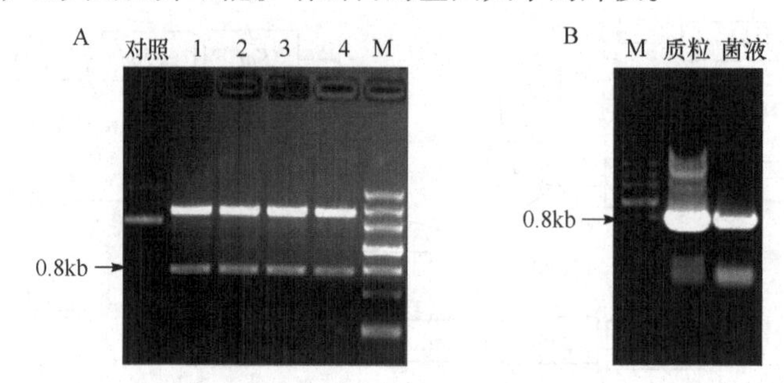

图 8-13　pMD-18T 载体的检测

A. pMD18T-*SGF14a* 酶切检测，1～4 表示不同质粒的编号，对照是没有经过酶切；B. pMD18T-*SGF14a* 质粒和菌液 PCR 检测

2. 入门载体 pENTR-SGF14a 的构建

用 *Hind*Ⅲ和 *Xho* Ⅰ双酶切 pMD18T-*SGF14a* 载体和原始入门克隆载体 pENTR-2B，经过胶回收试剂盒分别回收酶切后的 *SGF14a* 和 pENTR 载体片段(图 8-14A)。然后在 T4-DNA 连接酶的作用下将这两个回收的片段连接，得到入门克隆载体 pENTR-*SGF14a*，用 *Hind*Ⅲ和 *Xho* Ⅰ双酶切、PCR 检测该入门克隆载体 pENTR-*SGF14a* 连接是否正确。双酶切结果显示入门克隆载体酶切后能够切出与目的基因大小类似的片段 0.8kb(图 8-14B)，并且质粒和菌液 PCR 检测都能够扩增出目的基因大小的片段(图 8-14C)，这与预期结果一致。

3. 植物表达载体 pK-35S-*SGF14a* 的构建

在 LR mix enzyme 的作用下，将入门克隆载体 pENTR-*SGF14a* 与植物表达载体 pK2WG7.0 进行 LR 重组反应，然后对重组反应后产生的植物表达载体进行酶切和 PCR 检测。LR 反应步骤如下：在 Gateway 的 LR 反应体系中加入 pENTR-*SGF14a* 和 Gateway 的目的载体 pK2GW7.0

各 150ng、1μL LR Clonase Ⅱ Enzyme Mix (Invitrogen)，混均匀于 25℃反应过夜，通过整合酶

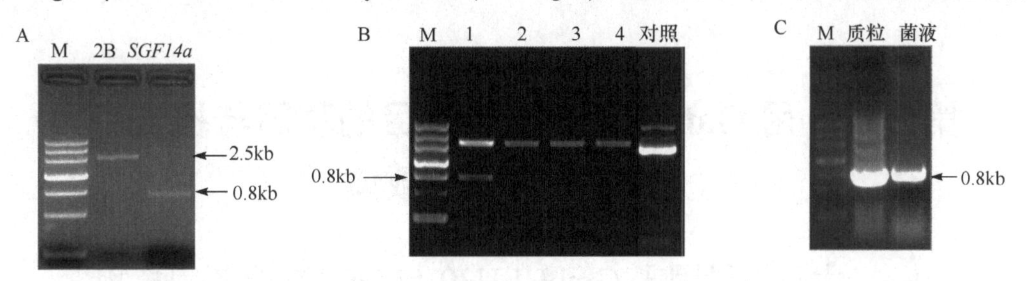

图 8-14　pENTR-*SGF14a* 的检测

A. 2B(pENTR)和 pMD18T-*SGF14a* 的 *Hin*dⅢ和 *Xho* Ⅰ双酶切后胶回收产物；B. 入门克隆载体 pENTR-*SGF14a* 双酶切检测，1～4 表示不同质粒的编号，对照是没有经过酶切；C. 入门克隆载体 pENTR-*SGF14a* 菌液和质粒 PCR 检测

的作用把 *SGF14a* 基因整合到 pK2GW7 中，获得 *SGF14a* 的植物表达载体 pK-35S-*SGF14a*。由于在 pK2WG7.0 载体上含有 *Hin*dⅢ酶切位点，如果外源目的基因 *SGF14a*(两端带有 *Hin*dⅢ和 *Xho* Ⅰ酶切位点)正确重组进入 pK2WG7.0 中，则经过 *Hin*dⅢ和 *Xho* Ⅰ双酶切后能够得到 0.8kb 和 0.4kb(片段太短酶切后不易观察到)片段，*Hin*dⅢ单酶切后能够得到 1.2kb 的片段，酶切后的结果与预期都一致(图 8-15A)。菌液和质粒 PCR 后也扩增到与目的基因大小一致的 0.8kb 片段(图 8-15B)。这些结果证实表达载体构建成功。

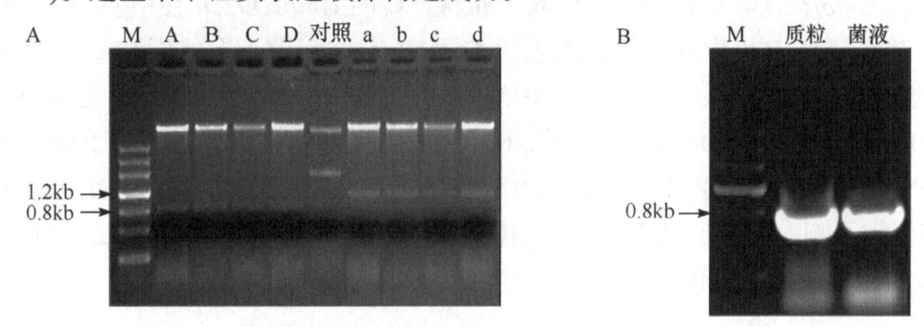

图 8-15　植物表达载体 pK-35S-*SGF14a* 的检测

A. 植物表达载体 pK-35S-*SGF14a* 的 *Hin*dⅢ和 *Xho* Ⅰ双酶切以及 *Hin*dⅢ单酶切检测，A～D 是不同编号质粒经过 *Hin*dⅢ和 *Xho* Ⅰ双酶切，a～d 表示不同编号质粒经 *Hin*dⅢ单酶切；B. 植物表达载体 pK-35S-*SGF14a* 的质量和菌液 PCR 检测；M：Marker Ⅲ

第九章 用 Gateway 技术构建目的基因与报告基因融合植物表达载体

一、大豆转录因子 GmbHLH30 与 GFP 融合基因植物表达载体的构建

(一) 引言

转录因子是植物中最重要的一类调节基因，在植物体内构成复杂的调控网络，在时空上协同调控植物基因的表达。含 bHLH 结构域的转录因子是真核生物中一类含有众多成员的重要转录因子，迄今从植物中鉴定的 bHLH 序列已有 500 多条，大豆(*Glycine max*)基因组中有 180 条。

我们在铝胁迫黑大豆的正向 SSH cDNA 文库中分离鉴定的 *GmbHLH30* 表达受铝胁迫的诱导，过量表达 *GmbHLH30* 增强烟草对铝毒的抗性，说明 *GmbHLH30* 在植物的抗铝机制中发挥重要作用。对 *GmbHLH30* 序列分析结果表明 *GmbHLH30* 编码的蛋白质氨基酸序列中有一个由 19 个氨基酸构成的碱性区域(KALAASKSHSEAERRRRER)，含有 7 个碱性氨基酸，由此预测 GmbHLH30 蛋白可以结合 DNA 序列。此外，GmbHLH30 蛋白碱性区域的下游还有一个由 37 个氨基酸(INNHLAKLRSLLPSTTKTDKASLLAEVIQHVKELKRQ)构成的 HLH 区域。为了解 bHLH30 在黑大豆响应铝胁迫过程中的作用机理，我们应用报告基因与 bHLH30 的融合基因分析 bHLH30 蛋白的亚细胞定位。

(二) 表达载体构建策略

bHLH30 表达载体构建策略如图 9-1 所示：根据 *GmbHLH30* 基因编码区 cDNA 的序列，设计含有酶切位点的上游特异性引物，另外再设计一种不含终止密码子的下游引物，以铝胁迫处理的黑大豆根 cDNA 为模板，扩增不含终止密码子的 *GmbHLH25* 编码区，进行 TA 克隆获得 pMD18T-*GmbHLH30**，再通过酶切和连接，将 *GmbHLH30* 编码区基因的序列亚克隆到 Gateway 的入门载体 pENTR-2B 中，获得入门克隆 pENTR-GmbHLH30*(*GmbHLH25* 编码区不含终止子)，通过 PCR 检测、酶切检测，连接正确的用于测序分析，测序分析正确的入门克隆载体用于构建植物表达载体。通路克隆的目的载体 pKGWFS7 含有两个报告基因 EGFP 和 GUS，报告基因上游有 35S 启动子，通过 LR 反应，将 pENTR-GmbHLH30*中的 *GmbHLH30**整合到该载体中构建 *GmbHLH30**与 EGFP 及 GUS 的融合表达载体 pK-35S-GmbHLH30*-EGFP/GUS，在该载体中 GmbHLH30*-EGFP/GUS 融合基因在转基因植物中的过量表达由 35S 启动子控制，转基因植物筛选标记基因是卡那霉素抗性基因。

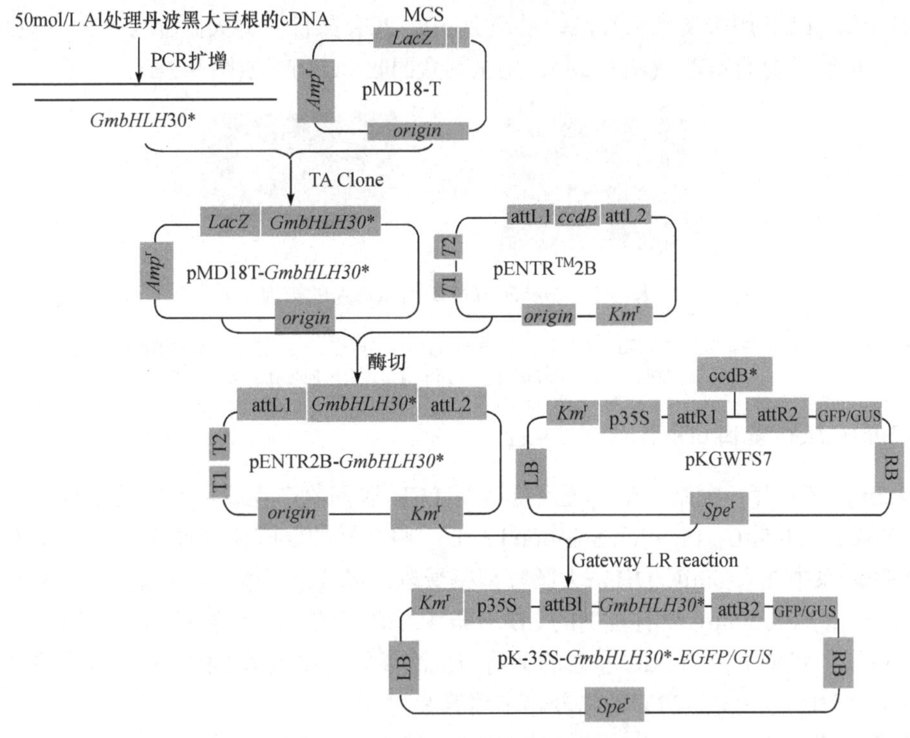

图 9-1　*bHLH30* 表达载体构建策略

(三) 实验操作流程

1. 植物总 RNA 的提取

用液氮将铝胁迫处理 0 和 8 h 的 RB 根磨成粉末，加入 1mL TRIzol 试剂，待溶化后再进行研磨充分提取；将提取液转移到 2mL 的离心管中，加入 500μL 的氯仿，冰上静置 15min；4℃ 12 000r/min 离心 15min，取上清，再加入 500μL 的氯仿，上下翻转混匀，12 000r/min、4℃离心 15min；取上层溶液，加入 500μL 异丙醇，–20℃静置 30min，4℃ 12 000r/min 离心 30min。弃上清，用 75%乙醇(用 DEPC 水配制)洗沉淀两次；真空干燥，加入 20μL 的 DEPC 溶液将沉淀溶解；取出 2μL 进行琼脂糖凝胶电泳检测。

2. 将 RNA 反转录合成 cDNA

配制第一个体系[2μL RNA 样品、1μL oligo(dT18)、10μL DEPC 水]，将第一个体系在 70℃下孵育 5min，立即放在冰上。加入第二个体系(5μL M-MLV buffer、1μL M-MLV 逆转录酶、1μL RNA 酶抑制剂、3.5μL DEPC 水、1.5μL dNTP)，37℃孵育 1h；然后在 72℃下孵育 10min。

3. *GmbHLH30* 基因 cDNA 的扩增

根据其编码区序列设计引物，并在 5′端引物加 *Bam*H Ⅰ 酶切位点，3′端引物加 *Xho* Ⅰ 酶切位点，序列如下：

GmbHLH30 5′: 5′-GGATCCATGATACAGGAAGATCAAGG-3′ (*Bam*H Ⅰ)

GmbHLH30 3′: 5′-CTCGAGAAGACCTCGATCCGTTCC-3′　(*Xho* Ⅰ)

PCR 反应体系为：模板 1μL，引物各加 1μL，dNTP 0.4μL，*Taq* DNA 聚合酶 0.5μL，*Taq* plus

Reaction buffer 2μL，用去离子水补足体系至 20μL。PCR 条件：退火温度为 57℃，延伸时间为 1.5min。PCR 扩增到的 cDNA(图 9-2A)，用试剂盒回收 PCR 产物(图 9-2B)。

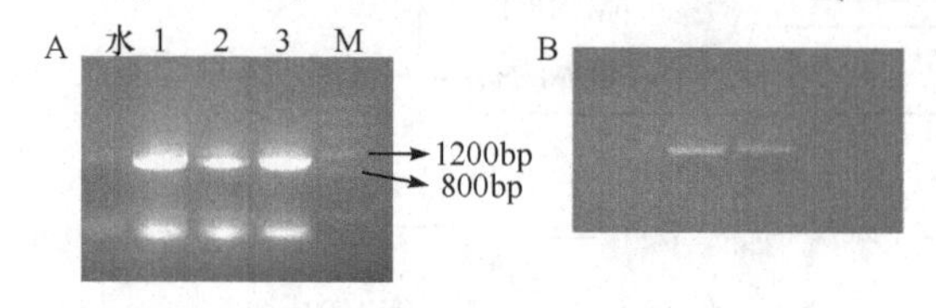

图 9-2 *GmbHLH30* 基因 cDNA 的扩增

A. 从 RB 根的 cDNA 中克隆 *GmbHLH30* 基因的 cDNA。用水作模板，为负对照；1～3，用 cDNA 作模板进行 PCR；M，DNA Maker Ⅲ。B. 胶回收 *GmbHLH30* 片段。两个泳道均表示回收到的目的片段

4. *GmbHLH30**基因 cDNA 的 TA 克隆

取 1.5mL 离心管，配制 TA 克隆反应体系[PCR 胶回收产物即目的片段 2.5μL，18T-载体(pMD18-T Vector) 0.5μL，Ligation Solution I 3μL]，将配好的反应体系置于 16℃，连接 8～12h。往连接好的体系中加入 50μL DH5α大肠杆菌感受态，将其置于冰上 20min，42℃热激 1min，取出冰浴 2min，加入 500μL 没有抗性的 LB 培养基，37℃振荡 1h，室温下 10 000r/min 离心 1min；取上清 450μL，将剩下的 100μL 左右的上清与沉淀混匀，在超净工作台中涂至含有 100μg/mL 氨苄(Amp)的平板上，放在 37℃的培养箱中培养 8h 左右。

挑取单菌落，接种于含有 Amp 抗性的液体 LB 培养基中，37℃振荡 8h 左右。室温 12 000r/min 离心 1min 收集菌体至 2mL 离心管中，加入 100μL solution Ⅰ(1mol/L Tris-HCl pH 8.0，0.5mol/L EDTA，20% Glucose，用 H_2O 定容)，振荡，使菌体悬浮；将离心管放在冰上，加入 200μL solution Ⅱ(10% SDS，2mol/L NaOH，用水定容)，轻柔颠倒数次，冰上静置 2min；加入 150μL solution Ⅲ(3mol/L CH_3COOK，5mol/L CH_3COOH，pH4.8)，轻盈混匀，冰上静置 2～5min；加入等体积的氯仿，混匀，冰上静置 5min；4℃、12 000r/min 离心 20min，取上清，加入等体积的异丙醇于–20℃静置 30min；4℃，12 000r/min 离心 30min，弃上清，用 75%乙醇洗沉淀两次，真空干燥，加入 20μL TE RNase 溶解沉淀，于 37℃下孵育 30min，取 2μL 进行琼脂糖凝胶电泳检测。采用克隆 *GmbHLH30* 基因引物进行 PCR 检测(图 9-3C)，以质粒作为模板进行 PCR 反应，反应的体系为：模板 1μL，引物各 1μL，Mix Buffer 10μL。质粒酶切检测体系为：质粒 3μL，*Bam*H Ⅰ 0.5μL，*Xho* Ⅰ 0.5μL，Buffer 1μL，加水补至 10μL。将配好的酶切体系放入 37℃条件下反应 8h，然后进行电泳(图 9-3D)。

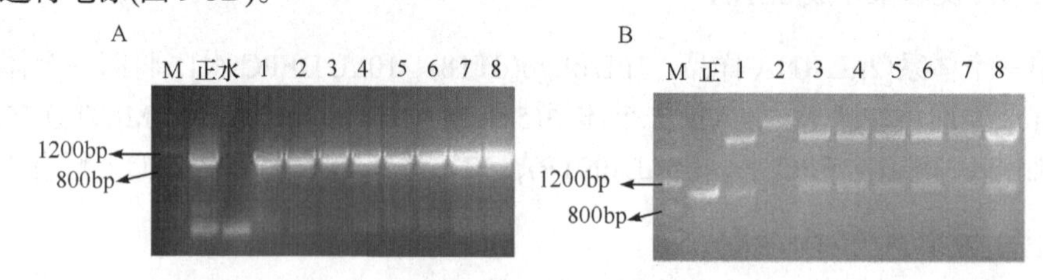

图 9-3 pMD-18T-*GmbHLH30**载体的检测

A. pMD-18T-*GmbHLH30**载体 PCR 检测；M，Marker；正，用胶回收的 *GmbHLH30**序列作模板，正对照；水，模板为水，作为负对照；1～8，pMD-18T-*GmbHLH30**载体的 PCR。B. pMD-18T-*GmbHLH30**载体酶切检测；M，Marker；正，用图 9-2B 中回收到的目的片段作为正对照；1～8，pMD-18T-*GmbHLH30**载体酶切

5. *GmbHLH30**基因 cDNA 入门载体的构建

将 PCR、酶切检测正确的 pMD18T-GmbHLH30*质粒送公司测序，测序正确的质粒及空 pENTR2B 载体用 *Bam*H Ⅰ 和 *Xho* Ⅰ 进行酶切，并用胶回收试剂盒回收目的片段和 pENTR2B。配制连接体系(目的片段 2μL，pENTR2B 1μL，Ligation Solution 3μL)，于 16℃连接 8～12h。热激转化商业化 DH5α感受态细胞，并将其涂在含有 Kan 的 LB 平板上，挑取单菌落，提取质粒，进行 PCR(图 9-4A)、酶切检测(图 9-4B)，并测序。

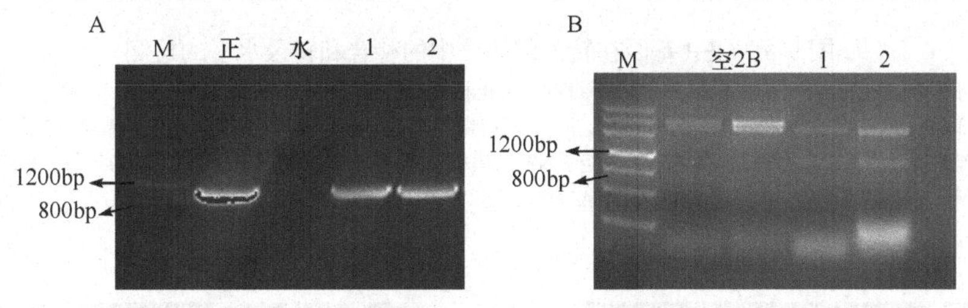

图 9-4　pENTR2B-*GmbHLH30**载体 PCR 检测

A. pENTR2B-*GmbHLH30**载体 PCR 检测；M，Marker；正，以测序正确的 pMD-18T-*GmbHLH30**载体为模板，作为正对照；水，模板为水，为负对照；1～2，以 pENTR2B-*GmbHLH30**载体为模板的 PCR。B. pENTR2B-*GmbHLH30**载体酶切检测；M，Marker；空 2B，未进行酶切的空 pENTR2B 载体，作为对照；1～2，pENTR2B-*GmbHLH30**载体的酶切

6. *GmbHLH30**基因 cDNA 表达载体的构建

测序正确的质粒 pENTR2B-GmbHLH30*通过 Gateway 技术与植物表达载体(pKGWFS7)进行 LR 重组反应，然后转化商业化的 DH5α感受态细胞，将反应产物涂在 Spe 的 LB 平板上，挑单菌落进行菌液 PCR 检测，通过 PCR 分别扩增出载体上的 *GUS* 基因(图 9-5A)及 *GmbHLH30**基因(图 9-5B)。

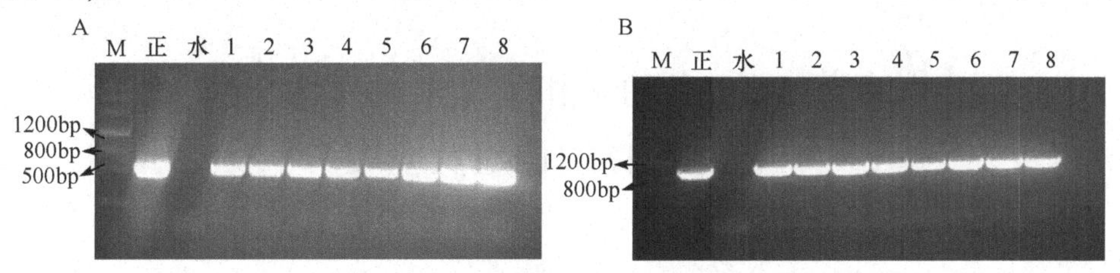

图 9-5　pK-35S-*GmbHLH30*-EGFP/GUS* 载体的检测

A. 载体中 *GUS* 基因的 PCR 检测；M，Marker；正，以空 pKGWFS7 载体为模板的 PCR，作为正对照；水，模板为水，作为负对照；1～8，以 pK-35S-*GmbHLH30*-EGFP/GUS* 载体为模板的 PCR。B. pK-35S-*GmbHLH30*-EGFP/GUS* 载体中 *GmbHLH30**基因的 PCR 检测；M，Marker；正，以测序正确的 pENTR2B-*GmbHLH30**载体为模板的 PCR，作为正对照；水，模板为水，作为负对照；1～8，以 pK-35S-*GmbHLH30*-EGFP/GUS* 载体为模板的 PCR

检测正确的质粒通过电击转化法转入农杆菌中，然后通过叶盘转化法转化野生型(wt)烟草获得转基因植株，基因组 PCR 检测结果表明 pK-35S-*GmbHLH30*-EGFP/GUS* 载体上的 *GFP*(图 9-6A)和 *GmbHLH30**(图 9-6B)基因都成功整合到野生型烟草的基因组中。RT-PCR 分析结果表明 *GFP*(图 9-7A)和 *GmbHLH30**(图 9-7B)基因在转基因烟草根中能正常转录。

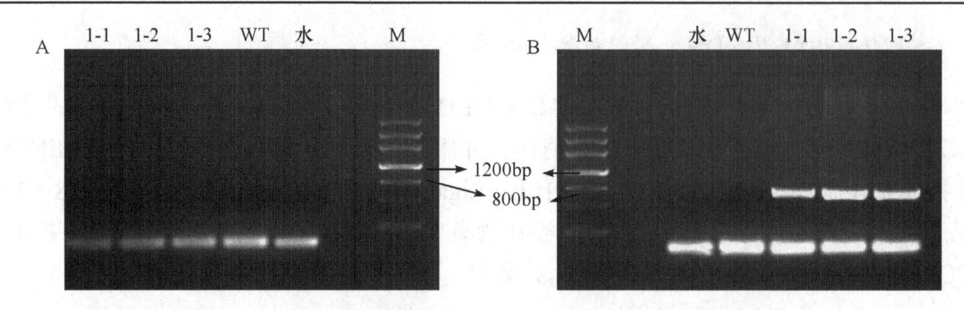

图 9-6　GFP 基因在转基因烟草中的整合和转录水平的检测

A. GFP 基因转录水平的鉴定；1-1～1-3，以转基因烟草 cDNA 为模板对 *GFP* 基因进行 PCR 检测；WT，以野生型烟草 cDNA 为模板对 GFP 基因进行 PCR 检测，作为对照；水，模板为水，作为负对照；M，Marker。B. GFP 基因插入烟草基因组的鉴定。M，Marker；水，模板为水，作为负对照；WT，以野生型烟草基因组 DNA 为模板对 GFP 基因进行 PCR 检测，作为对照；1-1～1-3，以转基因烟草基因组 DNA 为模板对 GFP 基因进行 PCR 检测

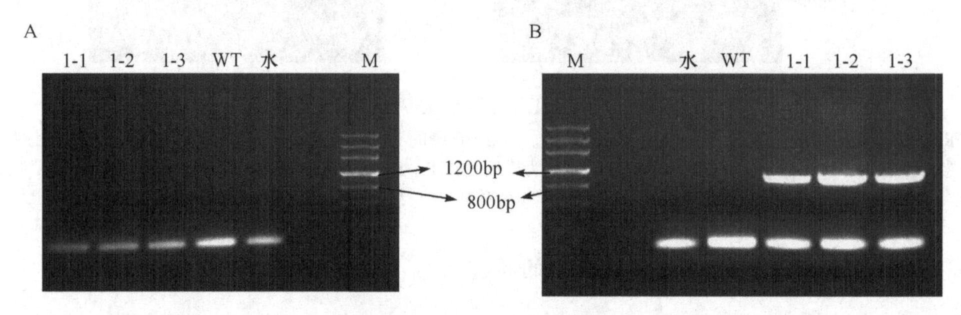

图 9-7　*GmbHLH30* 基因在转基因烟草中的整合和转录水平的检测

A. *GmbHLH30**基因在 RNA 水平的鉴定。1-1～1-3，以转基因烟草 cDNA 为模板对 *GmbHLH30**基因进行 PCR 检测；WT，以野生型烟草 cDNA 为模板对 *GmbHLH30**基因进行 PCR 检测，作为对照；水，模板为水，作为负对照；M，Marker。B. *GmbHLH30**基因在 DNA 水平的鉴定。M，Marker；水，模板为水，作为负对照；WT，以野生型烟草 DNA 为模板对 *GmbHLH30**基因进行 PCR 检测，作为对照；1-1～1-3，以转基因烟草 DNA 为模板对 *GmbHLH30**基因进行 PCR 检测

二、拟南芥 *RCA* 启动子和荧光素酶基因 *LUC* 融合表达载体的构建及应用

(一) 引言

荧光素酶(luciferase)是一类能催化荧光素或脂肪醛氧化产生生物发光的物质。萤火虫荧光素酶(firefly luciferase，FL)和细菌荧光素酶(bacterial luciferase，BL)已经商品化用于生物监测，广泛运用于医疗、食品、化妆品等领域检测细菌的有无。由于萤火虫荧光素酶(Luc)基因的成功克隆，使荧光素酶的应用进入到一个崭新的时代。由于荧光素酶表达的直接结果是产生生物发光，反应迅速并且容易检测，因此荧光素酶被广泛用于基因操作，作为报告基因和标记基因用于基因的转导、表达和调控方面的研究。通过测量转基因植物体内荧光素酶基因的表达活性可检测启动子的活性，从而确定启动子对基因表达的影响程度。这项技术具有灵敏度高、检测快、线性范围广和稳定性好等优点。我们的研究表明甲醇和乙醇都可以促进植物生长并诱导光合相关基因如 Rubisco 及活化酶 RCA 的表达，拟南芥 *RCA* 基因中 330bp 大小的启动子已包含有足够的对光照强度、器官特性信号及生物钟的响应元件。因此我们利用 *RCA* 基因启动子和 *LUC* 构建融合基因的表达载体，转化拟南芥和烟草，得到转基因植物之后，分别在培养基中添加

2mmol/L 甲醇和乙醇处理转基因植物，分析转基因植物中表达 LUC 的活性，考察 *RCA* 启动子对甲醇及乙醇刺激的应答。

植物表达载体的构建策略如图 9-8 所示：从 GenBank 中查到拟南芥 *rca* 基因的启动子序列，设计特异性引物。以 WT 拟南芥基因组为模板，通过 PCR 扩增得到目的 DNA 片段，产物回收后连接到 pMD18-T 载体上得到 pMD18-T-*Prca330/983*。用 *Bam*H Ⅰ 和 *Xho* Ⅰ 双酶切 pMD18-*Prca330/983* 和 pENTR™2B，分别回收得到目的片段 *Prca330/983* 和入门载体片段 pENTR-2B，连接后得到重组质粒 pENTR™-*Prca330/983*，最后将得到的入门克隆重组质粒和 pKGWL7.0(目的载体)通过 LR 反应得到植物表达载体 pKm-*Prca330/983-Luc*。

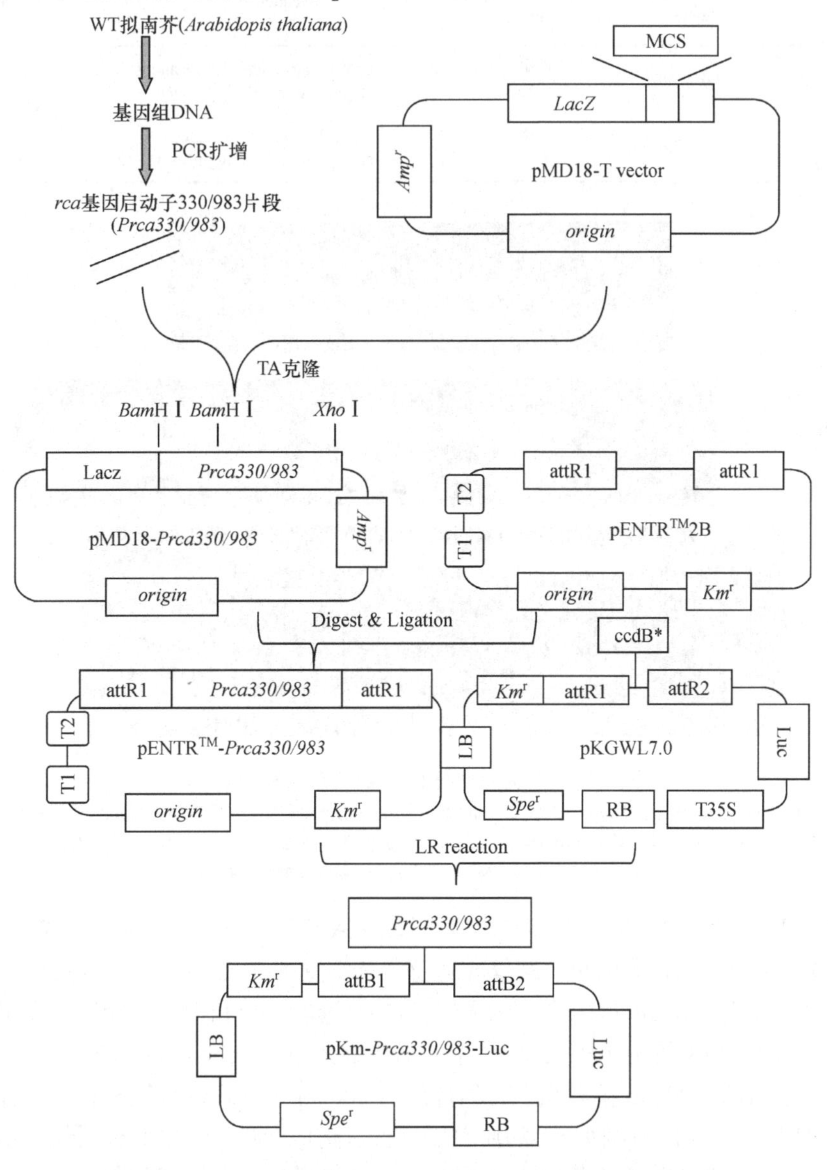

图 9-8 pKm-*Prca330/983-luc* 植物表达载体构建流程

(二) 实验操作流程

1. TA 克隆

从 NCBI 中查找拟南芥 *RCA* 启动子的序列，对所查找的 RCA 启动子片段进行酶切位点分析，然后在所设计的两对引物(表 9-1)两头加入 *Bam*H Ⅰ(GGATCC)及 *Xho* Ⅰ(CTCGAG)酶切位点，其中两种 DNA 片段的名称均以其片段长度进行命名，分别为 983 和 330。

表 9-1 *RCA* 启动子片段扩增所用引物信息

Name	Locus	Primer	Sequence (5′→3′)	Product /bp
983 (-970----+13)	At2g39730.1	F 端 R 端	ggatcctgagagaatggttgagaaaactg ctcgagttagagagatgttggtgtgagc	983
330 (-317----+13)	At2g39730.1	F 端 R 端	ggatcctgaatggcttacctcaatcctc ctcgagttagagagatgttggtgtgagc	330

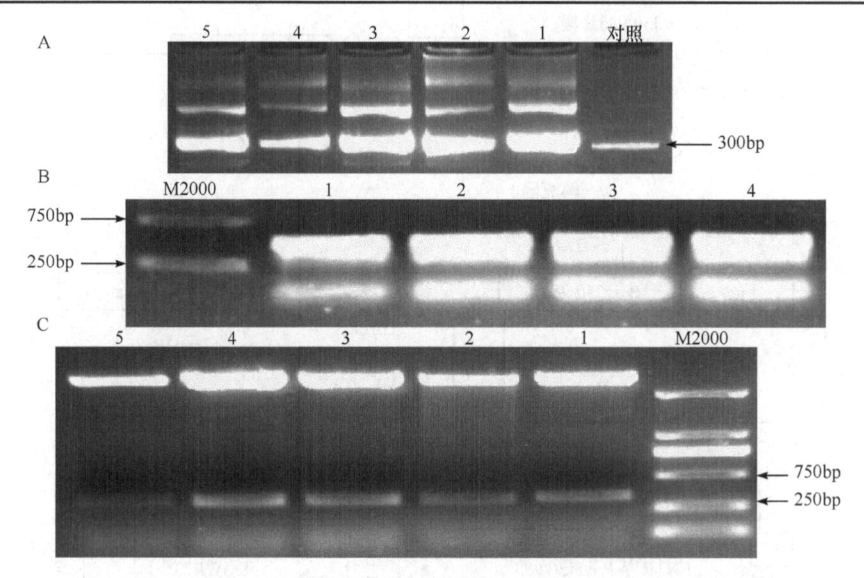

图 9-9 TA 克隆质粒 pMD18-T-*Prca*330 的检测

A. 重组质粒 pMD18-T-*Prca*330 的电泳检测。1～5，提取 pMD18-T-*Prca*330 质粒，质粒正对照大小 300bp。B.重组质粒 pMD18-T-*Prca330* 的 PCR 检测；M：MarKⅢ;1～4，以重组子 pMD18-T-*Prca330* 为模板扩增的 PCR 产物。C. 重组质粒 pMD18-T-*Prca330* 的双酶切检测。1～5，pMD18-T-*Prca330* 质粒双酶切产物

以拟南芥基因组为模板进行 PCR，分别扩增 RCA 启动子的两个片段，扩增得到的 PCR 产物，与 pMD18-T 连接后得到的重组载体转化感受态细胞 *E.coli* DH5α，提取质粒电泳检测筛选得到质粒 pMD18-T-*Prca330/983*(图 9-9A 和 9-10A)；选取大小和理论值相符的重组质粒为模板进行 PCR 检测(图 9-9B 和 9-10B)，其中一个扩增产物大小在 200bp 和 500bp 之间，约为 300bp，另外一个扩增大小在 1200bp 稍微靠上，估计约为 1000bp，和理论预期相符；选择限制性内切核酸酶 *Bam*H Ⅰ和 *Xho* Ⅰ对两种类型的质粒用进行双酶切检测，结果两种质粒酶切均产生两条条带，其中一种质粒产生了一条大小约为 300bp 的条带，另外一种质粒产生一条大小约为 1000bp 的条带，这均和预期结果一致(图 9-9C 和图 9-10C)，说明目的片段 *rca330* 及 *rca983* 均已插入 pMD18-T 载体。将检测正确的质粒送测序公司测序，根据获得 *rca* 启动子 330 和 983 片段的基因序列，NCBI 数据库 Blast 分析发现该基因序列与 WT 拟南芥 *rca* 启动子中所查找的

330 和 983 片段序列同源性高达 99%。

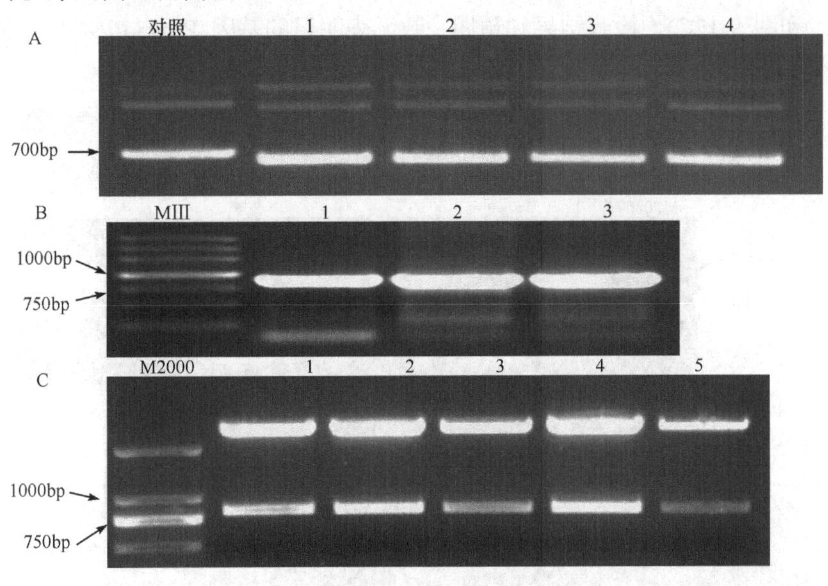

图 9-10　TA 克隆载体 pMD18-T-Prca983 的检测

A. 重组质粒 pMD18-T-*Prca983* 电泳检测。1～4，提取 pMD18-T-*Prca983* 质粒，质粒正对照大小 700bp。B. 重组质粒 pMD18-T-*Prca330* 的 PCR 检测。1～3，以重组子 pMD18-T-*Prca983* 为模板扩增的 PCR 产物。C. 重组质粒 pMD18-T-*Prca983* 的双酶切检测。1～5，提取 pMD18-T-*Prca983* 的 5 种质粒双酶切

2. 入门载体的构建

将测序正确的 TA 克隆载体 pMD18T-*Prca330* 及 pMD18T-*Prca983* 用限制酶 *Bam*H Ⅰ及 *Xho* Ⅰ进行大量酶切，分别回收 330 及 983 三个目的片段，同时用 *Bam*H Ⅰ及 *Xho* Ⅰ两个限制酶对 pENTR-2B 进行酶切，回收载体片段，将目的片段与回收的载体片段进行连接，转化感受态细胞 *E. coli* DH5α，得到重组载体 pENTR^{TM}-*Prca330/983*，提取质粒进行电泳检测(图 9-11A

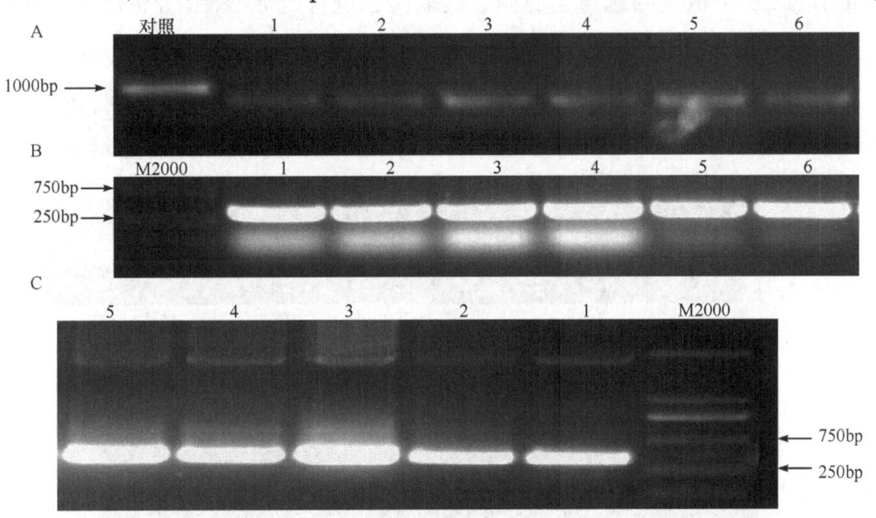

图 9-11　入门克隆 pENTR^{TM}-*Prca*330 的检测

A. 重组质粒 pENTR^{TM}-*Prca330* 电泳检测。1～6，pENTR^{TM}-*Prca330* 提取质粒。B. 重组质粒 pENTR^{TM}-*Prca330* 的 PCR 检测。1～6，以重组子 pENTR^{TM}-*Prca330* 为模板扩增的 PCR 产物。C. 重组质粒 pENTR^{TM}-*Prca330* 的双酶切检测。1～5，提取的质粒 pENTR^{TM}-*Prca330* 的双酶切检测

和图 9-12A)；根据电泳检测结果，选取部分质粒进行 PCR 检测(图 9-11B 和图 9-12B)和酶切检测(图 9-11C 和图 9-12C)。检测结果和预期一致，表明目的基因 P*rca330/983* 已成功亚克隆岛 pENTR 载体上。

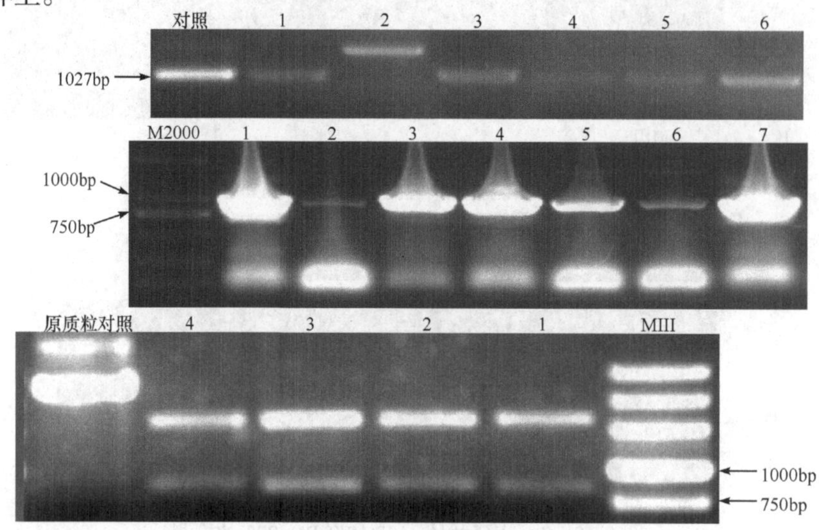

图 9-12 入门克隆 pENTR^{TM}-*Prca983* 的检测

A. 重组质粒 pENTR^{TM}-*Prca983* 电泳检测。1～6，pENTR^{TM}-*Prca983* 提取质粒。B. 重组质粒 pENTR^{TM}-*Prca983* 的 PCR 检测。1～7，以重组子 pENTR^{TM}-*Prca983* 为模板扩增的 PCR 产物。C. 重组质粒 pENTR^{TM}-*Prca983* 的双酶切检测。1～4，提取的质粒 pENTR^{TM}-*Prca983* 的双酶切检测

3. Gateway LR 反应

用质粒试剂盒纯化入门载体 pENTR^{TM}-*Prca330/983* 和目的载体 pKGWL7.0。按照说明书取 LR Clonase^{TM} plus Enzyme Mix 1μL 及 100ng 的入门载体质粒和目的载体 pKGWL7.0 混合，用 ddH_2O 补充体系至 6μL，将反应混合液在 25℃混匀过夜，转化感受态 *E.coli* DH5α，在含有 Spe(50μg/mL)的 LB 平板上筛选重组克隆，提取质粒进行电泳检测(图 9-13A 和图 9-14A)；根

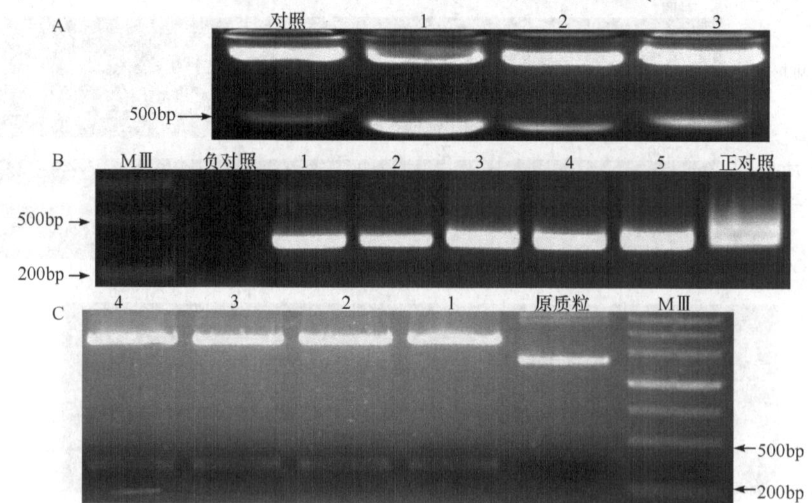

图 9-13 植物表达载体 pKm-*Prca330-luc* 的构建

A. 重组质粒 pKm-*Prca330-luc* 电泳检测。1～3，pKm-*Prca330-luc* 提取质粒。B. 重组质粒 pKm-*Prca330-luc* 的 PCR 检测。1～5，pKm-*Prca330-luc* 质粒为模板 PCR，负对照为以水为模板，正对照为检测正确的重组质粒 pENTR^{TM}-*Prca330*。C. 重组质粒 pKm-*Prca330-luc* 的双酶切检测。1～4，提取的质粒 pKm-*Prca330-luc* 的双酶切检测

据电泳检测结果，选取部分质粒进行 PCR 检测(图 9-13B 和图 9-14B)和酶切检测(图 9-13C 和图 9-14C)。检测结果和预期一致，表明植物表达载体 pKm-*Prca330-Luc* 和 pKm-*Prca983-Luc* 已构建成功。

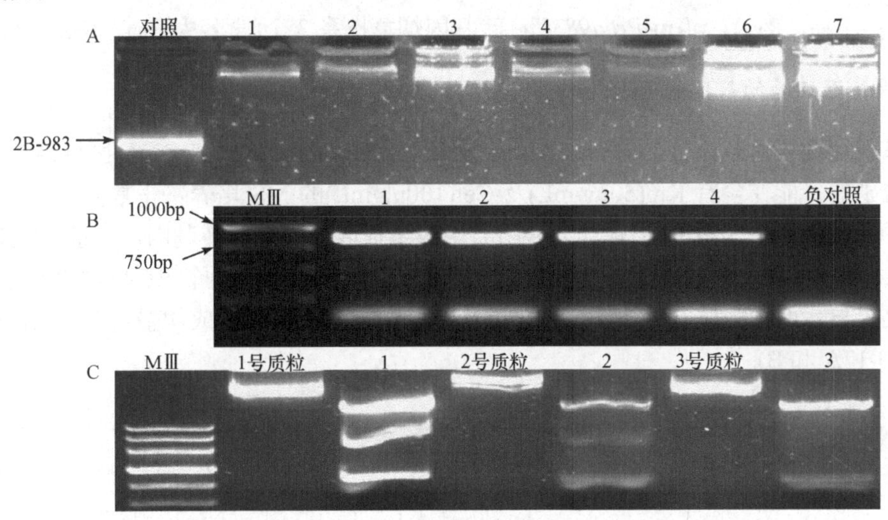

图 9-14　植物表达载体 pKm-P*rca983-luc* 的检测

A. 重组质粒 pKm-*Prca983-luc* 电泳检测。1～7，pKm-*Prca983-luc* 提取质粒。B. 重组质粒 pKm-*Prca983-luc* 的 PCR 检测。1～4，pKm-*Prca983-luc* 质粒为模板 PCR。C. 重组质粒 pKm-*Prca983-luc* 的双酶切检测。1～3，提取的质粒 pKm-*Prca983-luc* 的双酶切检测，1 号和 3 号质粒为粗提的 pKm-*Prca983-luc* 质粒

4. 烟草的转化

制备农杆菌的感受态细胞，用电脉冲法将植物表达载体 pKm-*Prca330-Luc* 和 pKm-*Prca983-Luc* 转入农杆菌 EHA105 中，在加有大观霉素的平板上筛选转化子，用菌落 PCR 检测植物表达载体是否转入农杆菌细胞中，菌落 PCR 扩增片段理论长度分别为 300bp 和 1.0kb。PCR 产物经电泳分析显示其片段大小与理论预测值相符(图 9-15A 和图 9-15B)，表明质粒已转入农

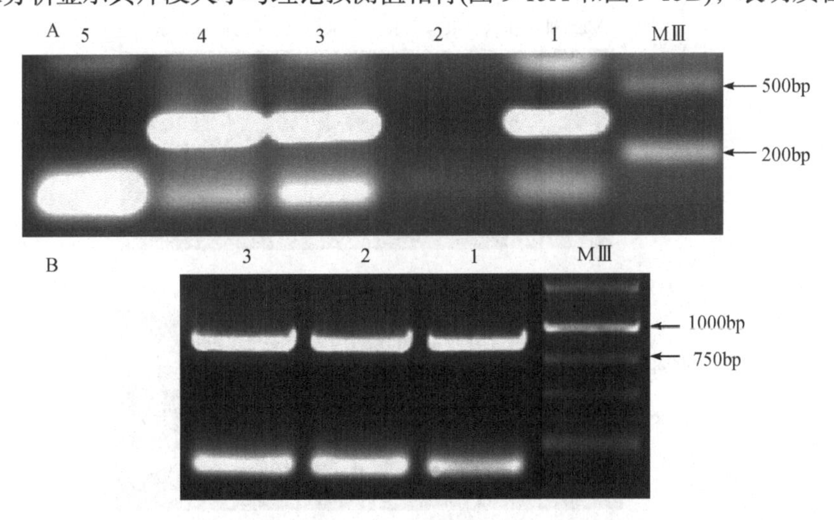

图 9-15　菌落 PCR 检测

A. pKm-*Prca330-luc* 农杆菌菌落 PCR。1～5，菌落 PCR 样品。B. pKm-*Prca983-luc* 农杆菌菌落 PCR。1～3，菌落 PCR 样品

杆菌。挑取鉴定正确的农杆菌菌株，转化烟草叶盘，将转化后的烟草叶盘转移于含有浓度为50μg/mL 卡那霉素的 MS 培养基中，并在光照强度为 100μmol/($m^2 \cdot s$)、温度为 25℃恒光照条件下进行培养，筛选转基因烟草幼苗，最终获得 pKm-*Prca330-luc* 转基因烟草株系 4 个(命名为 $R_{3\text{-}1}$、$R_{3\text{-}2}$、$R_{3\text{-}3}$、$R_{3\text{-}4}$)，pKm-*Prca983-luc* 转基因烟草株系 3 个(命名为 $R_{9\text{-}1}$、$R_{9\text{-}2}$、$R_{9\text{-}2}$)。

5. 转基因烟草的基因组 PCR 检测

转基因植物表达载体 pKm-*Prca330-luc* 及 pKm-*Prca983-luc* 的 T-DNA 区域结构如图 9-16 所示。分别选择能在含有 Km(50μg/mL)及 Cef(100μg/mL)的 MS 培养基正常生长的两种转基因烟草中的几株进行基因组 PCR 检测，采用 CTAB 法提取野生型和转基因烟草基因组 DNA。分别用 *RCA* 启动子两个片段的上下游引物进行 PCR 扩增，检测这两个 RCA 启动子片段的插入情况。结果显示两种载体上的 *rca* 启动子 DNA 片段 330 及 983 都成功整合进转基因烟草基因组中(图 9-17A 和 B)。

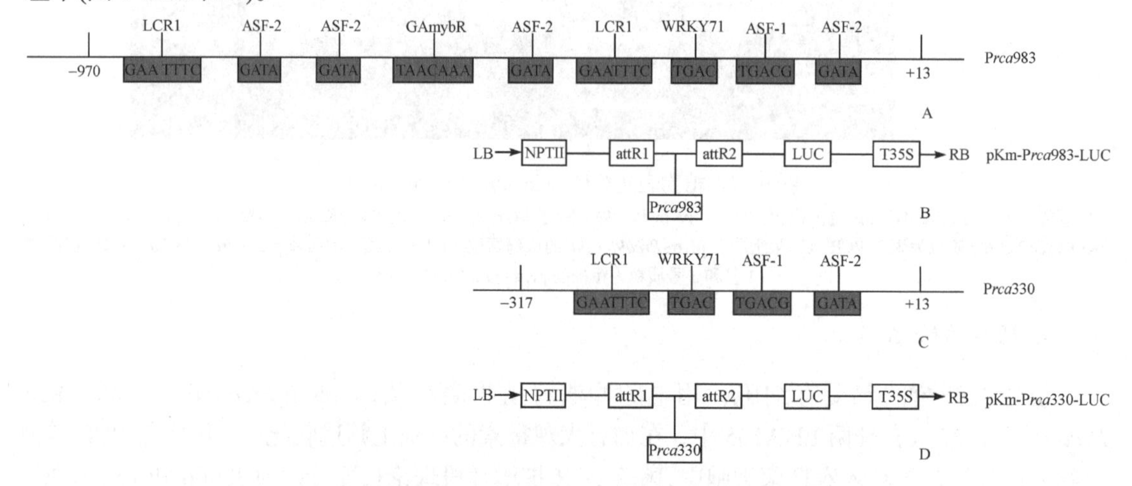

图 9-16　植物表达载体 pKm-*Prca330/983-luc* 的 T-DNA 区域

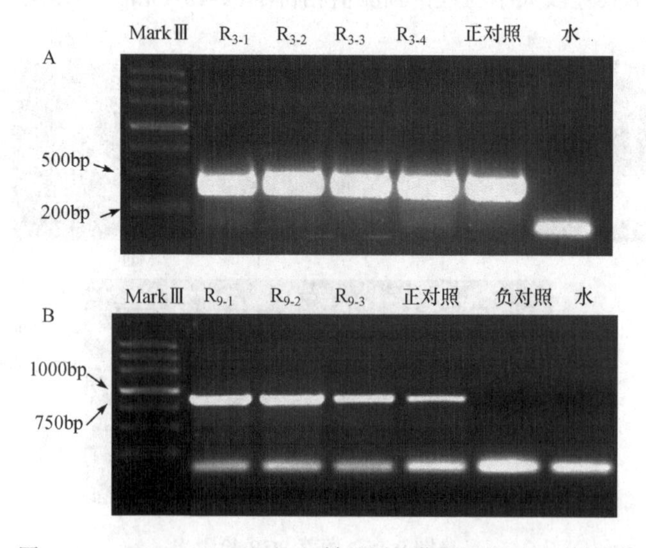

图 9-17　pKm-*Prca330/983-luc* 转基因烟草基因组 PCR 的检测

$R_{3\text{-}1}$～$R_{3\text{-}4}$ 分别为 pKm-*Prca330-luc* 的四株转基因烟草；$R_{9\text{-}1}$～$R_{9\text{-}3}$ 分别为 pKm-*Prca983-luc* 的三株转基因烟草；A 和 B 中的正对照分别为测序正确的重组质粒 pKm-*Prca330-luc* 及 pKm-*Prca983-luc*；B 中的负对照为空载质粒 pKGWL7.0

6. RT-PCR 分析转基因烟草 *luc* 基因的转录水平

在拟南芥数据库中查找 RCA 启动子序列在 PLACE 数据库上进行分析，结果发现拟南芥 RCA 启动子上与光合和激素相关的转录因子结合的顺式作用元件均分布于 330 片段，与 983 片段相比少了一个 AAGAA-motif，但这个元件并没有结合任何因子。为了分析这个元件的缺失对于启动子的活性是否有影响，将转基因烟草移至含有 2mmol/L 甲醇和乙醇的 MS 培养基上培养，分别在 0、12h，72h 取样，采用 Invitrogen 公司的 TRIzoL Reagent 提取植物总 RNA，反转录 cDNA，通过 RT-PCR 进行 *luc* 的表达谱分析，使用引物如表 9-2 所示。

表 9-2 转基因烟草 *luc* 基因表达谱分析所用引物的序列及退火温度

Gene name	Primer	Sequence(5′→3′)	T_m/℃	Product/bp
luc	Forward	CATCTCATCTACCTCCCG	54.15	283
	Reverse	ACGACTCGAAATCCACAT	54.57	
rca	Forward	AGCAGCAGAAATCATCAGA	55.22	309
	Reverse	CTTCTCCATACGACCATCA	54.61	
18S rRNA (内参)	Forward	GGGCATTCGTATTTCATAGTCAG	57.89	252
	Reverse	AAGGGATACCTCCGCATAGC	60.14	

结果如图 9-18A 及 C 所示，甲醇和乙醇处理 12h 均诱导转基因烟草 pKm-*Prca330-luc* 中报告基因 *luc* 的表达；72h 报告基因 *luc* 被甲醇进一步诱导，却被乙醇抑制，但比起对照 12h 时，仍上调表达(图 9-18B)。与此相似，甲醇及乙醇处理 pKm-*Prca983-luc* 转基因烟草中报告基因 *luc* 的表达情况和 330 片段的基本相同，12h 时均被甲醇和乙醇诱导上调表达，不同的是甲醇在 12h 时诱导其上调表达，到 72h 时诱导作用进一步增强；而乙醇虽在 12h 时诱导报告基因 *luc* 的表达，但却在 72h 下调报告基因 *luc* 的表达(图 9-18D)。总的来说，与对照相比，两种转基因烟草中报告基因 *luc* 的表达都是上调。这说明 *rca* 启动子对甲醇和乙醇的刺激都有响应，但其响应方式有差异。

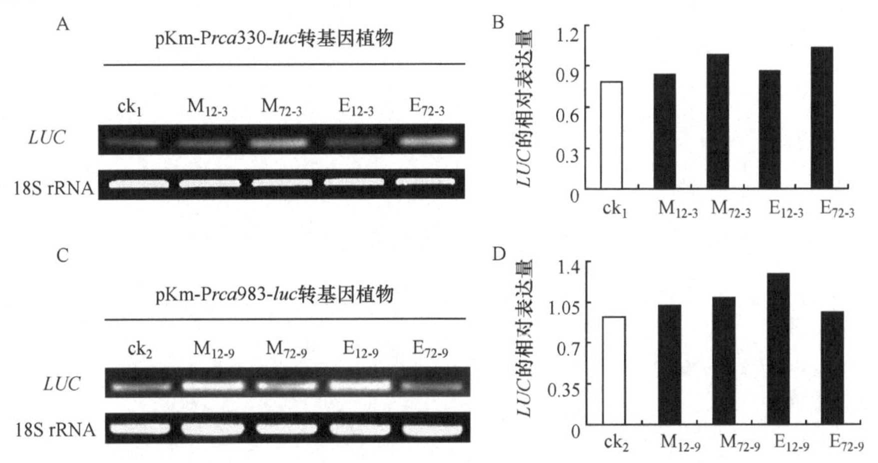

图 9-18 转基因烟草 pKm-*Prca330/983-luc* 中报告基因 *LUC* 在甲醇/乙醇刺激下的表达量

ck_1 和 ck_2 代表未经两种醇处理的转基因烟草 pKm-*Prca330-luc* 和 pKm-*Prca983-luc*；$M_{12\text{-}3}$ 及 $M_{72\text{-}3}$ 分别代表转基因烟草 pKm-*Prca330-luc* 经甲醇处理 12 h 及 72 h；$E_{12\text{-}3}$ 及 $E_{72\text{-}3}$ 分别代表转基因烟草 pKm-*Prca330-luc* 经乙醇处理 12 h 及 72 h；$M_{12\text{-}9}$ 及 $M_{72\text{-}9}$ 分别代表转基因烟草 pKm-*Prca983-luc* 经甲醇处理 12h 及 72h；$E_{12\text{-}9}$ 及 $E_{72\text{-}9}$ 分别代表转基因烟草 pKm-*Prca983-luc* 经乙醇处理 12h 及 72h；以下相同

7. 转基因烟草荧光素酶活性检测

RT-PCR 分析检测到甲醇和乙醇的应用对转基因烟草 *luc* 的转录有影响，为了进一步验证这种影响是否发生在蛋白质水平上，使用吉满生物科技公司的荧光素酶报告基因检测试剂盒来分析转基因烟草中荧光素酶的活性，并采用 spectramax 190 型号的酶标仪检测荧光素酶的活性。结果如图 9-19 所示，转基因烟草 pKm-*Prca330-luc* 与转基因烟草 pKm-*Prca983-luc* 在不做任何处理的情况下，二者的报告基因荧光素酶在蛋白质水平的表达基本没有任何差异。经甲醇处理的转基因烟草 pKm-*Prca330-luc* 在 12h 时，荧光素酶的表达显著上升至对照水的 3 倍，至 72h 时又下降至对照的 2 倍；而经乙醇处理至 12h 时同样上升至 ck 的 3 倍，但与甲醇处理不同，至 72h，荧光素酶的表达量继续上升至对照的 4.5 倍。转基因烟草 pKm-*Prca983-luc* 在甲醇处理 12h 时，荧光素酶的表达量迅速上升至对照的 5 倍，至 72h 下降约 1 倍；而乙醇处理 12h 与 72h，随着时间延长荧光素酶的表达量上升约 0.02 倍，其差异性并不十分显著。这些结果说明 *rca* 启动子中 330 及 983 片段所含的与转录因子结合的顺式作用元件有差异，它们对甲醇和乙醇的应答模式不同，330 片段和 983 片段控制 *luc* 的转录和翻译都能对甲醇及乙醇刺激产生应答，只是应答的模式不同，330 片段控制 *luc* 的表达作出的应答反应发生在甲醇和乙醇处理的 72h，而 983 片段控制 *luc* 表达的应答反应发生在甲醇和乙醇处理的 12h，说明 983 片段所含有的启动子元件对甲醇和乙醇刺激的应答速度快于 330 片段。

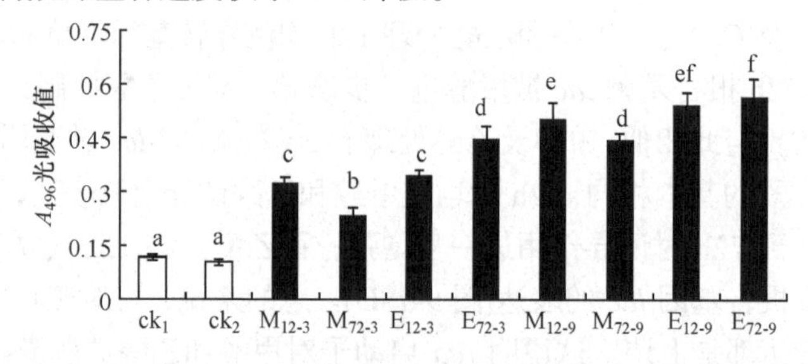

图 9-19　甲醇和乙醇处理转基因烟草中荧光素活性的检测

第十章　用 Gateway 技术构建目的基因的 RNAi 干扰植物表达载体

蚕豆 *PP1c* 基因抑制表达载体的构建与应用

(一) 引言

利用植物净化空气中的甲醛污染时甲醛主要通过气孔进入植物体内，有研究表明环境中极低浓度的甲醛胁迫就能导致植物气孔传导率显著下降，因此气孔的传导率是植物净化甲醛效率的重要制约因子。气孔开关机制一直是植物生理学研究的重点课题，有研究表明蛋白磷酸酶1(PP1)在蚕豆保卫细胞蓝光信号途径中，在向光素下游和质膜 H^+-ATPase 上游之间起正调控作用，参与质膜 H^+-ATPase 的磷酸化反应，促进气孔开放。PP1 由调节亚基和催化亚基(PP1c)组成，目前已经从蚕豆中克隆了 4 种编码 PP1c 蛋白的基因，分别为 *VfPP1c-1*、*VfPP1c-2*、*VfPP1c-3* 和 *VfPP1c-4*，其中 *VfPP1c-1*、*VfPP1c-3* 和 *VfPP1c-4* 主要在保卫细胞中表达。反义表达 *VfPP1c-1* 的蚕豆保卫细胞蓝光信号转导途径被显著抑制，因此 *VfPP1c-1* 基因编码的 PP1c 在蓝光诱导的气孔开放中起重要作用。为了解 *VfPP1c-1* 在植物应答气体甲醛胁迫中的作用机理，利用Gateway 技术构建烟草中与 *VfPP1c-1* 基因同源的 *NPP1* 基因的 RNAi 干扰载体 pK-35S-*NPP1*-I-*NPP1*。

(二) 构建策略

如图 10-1 所示，以烟草 cDNA 为模板，用 *NPP1* 基因的特异性引物通过 RT-PCR 的扩增获得 *NPP1* 全长 cDNA，然后通过 T/A 克隆获得 pMD18T-*NPP1* 载体，再用 *Bam*H Ⅰ和 *Xho* Ⅰ双酶切 pMD18T-*NPP1* 和 pENTR 载体，将 *NPP1* 基因片段亚克隆到 pENTR 入门载体上，形成入门克隆载体 pENTR-*NPP1*。最后在 LR Mix Enzyme 的作用下，入门克隆载体 pENTR- *NPP1* 和植物 RNAi(RNA 干扰)载体 pK7GWIWG2.0 进行双 LR 反应，将基因 *NPP1* 同时正向和反向整合到 RNAi 植物表达载体中，最终形成植物表达载体 pK-35S-*NPP1*-I-*NPP1*，正反连入的 *NPP1* 基因片段被一段内含子片段 Intro 隔开，便于形成发夹结构，从而发挥 RNA 干扰作用。

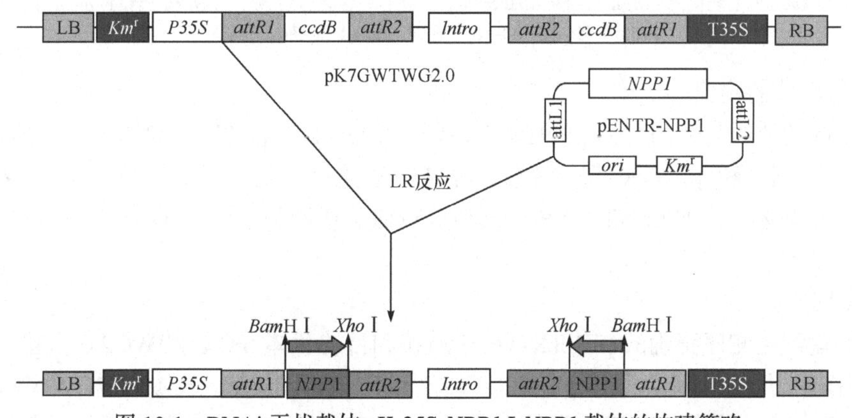

图 10-1　RNAi 干扰载体 pK-35S-*NPP1*-I-*NPP1* 载体的构建策略

(三) 实验操作流程

1. *NPP1* 基因 RNAi 干扰表达载体的构建

1) TA 克隆

NCBI 数据库中公布了 3 种编码烟草 PP1 磷酸化酶催化亚基 PP1c 的基因分别是 *NPP1*、*NPP2* 和 *NPP3*，通过与蚕豆中的 *VfPP1c-1* 基因序列比对发现，*NPP1* 与其同源性最高，为 74.84%，因此通过 Gateway 技术构建 *NPP1* 基因的干扰表达载体，设计 *NPP1* 基因的特异性引物，上游为 5′-**AAGCTT**ATGGCCGAGTCAACACGTGAAGAA-3′(含有 *Bam*H Ⅰ 酶切位点)。下游为 5′-**CTCGAG**TCATGCACTTCCCAAAAAACTTTT-3′(含 *Xho* Ⅰ 酶切位点)。在上游引物引入 *Bam*H Ⅰ 酶切位点，下游引物引入 *Xho* Ⅰ 酶切位点，通过 RT-PCR 扩增 *NPP1* 基因的 cDNA (图 10-2A)，用试剂盒回收 *NPP1* 基因的 cDNA(图 10-2B)，进行 TA 克隆产生 pMD18T-*NPP1*，提取 pMD18T-*NPP1* 质粒，进行双酶切检测(图 10-2C)，将能切出与目的基因(954bp)相似片段的质粒送上海生工公司测序。

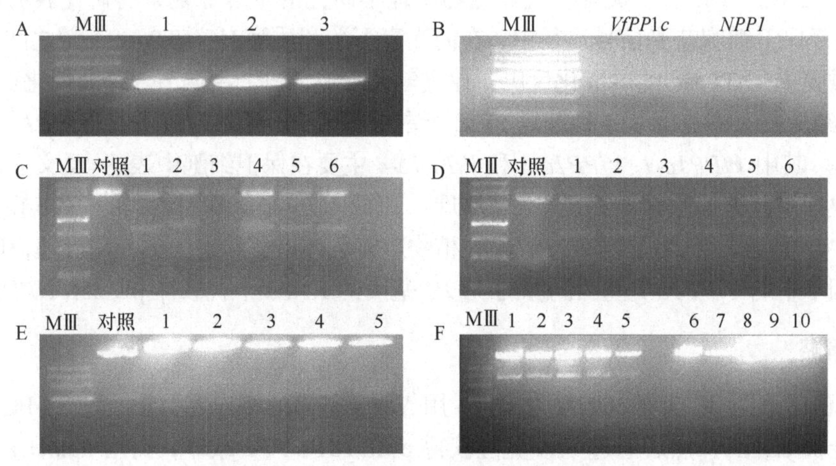

图 10-2　干扰表达载体构建过程的电泳检测

A. 从烟草叶片的 cDNA 中扩增的 *NPP1* 基因。MⅢ，DNA Marker Ⅲ；1～3，用 cDNA 做模板进行 PCR。B. 胶回收 *NPP1* 基因。MⅢ，DNA Marker Ⅲ；*VfPP1c* 和 *NPP*1，回收到的目的片段。C. pMD18T-*NPP1* 载体双酶切检测。MⅢ，DNA Marker Ⅲ；对照，pMD18T-*NPP1* 载体质粒；1～6，pMD18T-*NPP1* 载体的双酶切。D. pENTR-*NPP1* 载体双酶切检测。MⅢ，DNA Marker Ⅲ；对照，未酶切 pENTR-*NPP1* 质粒；1～6，pENTR-*NPP1* 载体的双酶切。E. pK-35S-*NPP1*-I-*NPP1* 载体的 *Xho* Ⅰ 酶切检测。MⅢ，DNA Marker Ⅲ；对照，空载 pK7GWIWG2.0 质粒；1～5，pK-35S-*NPP1*-I-*NPP1* 质粒的 *Xho* Ⅰ 单酶切。F. pK-35S-*NPP1*-I-*NPP1* 质粒 *Bam*H Ⅰ 单酶切以及 *Bam*H Ⅰ 和 *Xho* Ⅰ 双酶切检测。M Ⅲ，DNA Marker Ⅲ；泳道 1～5，pK-35S-*NPP1*-I-*NPP1* 质粒的 *Bam*H Ⅰ 单酶切；泳道 6～10，pK-35S-*NPP1*-I-*NPP1* 质粒 *Bam*H Ⅰ 和 *Xho* Ⅰ 的双酶切

2) 入门载体的构建

测序正确的质粒与入门载体 pENTR-2B 质粒用 *Bam*H Ⅰ 和 *Xho* Ⅰ 酶切，回收具有相同黏性末端的 *NPP1* 基因和 pENTR 载体片段，在 DNA 连接酶的作用下，两者发生连接反应形成 pENTR-*NPP1* 载体，提取 pENTR-*NPP1* 质粒进行双酶切检测(图 10-2D)，正确的质粒送上海生工公司测序。

3) LR 反应

用试剂盒纯化测序正确的 pENTR-*NPP1* 质粒和目的载体 pK7GWIWG2.0 质粒，在 LR Mix Enzyme 的作用下，入门克隆载体 pENTR-*NPP1* 和 RNAi 干扰表达载体 PK7GWIWG2.0 发生重组反应，将 *NPP1* 基因同时正向和反向整合到 RNAi 植物表达载体中，形成植物表达载体

pK-35S-*NPP1*-I-*NPP1*。pK-35S-*NPP1*-I-*NPP1* 经 *Xho* Ⅰ酶切(图 10-2E)、*Bam*H Ⅰ酶切，以及 *Bam*H Ⅰ和 *Xho* Ⅰ双酶切(图 10-2F)检测正确。

2. 抑制表达 *NPP1* 基因转基因烟草的鉴定

用含有 pK-35S-*NPP1*-I-*NPP1* 质粒的农杆菌，采用叶盘法转化烟草获得具有卡那霉素抗性的转基因株若干个，对 1～20 个转基因株系的 RT-PCR 筛选结果表明 *NPP1* 基因没有受到明显的抑制,故淘汰掉这些株系,对 21～29 号转基因烟草株系进行 RT-PCR 分析检测结果(图 10-3A)显示，野生型烟草能够扩增出亮度很强的 *NPP1* 基因条带；而在 9 株转基因植株中扩增 *NPP1* 基因条带亮度明显低于 WT，其中 29 号基本上完全不能扩增出 *NPP1* 基因的条带，说明 *NPP1* 基因在该株烟草中的表达几乎被完全抑制；24 号和 26 号这两株在除 29 号转基因株系的所有转基因烟草中扩增出的 *NPP1* 基因的条带也最低，因此选择 24 号、26 号和 29 号三个抑制表达株系进行后续实验。

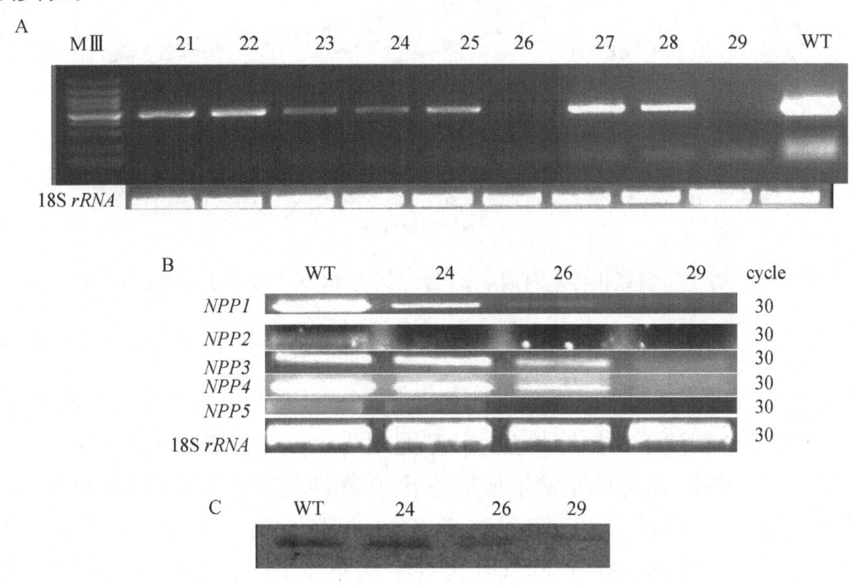

图 10-3　抑制 *NPP1* 基因表达的转基因烟草的检测

A. RT-PCR 检测转基因植株中 *NPP1* 基因的转录水平；WT 代表野生型烟草；21～29 号代表获得的不同转基因烟草株系。B. RT-PCR 检测 24 号、26 号和 29 号中 *NPP1* 基因被干扰后烟草其他亚型 *NPP* 基因转录水平的变化；C. Western blot 分析 24 号、26 号和 29 号转基因烟草株系 PP1c 蛋白表达水平的变化

通过半定量 RT-PCR 进一步分析在 24 号、26 号和 29 号转基因烟草株系中 4 种亚型 *NPP* 基因转录水平的变化(图 10-3B)，结果表明 24 号转基因植株中 *NPP2* 基因的表达基本上被完全抑制，*NPP3*、*NPP4* 和 *NPP5* 虽有抑制但不明显；在 26 号转基因植株中 *NPP2* 和 *NPP5* 基因的表达基本上被完全抑制,*NPP3* 和 *NPP4* 基因也受到非常强的抑制；在 29 号转基因植株中 *NPP2* 和 *NPP5* 基因的表达基本上被完全抑制，*NPP3* 和 *NPP4* 基因条带微弱，说明它们几乎被完全抑制。这些结果表明，在烟草中抑制 *NPP1* 基因表达，在转基因植株中的其他同源基因的表达也会不同程度上受到抑制。用蚕豆 PP1c 蛋白的抗体通过 Western blot 分析 24 号、26 号和 29 号中 PP1c 蛋白表达水平的变化(图 10-3C)，结果说明在 24 号、26 号和 29 号这 3 株转基因烟草中质膜 PP1c 蛋白的表达都被不同程度的抑制。综合以上结果说明 29 号中 *NPP1* 基因及蛋白质的表达量几乎被完全抑制，而 24 号和 26 号转基因植株中 PP1c 蛋白的表达虽然没有被完全抑

制，但抑制效果也能够满足后续实验的要求。故选择 24 号、26 号和 29 号这 3 个转基因株系来做后续实验。

3. 抑制表达 *NPP1* 基因对烟草 HCHO 吸收效率的影响

为了考察抑制 *NPP1* 基因表达是否会降低野生型烟草对气体 HCHO 的吸收能力，分析抑制 *NPP1* 基因表达转基因烟草株系吸收 20ppm 气体 HCHO 的吸收曲线(图 10-4)，结果表明，与野生型烟草相比，3 个抑制表达转基因烟草株系的 HCHO 吸收能力均低于野生型烟草。在 20ppm 气体 HCHO 处理 120min 时，HCHO 测定仪中剩余 HCHO 浓度分别是野生烟草的 1.55 倍、2.11 倍和 2.32 倍，其中以 29 号抑制表达转基因烟草植株的 HCHO 吸收能力最弱，说明在烟草中抑制表达 *NPP1* 基因能够降低转基因烟草植株对气体 HCHO 的吸收能力。

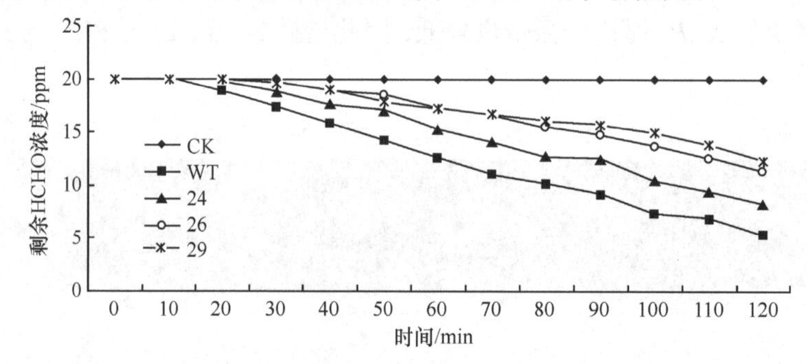

图 10-4　野生型烟草和转基因烟草 24 号、26 号和 29 号 HCHO 吸收能力的比较

4. 气体 HCHO 胁迫下抑制 *NPP1* 基因表达对烟草气孔传导率和气孔开度的影响

为了考察抑制 *NPP1* 基因表达对 HCHO 胁迫下烟草叶片气孔传导率和气孔开度的影响，测定 20ppm 气体 HCHO 胁迫下 3 株抑制表达转基因烟草和野生型烟草气孔传导率(图 10-5A)，结果表明在没有气体 HCHO 胁迫的正常生长条件下，3 株抑制表达转基因烟草叶片的气孔传导率显著低于野生型烟草，分别是野生型烟草的 86%、68%和 54%。经 20ppm 气体 HCHO 胁迫 2h 后，野生型和抑制表达转基因烟草的气孔传导率均明显下降，且转基因烟草下降的程度明显大于野生型，说明抑制表达 *NPP1* 基因降低了 HCHO 胁迫下烟草的气孔开传导率。气孔开度(图 10-5B)的变化趋势与气孔传导率一致。在正常的生长条件下，抑制表达转基因烟草的气孔开度明显小于野生型，分别为野生型的 83%、57%和 38%。在 20 ppm 气体 HCHO 处理 2h 之后，野生型和抑制表达转基因烟草的气孔传导率均明显下降，且转基因烟草下降的程度明显

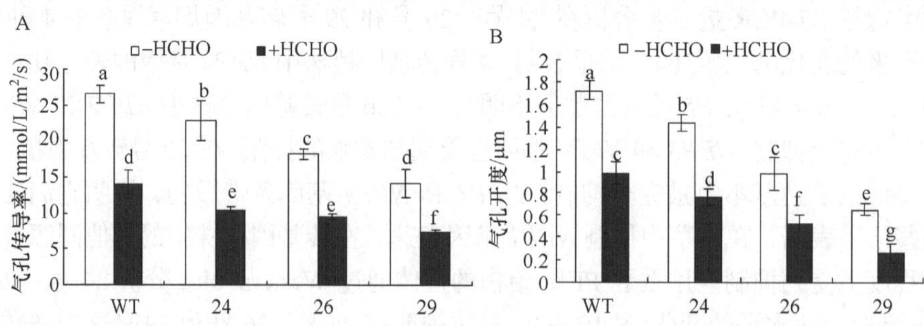

图 10-5　野生型烟草和转基因烟草 24 号、26 号和 29 号经 HCHO 胁迫后气孔传导率(A)和气孔开度(B)的比较

大于野生型，说明抑制表达 *NPP1* 基因降低了 HCHO 胁迫下烟草的气孔开度。

5. 气体 HCHO 胁迫下抑制 *NPP1* 基因表达对烟草叶片质膜 H^+-ATPase 的磷酸化及其活性和 H^+泵活性的影响

为了解在 20ppm 气体 HCHO 胁迫下，抑制 *NPP1* 基因表达是否影响转基因烟草叶片质膜 H^+-ATPase 磷酸化，进而影响其与 14-3-3 蛋白的互作水平，通过免疫共沉淀分析野生型和抑制表达 *NPP1* 基因转基因烟草株系 24 号、26 号和 29 号叶片中质膜 H^+-ATPase 磷酸化以及与 14-3-3 蛋白相互作用(图 10-6A)，结果表明在 20ppm 气体 HCHO 胁迫下，3 株抑制表达转基因烟草叶片中与质膜 H^+-ATPase 结合的 14-3-3 蛋白量及质膜 H^+-ATPase 磷酸化水平都显著低于野生型，这说明在烟草中抑制 *NPP1* 基因的表达能够抑制质膜 H^+-ATPase 磷酸化及其与 14-3-3 蛋白的结合。

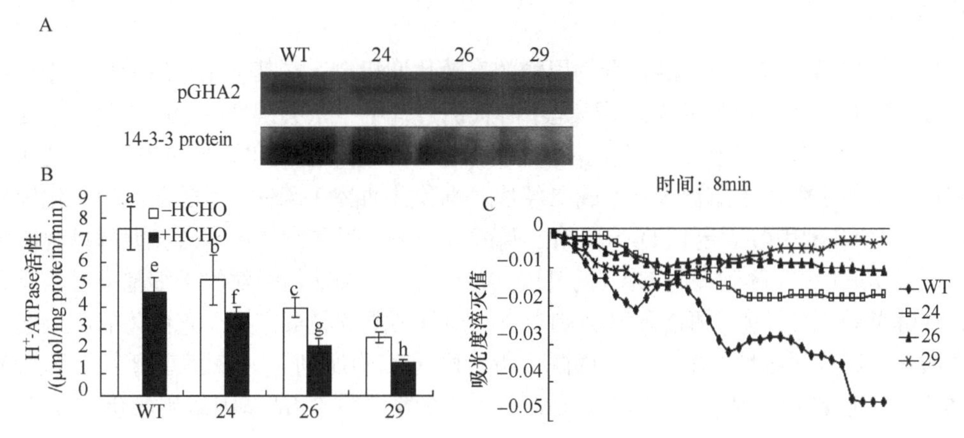

图 10-6　野生型烟草和转基因烟草株系 24 号、26 号和 29 号经 HCHO 胁迫后质膜 H^+-ATPase 的磷酸化水平及与 14-3-3 蛋白互作(A)、活性(B)及 H^+泵活性(C)的变化

对野生型和 3 株抑制表达 *NPP1* 转基因株系叶片质膜 H^+-ATPase 活性测定结果显示(图 10-6B)，质膜 H^+-ATPase 的变化趋势与质膜 H^+-ATPase 和 14-3-3 蛋白互作的一致，在没有 HCHO 胁迫下，3 个转基因烟草株系叶片的 H^+-ATPase 的活性显著小于野生型，分别为野生型的 69%、52%和 35%。在 20 ppm 气体 HCHO 胁迫 2 h 后，野生型和抑制表达转基因烟草叶片的质膜 H^+-ATPase 进一步下降，而抑制表达 *NPP1* 基因能够进一步降低 H^+-ATPase 的活性，说明抑制 NPP1 基因显著降低转基因烟草叶片中质膜 H^+-ATPase 的活性。

分析野生型和 3 株抑制表达 *NPP1* 转基因烟草经 20ppm 气体 HCHO 胁迫后对烟草叶片 H^+泵活性的影响(图 10-6C)。结果表明经 HCHO 胁迫后，与野生型相比，3 株抑制表达转基因烟草叶片的 H^+泵活性受到明显的抑制，其中以 29 号株系转基因烟草 H^+泵活性抑制的程度最大，说明在烟草中抑制表达 *NPP1* 基因能够降低烟草 H^+活性。

第十一章　用 Gateway 技术构建串联两个目的基因表达盒的植物表达载体

二羟基丙酮合成酶和二羟基丙酮激酶基因表达盒串联的植物表达载体构建

(一) 引言

甲基营养酵母具有利用一碳化合物甲醇的高效代谢机制，在其利用甲醇的代谢途径中，甲醇首先被乙醇氧化酶氧化为甲醛，甲醛是甲醇代谢过程中一个关键性的中间产物，它处于甲醇同化和异化途径的分支点上。二羟基丙酮合成酶(DAS)催化甲醛同化途径中的第一个反应，DAS催化酵母菌中的甲醛和木酮糖 5-P 形成二羟基丙酮和甘油醛 3-磷酸。甲醇被乙醇氧化酶氧化成甲醛后，由 DAS 把甲醛固定到 D-木酮糖 5-磷酸分子上。目前已从甲基营养型酵母菌假丝酵母(*Candida boidinii*)中克隆到编码 DAS 的基因(*DHAS1*)。二羟基丙酮对酵母细胞来说是有毒的化合物，在酵母菌中二羟基丙酮激酶(DAK)参与二羟基丙酮的脱毒作用，它催化的反应使二羟基丙酮磷酸化，形成无毒性的磷酸二羟丙酮，可为酵母细胞所利用。该酶普遍存在于大多数的生物体中，从巴斯德毕赤酵母(*Pichia pastoris*)中克隆到的 *DAK* 基因编码的蛋白质定位于细胞质中。

5-磷酸木酮糖和磷酸二羟丙酮及甘油醛 3-磷酸都是卡尔文循环的中间产物，如果在植物的叶绿体中过量表达来自酵母菌的 DAS 和 DAK，把酵母菌的甲醛同化途径整合到植物的二氧化碳固定途径(卡尔文循环途径)中，则可在转基因植物中利用 DAS 和 DAK 构建一条甲醛同化途径。然而利用 DAS 和 DAK 构建甲醛同化途径时涉及两个基因的转化操作，如果把这两个基因亚克隆于两种含有不同筛选标记基因的植物表达载体上，就要在获得单个基因的转基因植物时再做一次转化试验才能获得两个基因的双转基因植物，或得到单个基因的转基因植物后进行杂交才能获得双转基因植物，这两种方法都需要耗费很长的时间，增加一倍的工作量。另外，也可以通过两种载体的共转化获得双转基因植物，不过这种方法成功率很低，对难转化的植物更难以实现两个基因的转化操作。因此我们利用 Gateway 技术构建一个串联 DAS 和 DAK 表达盒的植物表达载体 pK-35S-PrbcS-*T-DAK-PROLD-PrbcS-*T-DAS，用该载体做一次转化试验就可以完成 DAS 和 DAK 两个基因的转化操作，这两个基因的表达受光诱导型启动子 PrbcS 的控制，在转基因植物中表达产生的 DAS 和 DAK 蛋白通过叶绿体转移肽(*T)定位到叶片细胞的叶绿体中。

(二) 载体构建策略

从 GenBank 中查找假丝酵母(*C. boidinii*)*DAS* 的全长基因序列(*DAS* 基因的 GenBank 登录号为 AF086822)设计其特异引物，以假丝酵母(*C. boidinii*)的基因组 DNA 为模板扩增进行 PCR 扩增得到 *DAS* 的全长 DNA；回收并纯化 *DAS* 全长基因片段，并将其连接到 pMD18-T 载体上，获得重组质粒 pMD-DAS；用 *Sph* Ⅰ和 *Bam*H Ⅰ切割 pENTR*-PrbcS-*T-GFP 和 pMD-DAS，回收载体 pENTR*-PrbcS-*T 片段和 *DAS* 基因片段，用连接酶连接 PENTR*-PrbcS-*T 和 *DAS* 基因片段，获得入门载体 pENTR*-PrbcS-*T-DAS。

1. *DAK* 基因入门载体的构建

从 GenBank 中查找巴斯德毕赤酵母(*P. pastoris*)*DAK* 的全长基因序列(*DAK* 基因的 GenBank 登录号为 AF019198)设计其特异引物，以巴斯德毕赤酵母(*P. pastoris*)的基因组 DNA 为模板进行 PCR 扩增，得到 *DAK* 的全长 DNA；回收并纯化 *DAK* 基因片段，通过 TOPO 克隆技术亚克隆到 pENTR-TOPO 载体(购自 Invitrogen 公司)上，获得重组质粒 pENTR- TOPO-*DAK*。用 *Sph* Ⅰ和 *Xho* Ⅰ切割 pENTR*-PrbcS-*T-GFP 和 pENTR-TOPO-*DAK*，回收载体 pENTR*-PrbcS-*T 片段和 *DAK* 基因片段，用连接酶连接 PENTR*-PrbcS-*T 和 *DAK* 基因片段，获得入门载体 pENTR*-PrbcS-*T-DAK。

2. 入门载体和目的载体的重组反应

通过 Gateway 的 LR 反应，把入门载体 pEN-L4*-PrbcS-*T-DAK-L3*中的 PrbcS-*T-DAK 片段和 pENTR*-PrbcS-*T-DAS 中的 PrbcS-*T-DAS 片段同时亚克隆到植物表达载体 pK7m34GW2-8m21GW3 中，获得植物表达载体 pK-35S-PrbcS-*T-DAK-PROLD-PrbcS-*T-DAS。

(三) 实验操作流程

1. 酵母菌基因组 DNA 的制备与检测

两种酵母菌为假丝酵母(*C. boidinii*)和巴斯德毕赤酵母(*P. pastoris*)，购自中国工业微生物菌种保藏中心，酵母菌基因组 DNA 的制备采用 CTAB 法。取 1.5mL 菌液于 4℃、4000r/min 离心 2min，弃尽上清液，收集菌体。加 400μL 2×CTAB(Tris-HCl pH 7.5 100 mmol/L，EDTA 20 mmol/L，NaCl 1.4mol/L，CTAB 2%)匀浆，65℃保温 20min，加 500μL 氯仿混匀后于室温下 13 000r/min 离心 10min。转移上清，加 50μL 的 10%CTAB，加 650μL 异丙醇置于室温 1h，4℃、12 000r/min 离心 25min，沉淀用 500μL 75%乙醇洗一次，真空干燥，加 20μL 含有 RNase 的 TE 溶解，37℃保温 1h。取 2μL 基因组 DNA 用 1%的琼脂糖凝胶进行电泳检测，结果(图 11-1)说明提取到的基因组 DNA 质量符合要求。

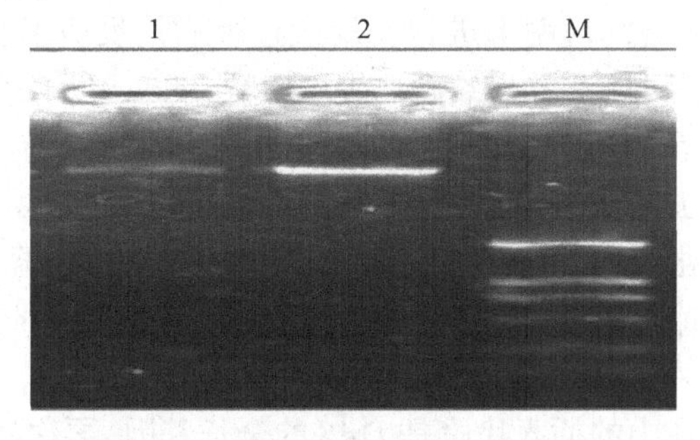

图 11-1　酵母菌基因组 DNA 的检测

1，毕赤酵母基因组；2，假丝酵母基因组；M，D2000 DNA marker

2. *DAS* 基因的扩增与 TA 克隆

DAS 基因的扩增及 TA 克隆的策略如图 11-2 所示，首选从 GenBank 中查找 *DAS* 的全长基因序列，并设计一对引物，序列如下：

DAS5:caccgcATGcCTCTCGCAAAAGCTGCTTC

DAS3:ggatccTTATTGATCATGTTTTGGTTTTTC

5′端引物 DAS5 末端加 caccgc 特征序列，并将 ATG 后的 G 改为 c 由此形成 *Sph* Ⅰ酶切位点；3′端引物 DAS3 末端加 *Bam*H Ⅰ酶切位点。

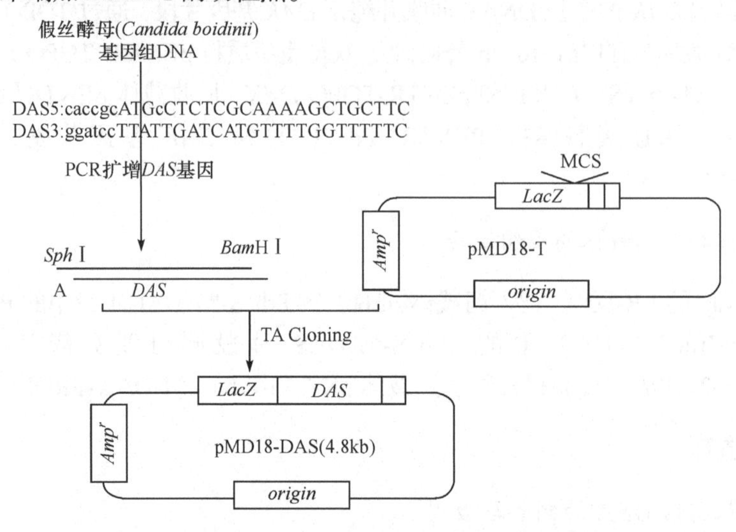

图 11-2　*DAS* 基因的 TA 克隆策略

用 *DAS* 基因上下游特异性引物 DAS5 和 DAS3 作 PCR，在 PCR 反应混合液中加入 50ng 的假丝酵母基因组 DNA 作为模板，同时加入 75ng 的特异性引物 DAS5 和 DAS3、4μL dNTP (2.5mmol/L)、5μL 的 10×Extaq 反应缓冲液和 0.25μL 的 Extaq(5U/μL)聚合酶(日本宝生物)，加双蒸水使反应终体积为 50μL。在 PCR 仪上于 94℃加热 2min，然后按照 94℃、30s，55℃、30s，72℃、2min 的程序进行 30 个循环的反应，最后在 72℃延伸反应 10min 扩增得到 *DAS* 基因。反应完成后，通过琼脂糖凝胶电泳分离 DAS 的 PCR 扩增产物(图 11-3A)。回收并纯化 *DAS* 全长基因(2.1kb)，然后用宝生物(TaKaRa)的 TA 克隆试剂盒将其连接到 pMD18-T(大连宝生物公司)载体上，实验操作按试剂盒的说明书进行，反应过夜后用反应混合液转化大肠杆菌感受态 DH5α(购自天根生化科技公司)，采用碱裂解法提取质粒 DNA，经 1%琼脂糖凝胶电泳(图 11-3B)，选取大小和理论值相符的重组质粒 pMD18-DAS 做进一步的 PCR 检测，用 *DAS* 基因上下游特异性引物 DAS5 和 DAS3 进行 PCR，亚克隆成功的重组质粒均能扩增出 2.1kb 左右的 *DAS* 基因 DNA 片段(图 11-3C)。根据阳性重组质粒 pMD-DAS 载体两端的多克隆位点，用 *Sph* Ⅰ和 *Bam*H Ⅰ双酶切重组质粒，经 1%琼脂糖凝胶电泳检测酶切产物，连接成功的重组质粒 pMD-DAS 产生两条带，一条为 2.0kb 左右的 *DAS* 基因 DNA 插入片段(图 11-3D)，另一条为 2.7kb 的载体片段，经序列分析证明该载体中的插入片段是 *DAS* 的全长基因。再次确认是连接成功的质粒后，重新转化大肠杆菌 DH5α，挑单个菌落进行液体培养，用质粒提取试剂盒提纯质粒，进行后续实验。

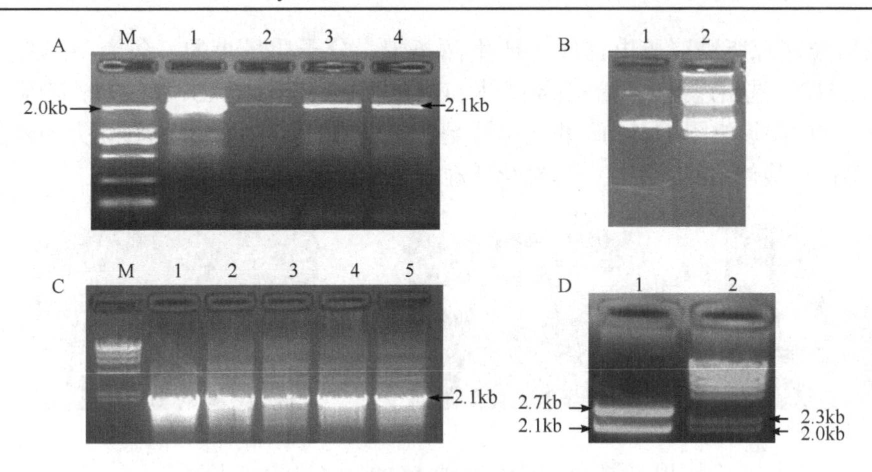

图 11-3　*DAS*基因的扩增和TA克隆

A. 以假丝酵母基因DNA为模版扩增*DAS*基因。M，D2000 DNA marker；1～4，*DAS*的PCR扩增产物。B. 重组质粒pMD18-DAS的电泳检测。1，正对照(分子质量为4.8kb的质粒DNA)；2，重组质粒pMD18-DAS。C. 重组质粒pMD18-DAS的PCR检验。M，λDNA/*Hin*dⅢ DNA marker；1～5，以pMD18-DAS为模版用DAS5和DAS3引物扩增的PCR产物。D. 重组质粒pMD18-DAS的酶切检测。1，用*Sph*Ⅰ和*Bam*HⅠ酶切pMD18-DAS的产物；2，λDNA/*Hin*d Ⅲ DNA marker

3. Gateway入门克隆载体pENTR*-PrbcS-*T-DAS的构建

pENTR*-PrbcS-*T-DAS的构建策略如图11-4所示，用*Sph*Ⅰ(Fermentas)和*Bam*HⅠ体培养，用试剂盒纯化质粒pMD18-DAS(Fermentas)。切开纯化的质粒载体pENTR*-PrbcS-*T-GFP和pMD18-DAS，通过琼脂糖凝胶电泳分离已切开的载体和插入片段，从凝胶中回收pENTR*-PrbcS-*T-GFP被切割后产生的载体片段pENTR*-PrbcS-*T(4.0kb)及pMD18-*DAS*被切割后产生的DAS基因的DNA片段(2.1kb)，然后用宝生物(TaKaRa)的连接酶试剂盒连接pENTR*-PrbcS-*T和*DAS*基因的DNA片段产生入门载体pENTR*-PrbcS-*T-DAS。用连接反应混合物转化高效率(10^8cfu/μg质粒DNA)的大肠杆菌感受态细胞(DH5α，天根生化科技)，把转化好的大肠杆菌涂于加有卡那霉素(Km，50μg/mL)的平板上，于37℃过夜培养，筛选Km抗性重组子菌落，从Km抗性重组子菌落中提取质粒(图11-5A)，用*Eco*RⅤ(Fermentas)进行酶切检测，连

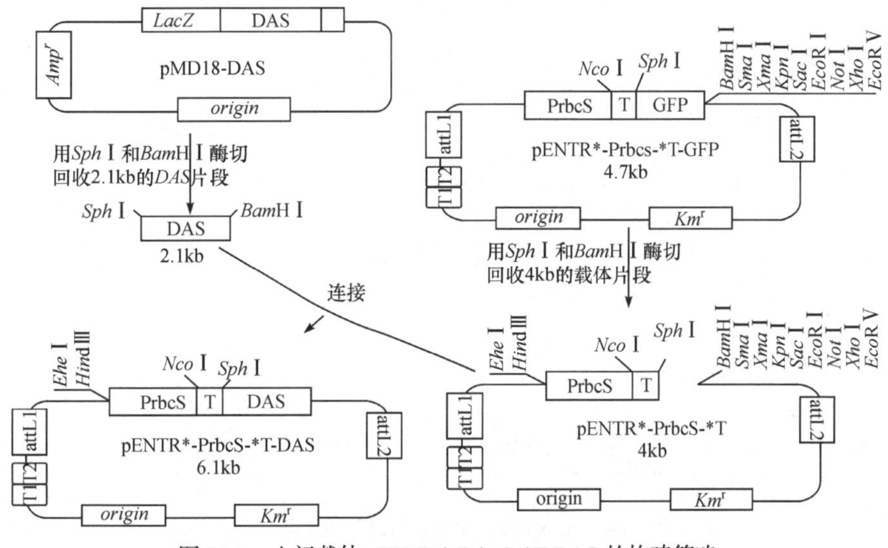

图 11-4　入门载体pENTR*-PrbcS-*T-DAS的构建策略

接成功的质粒在琼脂糖凝胶电泳图上产生两条带，分子质量小的一条为 2.1kb，另一条为 4.0kb(图 11-5B)。选出连接成功的质粒载体 pENTR*-PrbcS-*T-DAS，用 *DAS* 基因上下游特异性引物进行 PCR 检测(图 11-5C)，再次确认是连接成功的质粒后，重新转化大肠杆菌 DH5α，挑单个菌落进行液体培养，用试剂盒纯化质粒 pENTR*-PrbcS-*T-DAS。

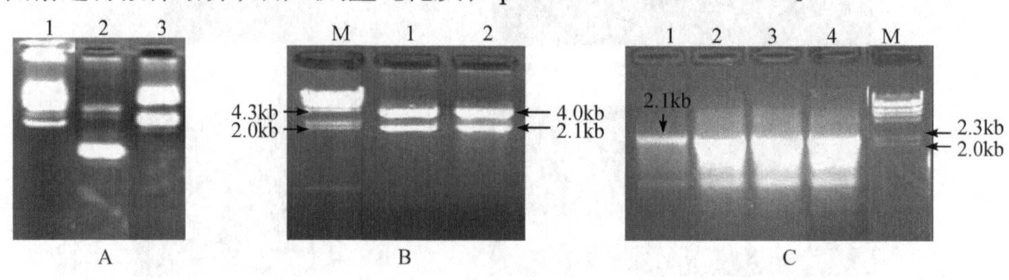

图 11-5　入门载体 pENTR*-PrbcS-*T-DAS 的检测

A. pENTR*-PrbcS-*T-DAS 质粒的电泳检测。1，正对照(分子质量为 6.1kb 的质粒 DNA)；2，负对照(分子质量为 4.0kb 的质粒 DNA)；3，pENTR*-PrbcS-*T-DAS 质粒 DNA。B. pENTR*-PrbcS-*T-DAS 的酶切检测。M，λDNA/*Hin*d Ⅲ DNA marker；1～2，pENTR*-PrbcS-*T-DAS 质粒的 *Eco*RⅤ酶切产物。C. pENTR*-PrbcS-*T-DAS 的 PCR 检测(引物为 DAS5 和 DAS3)。1，阳性对照(以假丝酵母基因组为模板扩增的产物)；2～4，以 pENTR*-PrbcS-*T-DAS 为模板扩增的产物；M: λDNA/*Hin*d Ⅲ DNA marker。

4. *DAK* 基因 DNA 的扩增及 TOPO 克隆

DAK 基因 DNA 的扩增及 TOPO 克隆的策略如图 11-6 所示，首选从 GenBank 中查找 *DAK* 的全长基因序列，并设计一对引物，序列如下：

DAK5: CACCGCatgCctagtaaacattgggattac

DAK3: CTCGAGctacaacttggtttcagatttg

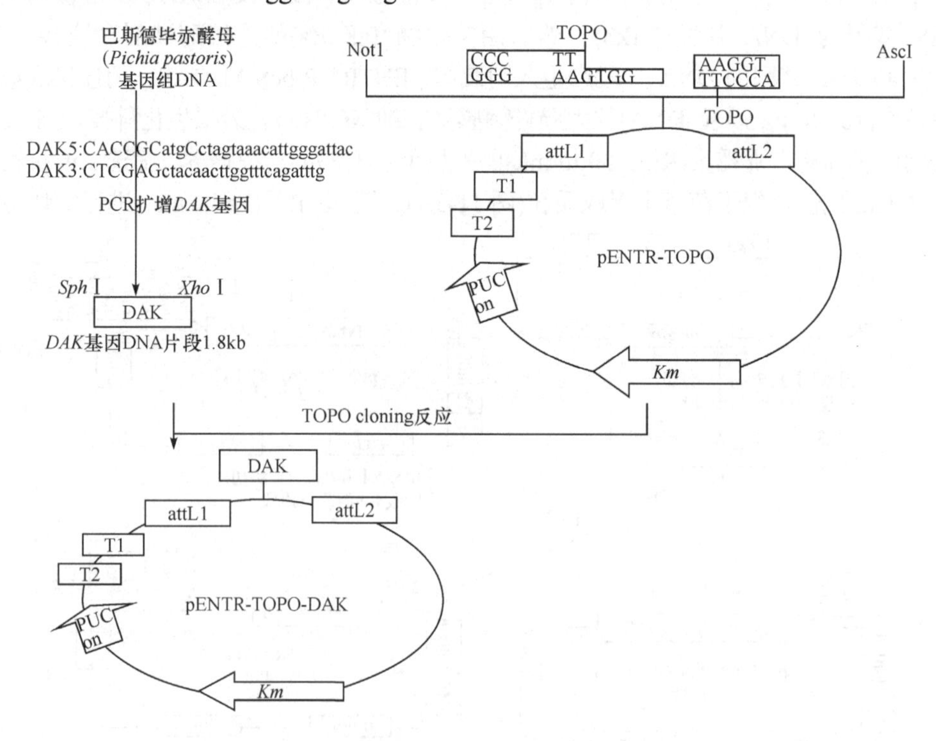

图 11-6　pENTR-TOPO-DAK 载体的构建策略

5′端引物 DAK5 末端加 CACCGC 特征序列，并将 ATG 后的 *t* 改为 C 由此形成 *Sph* Ⅰ酶切位点；3′端引物 DAK3 末端加 *Xho* Ⅰ酶切位点。用 *DAK* 基因上下游特异性引物 DAK5 和 DAK3 进行 PCR，在 PCR 反应混合液中加入 50ng 的毕赤酵母基因组 DNA 作为模板，同时加入 75ng 的特异性引物 DAK5 和 DAK3、4μL dNTP(2.5mmol/L)、10μL 的 5×Prime STAR 反应缓冲液和 0.5μL 的 Prime STARHS(5U/μL)DNA 聚合酶(日本宝生物)，加双蒸水使反应终体积为 50μL。在 PCR 仪上于 94℃加热 2min，然后按照 94℃、45s，55℃、30s，72℃、2min 的程序进行 30 个循环的反应，最后在 72℃延伸反应 10min 扩增得到 *DAK* 基因。反应完成后，通过琼脂糖凝胶电泳分离 *DAK* 的 PCR 扩增产物(图 11-7A)。回收并纯化 *DAK* 全长基因片段，*DAK* 的产物为平末端 DNA 片段，因此用 Invitrogen 公司的 pENTR™ Directional TOPO® Cloning 试剂盒，把回收到的平末端 DNA 片段亚克隆于 pENTR/D-TOPO 载体中，实验操作按试剂盒的说明书进行，于室温反应过夜后用反应混合液转化大肠杆菌感受态 DH5α(购自天根生化科技公司)，采用碱裂解法提取质粒 DNA，经 1%琼脂糖凝胶电泳(图 11-7B)，选取大小和理论值相符的重组质粒 pENTR-TOPO-DAK，用 *Sph* Ⅰ和 *Xho* Ⅰ(Fermentas)进行酶切检测。连接成功的质粒在琼脂糖凝胶电泳图上产生两条带，分子质量小的一条为 1.8kb 的 *DAK* 基因插入片段，另一条为 2.6kb 的载体片段(图 11-7C)。选取连接正确的质粒进行 PCR 检测，用 *DAK* 基因上下游特异性引物 DAK5 和 DAK3 进行 PCR，亚克隆成功的重组质粒均能扩增出 1.8kb 左右的 DNA 片段(图 11-7D)，经序列分析证明是 *DAK* 基因的全长基因。

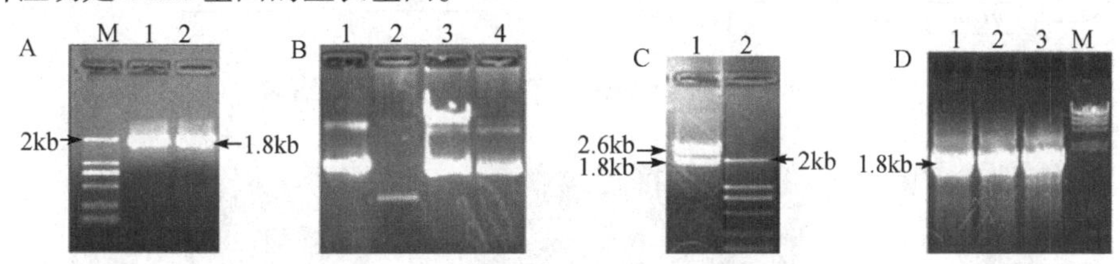

图 11-7　pENTR-TOPO-DAK 载体的检测

A. 以毕赤酵母基因 DNA 为模版扩增 *DAK* 基因。M, D2000 DNA marker；1～2，*DAK* 的 PCR 扩增产物。B. 重组质粒 pENTR-TOPO-DAK 的电泳检测。1，正对照(分子质量为 4.5kb 的质粒 DNA)；2，pENTR-TOPO；3～4，重组质粒 pENTR-TOPO-DAK。C. 重组质粒 pMD18-*DAS* 的酶切检测。1，用 *Sph* Ⅰ和 *Xho* Ⅰ酶切 pENTR-TOPO-DAK 的产物；2，D2000 DNA marker。D. 重组质粒 pENTR-TOPO-DAK 的 PCR 检验。1～3，以 pENTR-TOPO-DAK 为模版用 DAK5 和 DAK3 引物扩增的 PCR 产物；M，λDNA/*Hin*d Ⅲ DNA marker

5. Gateway 入门克隆载体 pENTR*-PrbcS-*T-DAK 的构建

pENTR*-PrbcS-*T-DAK 的构建策略如图 11-8 所示，用 *Sph* Ⅰ(Fermentas)和 *Bam*H Ⅰ(Fermentas)切开纯化的质粒载体 pENTR*-PrbcS-*T-GFP 和 pENTR-TOPO-DAK，通过琼脂糖凝胶电泳分离已切开的载体和插入片段，从凝胶中回收 pENTR*-PrbcS-*T-GFP 被切割后产生的载体片段 pENTR*-PrbcS-*T(4.0kb)及 pENTR-TOPO-DAK 被切割产生的 *DAK* 基因的 DNA 片段(1.8kb)，然后用宝生物(TaKaRa)的连接酶试剂盒连接 pENTR*-PrbcS-*T 和 *DAK* 基因的 DNA 片段产生入门载体 pENTR*-PrbcS-*T-DAK。用连接反应混合物转化高效率(10^8cfu/μg 质粒 DNA)的大肠杆菌感受态细胞(DH5α，天根生化科技)，把转化好的大肠杆菌涂于加有卡那霉素(Km，50μg/mL)的平板上，于 37℃过夜培养，筛选 Km 抗性重组子菌落，从 Km 抗性重组子菌落中提取质粒(图 11-9A)，用 *Eco*R Ⅴ(Fermentas)进行酶切检测，连接成功的质粒在琼脂糖凝胶电泳图上产生两条带，分子质量小的一条为 0.75kb,另一条为 5.0kb(图 11-9B)。选出连接成功的质粒载体 pENTR*-PrbcS-*T- DAK，用 *DAK* 基因上下游特异性引物进行 PCR 检测(图 11-9C)，再次确认是连接成功的质粒后，重新转化大肠杆菌 DH5α，挑单个菌落进行液体培养，用试剂盒纯化质粒 pENTR*-PrbcS-*T-DAK。

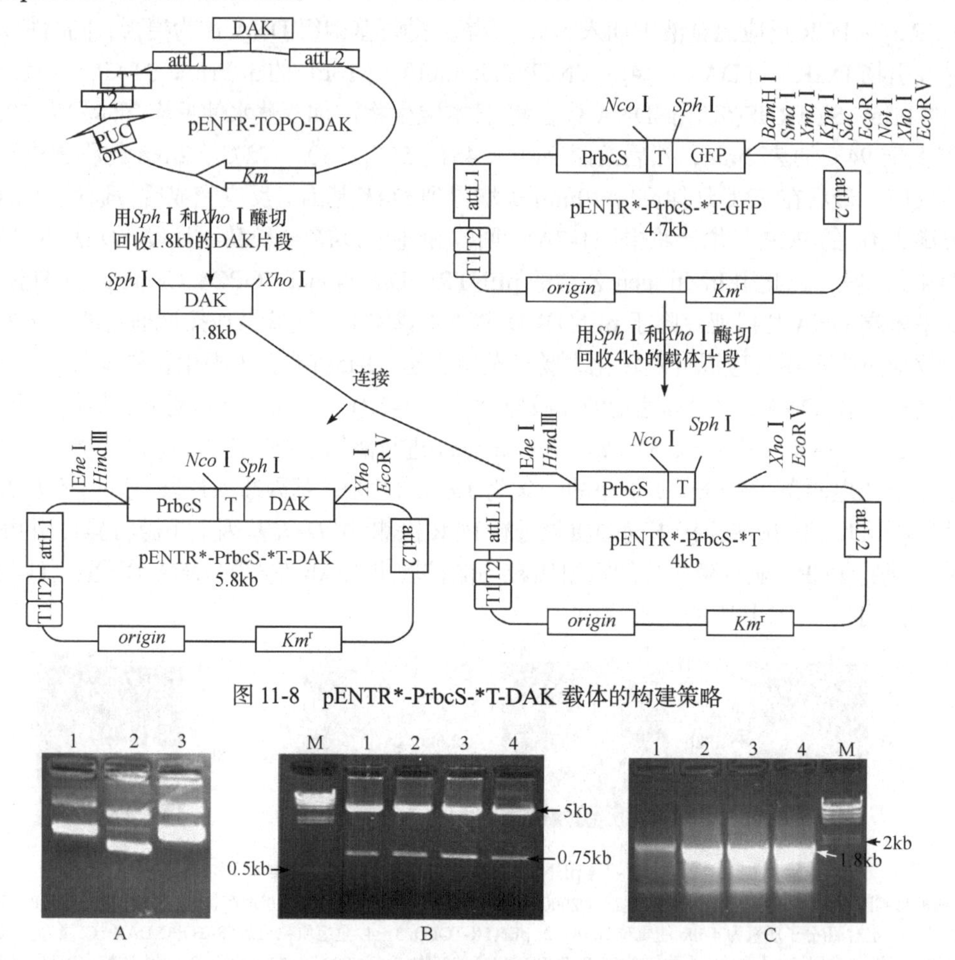

图 11-9　pENTR*-PrbcS-*T-DAK 载体的检测

A. pENTR*-PrbcS-*T-DAK 质粒的电泳检测。1，正对照(分子质量为 6.0kb 的质粒 DNA)；2，负对照(分子质量为 4.0kb 的质粒 DNA)；3，pENTR*-PrbcS-*T-DAK 质粒 DNA。B. pENTR*-PrbcS-*T-DAK 的酶切检测。M，λDNA/*Hin*d Ⅲ DNA marker；1～4，pENTR*-PrbcS-*T-DAK 质粒的 *Eco*R Ⅴ酶切产物。C. pENTR*-PrbcS-*T-DAK 的 PCR 检测(引物为 DAK5 和 DAK3)。1，阳性对照(以毕赤酵母基因组为模版扩增的产物)；2～4，以 pENTR*-PrbcS-*T-DAK 为模版扩增的产物；M，λDNA/*Hin*dⅢ DNA marker

6. 入门载体 pEN-L4*-PrbcS-*T-DAK-L3*的构建

用 *Sph* Ⅰ和 *Xho* Ⅰ切开 pEN-L4*-PrbcS-*T-GFP-L3*和 pENTR*-PrbcS-*T-DAK，回收 pEN-L4*- PrbcS-*T-GFP-L3*被切割后产生的载体 pEN-L4*-PrbcS-*T-L3*片段(4.3kb)及 pENTR*-PrbcS-*T-DAK 被切割后产生的 *DAK* 基因的 DNA 片段(1.8kb)，然后用宝生物(TaKaRa)的连接酶试剂盒把载体片段和 *DAK* 基因的 DNA 片段连接起来获得入门载体 pEN-L4*-PrbcS-*T-DAK-L3*(图 11-10)。用连接反应混合物转化高效率(10^8cfu/μg 质粒 DNA)的大肠杆菌感受态细胞(DH5α，天根生化科技)，把转化好的大肠杆菌涂于加有卡那霉素(Km，50μg/mL)的平板上，于 37℃过夜培养，筛选 Km 抗性重组子菌落，从 Km 抗性重组子菌落中提取质粒(图 11-11A)，用 *Hin*dⅢ做酶切检测，连接成功的质粒在琼脂糖凝胶电泳图上产生三条带，分子质量最大的一条为 3.1kb 的载体条带,第二条为 2.2kb 的启动子片段，第三条为 0.8kb 的 *DAK* 基因片段(图 11-11B)。选出连接成功的质粒载体 pEN-L4*-PrbcS-*T-DAK-L3*，用 *DAK* 基因的上下游特异性引物 DAK5(atgtctagtaaacattgggattac)和 DAK3(ctacaacttggtttcagatttg)进行 PCR 扩增检测 *DAK* 基因片段，结果都能扩增出一条 1.8kb 的 DAK 条带(图 11-11C)。再用 PrbcS 启动子区的引物和 DAK 基因下游引物 DAK3 做 PCR 检测，PCR 扩增产物约为 2.0kb(图 11-11C)，与预期结果一致。选出连接成功的质粒载体 pEN-L4*-PrbcS-*T-DAK-L3*，重新转化大肠杆菌 DH5α，挑单个菌落进行液体培养，用试剂盒纯化质粒。

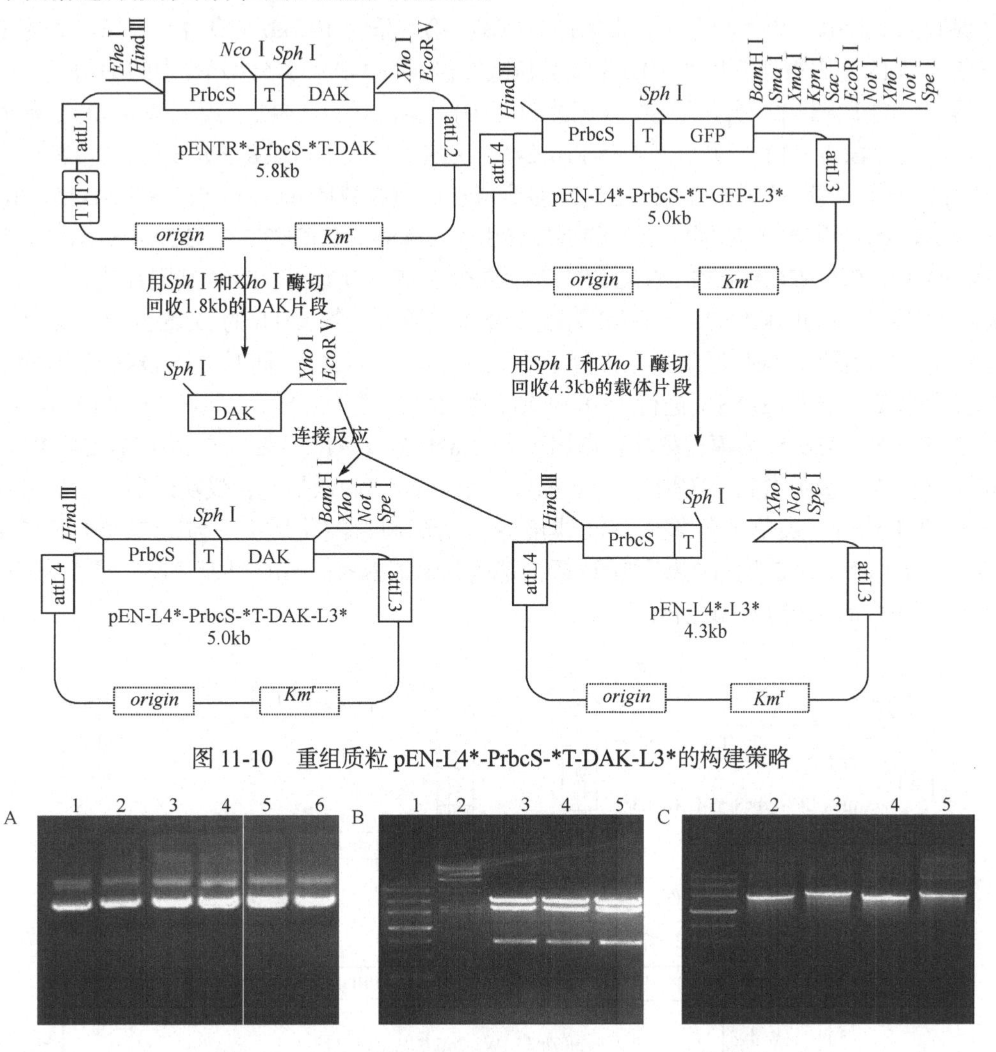

图 11-10 重组质粒 pEN-L4*-PrbcS-*T-DAK-L3*的构建策略

图 11-11 重组质粒 pEN-L4*-PrbcS-*T-DAK-L3*的检测

A. pEN-L4*-PrbcS-*T-DAK-L3*的电泳检测。1，负对照(5.8kb 的质粒)；2，正对照质粒(6.1 kb 的质粒)；3～6，pEN-L4*-PrbcS-*T-DAK-L3*质粒 DNA。B. 用 *Hind*Ⅲ酶切检测重组质粒 pEN-L4*-PrbcS-*T-DAK-L3*。1，DNA Marker Ⅲ；2，λDNA/*Hind*Ⅲ DNA Marker；3～5，pEN-L4*-PrbcS-*T-DAK-L3*。C. PCR 检测重组质粒 pEN-L4*-PrbcS-*T-DAK-L3*。1，DNA Marker Ⅲ；2 和 4，用 *DAK* 基因上游引物 DAK5 和下游引 DAK3 做 PCR 的扩增产物；3 和 5 是用 PrbcS 启动子区的引物和 *DAK* 基因下游引物 DAK3 做 PCR 的扩增产物

7. *DAK* 和 *DAS* 基因表达盒串联植物表达载体的构建

用质粒抽提试剂盒纯化 Gateway 的目的载体 pK7m34GW2-8m21GW3，在 Gateway 的 LR 反应体系中加 pEN-L4*-PrbcS-*T-DAK-L3*、pENTR*-PrbcS-*T-DAS 和 pK7m34GW2-8m21GW3 各 150ng，以及 1μL LR Clonase plus Enzyme Mix (Invitrogen)，混均于 25 ℃反应过夜，通过整

合酶的作用把PrbcS-*T-DAK和PrbcS-*T-DAS整合到pK7m34GW2-8m21GW3中获得串联*DAK*和*DAS*表达盒的植物表达载体质粒pK-35S-PrbcS-*T-DAK-PROLD-PrbcS-*T-DAS(图 11-12)。用反应混合物转化高效率(10^8cfu/μg 质粒 DNA)的大肠杆菌感受态细胞(DH5α，天根生化科技)，把转化好的大肠杆菌涂于加有大观霉素(Spe，50μg/mL)的平板上，于 37℃过夜培养，筛选 Spe 抗性重组子菌落，从 Spe 抗性重组子菌落中提取质粒(图 11-13A)，用 *Eco*RⅤ(TaKaRa)做酶切检测，同时以 pENTR*-PrbcS-*T-DAS 和 pEN-L4*-PrbcS-*T-DAK-L3*为正对照。整合成功的质粒在琼脂糖凝胶电泳图上产生 5 条带(图 11-13B)：第一条为 10.7kb 的载体带；第二条为 3.1kb；第三条为*DAS*基因被切割后产生的片段(2.1kb)与 pENTR*-PrbcS-*T-DAS 中的 DAS 被 *Eco*RⅤ切割后产生的 DAS 片段分子质量一致(图 11-13B)；第四条为 1.3kb；第五条为 *DAK* 基因被切割后产生的片段(0.8kb)，与 pEN-L4*-PrbcS-*T-DAK-L3*中的 DAK 被 *Eco*RⅤ切割后产生的 DAK 片段分子质量一致(图 11-13B)。选出整合成功的质粒载体 pK-35S-PrbcS-*T-DAK-PROLD-PrbcS-*T-DAS，用 DAS 基因的上下游特异性引物 DAS5(ATGGCTCTCGCAAAAGCTGCTTC)和 DAS3(TTATTGATCATGTTTTGGTTTTTC)进行 PCR 扩增检测 *DAS* 基因片段，以 pK-35S-PrbcS-*T-DAK-PROLD-PrbcS-*T-DAS 为模板都能扩增出一条 2.1kb 的 DAS 条带，与 pENTR*-PrbcS-*T-DAS 用为模板扩增到的条带分子质量一致(图 11-13C)。同时也用 *DAK* 基因的上下游特异性引物 DAK5 和 DAK3 进行 PCR 扩增检测 DAK 基因片段，以 pK-35S-PrbcS-*T-DAK-PROLD-PrbcS-*T-DAS 为模板都能扩增出一条 1.8kb 的 DAK 条带，与用 pEN-L4*-PrbcS-*T-DAK-L3*中为模板扩增到的条带分子量一致(图 11-13C)。确认是整合成功的质粒后，重新转化大肠杆菌 DH5α，挑单个菌落进行液体培养，用试剂盒纯化质粒。pK-35S-PrbcS-*T-DAK-PROLD-PrbcS-*T-DAS 携带的植物筛选标记基因为卡那霉素(Km)抗性基因(NPTⅡ)，这样可用加有 Km 的平板筛选转基因植物。

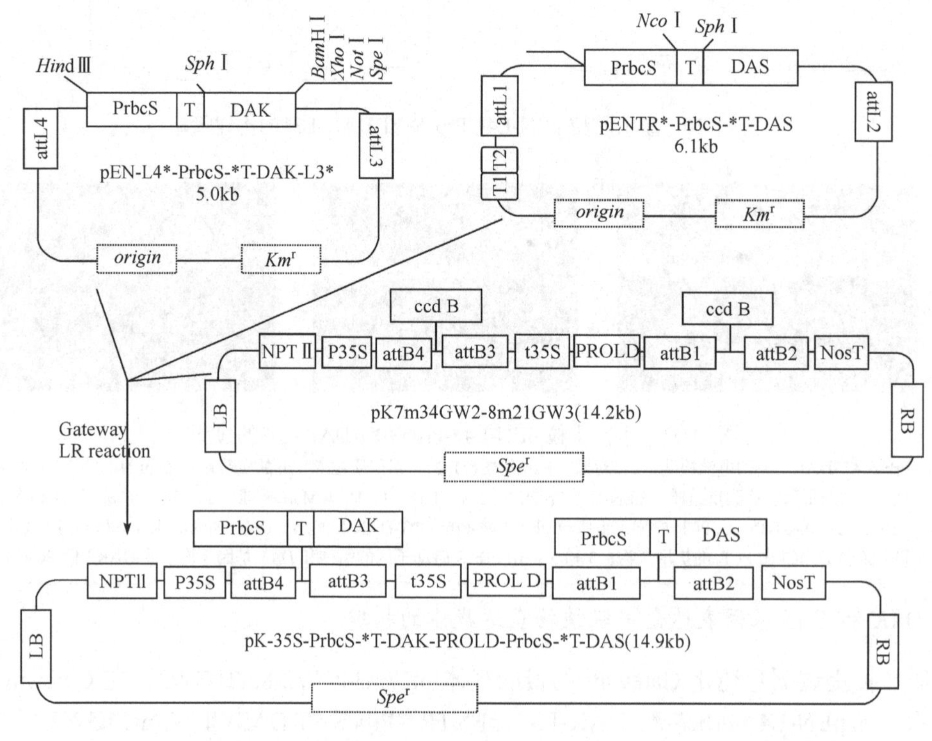

图 11-12　植物表达载体 pK-35S-PrbcS-*T-DAK-PROLD-PrbcS-DAS 的构建策略

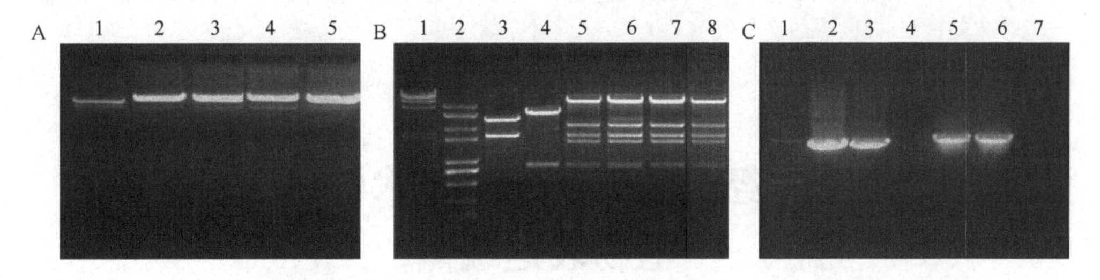

图 11-13　重组质粒 pK-35S-PrbcS-*T-DAK-PROLD-PrbcS-*T-DAS 的检测

A. pK-35S-PrbcS-*T-DAK-PROLD-PrbcS-*T-DAS 的电泳检测 。1，负对照(14.2 kb 的质粒)；2～5，pK-35S-PrbcS-*T-DAK-PROLD-PrbcS-*T-DAS 质粒 DNA。B. 用 *Eco*RⅤ酶切检测重组质粒 pK-35S-PrbcS-*T-DAK-PROLD-PrbcS-*T-DAS。1，λDNA/*Hin*dⅢ DNA Marker；2，DNA Marker DL2000；3，pENTR*-PrbcS-*T-DAS；4，pEN-L4*-PrbcS-*T-DAK-L3*；5～8，pK-35S-PrbcS-*T-DAK-PROLD-PrbcS-*T-DAS。C. PCR 检测重组质粒 pK-35S-PrbcS-*T-DAK-PROLD-PrbcS-*T-DAS。1，DNA Marker DL2000；2，正对照(以 pEN-L4*-PrbcS-*T-DAK-L3*为模板用 DAK5 和 DAK3 引物做 PCR 的扩增产物)；3，以 pK-35S-PrbcS-*T-DAK-PROLD-PrbcS-*T-DAS 为模板用 DAK5 和 DAK3 引物做 PCR 的扩增产物；5，正对照(以 pENTR*-PrbcS-*T-DAS 为模板用 DAS5 和 DAS3 引物做 PCR 的的扩增产物)；6，以 pK-35S-PrbcS-*T-DAK-PROLD-PrbcS-*T-DAS 为模板用 DAS5 和 DAS3 引物做 PCR 的扩增产物；4 和 7，负对照(以 pK7m34GW2-8m21GW3 为模板的扩增产物)

第十二章　用经典的酶切连接技术构建目的基因的植物表达载体

一、柠檬酸合成酶基因 *cs* 光诱导型植物表达载体 pPZP211-PrbcS-*cs* 的构建

(一) 引言

以往的研究证明，通过在植物中过量或异位表达有机酸合成酶基因，如柠檬酸合成酶与苹果酸合成酶基因，可以提高植物体内的有机酸含量。这些有机酸通过根系分泌到土壤中，螯合土壤中的铝离子，就能解除酸性土壤中高浓度的铝对植物的毒害。这样不仅可以提高转基因植物对铝毒的耐受能力，而且还有利于植物对磷等其他必需营养元素的吸收和利用。柠檬酸合成酶(CS)是一个参与草酰乙酸(OAA)和乙酰辅酶 A 缩合产生柠檬酸的关键酶，这个生化反应在 TCA 循环、脂肪酸的β-氧化作用和光呼吸的乙醛酸循环途径中起重要作用。因为柠檬酸是多种生化反应如氨基酸和脂肪酸合成途径中重要的中间产物，它的合成和分解受到严格的控制。在尝试对柠檬酸代谢进行遗传操作时，从整体上考虑柠檬酸上游和下游的酶及代谢产物是很重要的。增加柠檬酸的产生或减少柠檬酸的分解作用可以增强柠檬酸的积累或流动，增加与柠檬酸合成有关的酶如 CS、MDH(苹果酸脱氢酶)和 PEPC(磷酸烯醇式丙酮酸羧化酶)的活性，或减少与柠檬酸分解有关的酶如乌头酸酶(ACO)和异柠檬酸脱氢酶(IDH)的活性，能增强柠檬酸的积累，柠檬酸生成量的增加可能会促进柠檬酸的分泌作用。

由于柠檬酸的合成需要碳骨架，植物的叶片是光合作用器官，在叶片中产生的光合作用产物可以为柠檬酸的合成提供大量的碳骨架。已有的 *cs* 基因的植物表达载体均采用组成型启动子(CaMV35S)，CaMV35S 的作用没有组织特异性。用报告基因的研究结果表明 CaMV35S 的表达在根中最强，在茎、叶片、花和果实中较弱。1,5 二磷酸核酮糖羧化酶(Rubisco)是植物中表达量最大的蛋白质，这种蛋白质的含量占植物细胞中可溶性蛋白的 40%～50%。Rubisco 的小亚基(rbcS)由细胞核基因编码，控制 rbcS 基因表达的启动子为光诱导型启动子(PrbcS)，PrbcS 的作用有很强的组织特异性，需要光信号的诱导，在茎中有低水平的表达，在叶片中的表达最强。用报告基因的研究结果表明在叶片中 PrbcS 的活性比 CaMV35S 的高 3～4 倍，因此 PrbcS 是一种很强的光诱导型启动子，在科研工作中 PrbcS 常被用来实现目的基因在叶片中的高水平表达。

(二) *cs* 基因植物表达载体的构建策略

1. TA 克隆载体的构建

从 GenBank 中查找烟草 *cs* 的全长基因序列(在 GenBank 中的登录号为：X84226)，并设计序列如下的一对引物：

cA1：5′-CACCATGGTGTTCTATCGCGGCGTTTC-3′

cA2：5′-TCTAGATCATGCTTTCTTGCAAATGGTTC-3′

5′端引物 cA1 加 CACC 特征序列，并由此形成 *Nco* Ⅰ酶切位点；3′端引物 cA2 加 *Xba* Ⅰ酶切位点；以烟草第一链 cDNA 为模板扩增，得到 *cs* 的全长 cDNA。回收并纯化 *cs* 全长基因片段，并将其连接到 pMD18-T 载体上(图 12-1)，采用碱裂解法提取质粒 DNA 即 pMD-*cs*。

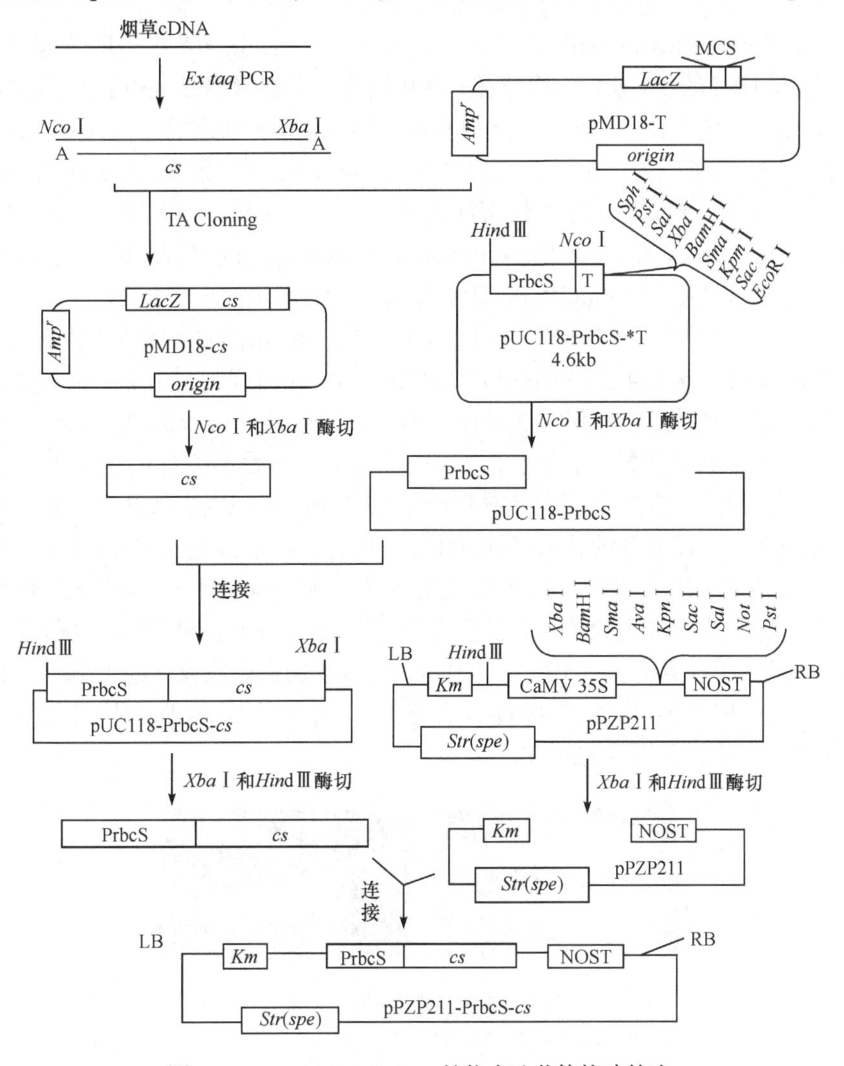

图 12-1　pPZP211-PrbcS-*cs* 植物表达载体构建策略

2. 中间载体的构建

将 PrbcS 启动子连接到 *cs* 基因的 5′端,用 *Nco* Ⅰ和 *Xba* Ⅰ双酶切 pMD-*cs* 和 pUC118-PrbcS-*T，并回收纯化 *cs* 基因片段以及载体大片段 pUC118-PrbcS，然后连接、转化、抽提质粒获得重组质粒 pUC118-PrbcS-*cs*(图 12-1)。

3. 植物表达载体的构建

植物表达载体使用 pPZP211，用 *Hind* Ⅲ和 *Xba* Ⅰ双酶切 pUC118-PrbcS-*cs* 和 pPZP211，回

收纯化小片段 PrbcS-*cs* 和大片段 pPZP211，然后连接转化，挑选单克隆并抽提质粒获得重组载体 pPZP211-PrbcS-*cs*(图 12-1)。

(三) 实验操作流程

1. 烟草柠檬酸合成酶基因 *cs* 的 cDNA 扩增及 TA 克隆

用 TRIzoL Reagent(Invitrogen)从烟草(*N. tabacum* cv. Xanth)幼苗中提取总 RNA，取植物嫩叶约 0.1g，加入 1mL 的 TRIzoL 提取液在研钵中研磨，室温静置 5min 后移入离心管，再加入 0.2mL 氯仿，振荡混匀，12 000r/min 离心 15min，转移上清液至新管，加入 0.5mL 异丙醇，混匀室温放置 10min，4℃ 12 000r/min 离心 10min，弃上清，沉淀用 75%乙醇 1mL 清洗，4℃ 7 500r/min 离心 5min，弃乙醇真空干燥沉淀或自然晾干，用 20μL 焦碳酸二乙酯(DEPC)处理水溶解 RNA。使用 M-MuLV Reverse Transcriptase Kit(TaKaRa)进行 cDNA 的合成，取植物总 RNA 0.1～5μg、oligo(dT)50ng、10mmol/L dNTP mix 1μL，用 DEPC 处理水补足至 10μL，混匀后，短暂离心将之收集于管底，置于 65℃加热 5min，冰浴 10min，加入反应混合物 9μL(5×反应缓冲液 4μL，25mmol/L $MgCl_2$ 4μL，0.1mol/L DTT 2μL，RNA 酶抑制剂 1μL)，将上述混合物混匀，短暂离心将之收集于管底，25℃保温 2min，加入 1μL M-MuLV Reverse Transcriptase，将上述混合物混匀，短暂离心将之收集于管底，25℃保温 20min，然后 42℃保温 70min，合成 cDNA。以 cDNA 为模板，用 *cs* 基因上下游特异性引物 cA1 和 cA2 进行 PCR，扩增得到 *cs* 的全长 cDNA(1.4kb)(图 12-2)。回收并纯化 *cs* 全长基因片段，并将其连接到 pMD18-T(大连宝生物公司)载体上，转化大肠杆菌感受态 DH5α(天根生化科技)，采用碱裂解法提取质粒 DNA，经 1%琼脂糖凝胶电泳，选取大小和理论值相符的重组质粒做进一步的双酶切检测。根据阳性重组质粒 pMD-*cs* 载体两端的多克隆位点，用 *Nco* Ⅰ 和 *Xba* Ⅰ 双酶切重组质粒，经 1%琼脂糖凝胶电泳检测酶切产物。连接成功的重组质粒 pMD-*cs* 含有 1.4kb 左右的 DNA 插入片段(图 12-3)，经序列分析证明是烟草 *cs* 全长基因的 cDNA。

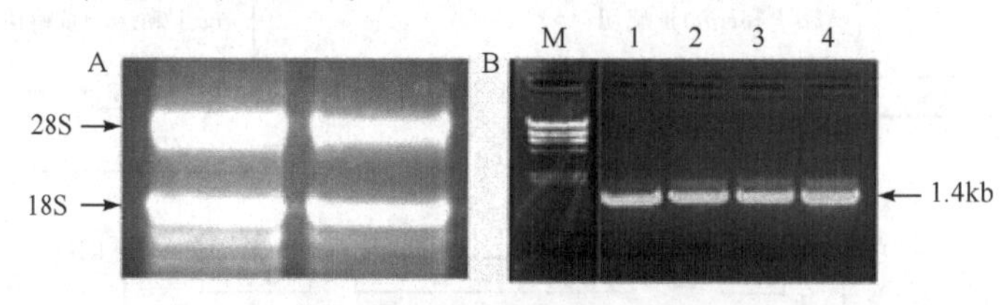

图 12-2　通过 RT-PCR 扩增得到 *cs* 基因的 cDNA

A. 烟草总 RNA；B. 烟草 RNA 的 RT-PCR。M，λDNA/*Hin*dⅢ digest Marker。1～4，*cs* 基因的 RT-PCR 产物

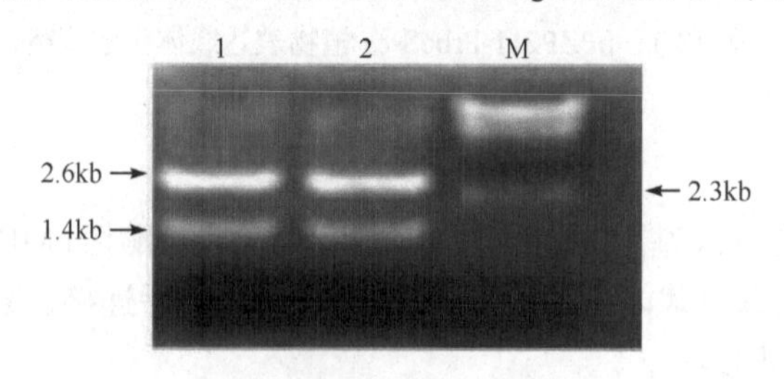

图 12-3　重组质粒 pMD-*cs* 的酶切检测

1～2，用 *Xba* Ⅰ 和 *Nco* Ⅰ 双酶重组质粒 pMD-*cs*；M，λDNA/*Hin*dⅢ digest Marker

2. 重组质粒 pUC118-PrbcS-*cs* 的构建

为了将 PrbcS 启动子连接到 *cs* 基因的 5′端，用 *Nco* Ⅰ 和 *Xba* Ⅰ 双酶切 pMD-*cs* 和 pUC118-PrbcS-*T(该载体为 PrbcS 启动子的供体)，回收纯化 1.4kb 的 *cs* 基因 cDNA 片段及载体大片段 pUC118-PrbcS(约 4.2kb)，然后用宝生物(TaKaRa)的连接酶试剂盒连接 *cs* 基因 cDNA 片段及载体大片段 pUC118-PrbcS，用连接反应混合物转化高效率(10^8)的大肠杆菌感受态细胞(DH5α，天根生化科技)，把转化好的大肠杆菌涂于加有氨苄青霉素(Amp，100μg/mL)的平板上，筛选 Amp 抗性重组子菌落，从 Amp 抗性重组子菌落中提取质粒进行 PCR 和酶切鉴定。以重组质粒为模板，用一个位于 PrbcS 启动内部的引物及 *cs* 基因的下游引物 cA2 进行 PCR 扩增，PCR 产物的理论长度为 1.6kb。PCR 产物经 1%琼脂糖凝胶电泳，结果显示扩增产物的分子质量为 1.6kb，实际大小与理论值相符合，表明已经将 *cs* 基因正确插入到含有光诱导启动子 PrbcS 的载体上(图 12-4A)。接着对 PCR 分析为阳性的重组质粒进行酶切检测，连接正确的重组质粒经 *Eco*R Ⅰ 酶切应该得到一条 1.0kb 左右的小片段和一条 4.6kb 的大片段，酶切产物经 1%琼脂糖凝胶电泳检测，结果和理论相符(图 12-4B)，由此获得正确连接的重组质粒 pUC118-PrbcS-*cs*。

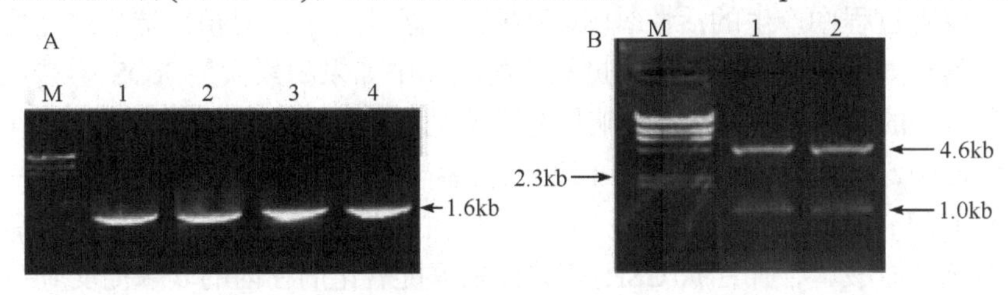

图 12-4　重组质粒 pUC118-PrbcS-*cs* 的检测

A. PCR 检测。M，λDNA/*Hind* Ⅲ digest Marker；1～4，以 pUC118-PrbcS-*cs* 为模板扩增的 PCR 产物。B. 酶切检测。M，λDNA/*Hind* Ⅲ digest Marker；1～2，用 *Eco*R Ⅰ 酶切 pUC118-PrbcS-*cs* 重组质粒

3. pPZP211-PrbcS-*cs* 的构建

用 *Hind* Ⅲ 和 *Xba* Ⅰ 双酶切 pUC118-PrbcS-*cs* 和 pPZP211，回收纯化目的片段 PrbcS-*cs*(约 2.9kb)和 pPZP211 载体大片段(长度约为 9.3kb)，然后用宝生物(TaKaRa)的连接酶试剂盒连接目的片段 PrbcS-*cs* 和 pPZP211 载体大片段，用连接反应混合物转化高效率(10^8cfu/μg 质粒 DNA)的大肠杆菌感受态细胞(DH5α，天根生化科技)，把转化好的大肠杆菌涂于加有大观霉素(Spe，50μg/mL)的平板上，于 37℃过夜培养，筛选 Spe 抗性重组子菌落，从 Spe 抗性重组子菌落中提取质粒，然后进行 PCR 和酶切检测。PCR 检测采用两组引物进行，第一组用一个位于 PrbcS 启动子内部的引物(rbcS5)及 *cs* 基因的下游引物 cA2 进行 PCR，PCR 产物的理论长度为 1.6kb；第二组的上下游引物分别是扩增 *cs* 全长基因的引物 cA1、cA2，PCR 产物的理论长度则为 1.4kb。两组 PCR 产物经 1%琼脂糖凝胶电泳分析显示其片段大小分别与理论预测值相符(图 12-5A)。这表明 PrbcS-*cs* 片段已经正确插入到植物表达载体 pPZP211 中。*cs* 基因内部及 NOS 终止子之后均包含一个 *Eco*R Ⅰ 位点，所以采用 *Eco*R Ⅰ 进行酶切检测，如果插入方向是正确的，酶切产物会出现长度约为 1.4kb 的小片段。琼脂糖凝胶电泳检测结果显示酶切产物小片段的大小与理论推测相吻合(图 12-5B)，由此获得 *cs* 基因的植物表达载体 pPZP211-PrbcS-*cs*，该载体带有启动子 PrbcS，其后紧接 *cs* 基因。

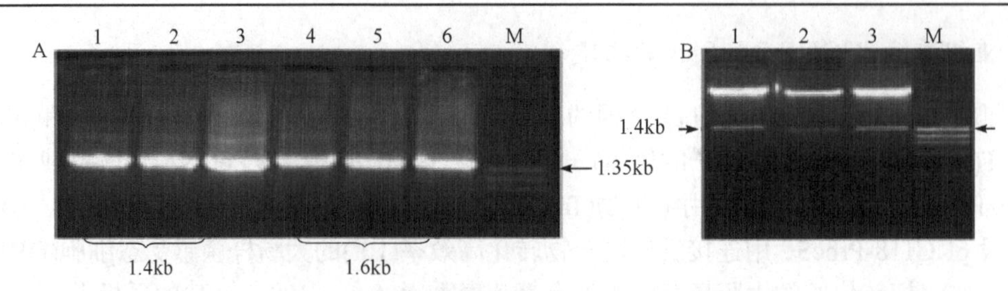

图 12-5　重组质粒 pPZP211-PrbcS-*cs* 的检测

A. PCR 检测。M，φX174 DNA Marker；1～3，以 pUC118-PrbcS-*cs* 重组质粒为模板扩增 *cs* 基因全长的 PCR 产物；4～6，以 pPZP211-PrbcS-*cs* 重组质粒为模板，用一个位于 PrbcS 启动子内部的一个引物(rbcS5)及 *cs* 基因的下游引物 cA2 扩增的 PCR 产物。B. M，φX174 DNA Marker；1～3，用 *Eco*R Ⅰ 酶切 pPZP211-PrbcS-*cs* 重组质粒

二、芹菜丝氨酸乙酰转移酶基因的植物表达载体构建

(一) 引言

植物生长发育过程中产生的活性氧(ROS)在正常条件下不会对植物造成严重伤害，但逆境条件下植物细胞器如叶绿体、线粒体、过氧化物酶体中如果积累大量 ROS 会造成叶绿素、膜质、蛋白质和核酸的氧化损伤，从而影响细胞正常的生理代谢。植物体内的抗氧化酶系统在环境胁迫下活性增强，可清除过量 ROS。研究表明参与清除 ROS 的机制有两种，一种是包括谷胱甘肽转移酶(GST)、APX、CAT、SOD、谷胱甘肽过氧化物酶(GPOX)等在内的酶促反应系统；另一种是包括抗坏血酸、谷胱甘肽(GSH)和类黄酮等抗氧化剂在内的非酶促反应系统。

丝氨酸乙酰转移酶(SAT)催化丝氨酸(Ser)和乙酰辅酶 A(acetyl-CoA)的反应形成 *O*-乙酰丝氨酸，在半胱氨酸合成酶的催化下，H_2S 与 *O*-乙酰丝氨酸反应形成 Cys。在 Cys 的 4 条代谢旁路中，合成 GSH 是主要的代谢途径，并且合成 Cys 的限制因素是 SAT。无论是在细胞质还是在叶绿体中，SAT 酶活都是合成 Cys 和 GSH 含量的限制因子。研究表明过量表达 SAT 的拟南芥、烟草、马铃薯中 GSH 含量有所提高。在我们构建芹菜的 SSH cDNA 文库中获得 *SAT* 的 EST 序列。因此，我们通过 RACE 技术扩增出芹菜 *SAT* 基因的全长 cDNA 序列，构建 *SAT* 基因的植物表达载体，转化烟草，在转基因烟草中验证芹菜 *SAT* 基因的功能。

(二) 表达载体的构建策略

1. 芹菜 *SAT* 基因的扩增与 TA 克隆

对我们文库中获得的 SAT 基因序列进行比对，发现 SAT 基因序列具有 5′端的 EST 序列，利用 3′RACE-PCR 扩增其 3′端的序列。根据我们文库中获得的 SAT 基因片段设计如下的三个引物，进行巢式 PCR 反应，将所得片段连入 pMDl8-T，酶切鉴定后进行序列测定。根据已测定序列及其重叠区域，拼接出 *SAT* 基因的全长 cDNA 序列，PCR 扩增全长序列。回收 *SAT* 的编码区基因片段，并将其连接到 pMD18-T 载体上，获得重组质粒 pMD-SAT(图 12-6)。

2. *SAT* 基因植物表达载体 p1300-Superpromoter-*AgSAT* 的构建

用 *Pst* Ⅰ 和 *Xba* Ⅰ 双酶切 pMD-SAT 和 Surper1300$^+$载体，将酶切后包含 SAT 全长的条带和 Surper1300$^+$载体条带进行回收，再将二者连接后，转化大肠杆菌，筛选出重组子，获得植物表达载体 p1300-Surperpromoter-*AgSAT*(图 12-6)。

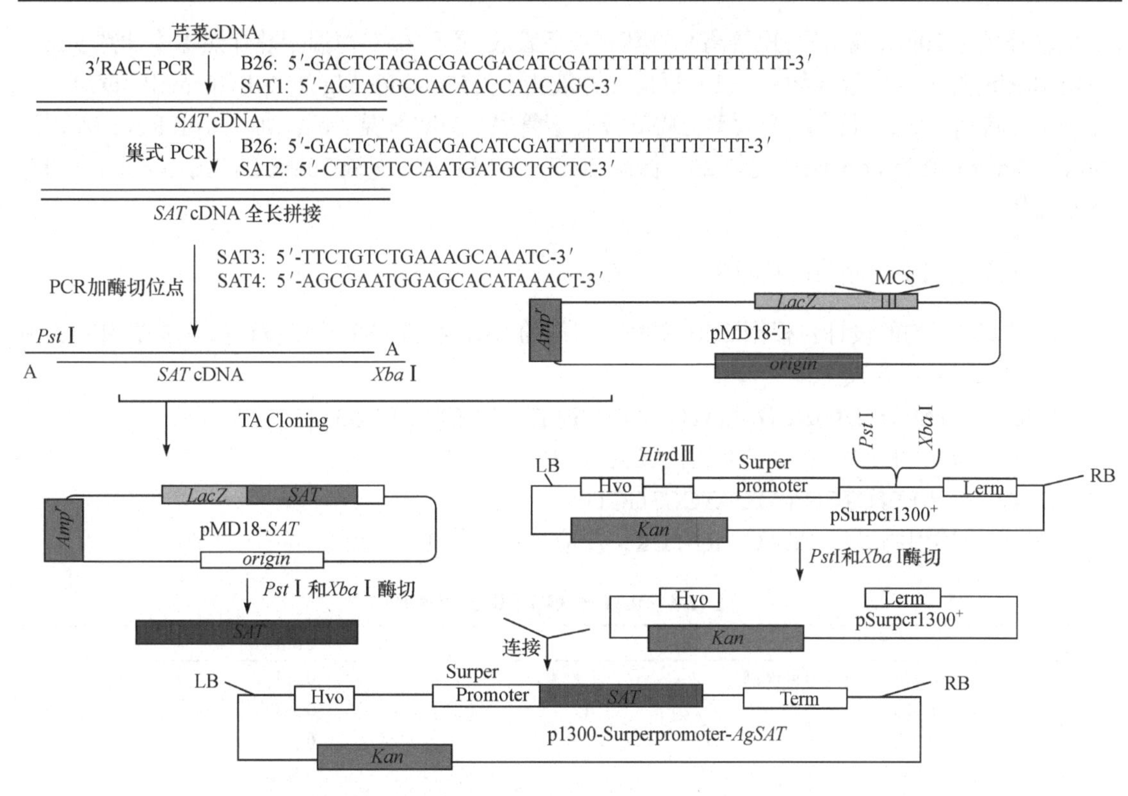

图 12-6 *SAT* 基因植物表达载体 p1300-Superpromoter-*AgSAT* 的构建

(三) 实验操作流程

1. 芹菜总 RNA 的制备与质量检测

芹菜总 RNA 的提取使用 TRIzoL Reagent(Invitrogen 公司购买)试剂，对说明书方法稍做修改。取全株幼嫩芹菜 0.1g，加入 1mL 的 TRIzoL RNA 提取液，混匀，室温静置 5min，加入 0.2mL 氯仿，振荡混匀，4℃，12 000r/min 离心 15min。转移上清液，加入 0.5mL 异丙醇，混匀，室温放置 10min 后 12 000r/min 离心 10min。弃上清，75%的乙醇 1mL 清洗沉淀，4℃、7500r/min 离心 5min，真空干燥沉淀，用 20μL 焦碳酸二乙酯(DEPC)处理水溶解 RNA，–20℃。取 1μL RNA 用 1.2%的琼脂糖凝胶进行电泳检测，结果(图 12-7)说明提取到的 RNA 质量符合要求。

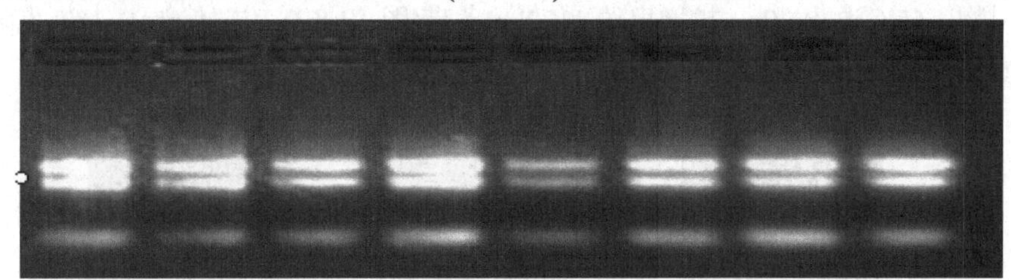

图 12-7 芹菜总 RNA 的电泳检测

2. 芹菜 cDNA 的合成

用芹菜总 RNA 为模板，使用 RevertAid^{TM}-MuLV Reverse Transcriptase Kit(Fermentas)进行 cDNA 的合成。取植物总 RNA 0.1～0.5μg，oligo(dT) 50ng，10 mmol/L dNTP mix 1μL，用 DEPC

处理水补足至10μL，混匀后，短暂离心将其收集于管底，置于65℃恒温干热加热器中加热5min，冰浴10min，加入反应混合物9μL(10×反应缓冲液4μL，25 mmol/L $MgCl_2$ 4μL，0.1mol/L DTT 2μL，RNA酶抑制剂1μL)，混匀，短暂离心将其收集于管底，25℃保温2min，加入1μL RevertAid^{TM}-MuLV Reverse Transcriptase，混匀25℃保温20min，然后42℃保温70min，冰浴10min。–20℃保存备用。

3. *SAT*基因全长序列的扩增及TA克隆

(1) PCR引物的设计：根据SSH文库中获得的SAT基因EST片段设计如下3个引物，由上海生物工程公司合成。

B26：5′-GACTCTAGACGACATCGATTTTTTTTTTTTTTTTT-3′

SAT1：5′-ACTACGCCACAACCAACAGC-3′

SAT2：5′-CTTTCTCCAATGATGCTGCTC-3′

(2) 用上述引物进行3′RACE RT-PCR，反应体系如表12-1所示。

表12-1　RACE RT-PCR反应体系

10×PCR Buffer	2.5μL
dNTP mixture(10 mmol/L)	0.5μL
SAT1	0.5μL
B26	0.5μL
cDNA	0.5μL
Taq plus	0.3μL
H_2O	15.2μL
Total volume	20μL

(3) PCR反应程序如下：94℃预变性3min；然后进行以下循环：94℃变性30s，53℃退火30s，72℃延伸60s，共计30个循环；最后72℃延伸10min。

(4) 同样的体系和反应程序，以第一次的PCR产物为模板做二次PCR，引物为SAT2和B26。

(5) 将所得片段(图12-8A)连入pMDl8-T，酶切鉴定为阳性的克隆进行序列测定。

(6) 根据已测定序列及其重叠区域，拼接出目的基因的全长cDNA，设计引物SAT3：5′-TTCTGTCTGAAAGCAAATC-3′和SAT4：5′-AGCGAATGGAGCACATAAACT-3′。PCR扩增全长序列做进一步的验证。反应体系如下：在上述反应体系的基础上略作改动，SAT3和SAT4为上下游引物，55℃退火30s，扩增出约1172bp条带(图12-8B)。连接pMD-18T克隆载体，菌落检测、质粒提取后，用*Xba* I和*Pst* I双酶切检测(图12-8C)，测序。

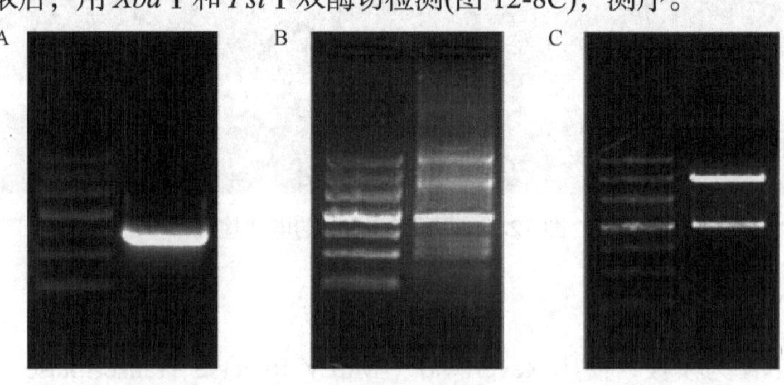

图12-8　*SAT*基因的RACE-PCR扩增

4. *SAT* 基因植物表达载体的构建

将 PCR 所得基因全长连接入 pMDl8-T 载体，筛选正向阳性克隆进行菌液富集后提取质粒，并将质粒用 *Pst* Ⅰ和 *Xba* Ⅰ进行双酶切，将酶切后包含 SAT 全长的条带进行回收；然后用 *Pst* Ⅰ和 *Xba* Ⅰ酶切 pSurper1300⁺载体，将所得到的载体片段进行回收(图 12-9A)。所得到的全长序列和载体序列带了互补的黏性末端，再将二者连接后，转化大肠杆菌，通过酶切鉴定筛选出重组子，获得 *SAT* 植物表达载体质粒 p1300-Surperpromoter-*AgSAT*(图 12-10)。用 *Pst* Ⅰ和 *Xba* Ⅰ进行双酶切检测后，均能得到 1172bp 的 *SAT* 条带(图 12-9B)，确认是重组成功的质粒后，重新转化大肠杆菌 DH5α，挑单个菌落以液体 LB 进行培养，用试剂盒纯化质粒。

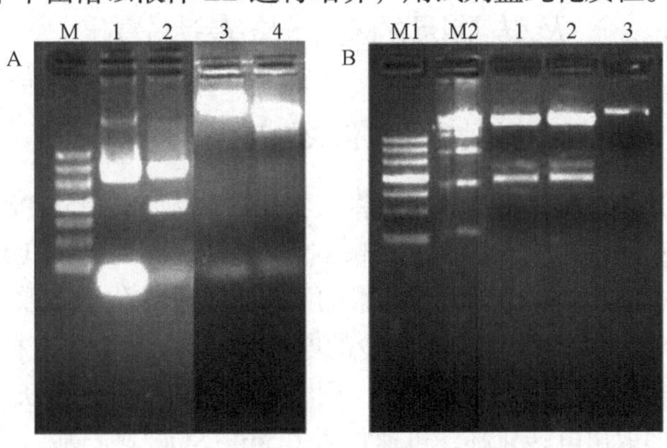

图 12-9　*SAT* 植物表达载体的检测

A. M, MarkerⅢ;1,pMD-AgSAT 原始质粒; 2,pMD-AgSAT 质粒的酶切;3,P-Super1300⁺;4, P-Super1300⁺载体的酶切。B. M1, MarkerⅢ; M2, Marker15000;1 和 2,pSurper1300⁺-AgSAT 表达载体的酶切;3,pSurper1300⁺-AgSAT 表达载体的原始质粒

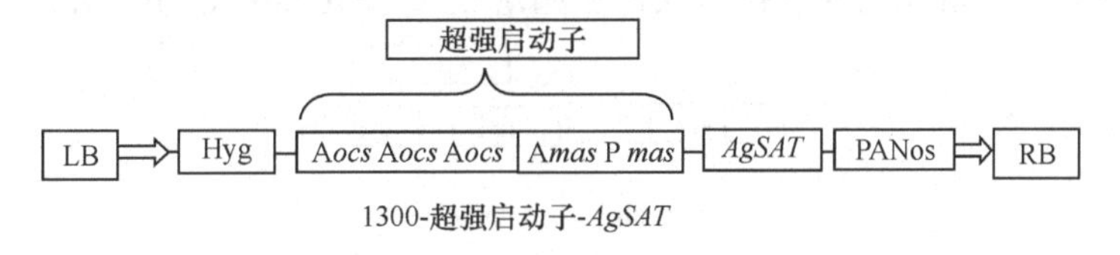

图 12-10　植物表达载体 p1300-Surperpromoter-*AgSAT* 的 T-DNA 区域

第十三章　利用植物表达载体转化植物及转基因植物表型分析

一、用 GFP 和 GUS 植物表达载体产生转基因植物及转基因的整合与表达分析

(一) 用 GFP 和 GUS 基因的植物表达载体转化农杆菌

制备农杆菌的感受态细胞，用电脉冲法将植物表达载体 pK2-35S-PrbcS-*T-GFP、pK2-35S-GFP、pPZP211-PrbcS-*T-GFP、pK2-35S-PrbcS-*T-GUS、pK2-35S-GUS、pPZP211-PrbcS-*T-GUS(图 13-1)转入农杆菌中，在加有大观霉素的平板上筛选转化子。取少量质粒加入农杆菌感受态细胞中，轻轻混匀；将混合物加入到预冷的电转化杯中，轻轻敲击杯身使混和液落至杯底；将电转化杯置于电转化仪(BIO-RAD)滑槽中，用 1mm 的电击杯和 200Ω、2.5kV/0.2cm 的参数进行电击，电击后立即取出电转化杯，迅速加入 0.5mL SOC 培养基，混匀，转移到 1.5mL 的离心管中；28℃、200r/min 摇床培养 3～5h；室温下，7500r/min 离心 1min，弃大部分上清，保留 100μL 将细胞悬浮；把农杆菌涂布于有大观霉素(Spe，50μg/mL)的 LB 固体培养基上，28℃培养 2 天获得单菌落；首先用牙签挑取农杆菌菌落放入 20μL ddH_2O 中，98℃处理 15min 后取

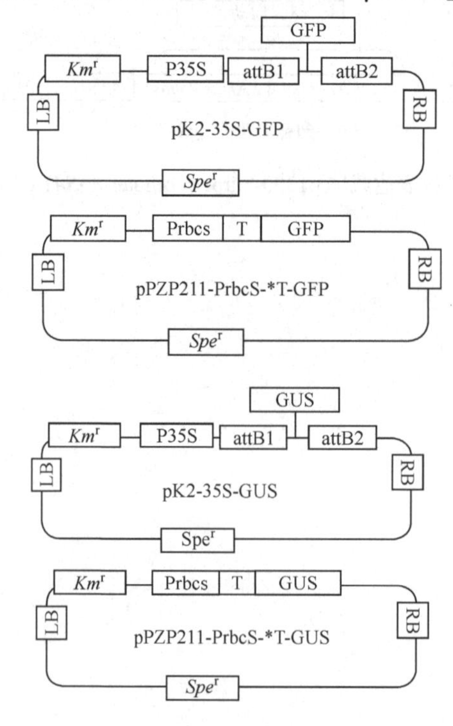

图 13-1　GFP 和 GUS 的组成型和诱导型植物表达载体 T-DNA 的结构

出 10μL 农杆菌裂解液作为 PCR 反应的模板。用 GFP 和 GUS 基因上下游特异性引物进行 PCR 检测，转化成功的菌落均能扩增出 0.7kb 的 GFP(图 13-2A)和 1.8kb 的 GUS(图 13-2B)基因条带，经菌落 PCR 确认的转化子菌落用于转化植物。

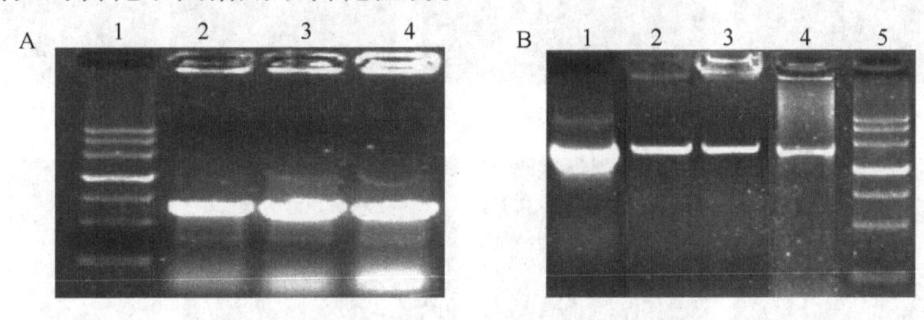

图 13-2　农杆菌转化子菌落的 PCR 检测

A. GFP 的农杆菌菌落 PCR 产物。1，DNA Marker；2，转化 pPZP211-PrbcS-*T-GFP 的农杆菌；3，转化 pK2-35S-PrbcS-*T-GFP 的农杆菌；4，转化 pK2-35S-GFP 的农杆菌。B. GUS 的农杆菌菌落 PCR 产物。1，正对照(以 pK2-35S-PrbcS-*T-GUS 质粒为模板扩增得到的 PCR 产物)；2，转化 pPZP211-PrbcS-*T-GUS 的农杆菌；3，转化 pK2-35S-PrbcS-*T-GUS 的农杆菌；4，转化 pK2-35S-GUS 的农杆菌；5，DNA Marker

(二) 用含有 GFP 和 GUS 基因植物表达载体的农杆菌转化植物

挑取携带有 pK2-35S-PrbcS-*T-GFP、pK2-35S-GFP、pPZP211-PrbcS-*T-GFP、pK2-35S-PrbcS-*T-GUS、pK2-35S-GUS、pPZP211-PrbcS-*T-GUS 质粒的农杆菌单菌落接种于 50mL 的 LB 培养基中(含 Spe，100μg/mL)，180r/min、28℃培养 24h，待菌液 OD_{600} 至 1.0 左右，离心 10min(3000r/min)，沉淀菌体。再用 10mL 左右的 MS 液体培养基悬浮，离心 10min(3000r/min)，沉淀菌体。重复以上操作 2～3 次。最后加入一定体积的 MS 液体培养基重悬浮，使菌体的 OD_{600} 值为 0.5。选取两种容易转化的植物——烟草和天竺葵进行转化试验。制备烟草(*N. tabacum* cv. Xanth)和天竺葵(*Pelargonium* sp. frensham)的无菌苗，通过农杆菌介导，用叶盘法转化烟草，用叶柄法转化天竺葵，然后通过组织培养获得小苗，进一步筛选获得所需的转基因植物。把无菌烟草的叶片切成小片叶盘，把天竺葵的叶柄切成小段，在制备好的农杆菌菌液中浸染 15～20min，用无菌吸水纸吸干后，平铺于愈伤组织诱导培养基 MS1(MS+NAA 0.21μg/mL+BAP 0.02μg/mL)上黑暗共培养 2 天，将外植体转移至含卡那霉素(50μg/mL)的芽诱导培养基 MS4(MS+NAA 0.53μg/mL+BAP 0.5μg/mL)上进行芽的诱导，约 15 天继代一次。待有芽生成后，转入含卡那霉素(50μg/mL)的 MS 培养基上进行根的诱导。

(三) GFP 的荧光观察

待烟草叶盘和天竺葵叶柄在 MS4 培养基上生长 1～2 周后，选取部分用 GFP 表达载体转化的烟草叶盘(图 13-3D～F)和天竺葵叶柄(图 13-3A～C)产生的愈伤组织，放置于载玻片上，使用连续变倍体视显微镜观察 GFP 的表达情况。先用显微镜光源观察愈伤组织(明场，图 13-3G 和 H 左图)的生长情况并拍照。然后关掉光源，使用紫外灯(便携式紫外灯)照射愈伤组织观察(暗场，图 13-3G 和 H 右图)愈伤组织中的 GFP 亮点并拍照。结果观察到用我们发明的方法构建的植物表达载体 pK2-35S-PrbcS-*T-GFP(图 13-3B 和 E)转化的植物产生的愈伤组织与用 pK2-35S-GFP(图 13-3C 和 F)和 pPZP211-PrbcS-*T-GFP(图 13-3A 和 D)转化植物后产生的愈伤组织一样有 GFP 的荧光，荧光的亮度一样，说明用载体 pK2-35S-PrbcS-*T-GFP 转化植物组织后可以实现 GFP 基因的正常表达，未转化的烟草叶盘和天竺葵叶柄产生的愈伤组织在同样的条件下观察没有 GFP 的荧光(图 13-3)。

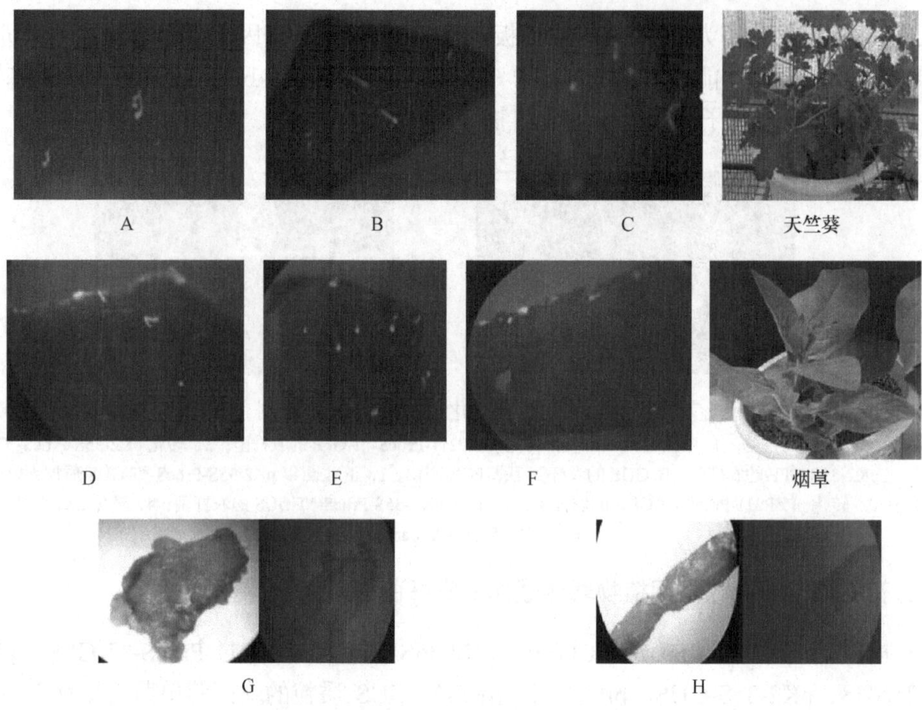

图 13-3　GFP 基因转基因愈伤组织的荧光观察

A. 转化 pPZP211-PrbcS-*T-GFP 的天竺葵叶柄(诱导型表达)。B. 转化 pK2-35S-PrbcS-*T-GFP 的天竺葵叶柄。C. 转化 pK2-35S-GFP 的天竺葵叶柄(组成型表达)。D. 转化 pPZP211-PrbcS-GFP 的烟草叶盘(诱导型表达)。E.转化 pK2-35S-PrbcS-*T-GFP 的烟草叶盘。F. 转化 pK2-35S-GFP 的烟草叶盘(组成型表达)。G. 对照烟草(未经农杆菌转化的叶盘)。H. 对照天竺葵(未经农杆菌转化的叶柄)

(四) GFP 和 GUS 基因在转基因植物的插入情况和转录水平的检测

为了确认从转化的烟草叶盘产生的转基因烟草株系确实含有 GFP 基因和 GUS 基因，我们用 PCR 方法对筛选到的转基因烟草做进一步的鉴定。首先采用 CTAB 法提取植物基因组：称取植物叶片 100mg 左右置于 1.5mL 离心管中，加液氮用特制研棒研磨至粉末状；加入 900μL 预热到 65℃的 2×CTAB 缓冲液(Tris-HCl pH7.5 100mmol/L，EDTA 20mmol/L，NaCl 1.4mol/L，CTAB 2%)，65℃水浴加热 20min 后取出冷却；加入 500μL 氯仿-异戊醇混合液(24∶1)摇匀，4℃离心 10min(7500r/min)后转移上清至 1.5mL EP 管；再次加入 500μL 氯仿-异戊醇混合液(24∶1)摇匀，4℃离心 10min(7500r/min)；取出上清置于新的 EP 管中，加入 1/10 体积 3mol/L pH5.2 乙酸钠和等体积异丙醇，摇匀后 4℃离心 20min(12 000r/min)；弃上清，用 75%乙醇清洗两次后，干燥，用含 RNase 的 TE 缓冲液溶解并降解 RNA。以植物基因组 DNA 为模板，用 GFP 基因和 GUS 基因上下游特异性引物进行 PCR 检测，成功转入 GFP 基因的植株均能扩增出 0.7kb 的 GFP 条带(图 13-4A)，成功转入 GUS 基因的植株均能扩增出 1.8kb 的 GUS 条带(图 13-5A)。经 PCR 确认的转基因植株用于 RT-PCR 分析。

为了考察在含有 GFP 基因和 GUS 基因的转基因烟草株系中 GFP 基因和 GUS 基因的转录情况，从转基因植物中抽取总 RNA，反转录成 cDNA 后用于 RT-PCR 分析，检测 GFP 基因和 GUS 基因在转基因植物中的转录水平。采用 TRIzoL Reagent(Invitrogen)提取 RNA：取植物嫩叶约 0.1g，加入 1mL 的 TRIzoL 提取液在研钵中研磨，室温静置 5min 后移入离心管，再加入 0.2mL 氯仿，振荡混匀，离心 15min(12 000r/min)，转移上清液至新管，加入 0.5mL 异丙醇，混匀，室温放置 10min，4℃离心 10min(12 000r/min)，弃上清，沉淀用 75%乙醇 1mL 清洗，4℃

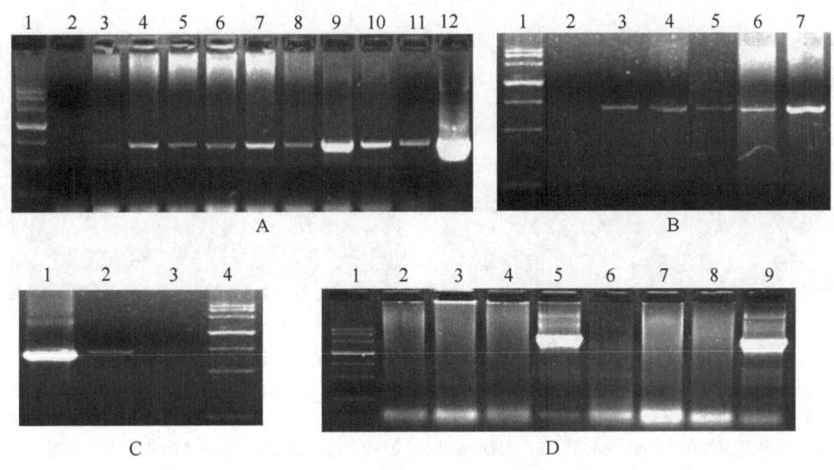

图 13-4　GFP 在转基因烟草中的插入情况和转录水平检测

A. 用 PCR(引物为 GFP5 和 GFP3)检测 GFP 在转基因烟草中的插入情况。1，DNA marker；2，wt(未转基因的野生型植物)；3～5，组成型表达株系；6～8，转 pK2-35S-PrbcS-*T-GFP 烟草株系；9～11，诱导型表达株系；12，正对照(以 pK2-35S-PrbcS-*T-GFP 质粒为模板扩增得到的 PCR 产物)。B. RT-PCR(引物为 GFP5 和 GFP3)检测 GFP 在转基因烟草中的转录水平。1，DNA markerⅢ；2，wt(未转基因的野生型)；3，组成型表达株系；4～5，转 pK2-35S-PrbcS-*T-GFP 烟草；6，诱导型表达株系；7，正对照(以 pK2-35S-PrbcS-*T-GFP 质粒为模板扩增得到的 PCR 产物)。C. GFP 组成型表达的 RT-PCR 检测(引物为 attB1 和 GFP3)。1，正对照(以 pK2-35S-GFP 质粒为模板扩增得到的 PCR 产物)；2～3，转化 pK2-35S-GFP 烟草株系；4，DNA marker。D. 转 pK2-35S-PrbcS-*T-GFP 烟草 GFP 组成型表达转录物的 RT-PCR 检测(引物为 attB1 和 GFP3)。1，DNA marker；2～4，引物为 attB1 和 GFP3；6～8，PCR 引物为 rbcS5 和 GFP3；5 和 9，正对照(以 pK2-35S-PrbcS-*T-GFP 质粒为模板扩增得到的 PCR 产物)

离心 5min(7500r/min)，弃乙醇真空干燥沉淀或自然晾干，用 20μL 焦碳酸二乙酯(DEPC)处理水溶解 RNA。使用 RevertAid™ M-MuLV Reverse Transcriptase Kit(Fermentas)进行 cDNA 的合成，取植物总 RNA 0.1～5μg、oligo(dT)50ng、10mmol/L dNTP mix 1μL，用 DEPC 处理水补足至 10μL，混匀后，短暂离心将之收集于管底，置于 65℃加热 5min，冰浴 10min，加入反应混合物 9μL(5×反应缓冲液 4μL，25mmol/L $MgCl_2$ 4μL，0.1mol/L DTT 2μL，RNA 酶抑制剂 1μL)，将上述混合物混匀，短暂离心将之收集于管底，25℃保温 2min，加入 1μL RevertAid™ M-MuLV Reverse Transcriptase，将上述混合物混匀，短暂离心将之收集于管底，25℃保温 20min，然后 42℃保温 70min，合成 cDNA。以 cDNA 为模板，用 GFP 和 GUS 基因上下游特异性引物作 RT-PCR，成功转入 GFP 的植株均能扩增出 0.7kb 的 GFP(图 13-4B)，成功转入 GUS 基因的植株均能扩增出 1.8kb 的 GUS 条带(图 13-5B)，证明 GFP 和 GUS 基因可以在转基因植物中成功地转录。经 RT-PCR 确认的转基因植株用于 GFP 的定量分析和 GUS 的染色分析。由于在 pK2-35S-PrbcS-*T-GFP 中有 35S 启动子，我们用一个位于 35S 转录起始点下游的引物(attB1)和位于 PrbcS 启动子内部的另一个引物(rbcS5)及 GFP3 引物进行 RT-PCR 分析，考察转化 pK2-35S-PrbcS-*T-GFP 的转基因植物中是否有 GFP 的组成型转录物。结果证明在转基因烟草中没有 GFP 的组成型转录物(图 13-4C 和 D)，说明 35S 启动子没有作用，而只有诱导型启动子 PrbcS 起作用。

(五) GUS 的染色分析

选取在无菌条件下于 MS 培养基上生长的烟草植株的第三张(自上往下数)叶片进行 GUS 染色分析。结果观察到用我们发明的方法构建的植物表达载体 pK2-35S-PrbcS-*T-GUS(图 13-6D)转化烟草叶盘产生的转基因植株的叶片和用 pPZP211-PrbcS-*T-GUS(图 13-6C)转化烟草叶盘产生的转基因植株的叶片一样，GUS 的染色范围很广，着色的程度很深，说明在用载体 pK2-35S-

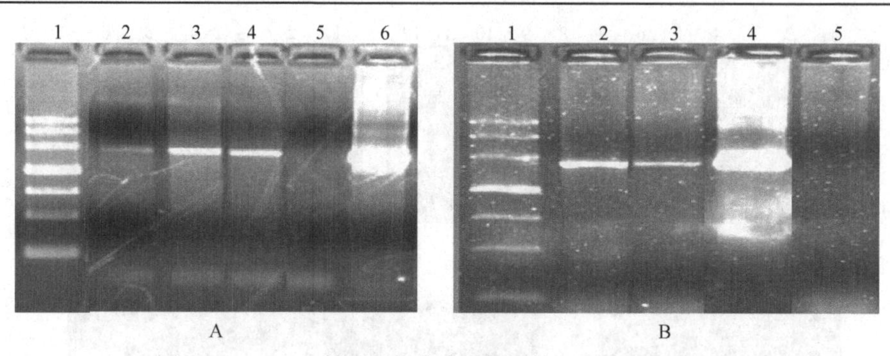

图 13-5　GUS 在转基因烟草中的插入情况和转录水平检测

A. GUS 基因在转基因烟草中的插入情况的 PCR 检测(引物为 GUS5 和 GUS3)。1，DNA marker；2～4，转 pK2-35S-PrbcS-*T-GUS 烟草株系；5，wt(未转基因的野生型)；6，正对照(以 pK2-35S-PrbcS-*T-GUS 质粒为模板扩增得到的 PCR 产物)。B. RT-PCR(引物为 GUS5 和 GUS3)检测 GFP 在转基因烟草中的转录水平。1，DNA marker；2～3，转 pK2-35S-PrbcS-*T-GUS 烟草株系；4，正对照；5，wt

PrbcS-*T-GUS 转化植物产生的转基因烟草叶片中 GUS 基因的表达水平可以达到诱导型表达的水平，用 pK2-35S-GUS 转化烟草叶盘产生的转基因植株的叶片仅有很少的部位能染上色(图 13-6B)，再次证明用组成型启动子很难实现目的基因在叶片中的高水平表达，没有转染的烟草叶片没有着色(图 13-6A)。

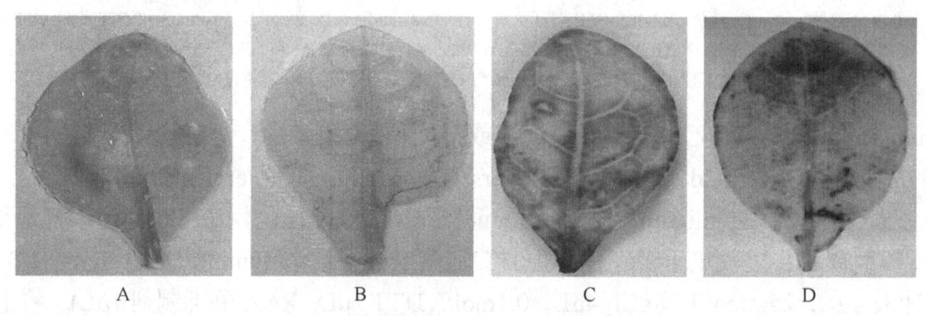

图 13-6　转基因植物的 GUS 染色分析

A. wt(未转基因的野生型叶片)；B. 转 pK2-35S-GUS 的叶片；C. 转 pPZP211-PrbcS-*T-GUS 的叶片；D. 转 pK2-35S-PrbcS-*T-GUS 的叶片

(六) GFP 的定量分析和 GUS 的定量分析

通过 GFP 荧光定量分析可以更准确地了解 GFP 在转基因植物叶片中的表达水平(图 13-7A)，结果说明在转化 pK2-35S-PrbcS-*T-GFP 的转基因植物叶片中 GFP 的荧光强度与转化 pPZP211-PrbcS-*T-GFP 的转基因植物相似，是转化 pK2-35S-GFP 植物的 2～3 倍。通过 GUS

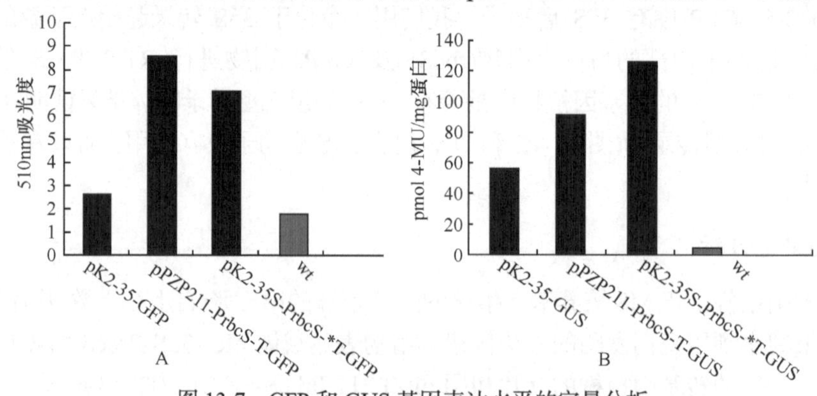

图 13-7　GFP 和 GUS 基因表达水平的定量分析

A. 转 GFP 天竺葵植株叶片的 GFP 荧光定量分析；B. 转 GUS 烟草植株叶片的 GUS 定量分析

定量分析可以更准确地了解 GUS 在转基因植物叶片中的表达水平(图 13-7B)，结果说明在转化 pK2-35S-PrbcS-*T-GUS 的转基因植物叶片中 GUS 的活性与转化 pPZP211-PrbcS-*T-GUS 的转基因植物相似，是转化 pK2-35S-GUS 植物的 1～2 倍。

二、用植物表达载体 pK2-35S-PrbcS-*T-*hps*/*phi* 转化天竺葵获得转基因植株及表型分析

(一) 用含有 *hps*/*phi* 基因的植物表达载体转化农杆菌

制备农杆菌的感受态细胞，用电脉冲法将上述构建好的植物表达载体 pK2-35S-PrbcS-*T-*hps*/*phi* 转入农杆菌[C58Cl(pPMP90)]中，在加有大观霉素的平板上筛选转化子。取少量质粒加入农杆菌感受态细胞中，轻轻混匀；将混合物加入预冷的电转化杯中，轻轻敲击杯身使混和液落至杯底；将电转化杯置于电转化仪(BIO-RAD)滑槽中，用 1mm 的电击杯和 200Ω、2.5kV/0.2cm 的参数进行电击，电击后立即取出电转化杯，迅速加入 0.5mL SOC 培养基，混匀，转移到 1.5mL 的离心管中；28℃、200r/min 摇床培养 3～5h；室温下，7500r/min 离心 1min，弃大部分上清，保留 100μL 将细胞悬浮；把农杆菌涂布于有大观霉素(Spe，50μg/mL)的 LB 固体培养基上，28℃培养 2 天获得单菌落。用牙签挑取农杆菌菌落放入 20μL ddH_2O 中，98℃处理 15min 后取出 10μL 农杆菌裂解液作为 PCR 反应的模板。用上下游引物 5′rmpA 和 3′rmpB 进行 PCR 检测，转化成功的菌落均能扩增出 1.2kb 的 *hps*/*phi* 基因条带(图 13-8)，经菌落 PCR 确认的转化子菌落用于转化植物。

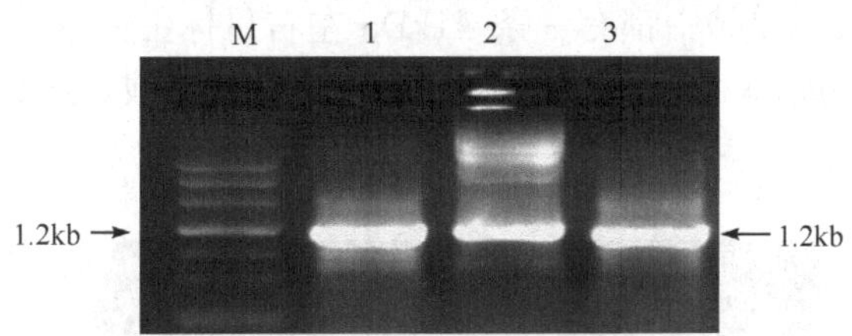

图 13-8 农杆菌转化子菌落的 PCR 检测

M，Marker Ⅲ；1～2，菌落 PCR 样品；3，正对照(模板为 pK2-35S-PrbcS-*T-*hps*/*phi* 质粒)

(二) 用含有 *hps*/*phi* 基因植物表达载体的农杆菌转化植物

挑取携带有质粒 pK2-35S-PrbcS-*T-*hps*/*phi* 的农杆菌单菌落接种于 50ml 的 LB 培养基中(含 Spe，100μg/mL)，180r/min，28℃培养 24h，待菌液 OD_{600} 至 1.0 左右，离心 10min(3000r/min)，沉淀菌体。再用 10mL 左右的 MS 液体培养基悬浮，离心 10min(3000r/min)，沉淀菌体。重复以上操作 2～3 次。最后加入一定体积的 MS 液体培养基重悬浮，使菌体的 OD_{600} 值为 0.5。制备天竺葵(*Pelargonium* sp. frensham)的无菌苗，通过农杆菌介导，用叶盘法转化天竺葵，然后通过组织培养获得小苗，进一步筛选获得所需的转基因植物。

(三) *hps*/*phi* 基因在转基因植物中的插入情况

为了确认通过卡那霉素筛选的转基因天竺葵株系确实含有导入的目的基因的 DNA 片段，用 PCR 方法对筛选到的转基因烟草作进一步的鉴定。首先采用 CTAB 法提取植物基因组：称取植物叶片 100mg 左右置于 1.5mL 离心管中，加液氮用特制研棒研磨至粉末状；加入 900μL

预热到65℃的2×CTAB缓冲液(Tris-HCl pH7.5 100mmol/L，EDTA 20mmol/L，NaCl 1.4mol/L，CTAB 2%)，65℃水浴加热20min后取出冷却；加入500μL氯仿-异戊醇混合液(24∶1)摇匀，4℃离心10min(7500r/min)后转移上清至1.5mL EP管；再次加入500μL氯仿-异戊醇混合液(24∶1)摇匀，4℃离心10min(7500r/min)；取出上清置于新的EP管中，加入1/10体积3mol/L pH5.2乙酸钠和等体积异丙醇，摇匀后4℃离心20min(12 000r/min)；弃上清，用75%乙醇清洗两次后，干燥，用含RNase的TE缓冲液溶解并降解RNA。以植物基因组DNA为模板，用*hps/phi*基因上下游特异性引物作PCR检测，成功转入*hps/phi*基因的植株均能扩增出1.2kb的*hps/phi*条带(图13-9)。经PCR确认的转基因植株用于Western blot分析。

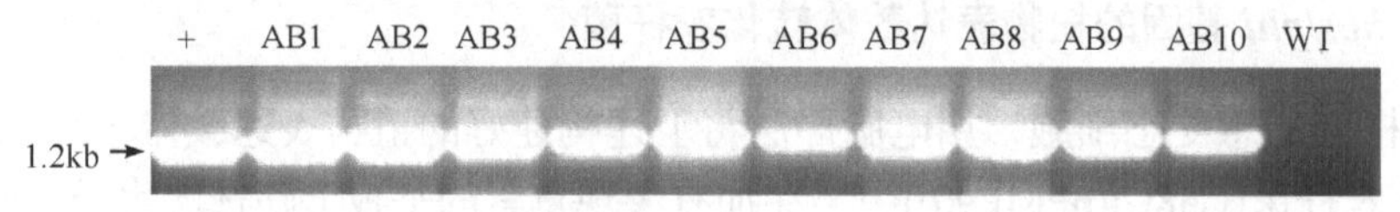

图13-9　基因组PCR检测*hps/phi*在转基因天竺葵中的插入情况

AB1、AB2、AB3、AB4、AB5、AB6、AB7、AB8、AB9、AB10，转基因天竺葵；WT，野生型天竺葵；+，pMD-*hps/phi*作为模板

(四) *hps/phi*基因在转基因天竺葵中表达水平检测

采用Western blot方法检测*hps/phi*基因在转基因天竺葵中的表达水平。首先使用Plant Total Protein Extraction kit (Sigma, USA)从天竺葵叶片中抽提可溶性总蛋白，操作步骤参照说明书。再用Bradford方法测定样品中的蛋白质浓度后，每个样品取15μg总蛋白上样进行SDS-PAGE电泳，电泳完毕后半干转膜至PVDF-P膜(GE, USA)。一抗分别为甲基营养菌*Mycobacterium gastri* MB19 HPS和PHI的兔抗体，二抗为辣根过氧化酶标记的猴抗兔IgG(GE, USA)。转基因天竺葵样品和正对照样品中都有一条41kDa左右目标蛋白带，而在野生型样品没有出现(图13-10)，说明*hps/phi*基因编码的蛋白已在转基因植物中成功地表达。

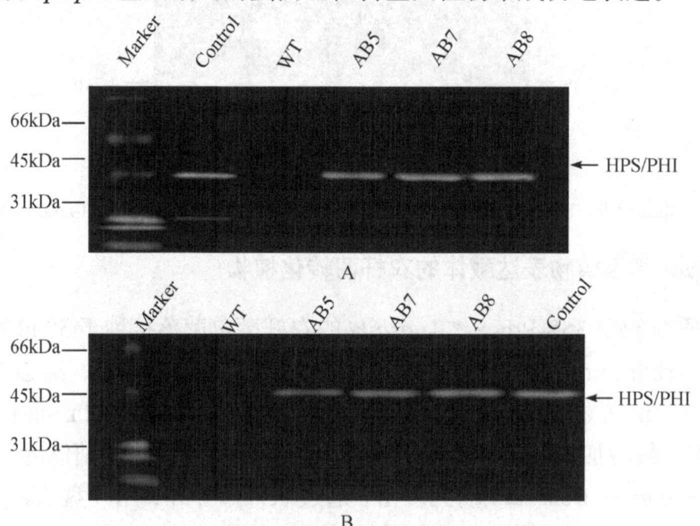

图13-10　Western blot检测HPS/PHI在转基因天竺葵中的表达水平

A. 用HPS蛋白抗体作的Western分析；B. 用PHI蛋白抗体做的Western分析。WT，野生型天竺葵叶片总蛋白；AB5、AB7、AB8，转基因株系天竺葵叶片总蛋白；Control，表达重组HPS/PHI的大肠杆菌粗蛋白

(五) 转*hps/phi*基因植物对甲醛的抗性检测

为了检测*hps/phi*在转基因植物中是否发挥预期作用，将AB5株系转基因植物小苗和未转

基因植物的野生型小苗移入加有甲醛(浓度为 7mmol/L)的 MS 固体培养基上，在 25℃持续光照培养，15 天后观察植物表型变化(图 13-11)。结果说明同时转入 *hps/phi* 的植物比野生型长势好，说明引入的甲醛同化途径能够在植物中发挥预期作用，增强植物对甲醛的同化能力，使转基因植物对于培养基中液体甲醛的抗性增强。

图 13-11　转基因天竺葵对液体甲醛抗性能力的检测

为了验证转基因植物对气体甲醛的抗性，将 AB5 和 AB8 株系转基因植物幼苗移入有 MS 培养基的密封容器中培养，约 15 天生根后在容器中放置一个开口的 500μL 离心管，并在离心管中加入一定量(30μL)37%的甲醛溶液。25℃持续光照培养 15 天后，观察转基因植物的生长状况，转基因天竺葵生长状况明显优于野生型天竺葵(图 13-12)，说明转 *hps/phi* 基因可提高天竺葵对气体甲醛的抗性。

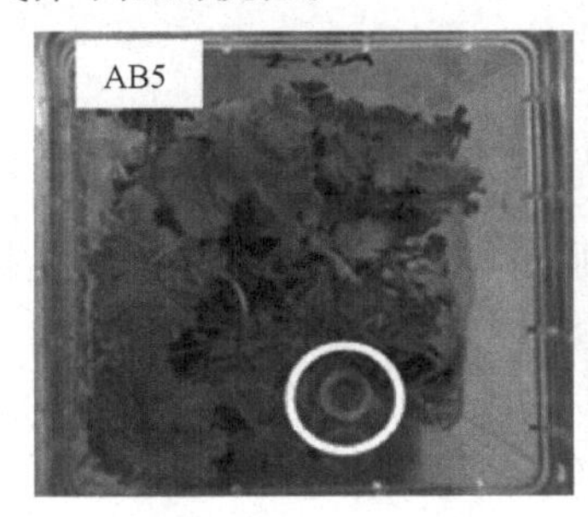

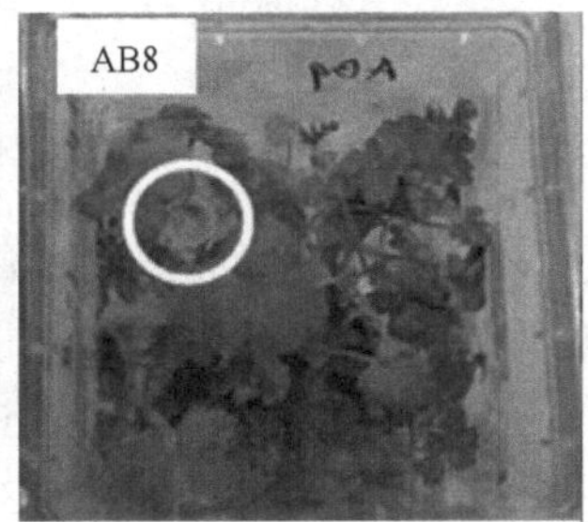

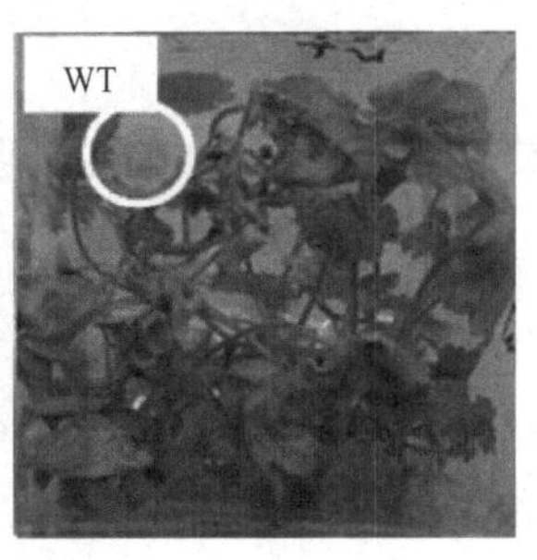

图 13-12　转基因天竺葵对气体甲醛抗性能力的检测

(六) 转基因天竺葵的 $H^{13}CHO$ 代谢谱分析

用 ^{13}C NMR 分析转基因天竺葵的 $H^{13}CHO$ 代谢谱，检测导入的 HCHO 同化途径的代谢产物，来判断 HPS/PHI 融合蛋白在植物中是否有催化活性。比较转基因 AB7 株系和野生型天竺葵在 2mmol/L $H^{13}CHO$ 处理 24h 后的代谢谱，未经任何处理的野生型天竺葵代谢谱作为背景 ^{13}C NMR 信号(图 13-13C)。在 AB7 样品中化学位移为 62.58ppm 的[1-^{13}C]F6P 共振峰非常强，但在野生型样品中该共振峰信号较弱。以甲酰胺为内参积分计算[1-^{13}C]F6P 的相对含量，AB7 样品是野生型 2.5 倍，这表明转基因株系中 HPS/PHI 具有催化活性，能够有效地固定 HCHO 进入 Ru5P 生成 F6P。在 AB7 样品中还有许多共振峰(U3～U11)比野生型样品强，它们的化学位移分别为：103.50ppm, 80.94ppm, 76.36ppm, 72.32ppm, 72.05ppm, 68.90ppm, 60.91ppm, 60.24ppm 和 59.71ppm(图 13-13A)。这些峰在 AB7 样品中上升了 1.3～2.8 倍，对应卡尔文循环中的糖类物质，也许是[1-^{13}C]F6P 进一步代谢生成的产物。此外，AB7 样品中还存在非常强的α-D-[1-^{13}C]

Glucose-6-phosphate (G6P)共振峰和较弱的β-D-[1-^{13}C]G6P 共振峰，这些峰在野生型样品中较弱或者无法检测到(图 13-13A)。两个强共振峰 U1 和 U2 化学位移分别为 56.77ppm 和 17.06ppm，它们仅出现在野生型样品中(图 13-13B)。目前我们还无法对其归属，但毫无疑问它们代表野生型天竺葵 H^{13}CHO 代谢的主要代谢物。这两个峰在 AB7 样品中的缺失表明导入的 HCHO 同化途径也许改变了天竺葵的 HCHO 代谢流向，使大部分 HCHO 进入自身途径进行代谢。

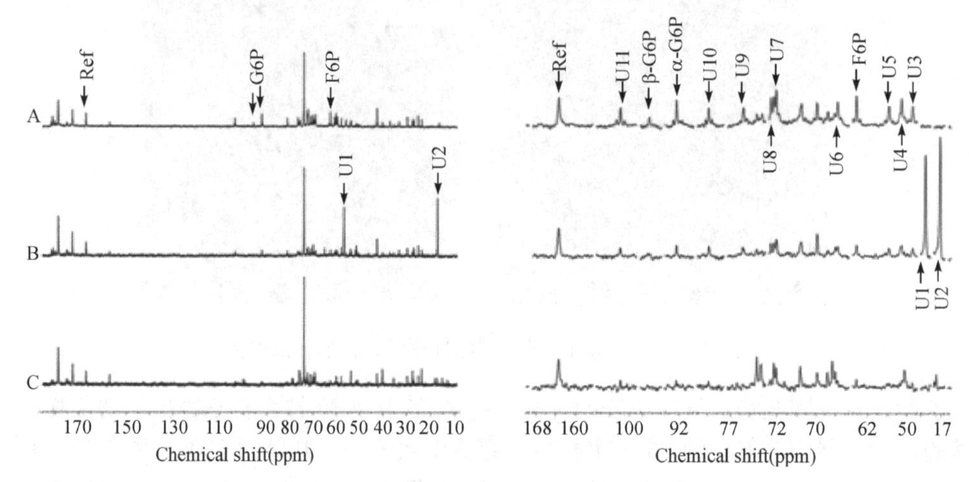

图 13-13　^{13}C NMR 分析转基因天竺葵 H^{13}CHO 代谢谱

A. 转基因 AB7 株系 H^{13}CHO 处理 24h；B. 野生型天竺葵 H^{13}CHO 处理 24h；C. 野生型天竺葵未经任何处理。图中左半部分为全谱，右半部分为感兴趣区域放大图。峰的归属如下：Ref，甲酰胺；β-G6P, β-D-[1-^{13}C]G6P；α-G6P,α-D-[1-^{13}C]G6P；F6P, [1-^{13}C]F6P；U1-U11，未确认信号峰

(七) 转基因天竺葵对 HCHO 污染气体的修复能力分析

转基因植物对污染空气中的 HCHO 气体吸收速率是衡量其植物修复效率的重要指标。气体 HCHO 测量系统与植物样品处理方法如图 13-14A 和 B 所示。检测结果说明 WT、AB3、AB7 和 AB8 植物消耗起始 HCHO 50%所需的时间分别为 32min、14.5min 和 5min(图 13-14C)。AB3、AB7 和 AB8 植物消除所有 HCHO 所需的时间为 50min、30min 和 55min，而 55min 时野生型样品中还残留 0.7ppm HCHO(图 13-14C)。WT、AB3、AB7 和 AB8 植物叶片吸收气体 HCHO 的速率分别为 1.64ppm/(m^2 · min)、2.71ppm/(m^2 · min)、3.41ppm/(m^2 · min)和 2.04ppm/(m^2 · min)。上述结果表明转基因天竺葵的 HCHO 修复能力强于野生型，因此在天竺葵中导入 HPS/PHI 途径能够增强其从空气中去除气体 HCHO 的能力。

(八) 表达 HPS/PHI 提高天竺葵对液体 HCHO 的吸收和同化能力

比较了转基因和野生型植物吸收液体 HCHO 的速率，结果说明从一开始转基因天竺葵的吸收速率就比野生型快，90h 后，三个转基因株系完全吸收了溶液中的 HCHO，而野生型样品中 HCHO 仍残留 17%(图 13-15A)。试验过程中没有添加叶片的对照溶液中 HCHO 水平没有发生变化，表示试验环境没有造成 HCHO 损失。[^{14}C]HCHO 示踪试验被用来评估转基因天竺葵的 HCHO 同化能力，结果说明转基因植物 TCA 不溶性部分的放射性强度要高于野生型 30%左右(图 13-15B)。这个结果确认过量表达 HPS/PHI 可以使天竺葵更有效地同化外源 HCHO 进入细胞组分。

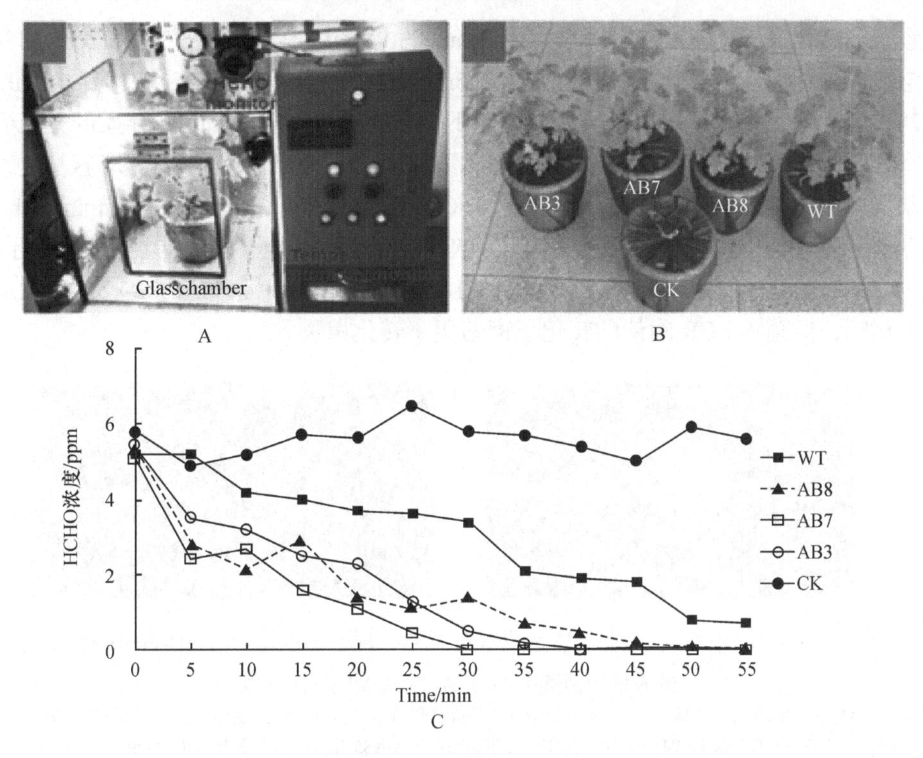

图 13-14　转基因天竺葵吸收 HCHO 气体速率测定

A. 气体 HCHO 测量系统图解；B. 用于分析的盆栽植物预处理；C. 转基因天竺葵气体 HCHO 吸收动力学曲线，试验重复超过三次，在此提供具有代表性结果。CK，只含土壤没有植物的花盆

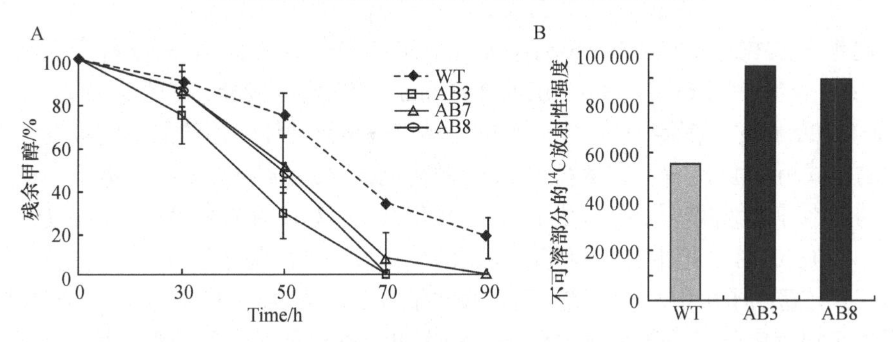

图 13-15　转基因天竺葵对液体 HCHO 的吸收和同化能力分析

A. 转基因天竺葵吸收液体 HCHO 速率测定，纵坐标数据表示处理液中残留 HCHO 占起始 HCHO 的百分比；B. 转基因天竺葵同化液体 HCHO 能力测定，试验重复三次，在此提供具有代表性结果

三、用植物表达载体 pK-35S-PrbcS-*T-DAK-PROLD-PrbcS-*T-DAS 转化拟南芥获得转基因植株及表型分析

(一) 用 *DAK* 和 *DAS* 基因表达盒串联的植物表达载体转化农杆菌

制备农杆菌的感受态细胞，用电脉冲法将上述构建好的植物表达载体 pK-35S-PrbcS-*T-DAK-PROLD-PrbcS-*T-DAS 转入农杆菌[C58Cl(pPMP90)]中：取少量质粒加入农杆菌感受态细胞中，轻轻混匀；将混合物加入到预冷的电转化杯中，轻轻敲击杯身使混和液落至杯底；将电

转化杯置于电转化仪(BIO-RAD)滑槽中，用 1mm 的电击杯和 200Ω、2.5kV/0.2cm 的参数进行电击，电击后立即取出电转化杯，迅速加入 0.5mL SOC 培养基，混匀，转移到 1.5mL 的离心管中；28℃、200r/min 摇床培养 3～5h；室温下，7500r/min 离心 1min，弃大部分上清，保留 100μL 将细胞悬浮；把农杆菌涂布于有大观霉素(Spe，50μg/mL)的 LB 固体培养基上，28℃培养 2 天获得单菌落。用牙签挑取农杆菌菌落放入 20μL ddH_2O 中，98℃处理 15min 后取出 10μL 农杆菌裂解液作为 PCR 反应的模板。用 *DAK* 和 *DAS* 基因上下游特异性引物进行 PCR 检测，转化成功的菌落均能扩增出 1.8kb(图 13-16A)的 *DAK* 基因条带和 2.1kb 的 *DAS* 基因条带(图 13-16B)，经菌落 PCR 确认的转化子菌落用于转化植物。

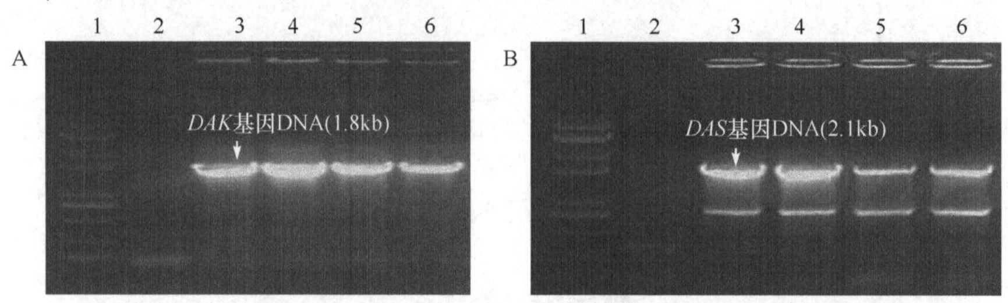

图 13-16　PCR 检测含有植物表达载体 pK-35S-PrbcS-*T-DAK-PROLD-PrbcS-DAS 的农杆菌菌落中 *DAK*(A)和 *DAS*(B)基因片段

A. 用 DAK5 和 DAK3 引物做 PCR 检测。1，DNA Marker；2，负对照(以 pK7m34GW2-8m21GW3 为模板的扩增产物)；3～6，以 pK-35S-PrbcS-*T-DAK-PROLD-PrbcS-*T-DAS 为模板的扩增产物。B. 用 DAS5 和 DAS3 引物做 PCR 检测。1，DNA Marker；2，负对照(以 pK7m34GW2-8m21GW3 为模板的扩增产物)；3～6，以 pK-35S-PrbcS-*T-DAK-PROLD-PrbcS-*T-DAS 为模板的扩增产物

(二) 用含有 *DAK* 和 *DAS* 基因表达载体的农杆菌转化拟南芥

挑取携带有质粒 pK-35S-PrbcS-*T-DAK-PROLD-PrbcS-*T-DAS 的农杆菌单菌落接种于 50mL 的 LB 培养基中(含 Spe，100μg/mL)，180r/min、28℃培养 24h，待菌液 OD_{600} 至 1.0 左右，离心 10min(3000r/min)，沉淀菌体。用 5%的蔗糖溶液悬浮菌体使菌体的 OD_{600} 值为 0.5。选取容易转化的模式植物拟南芥(生态型 Columbia)做转化试验，首先将拟南芥栽培于小杯的土壤中，用抽蕾期的拟南芥植株做转化试验(图 13-17)，转化试验开始时在农杆菌悬浮液中加入表面活性剂 Silwet L-77(0.005%)，把带有拟南芥的花蕾的枝条置于农杆菌悬浮液中，通过抽真空使农杆菌进入拟南芥花蕾的子房中。转化结束后用吸水纸吸干植物表面的蔗糖溶液，于黑暗中培养一天，然后置于温室中继续培养，收集种子。用次氯酸钠对种子表面消毒，播于含有卡那霉素(50μg/mL)的 MS 培养基上，筛选具有卡那霉素抗性的转基因植株(F_1 代)，移栽到混合有腐殖土的土壤上，待植物长大后取其叶片进行 PCR 检测。

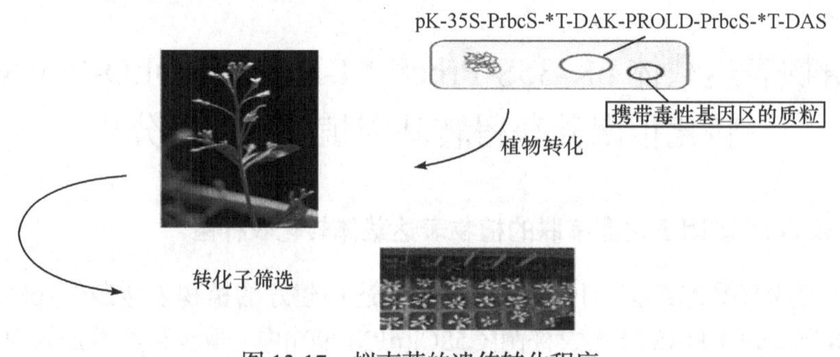

图 13-17　拟南芥的遗传转化程序

(三) *DAK* 和 *DAS* 基因在转基因烟草中的插入情况检测

为了确认具有卡那霉素抗性的 F_1 代植株确实含有 *DAK* 和 *DAS* 基因，用 PCR 方法对筛选到的转基因植株做进一步的鉴定。首先采用 CTAB 法提取植物基因组：称取植物叶片 100mg 左右置于 1.5mL 离心管中，加液氮用特制研棒研磨至粉末状；加入 900μL 预热到 65℃的 2×CTAB 缓冲液(Tris-HCl pH7.5 100mmol/L，EDTA 20mmol/L，NaCl 1.4mol/L，CTAB 2%)，65℃水浴加热 20min 后取出冷却；加入 500μL 氯仿-异戊醇混合液(24∶1)摇匀，4℃离心 10min(7500r/min)后转移上清至 1.5mL EP 管；再次加入 500μL 氯仿-异戊醇混合液(24∶1)摇匀，4℃离心 10min(7500r/min)；取出上清置于新的 EP 管中，加入 1/10 体积 3mol/L pH5.2 乙酸钠和等体积异丙醇，摇匀后 4℃离心 20min(12 000r/min)；弃上清，用 75%乙醇清洗两次后，干燥，用含 RNase 的 TE 缓冲液溶解并降解 RNA，用琼脂糖凝胶电泳检测基因组的质量(图 13-18A)。以基因组 DNA 为模板，用 *DAK* 基因的上下游特异性引物(DAK5 和 DAK3)和 *DAS* 基因上下游特异性引物(DAS5 和 DAS3)做 PCR 检测。在 PCR 反应混合液中加入 50ng 的质粒 DNA 作为模板，同时加入 50ng 的 *DAS* 基因上下游特异性引物(DAS5 和 DAS3)、1.8μL dNTP(2.5mmol/L)，10μL 的 5×反应缓冲液和 0.5μL 的 *Taq*(2.5U/μL)DNA 聚合酶(日本宝生物)，加双蒸水使反应终体积为 20μL。在 PCR 仪上于 94℃加热 3min，然后按照 94℃、45s，50℃、45s，72℃、2min 的程序进行 30 个循环的反应，最后在 72℃延伸反应 10min 扩增 *DAS* 基因的 DNA 片段。在另一个 PCR 反应混合液中加入 50ng 的基因组 DNA 作为模板，同时加入 50ng *DAK* 基因的特异性引物 DAK5 和 DAK3、1.8μL dNTP(2.5mmol/L)、10μL 的 5×反应缓冲液和 0.5μL 的 *Taq*(2.5U/μL)DNA 聚合酶(日本宝生物)，加双蒸水使反应终体积为 20μL。在 PCR 仪上于 94℃加热 3min，然后按照 94℃、45s，50℃、45s，72℃、1min45s 的程序进行 30 个循环的反应，最后在 72℃延长反应 10min 的程序进行 PCR 反应扩增 *DAK* 基因 DNA 片段。反应完成后，通过琼脂糖凝胶电泳分离 PCR 扩增产物。转化成功的转基因植株均能扩增出 1.8kb 的 DAK 条带(图 13-18B)和 2.1kb 的 DAS 条带(图 13-18C)，经 PCR 确认的转基因植株用于 RT-PCR 分析。

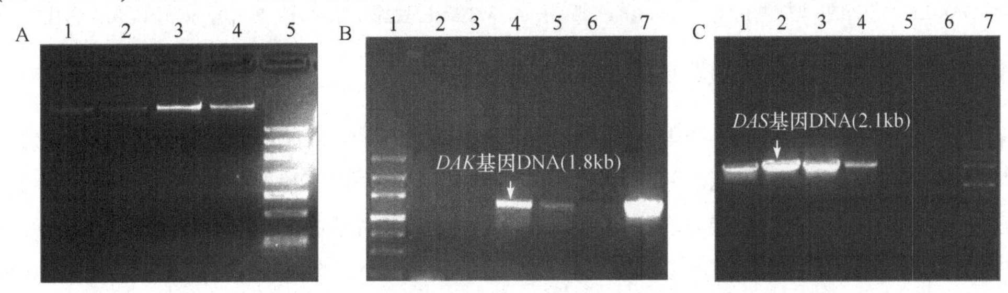

图 13-18　PCR 检测转基因拟南芥基因组中 *DAK* 和 *DAS* 插入情况

A. 拟南芥的基因组 DNA 的电泳检测。1～4，拟南芥的基因组 DNA；5，DNA Marker Ⅲ。B. 转基因植株中 DAK 基因的 PCR 检测。1，DNA Marker Ⅲ；2～3，WT(野生型植物，负对照)；4～6，转化 pK-35S-PrbcS-*T-DAK-PROLD-PrbcS-*T-DAS 的 3 个植株系。7，正对照(以 pEN-L4*-PrbcS-*T-DAK-L3*为模板的扩增产物)。C. 转基因植株中 DAS 基因的 PCR 检测。1，正对照(以 pENTR*-PrbcS- *T-DAS 为模板的扩增产物)；2～4，转化 pK-35S-PrbcS-*T-DAK-PROLD-PrbcS-*T-DAS 的 3 个植株；5～6，WT(野生型植物，负对照)

(四) *DAK* 和 *DAS* 基因在转基因烟草中转录水平的检测

为了考察在含有 *DAK* 和 *DAS* 基因的转基因植株中 *DAK* 和 *DAS* 基因的转录情况，从 F_2 代转基因植株叶片中抽取总 RNA，反转录成 cDNA 后用于 RT-PCR 分析，检测 *DAK* 和 *DAS* 基因在转基因植物中的转录水平。采用 TRIzoL Reagent(Invitrogen)提取 RNA：取植物嫩叶约 0.1g，加入 1mL 的 TRIzoL 提取液在研钵中研磨，室温静置 5min 后移入离心管，再加入 0.2mL 氯仿，振荡混匀，离心 15min(12 000r/min)，转移上清液至新管，加入 0.5mL 异丙醇，混匀室温放置 10min，4℃离心 10min(12 000r/min)，弃上清，沉淀用 75%乙醇 1mL 清洗，4℃离心 5min(7500r/min)，弃乙醇真空干燥沉淀或自然晾干，用 20μL 焦碳酸二乙酯(DEPC)处理水溶解 RNA。使用 Reverse Transcriptase(Promega)进行 cDNA 的合成，取植物总 RNA 约 3～5μg、oligo(dT) 2μL(5μmol/L)，用 DEPC 处理水补足至 12μL，混匀后，短暂离心将之收集于管底，置于 70℃加热 5min，冰浴 10min，加入反应混合物 9μL[5×反应缓冲液 5μL(含 $MgCl_2$)、10mmol/L dNTP mix 1.5μL、RNA 酶抑制剂 1μL、1μL Reverse Transcriptase]，将上述混合物混匀，短暂离心将之收集于管底，然后 37℃保温 60min，合成 cDNA，72℃加热 10min 灭活酶。以 cDNA 为模板，用 *DAS* 基因上下游特异性引物(DAS5 和 DAS3)和 *DAK* 基因上下游特异性引物(DAK5 和 DAK3)做 PCR，转化成功的转基因植株均都能扩增出 2.1kb 的 *DAS* 条带(图 13-19A)和 1.8kb 的 *DAK* 条带(图 13-19B)，证明 *DAS* 和 *DAK* 基因可以在转基因拟南芥中成功地转录。经 RT-PCR 确认的转基因植株用于甲醛吸收、同化和抗性能力分析。

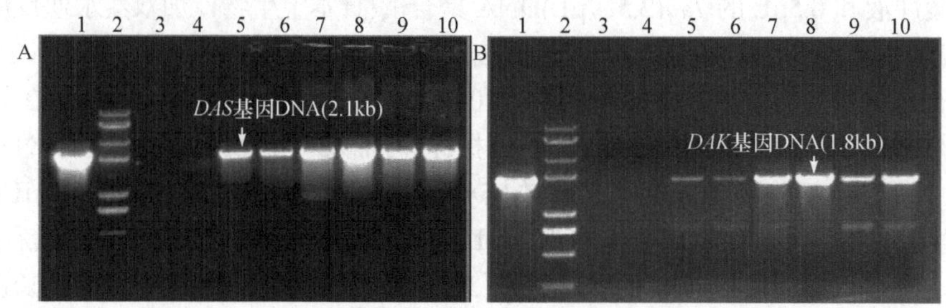

图 13-19　RT-PCR 检测转基因拟南芥中 *DAK* 和 *DAS* 的转录水平

A. 转基因植株中 DAS 基因的 RT-PCR 检测。1，正对照(以 pENTR*-PrbcS-*T-DAS 为模板的扩增产物)；2，DNA Marker；3～4，WT(野生型植物，负对照)；5～10，转基因拟南芥 F_2 代的 6 个植株。B. 转基因植株中 DAK 基因的 RT-PCR 检测。1，正对照(以 pEN-L4*-PrbcS-*T-DAK-L3*为模板的扩增产物)；2，DNA Marker Ⅲ；3～4，WT(野生型植物，负对照)；5～10，转基因拟南芥 F_2 代的 6 个植株

(五) 转基因拟南芥对液体甲醛吸收速率的检测

结果如图 13-20 所示，在处理刚开始的 4～56h 内，野生型植物(WT)处理液中剩余甲醛的浓度与转基因植物(KSG6 和 KSG7)与差别不太明显。但是到 72h 时，转基因植物处理液中剩余甲醛浓度大大低于野生型植株(图 13-20)，与野生型植物植物相比，转 *DAS* 和 *DAK* 的植物吸收甲醛的速度提高 20%～30%，证明 *DAS* 和 *DAK* 同时导入转基因植物能提高植物吸收甲醛的能力。

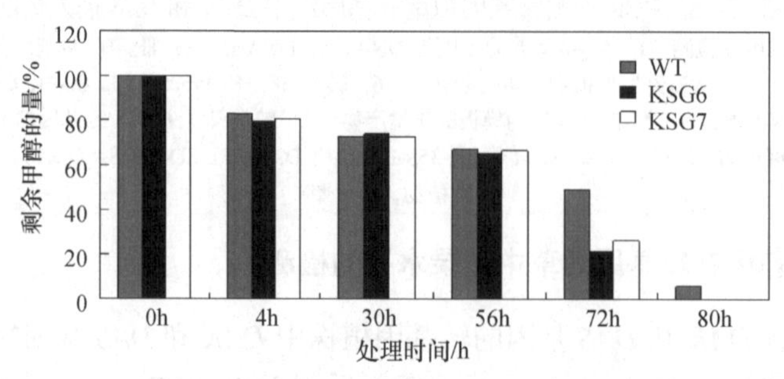

图 13-20　转基因拟南芥吸收甲醛能力的检测

(六) 转基因拟南芥植株代谢和同化甲醛能力的检测

为了证明甲醛被植物吸收后能被代谢和同化成为植物细胞的组成成分，因此用放射性甲醛($H^{14}CHO$)进行示踪试验。有放射活性的 $H^{14}CHO$ 被植物吸收后如果被转化为各种代谢途径的中间产物，将出现在植物叶片的可溶性成分中，使这部分的 ^{14}C 活性增强。通过各种代谢途径的中间产物，最后还会有一部分 $H^{14}CHO$ 最终被同化为植物细胞结构成分，如多糖(淀粉、纤维素等)及蛋白质即植物的不溶性成分，使这部分的 ^{14}C 活性增强。通过测定植物经 $H^{14}CHO$ 处理后可溶性和不溶性部分的 ^{14}C 活性即可获得植物代谢和同化甲醛的能力。选无菌栽培的拟南芥小苗，用 $H^{14}CHO$ 溶液持续光照振荡培养 50h，分离可溶性部分(上清液)和不溶性部分(残渣)，不溶性部分最后用液闪仪(Hidex Oy，Finland)测定甲醛处理液、上清液和残渣的 ^{14}C 同位素活性(图 13-21)。由图 13-21 的数据可知经 $H^{14}CHO$ 处理 50h 后，转基因植物用 TCA 抽提到的可溶性部分和不溶性成分的 ^{14}C 放射活性明显大于野生型植物，而其处理液中 ^{14}C 同位素活性则明显低于野生型植物，这说明转基因植物代谢和同化甲醛的能力明显强于野生型植物。

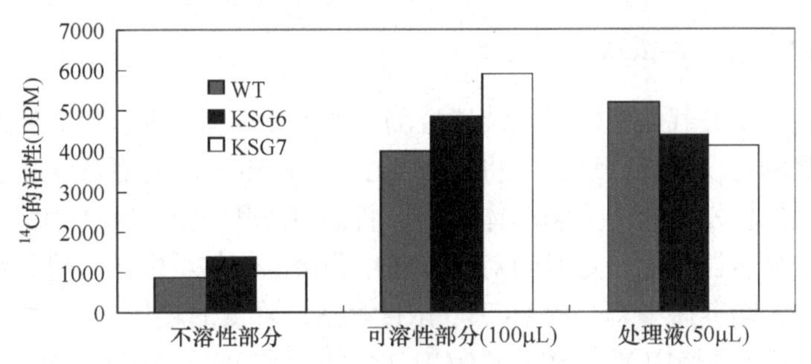

图 13-21 转基因拟南芥同化甲醛能力的检测

(七) 转 *DAS* 和 *DAK* 基因拟南芥对甲醛的抗性检测

为了验证转基因植物对气体甲醛的抗性，将转基因植物幼苗移入有 MS 培养基的培养瓶中培养，约 2 个月后在培养瓶中放置一个开口 500μL 的离心管，并在离心管中加入一定量(13μL)37%的甲醛溶液。25℃持续光照培养 48 天后，观察转基因植物的生长状况(图 13-22)。结果说明同时转入 *DAS* 和 *DAK* 的植物比野生型植物的长势好，证明转 *DAS* 和 *DAK* 基因的植物对气体甲醛抗性增强。

图 13-22 转基因拟南芥对甲醛抗性的检测

(八) 转 *DAS* 和 *DAK* 基因拟南芥对气体甲醛的吸收检测

室内污染的 HCHO 多以气体形态存在，植物对气体 HCHO 的吸收效率是衡量植物修复气体甲醛污染能力的重要指标，因此需要检测 DAS/DAK 甲醛同化途径的安装对拟南芥气体甲醛吸收能力的影响。

1. 拟南芥的培养

以无菌培养的野生型拟南芥(WT)和 T_2 代转基因拟南芥(ASK2)为试验材料。WT 拟南芥种子经表面消毒后播种于含有 1%蔗糖的 MS 固体培养基(pH5.6)上，T_2 代 ASK2 拟南芥种子经表面消毒后播种于含有 Km(50mg/L)和 1%蔗糖的 MS 固体培养基(pH5.6)上。在 4～6℃条件下处理 2 天，移入温室条件(日间 30℃/夜间 25℃，12h 光照，1200μmol/(m^2 · s)下培养 14～15 天。为了获得健壮的植株，分别把 WT 拟南芥和 ASK2 拟南芥重新移入含有 1%蔗糖的 MS 固体培养基上(4 棵/培养瓶)培养，约 3 周后，选取生长大小一致的拟南芥植株进行试验。

2. 拟南芥植株气体甲醛吸收的测定

本研究用测定拟南芥气体甲醛吸收装置检测，如图 13-23A 所示。该装置由吊有棉花球的组织培养瓶和甲醛测定仪组成。试验时将加有 5μL 37% HCHO 的棉花球悬空挂于瓶中，通过棉花球上液体甲醛的挥发使瓶中充满气体甲醛，瓶盖中间开一小孔插入甲醛测定仪的传感器，利用甲醛测定仪的显示器每隔一定时间对培养瓶中剩余的气体甲醛浓度进行测定。结果发现随着处理时间的增加，培养瓶中剩余的 HCHO 浓度呈逐渐降低的趋势。4h 时，ASK1、ASK2 和 ASK7 转基因拟南芥培养瓶中剩余的气体 HCHO 分别为 55.9%、53.3%、59.7%，而野生型拟南芥培养瓶中剩余的气体 HCHO 为 74.2%；12h 时，转基因拟南芥培养瓶中剩余的气体 HCHO 均低于 5%，而野生型拟南芥培养瓶中还有 17%的气体 HCHO 剩余(图 13-23B)，这些数据清晰地表明转基因拟南芥比野生型拟南芥具有更强的气体 HCHO 吸收能力。

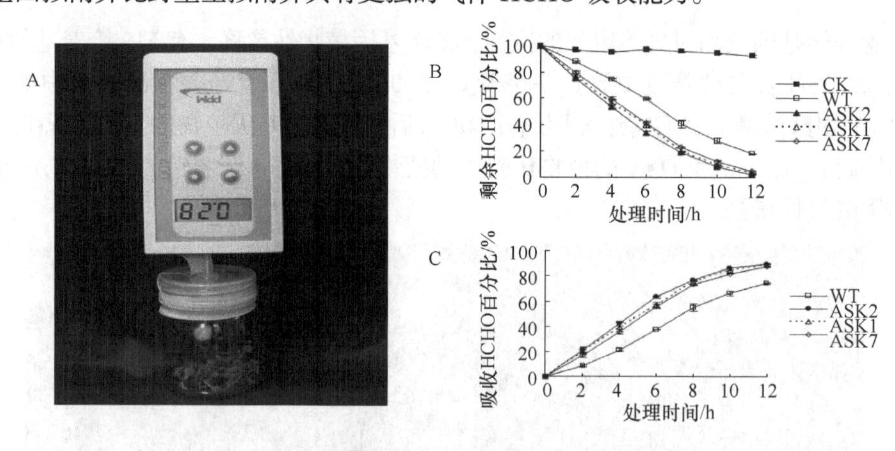

图 13-23　转基因拟南芥吸收气体甲醛速率测定

A. 气体甲醛测量装置图解。B 和 C. 转基因拟南芥气体甲醛吸收动力学曲线。CK，不添加拟南芥的空瓶

3. 拟南芥植株气体甲醛吸收曲线的制备

以不添加拟南芥的装置为对照(CK)监测甲醛的挥发程度，结果说明在整个试验过程中，气体 HCHO 的挥发不足 2%。根据图 13-23A 测量装置中剩余气体 HCHO 的量和挥发量计算拟南

芥对气体 HCHO 的吸收量并作甲醛吸收曲线(图 12-23C)，结果说明拟南芥对气体 HCHO 的吸收量与时间呈幂曲线关系。根据气体甲醛吸收曲线的斜率估算拟南芥对气体 HCHO 的吸收速率，2h 时转基因拟南芥 ASK1、ASK2 和 ASK7 吸收气体 HCHO 的速率分别为 5.18ppm/(L · g FW · h)、5.49ppm/(L · g FW · h)和 4.43ppm/(L · g FW · h)，而野生型拟南芥吸收气体 HCHO 的速率为 3.97ppm/(L · g FW · h)。随着处理时间的增加，转基因拟南芥和野生型拟南芥对气体 HCHO 的吸收速率均呈逐渐降低的趋势，但转基因拟南芥对气体甲醛的吸收速率仍高于野生型。这些数据表明转基因拟南芥比野生型拟南芥具有更强的甲醛吸收能力，对甲醛的吸收速率是先快后慢。

4. 气体 HCHO 胁迫下转基因拟南芥气孔开度的观察

取生长良好、株龄、植株规格相同的 WT 和 KS 转基因拟南芥，采用图 13-24A 的试验装置，分别用 24μg/L、48μg/L 和 72μg/L 的 HCHO 对拟南芥进行气体 HCHO 熏蒸处理，处理时间分别为 1h、2h 和 3h，以未做任何处理的 WT 和 ASK2 拟南芥作为对照(CK)。处理后用镊子轻轻撕取下表皮于载玻片上，盖上盖玻片，将制好的载玻片放于 40 倍显微镜下观察，找好视野范围，调好焦距，拍照(图 13-24)。由图 13-24 可知，当用 24μg/L 气体 HCHO 胁迫拟南芥 1h 时，WT 拟南芥和 ASK2 拟南芥叶片的气孔开度变化不大；胁迫 2～3h 时，WT 拟南芥叶片中的气孔开度开始减少，甚至出现气孔关闭现象，而 ASK2 拟南芥叶片中的气孔开度变化不大。当用 48μg/L 气体 HCHO 胁迫拟南芥 2h 时，WT 拟南芥叶片中的气孔出现关闭现象，而 ASK2 拟南芥叶片中的气孔开度只稍微降低。当用 72μg/L 气体 HCHO 胁迫拟南芥 1h 时，WT 拟南芥叶片中的气孔仍然为关闭状态，而 ASK2 拟南芥叶片中的气孔在该浓度气体 HCHO 胁迫 3h 时才出现关闭现象。在三种浓度(24μg/L、48μg/L、72μg/L)气体 HCHO 胁迫下，ASK2 拟南芥叶片中的气孔关闭时间要晚于野生型 2～3h。这表明 ASK2 拟南芥叶片中的气孔受气体 HCHO 胁迫的程度要小于野生型，可能是 DAS/DAK 途径的安装提高了拟南芥气孔保卫细胞对气体甲醛的抗性。此外，野生型拟南芥叶片中的气孔在 48μg/L 气体 HCHO 胁迫 3h 以及在 72μg/L 气体 HCHO 胁迫 2～3h 时又呈张开状态，推测可能是该条件下的甲醛胁迫造成了 WT 拟南芥叶片死亡所致。

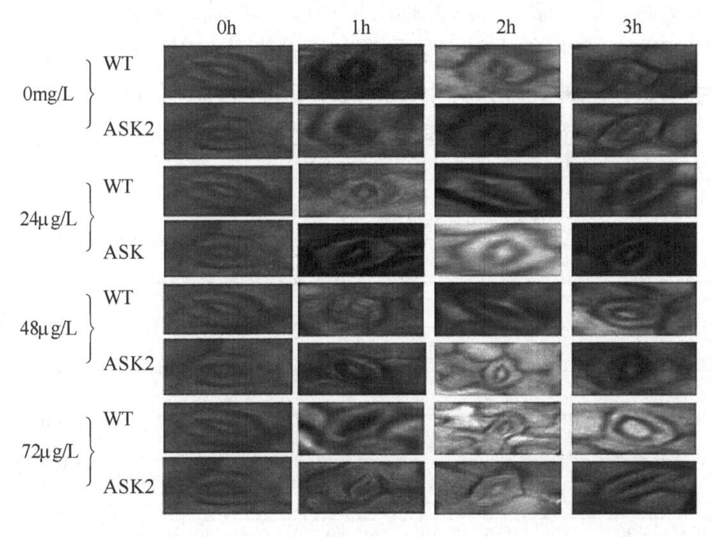

图 13-24　不同浓度气体 HCHO 处理不同时间后转基因拟南芥气孔开度的观察

5. 转基因拟南芥代谢对气体 $H^{13}CHO$ 的代谢谱分析

1) ^{13}CNMR 分析样品的制备和 ^{13}CNMR 谱的收集

取 1g 生长良好、株龄、植株规格相同的 WT 和 ASK2 转基因拟南芥幼苗，吸水纸去除根部残留培养基，采用图 13-23A 的试验装置，对拟南芥进行处理。处理后，直接液氮速冻；或用预冷无菌蒸馏水冲洗拟南芥 4～5 次，无菌吸水纸吸干叶片表面残留水分后液氮速冻，所有速冻材料置于−80℃冰柜备用，^{13}CNMR 分析通过布鲁克核磁共振仪(DRX 500-MHz)完成。$H^{13}CHO$ 标记样品中化学位移参照甲酰胺共振峰(166.600ppm)或马来酸共振峰(130.410 ppm)，通过参考文献来推测 NMR 谱中共振峰归属，并用已知化合物 NMR 谱进行验证。在计算不同样品中各代谢物的相对含量时，以甲酰胺或马来酸为内参对目标共振峰进行积分。

2) ^{13}CNMR 数据分析

对 24μg/L 气体 $H^{13}CHO$ 处理拟南芥 ^{13}CNMR 代谢谱进行分析，发现 WT 拟南芥和 ASK2 拟南芥都可以正常代谢气体 $H^{13}CHO$，为了解 DAS/DAK 途径对拟南芥代谢不同浓度气体甲醛路径的影响，分别用 24μg/L 气体 $H^{13}CHO$，以及低于或高于此浓度 1 倍(12μg/L 和 36μg/L)的气体 $H^{13}CHO$ 处理拟南芥，并以未经任何处理的 WT 拟南芥抽提物作为检测拟南芥不同浓度气体 $H^{13}CHO$ 代谢产物背景 ^{13}CNMR 信号水平(CK)。对 2h 后的代谢谱进行比较(图 13-25A)，结果显示在 12μg/L、24μg/L 和 36μg/L 气体 $H^{13}CHO$ 处理条件下，ASK2 拟南芥吸收的气体 $H^{13}CHO$ 含量都比 WT 拟南芥高，其相对积分分别是野生型的 1.6、1.4 和 1.9 倍(图 13-25B 和 C)，与此变化趋势相一致，ASK2 拟南芥中生成的 $H^{13}CHO$-Gln 环式加合物也高于野生型(图 13-25B 和 D)。但随着气体 $H^{13}CHO$ 处理浓度的增加，WT 和 ASK2 拟南芥对气体 $H^{13}CHO$ 的吸收反而呈下降趋势。在 36μg/L 气体 $H^{13}CHO$ 胁迫时，WT 和 ASK2 拟南芥对 $H^{13}CHO$ 的吸收量分别只有 24μg/L 气体 $H^{13}CHO$ 胁迫下的 72%和 93%，与之相一致，WT 和 ASK2 转基因拟南芥中 $H^{13}COOH$ 的生成量也分别只有 24μg/L 气体 $H^{13}CHO$ 胁迫下的 96%和 91%(图 13-25B 和 E)。出现这种情况的原因可能是 36μg/L 气体 $H^{13}CHO$ 对拟南芥毒害较大的缘故。

与对照相比，三种处理条件下，$H^{13}CHO$ 胁迫并没有造成[U-^{13}C]Gluc 和[U-^{13}C]Fruc 含量的下降(图 13-26A～D)，葡萄糖是高等植物光合作用的一种重要代谢中间产物，也是合成其他有机物的碳架和能量来源，葡萄糖等可溶性糖的增加能稳定细胞膜和原生质胶体结构。因此推测[U-^{13}C]Gluc 和[U-^{13}C]Fruc 含量的上升可能更有利于拟南芥应对气体 $H^{13}CHO$ 的胁迫。而 ASK2 拟南芥葡萄糖的生成量在三种处理条件下分别是 WT 拟南芥的 1.42、1.92 和 1.76 倍。这表明在不同浓度气体 $H^{13}CHO$ 处理条件下，转基因拟南芥比野生型拟南芥具有更强的把 $H^{13}CHO$ 同化为糖类化合物的能力。

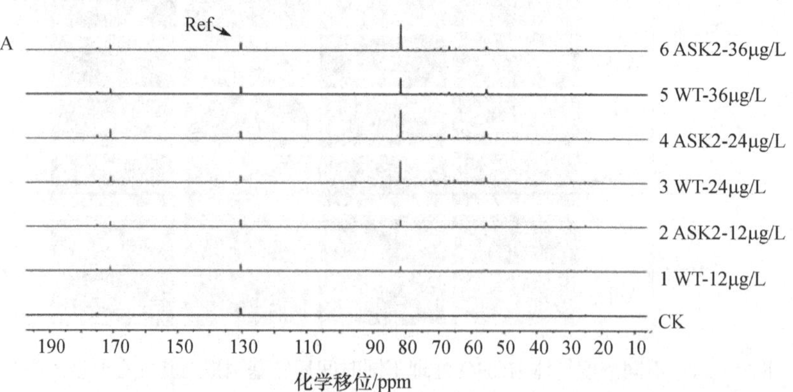

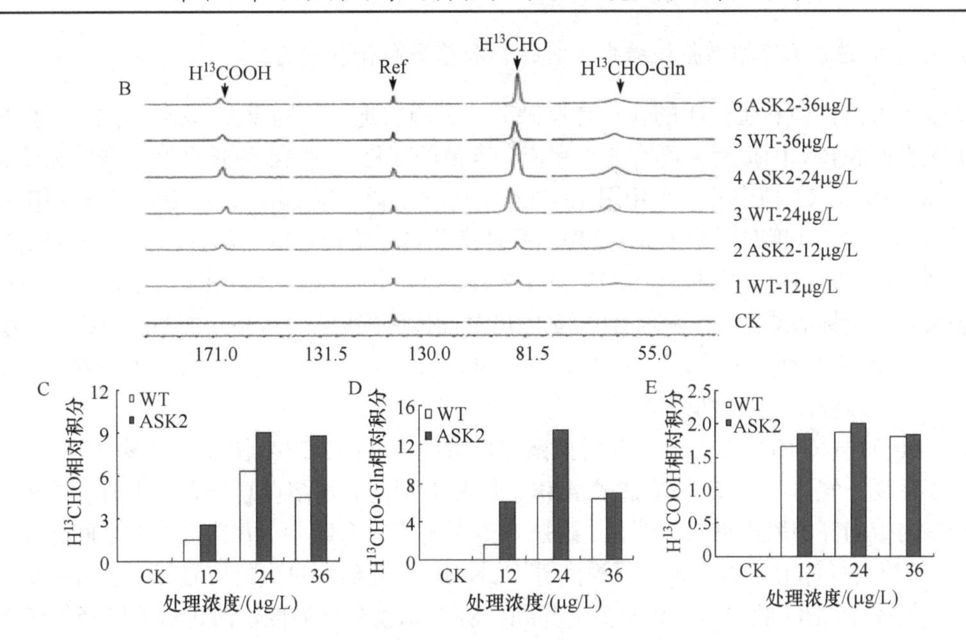

图 13-25　在不同浓度气体 $H^{13}CHO$ 胁迫下野生型和转基因拟南芥 ^{13}C NMR 图谱分析

A. 转基因拟南芥代谢不同浓度气体 $H^{13}CHO$ 的 ^{13}C NMR 代谢全谱。B～E. $H^{13}CHO$、$H^{13}CHO$-Gln 和 $H^{13}COOH$ 生成量的比较。样品处理方式如图谱右端所示

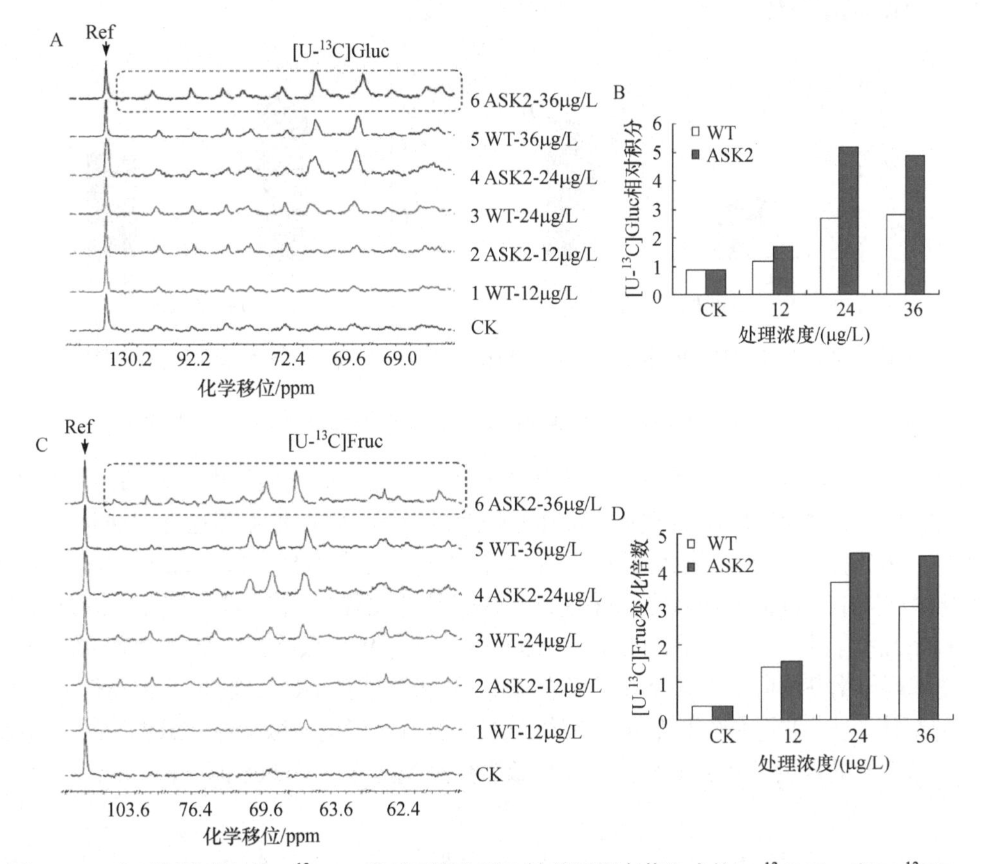

图 13-26　在不同浓度气体 $H^{13}CHO$ 胁迫下野生型和转基因拟南芥生成的[U-^{13}C]Gluc 和[U-^{13}C]Fruc

A～B. 不同浓度气体 $H^{13}CHO$ 胁迫下野生型和转基因拟南芥代谢气体 $H^{13}CHO$ 生成的[U-^{13}C]Gluc 的比较。C～D. 不同浓度气体 $H^{13}CHO$ 胁迫下野生型和转基因拟南芥代谢气体 $H^{13}CHO$ 生成的[U-^{13}C]Fruc 的比较。样品处理方式如图谱右端所示

6. 气体甲醛胁迫下拟南芥植株中可溶性糖和总蛋白含量测定

植物中可溶性糖和蛋白质的含量是反映其对逆境胁迫抗性的重要指标。分析气体 HCHO 胁迫下野生型和转基因拟南芥可溶性糖和蛋白含量的变化：取 1g 生长良好、株龄和植株规格相同的 WT 和 ASK2 拟南芥，采用图 13-23A 的试验装置，用 24μg/L 的 HCHO 对拟南芥做气体甲醛熏蒸处理，处理时间为 12h，处理后取拟南芥植株培养基以上部分。一部分(0.5g)液氮速冻，研磨，用 This-HCl 缓冲液(1mol/L，pH7.5)抽提，获得的提取液用于可溶性糖及各项氧化胁迫相关生理指标的测定；另一部分(0.5g)用可溶性蛋白提取液(50mmol/L This-HCl，10%甘油，10mmol/L β-巯基乙醇，1mmol/L PMSF，2mmol/L EDTA，10%不溶性 PVP)进行抽提，所得的抽提液用于可溶性总蛋白含量的测定。

对 24μg/L 气体 HCHO 胁迫 12h 时拟南芥可溶性糖(图 13-27A)和总蛋白(图 13-27B)含量的分析结果发现，气体 HCHO 胁迫造成 ASK2 和 WT 拟南芥可溶性总糖含量上升，这种上升趋势在转基因拟南芥中表现得更为明显，约是 WT 拟南芥的 1.16 倍，并造成二者之间存在显著性差异，该结果与气体 $H^{13}CHO$ 胁迫下拟南芥 ^{13}CNMR 中葡萄糖对应的信号峰呈上升趋势的结果一致。经气体 HCHO 胁迫后，WT 拟南芥和 ASK2 拟南芥可溶性蛋白含量分别降低了 73%和 34%。方差分析表明，经气体 HCHO 胁迫后，WT 拟南芥中的可溶性蛋白含量与 ASK2 拟南芥差异显著，说明在气体 HCHO 胁迫下，转基因拟南芥可以通过调节可溶性蛋白质含量提高其对气体 HCHO 的耐受性。

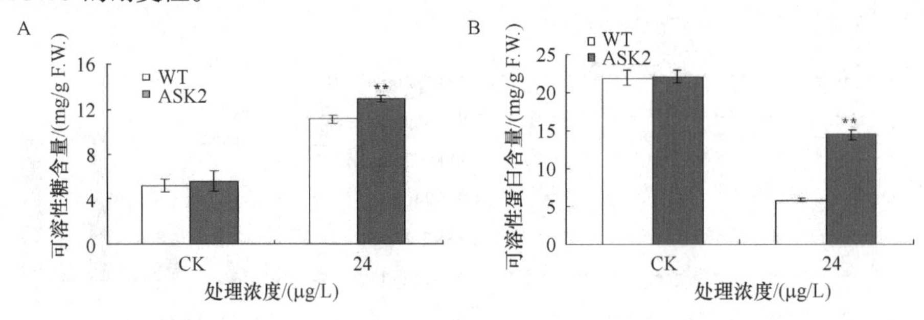

图 13-27　24μg/L 气体 HCHO 胁迫下野生型和转基因拟南芥可溶性糖(A)和蛋白(B)含量的变化

7. 气体 HCHO 胁迫对 DAS/DAK 转基因拟南芥植株中花青素和叶绿素含量的影响

气体 HCHO 胁迫下，拟南芥叶片出现白化现象，因此进一步检测了拟南芥叶片中色素含量的变化。结果说明在 24μg/L 气体 HCHO 胁迫条件下，WT 拟南芥花青素的含量显著上升 34%(图 13-28A)。而 ASK2 拟南芥中的花青素含量上升还不到 1%。此外，本试验也测定了该浓度气体 HCHO 胁迫下的拟南芥总叶绿素(图 13-28B)、叶绿素 a(图 13-28C)和叶绿素 b(图 13-28D)的含量。结果表明，气体 HCHO 胁迫造成 WT 拟南芥叶绿素含量降低 18%，而 ASK2 转基因拟南芥的叶绿素含量几乎没有降低。这表明气体 HCHO 胁迫严重损伤了野生型拟南芥的叶绿体。进一步分析结果显示，气体 HCHO 胁迫使野生型拟南芥叶绿素 a 的含量降低了 39%，叶绿素 b 的含量升高了 13%，从而导致野生型拟南芥中 Chla/b 的比值降低。

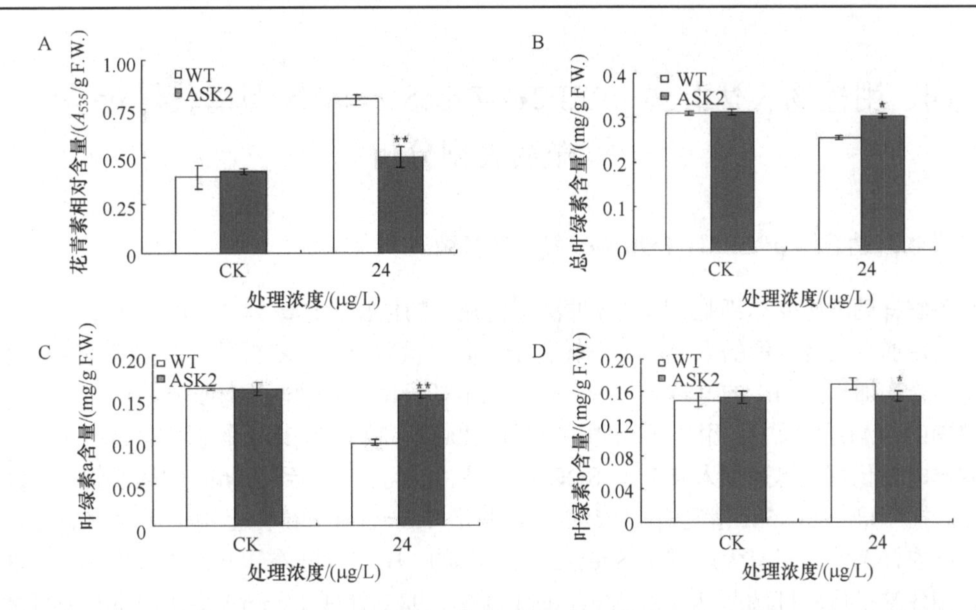

图 13-28　24μg/L 气体 HCHO 胁迫下野生型和转基因拟南芥花青素(A)和叶绿素(B，C，D)含量的变化

8. 气体 HCHO 胁迫对 DAS/DAK 转基因拟南芥植株中 MDA、H_2O_2 和 PC 含量的影响

MDA、H_2O_2 和 PC 含量是反映逆境诱导植物体内氧化胁迫的重要生理指标。分析气体甲醛胁迫下拟南芥植株中 MDA、H_2O_2 和 PC 含量的变化，结果说明 ASK2 和 WT 拟南芥在 24μg/L 气体 HCHO 胁迫 12h 时，拟南芥叶片中 H_2O_2 含量的变化如图 13-29A 所示。气体 HCHO 胁迫诱导 WT 拟南芥中 H_2O_2 水平升高了 43%，而 ASK2 拟南芥中 H_2O_2 含量只有轻微上升，约上升了 6%，这表明转基因拟南芥抗氧化胁迫的能力要强于野生型。此外，气体 HCHO 胁迫使 WT 拟南芥积累的 MDA 含量约是 ASK2 拟南芥的 1.39 倍(图 13-29B)。气体 HCHO 胁迫也强烈诱导了拟南芥 PC 含量的升高，WT 拟南芥中 PC 含量升高的量约是 ASK2 拟南芥升高的 1.47 倍(图 13-29C)，且二者之间存在显著性差异。这表明气体 HCHO 胁迫对转基因拟南芥细胞膜脂及蛋白质造成的氧化损伤明显小于野生型拟南芥。

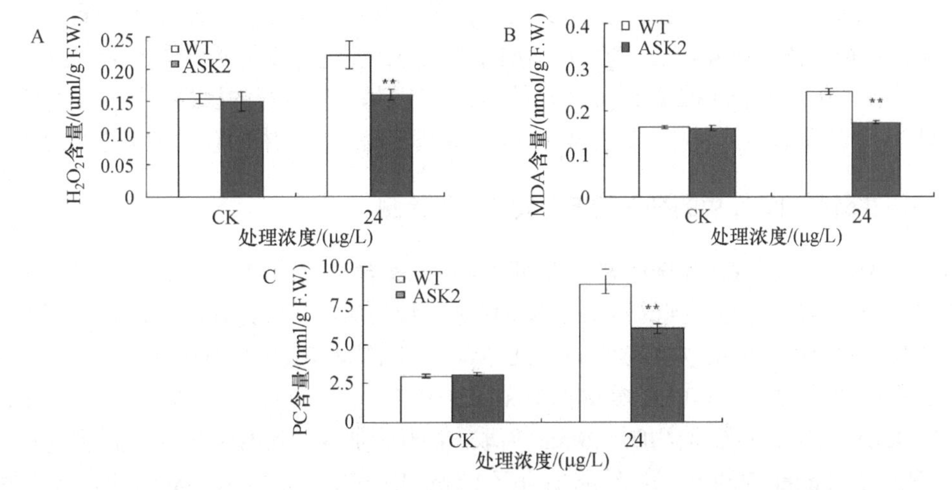

图 13-29　24μg/L 气体 HCHO 胁迫下野生型和转基因拟南芥 H_2O_2(A)、MDA(B)和 PC(C)含量的变化

四、用植物表达载体 pPZP211-PrbcS-*cs* 转化烟草获得转基因植株及表型分析

(一) 用植物表达载体 pPZP211-PrbcS-*cs* 转化农杆菌

制备农杆菌的感受态细胞，用电脉冲法将构建好的植物表达载体 pPZP211-PrbcS-*cs* 转入农杆菌中，在加有大观霉素的平板上筛选转化子。取少量质粒加入农杆菌感受态细胞中，轻轻混匀；将混合物加入到预冷的电转化杯中，轻轻敲击杯身使混和液落至杯底；将电转化杯置于电转化仪(BIO-RAD)滑槽中，用 1mm 的电击杯和 200Ω、2.5kV/0.2cm 的参数进行电击，电击后立即取出电转化杯，迅速加入 0.5mL SOC 培养基，混匀，转移到 1.5mL 的离心管中；28℃、200r/min 摇床培养 3～5h；室温下，7500r/min 离心 1min，弃大部分上清，保留 100μL 将细胞悬浮；把农杆菌涂布于有大观霉素(Spe，50μg/mL)的 LB 固体培养基上，28℃培养 2 天获得单菌落。用牙签挑取农杆菌菌落放入 20μL ddH_2O 中，98℃处理 15min 后取出 10μL 农杆菌裂解液作为 PCR 反应的模板。用 *cs* 基因上下游特异性引物做 PCR 检测，转化成功的菌落均能扩增出 1.4kb 的 *cs* 基因条带，经菌落 PCR 确认的转化子菌落用于转化植物。

(二) 用植物表达载体 pPZP211-PrbcS-*cs* 转化烟草

挑取携带有 pPZP211-PrbcS-*cs* 质粒的农杆菌单菌落接种于 50mL 的 LB 培养基中(含 Spe，100μg/mL)，180r/min，28℃培养 24h，待菌液 OD_{600} 至 1.0 左右，离心 10min(3000r/min)，沉淀菌体。再用 10mL 左右的 MS 液体培养基悬浮，离心 10min(3000r/min)，沉淀菌体。重复以上操作 2～3 次。最后加入一定体积的 MS 液体培养基重悬浮，使菌体的 OD_{600} 值为 0.5。制备烟草(*N. tabacum* cv. Xanth)的无菌苗，通过农杆菌介导，用叶盘法转化烟草，然后通过组织培养获得小苗，进一步筛选获得所需的转基因植物。把无菌烟草的叶片切成小片叶盘，在制备好的农杆菌菌液中浸染 15～20min，用无菌吸水纸吸干后，平铺于愈伤组织诱导培养基 MS1(MS+NAA0.21μg/mL+BAP 0.02μg/mL)上黑暗共培养 2 天，将外植体转移至含卡那霉素(50μg/mL)的芽诱导培养基 MS4(MS+NAA 0.53μg/mL+BAP 0.5μg/mL)上进行芽的诱导，约 15 天继代一次。待有芽生成后，转入含卡那霉素(50μg/mL)的 MS 培养基上进行根的诱导。通过卡那霉素筛选一共获得 18 个独立的转基因株系，接着对 *cs* 在这些转基因植株中的转录水平进行分析。

(三) *cs* 基因在转基因烟草中的插入情况及转录水平检测

为了确认通过卡那霉素筛选的转基因烟草株系确实含有我们导入的目的基因的 cDNA 片段，我们用 PCR 方法对筛选到的转基因烟草做进一步的鉴定。首先采用 CTAB 法提取植物基因组：称取植物叶片 100mg 左右置于 1.5mL 离心管中，加液氮用特制研棒研磨至粉末状；加入 900μL 预热到 65℃的 2×CTAB 缓冲液(Tris-HCl pH7.5 100mmol/L，EDTA 20mmol/L，NaCl 1.4mol/L，CTAB 2%)，65℃水浴加热 20min 后取出冷却；加入 500μL 氯仿-异戊醇混合液(24∶1)摇匀，4℃离心 10min(7500r/min)后转移上清至 1.5mL EP 管；再次加入 500μL 氯仿-异戊醇混合液(24∶1)摇匀，4℃离心 10min(7500r/min)；取出上清置于新的 EP 管中，加入 1/10 体积 3mol/L pH5.2 乙酸钠和等体积异丙醇，摇匀后 4℃离心 20min(12 000r/min)；弃上清，用 75%乙醇清洗

两次后，干燥，用含 RNase 的 TE 缓冲液溶解并降解 RNA。以植物基因组 DNA 为模板，用一个位于 PrbcS 启动子内转录起始位点处的一个引物及 *cs* 基因的下游引物 cA2 做 PCR 检测，PCR 产物的理论长度为 1.5kb，成功转入目的基因的植株均能扩增出 1.5kb 的条带(图 13-30A)，经 PCR 确认的转基因植株用于 RT-PCR 分析。

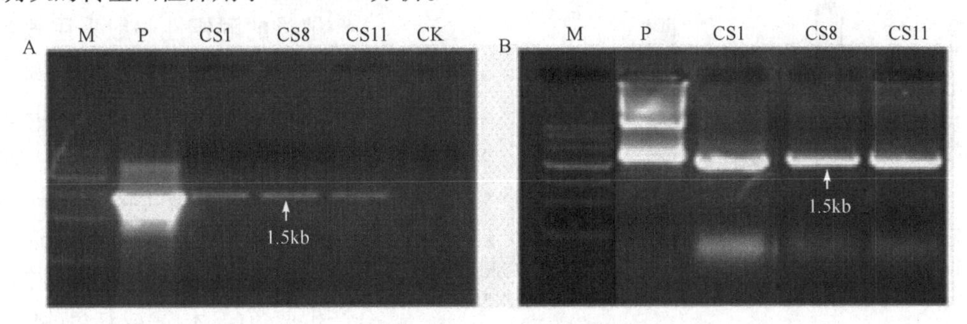

图 13-30　*cs* 基因在转基因烟草中的插入情况以及转录水平的检测

A. *cs* 基因插入情况的检测。M，DNA marker；P，阳性对照(以 pPZP211-PrbcS-*cs* 重组质粒为模板扩增的 PCR 产物)；CS1、CS8、CS11，以转基因烟草的基因组 DNA 为模板扩增的 PCR 产物；CK，负对照(未转基因的野生型烟草)；B. *cs* 基因转录水平的检测；M，DNA marker；P，阳性对照，CS1、CS8、CS11，转基因烟草株系的 RT-PCR 产物

为了考察目的基因在转基因烟草株系中的转录情况，从转基因植物中抽取总 RNA，反转录成 cDNA 后用于 RT-PCR 分析，检测 *cs* 基因在转基因植物中的转录水平。采用 TRIzoL Reagent(Invitrogen)提取 RNA，取植物嫩叶约 0.1g，加入 1mL 的 TRIzoL 提取液在研钵中研磨，室温静置 5min 后移入离心管，再加入 0.2mL 氯仿，振荡混匀，离心 15min(12 000r/min)，转移上清液至新管，加入 0.5mL 异丙醇，混匀，室温放置 10min，4℃离心 10min(12 000r/min)，弃上清，沉淀用 75%乙醇 1mL 清洗，4℃离心 5min(7500r/min)，弃乙醇真空干燥沉淀或自然晾干，用 20μL 焦碳酸二乙酯(DEPC)处理水溶解 RNA。使用 Reverse Transcriptase 进行 cDNA 的合成，取植物总 RNA 0.1～5μg、oligo(dT)50ng、10mmol/L dNTP mix 1μL，用 DEPC 处理水补足至 10μL，混匀后，短暂离心将之收集于管底，置于 65℃加热 5min，冰浴 10min，加入反应混合物 9μL(5×反应缓冲液 4μL，25mmol/L $MgCl_2$ 4μL，0.1mol/L DTT 2μL，RNA 酶抑制剂 1μL)，将上述混合物混匀，短暂离心将之收集于管底，25℃保温 2min，加入 1μL M-MuLV Reverse Transcriptase，将上述混合物混匀，短暂离心将之收集于管底，25℃保温 20min，然后 42℃保温 70min，合成 cDNA。以 cDNA 为模板，用一个位于 PrbcS 启动子内部的引物及 *cs* 基因的下游引物 cA2 做 RT-PCR 分析，考察转基因烟草中是否有目的基因的转录物。结果证明大部分转基因烟草植株均有目的基因的转录物(图 13-31B)。

(四) 转基因烟草中柠檬酸合成酶(CS)的活性分析

选取经 RT-PCR 分析表明有目的基因转录物的转基因烟草植株测定柠檬酸合成酶的活性。从烟草叶片中抽提可溶性蛋白，取 1g 烟草叶片，加 1mL 蛋白抽提液[100mmol/L Tris-HCl (pH7.5)；10% (*V/V*)甘油；10mmol/L 巯基乙醇；1mmol/L PMSF；5%(*m/V*) PVP]研磨，转移至 EP 管中，13 000r/min 离心 25min(4℃)。将上清移到新的 EP 管中，用 Bradford 方法测定植物上清中的蛋白质浓度。柠檬酸合成酶的活性测定依据的原理为：L-苹果酸在苹果酸脱氢酶的作用下生成草酰乙酸，而草酰乙酸极不稳定，在柠檬酸合成酶和乙酰辅酶 A 的作用下，能够生成柠檬酸。在该反应中，通过测定波长 340nm 时 NADH 的增加量从而获得 CS 的相对酶活性。结果表明转基因烟草 CS 酶活性为野生型烟草的 1～5.5 倍(图 13-31)，可见 *cs* 在转基因烟草植株中的表达大大提高了 CS 的活性。

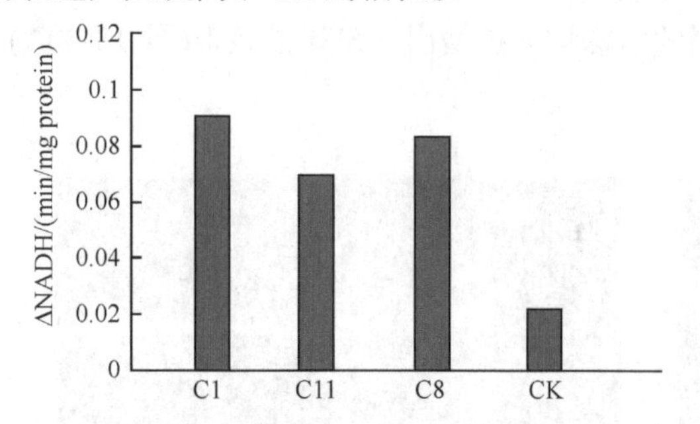

图 13-31　转基因烟草叶片中柠檬酸合成酶的活性测定
C1、C8、C11，转基因烟草株系；CK，负对照(未转基因的野生型烟草)

(五) 转基因烟草对铝毒的抗性检测

植物的耐铝性一般采用根尖染色情况等表型指标来衡量。根尖染色的染料有苏木精(hematoxylin)和铬天青(eriochrome cyanine S)，两者均适于鉴定植物对铝的敏感性或忍耐性。其原理是染料能通过死亡的细胞膜进入细胞内部，并与残留于死亡细胞核中的铝结合产生蓝色(苏木精)或红色(铬天青 S)物质，这一反应对铝具有高度的专一性，并且根尖染色程度与铝对植物的毒害程度呈正相关。

取大小均匀一致且生根良好的转基因烟草幼苗，置于 $AlCl_3$ 浓度分别为 0(对照)、50μmol/L、100μmol/L、300μmol/L 的氯化钙溶液(pH4.3)中处理 3h，再用 0.1%的铬天青 S 染色液染色 15min。用蒸馏水冲洗后，在显微镜下观察根尖染色情况。实验结果显示野生型烟草的根系和根尖均被染成紫色，而转 *cs* 基因的烟草小苗经 100μmol/L 的 $AlCl_3$ 处理后根系和根尖基本不着色或只有很浅的着色(图 13-32A)。在高浓度的 $AlCl_3$ (300μmol/L)处理后，CS 表达水平低的植株 CS-8，其根系有些着色，但着色程度也比野生型(CK)轻，可见转基因烟草对铝的耐受程度与 CS 的活性水平有明显的相关性(图 13-32B)。这些结果初步证明在叶片中过量表达 *cs*，也能增强转基因植物对铝毒的耐受性。

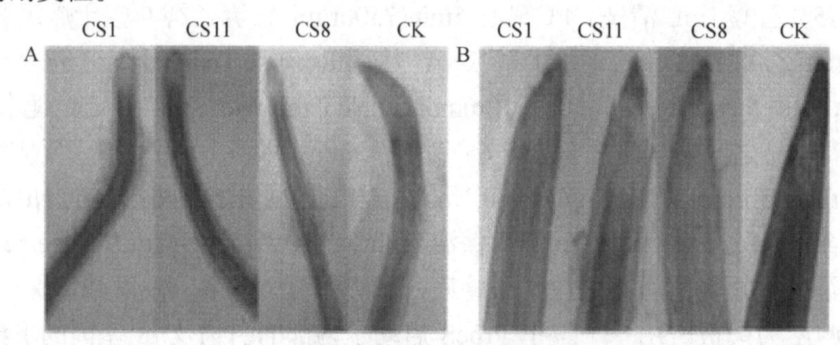

图 13-32　转基因烟草对铝毒的耐受性检测
A. 转基因烟草经 100μmol/L $AlCl_3$ 处理 3h 后根尖用铬天青 S 染色；B. 转基因烟草经 300 μmol/L $AlCl_3$ 处理 3h 后根尖用铬天青 S 染色。CS1、CS8、CS11，转基因烟草株系；CK，负对照

(六) 基因烟草植株在铝毒胁迫下根伸长速率的测定

根在铝毒胁迫下的伸长速率是衡量植物对铝毒耐受能力的另一指标之一，因此我们测定了在铝毒胁迫下转基因烟草植株根生长速率。我们选取转基因烟草大小均匀一致的幼苗，分别置于 $AlCl_3$ 浓度为 0μmol/L、50μmol/L、100μmol/L、300μmol/L 的氯化钙溶液中。处理 24h 之后，测量转基因植株根的伸长量，重复三次，实验结果如图 13-33 所示。当铝离子浓度为 200μmol/L 和 300μmol/L 时，铝离子对野生型烟草(CK)根部伸长的抑制率为 100%，然而 *cs* 转基因植株仍然保持一定的生长活力，根系维持一定的伸长量。

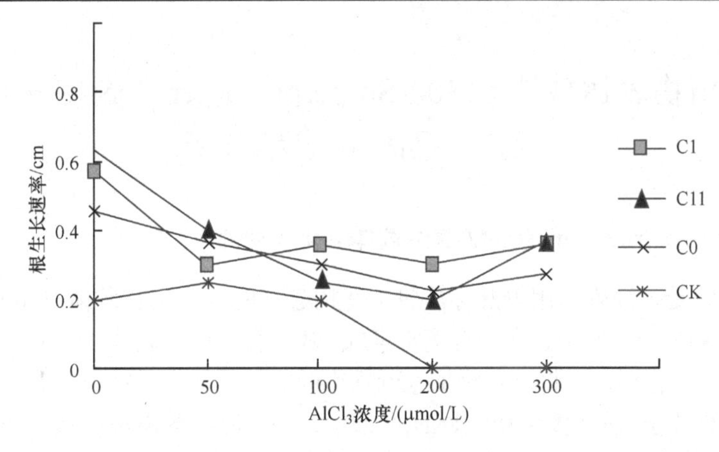

图 13-33　转基因烟草 T_2 代植株在铝毒胁迫下根伸长速率的测定

(七) 转基因烟草植株分泌的柠檬酸含量测定

取大小均匀一致的转基因烟草植株及野生型烟草幼苗，分别置于 $AlCl_3$ 浓度为 100μmol/L、300μmol/L 的氯化钙溶液中处理 3h，接着收集氯化钙溶液，浓缩后用高效液相色谱分析柠檬酸含量。分析结果表明，在叶片中合成的柠檬酸已大量运输到根部，*cs* 转基因烟草植株根系分泌的柠檬酸含量约为野生型对照植株的 1.5～2 倍。

(八) 转基因烟草在在铝胁迫下的生长情况分析

将经过 $AlCl_3$ 处理的烟草植株小苗移栽到新的珍珠岩基质中，在温室内进行盆栽试验，每周浇灌含有 $AlPO_4$ 的营养液(pH4.3，配方同 MS 培养基的配方，用 $AlPO_4$ 取代其中的 KH_2PO_4)两次，一次 50mL。2 个月后只浇水，观察烟草植物的生长状况。4 个月后，*cs* 转基因植株已开花结实，然而野生型烟草(CK)植株生长明显受阻，不仅植株矮小，而且还没有开始生殖生长。通过对烟草株高的测量发现经过 100μmol/L $AlCl_3$ 处理的 *cs* 转基因烟草的株高为野生型烟草的 2.09～2.1 倍(图 13-34A)；经过 300μmol/L $AlCl_3$ 处理的 *cs* 转基因烟草的株高为野生型烟草株高的 1.8～2 倍(图 13-34B)。可见转基因烟草根部过量分泌的柠檬酸能够在含有磷酸铝的酸性介质中螯合铝离子，可以解除铝毒的危害，有助于烟草对于磷素的吸收。所以 *cs* 转基因烟草植株在铝毒胁迫下生长良好，能正常开花结实。

图 13-34　转基因烟草在铝胁迫下的生长状况

A. 转基因烟草在 100μmol/L $AlCl_3$ 基质中的生长状况；B. 转基因烟草在 300μmol/L $AlCl_3$ 基质的生长状况。CS8、CS11，转基因烟草株系；CK，负对照

五、用植物表达载体 p1300-Surperpromoter-*AgSAT* 转化烟草及转基因植株表型分析

(一) 用 p1300-Surperpromoter-*AgSAT* 表达载体转化农杆菌

制备农杆菌感受态细胞，用电脉冲法将上述构建好的植物表达载体 1300-Surperpromoter-*AgSAT* 转入农杆菌(EHA105)中，在加有潮霉素的 LB 平板上筛选转化子。取少量质粒加入农杆菌感受态细胞中，轻轻混匀，将混合物加入到预冷的电转化杯中，轻轻敲击杯身使混合液落至杯底，将电转化杯置于电转化仪(BIO-RAD)滑槽中，用 1mm 的电击杯和 200Ω、2.5kV/0.2cm 的参数进行电击，电击后立即取出电转化杯，迅速加入 0.5mL SOC 培养基，混匀，转移到 1.5mL 的离心管中；28℃、200r/min 摇床培养 3～5h；室温下，7500r/min 离心 1min，弃大部分上清，保留 100μL 将细胞悬浮；把农杆菌涂布于加有潮霉素(Hyg，10μg/mL)的 LB 固体培养基上，28℃培养 2 天获得单菌落。挑取农杆菌单菌落于 20μL ddH_2O 中，98℃处理 15min 后取出 10μL 农杆菌裂解液作为 PCR 反应的模板。用特异性引物 SAT3 和 SAT4 进行 PCR 检测，转化成功的菌落能扩增出 1172bp 的条带，经菌落 PCR 确认的转化子菌落用于转化植物。

(二) 用含有 *SAT* 基因的植物表达载体的农杆菌转化烟草

首先挑取携带有 1300-Surperpromoter-*AgSAT* 质粒的农杆菌单菌落接种于 50mL 的 LB 液体培养基(含 Hyg，10μg/mL)，180r/min，28℃培养 2h，待菌液 OD_{600} 至 1.0 左右，3500r/min，离心 10min，沉淀菌体。再用 10mL 左右的 MS 液体培养基悬浮菌体，3000r/min 离心 10min，沉淀菌体。重复以上操作 2～3 次。最后用加入一定体积的 MS 液体培养基重悬浮，使菌体的 OD_{600} 值为 0.5，静置 1h 备用。

制备烟草(*N. tabacum* cv. Xanth)的无菌苗，把无菌苗的叶片切成小片叶盘，将其用以上制备好的农杆菌菌液浸染 15～20min，用无菌吸水纸吸干后，平铺于愈伤组织诱导培养基 MS1(MS+NAA 0.21μg/mL+BAP 0.02μg/mL)上黑暗共培养 2 天，将外植体转移至含潮霉素(10μg/mL)的芽诱导培养基 MS4(MS+NAA 0.53μg/mL+BAP 0.5μg/mL)上进行芽的诱导，获得转入 *SAT* 基因的植株。

(三) *SAT* 基因在转基因植物中的插入情况和转录水平的检测

为了确认从转化的烟草叶盘产生的转基因植株确实含有 *SAT* 基因，用基因组 PCR 方法对筛选到的转基因植株做进一步的鉴定。首先采用 CTAB 法提取植物基因组：称取 0.1g 植物叶片置于 1.5mL 离心管中，加液氮用特制研棒研磨至粉状。加入 900μL 预热到 65℃的 2×CTAB 缓冲液(Tris-HCl pH7.5 100mmol/L，EDTA 20mmol/L，NaCl 1.4mol/L，CTAB 2%)，65℃水浴 20min，中间每隔 2min 摇匀一次，取出冷却至室温，再加入 500μL 氯仿：异戊醇(24：1)混合液，旋转摇匀，4℃、7500r/min，离心 10min，转移上清至一新的离心管。重复上述步骤。加入 1/10 体积 3mol/L pH5.2 NaOAc 和等体积的异丙醇，摇匀后 4℃、12 000r/min，离心 20min。弃上清，用 75%乙醇清洗两次后干燥，用含有 RNase 的 1×TE 缓冲液溶解并降解 RNA，取 2μL 以 1%琼脂糖凝胶电泳检测(图 13-35)。以植物基因组 DNA 为模板，用 *SAT* 基因内部部分序列

的上下游特异性引物作 PCR 检测，成功转入 *SAT* 基因的植株均能扩增出 1172bp 的 DNA 条带。经 PCR 确认的转基因植株用于 RT-PCR 分析。

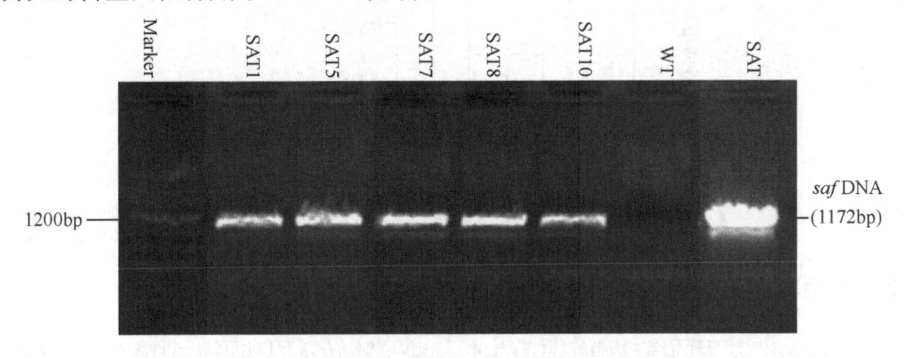

图 13-35　转基因烟草的基因组 PCR 检测

SAT1、SAT5、SAT7、SAT8 及 SAT10，转基因株系；WT，负对照；SAT，正对照(以表达载体 DNA 为模板)

为了考察在含有 *SAT* 基因的转基因烟草株系中 *SAT* 基因的转录情况，从转基因植物中抽取总 RNA，反转录成 cDNA 后用于实时荧光定量 PCR 分析，检测 *SAT* 基因在转基因植物中的转录水平。采用 ABI Stepone plus 型荧光定量 PCR 仪和 SybrGreen qPCR Master Mix (ROX) (2×)定量 PCR 试剂(睿安生物)。

用于实时定量 PCR 的引物：

16S (F): 5′-CGTAGAGATTAGGAAGAACACCAGT-3′

16S(R): 5′-CCATCGTTTACCGCTAGGAC-3′

SAT (F): 5′-ACTCAGTGTCGTCAACCGCT-3′

SAT(R): 5′-CCAACAACCACTCCAGTAGCA -3′

1) 配制 PCR 反应混合液(在冰上进行)，混合液体系如表 13-1 所示。

表 13-1　定量 PCR 反应体系

Reaction Component	Concentration	Volume/μL
SybrGreen qPCR Master Mix	2×	10
引物 F(10μmol/L)	10μmol/L	1
引物 R(10μmol/L)	10μmol/L	1
ddH_2O		7
Template(cDNA)		1
Total		20

2) PCR 扩增反应

采用两步法 PCR 扩增反应，扩增程序：

Stage1：(95℃　10s；60℃　40s)40 cycles

Stage2：95℃　2min

结果证明了 *AgSAT* 基因在 WT 株系中不表达，而转基因烟草植株中的 *AgSAT* 基因表达量分别显著高于 WT，进一步证实所转的 *AgSAT* 基因 cDNA 已成功插入转基因烟草的基因组中(图 13-36)。经 Real-PCR 确认的转基因植株用于进一步的生理生化分析。

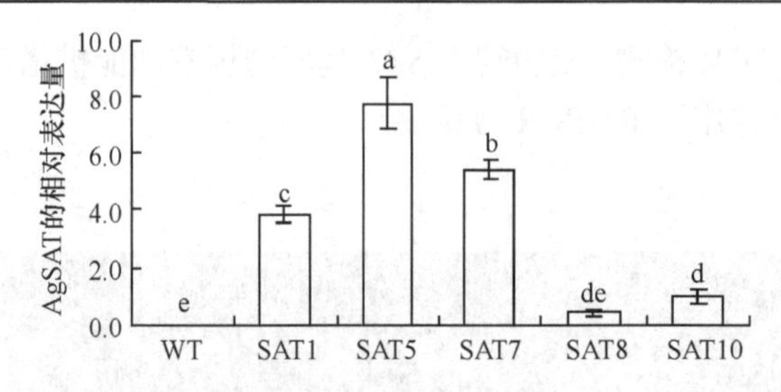

图 13-36 转 SAT 基因烟草的 RT-PCR 检测

WT，野生型；SAT1、SAT5、SAT7、SAT8 及 SAT10(下同)，转基因株系；不同字母表示处理间在 0.05 水平存在显著性差异(下同)

(四) 转基因植物在高硝酸盐环境条件下的生长情况

为了确认转 *SAT* 基因的植株确实具有生长优势，将转基因和野生型植株从培养基中取出，洗净根部琼脂，用 0.1%多菌灵浸泡 1min 后，移栽到已消毒的珍珠岩:泥炭(*V/V*)=1:1 基质中进行炼苗 2 周，将烟草幼苗移到营养液中进行水培一周后进行 100mmol/L NO_3^- 胁迫处理，正常营养液(15mmol/L NO_3^-)作为对照，在培养一段时间后观察植物表型的变化。转 *SAT* 基因植物都比野生型植株长势好(图 13-37)，说明在正常 NO_3^- 水平和高浓度 NO_3^- 胁迫下，过表达 SAT 基因的烟草植株比 WT 的生物量大；过表达 SAT 在一定程度上缓解了 NO_3^- 胁迫对烟草生长的影响。

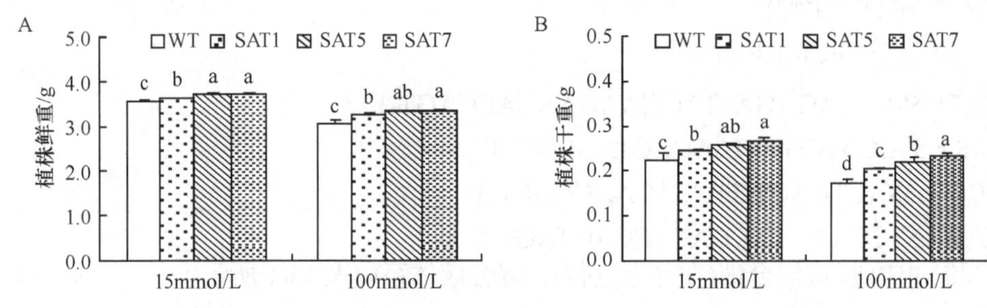

图 13-37 高硝酸盐胁迫下转基因烟草植株的鲜重(A)和干重(B)

(五) 转基因植物还原型谷胱甘肽(GSH)含量测定

为了确认转入基因是否对植株 GSH 含量造成影响，取正常生长和经 100 mmol/L NO_3^- 处理的野生型及转基因烟草植株根系 0.2g 在冰浴中用 1mL 5%磺基水杨酸研磨匀浆。然后在 4℃用 13 000*g* 离心 15min。取 0.25mL 样品测定 GSH 含量。GSH 的含量用 GSH 试剂盒(南京建成)依照操作说明测定。结果说明在正常生长条件下，WT 和转基因烟草的活性氧抗氧化物质 GSH 含量较低，而在高硝酸盐胁迫的环境中，WT 和转基因烟草的抗氧化物质 GSH 含量增加。转基因烟草植株根系 GSH 显著高于 WT(图 13-38)，表明转基因株系中过量表达 SAT 缓解氧化胁迫对烟草有毒害作用，增强了其对硝酸盐胁迫的耐受性。

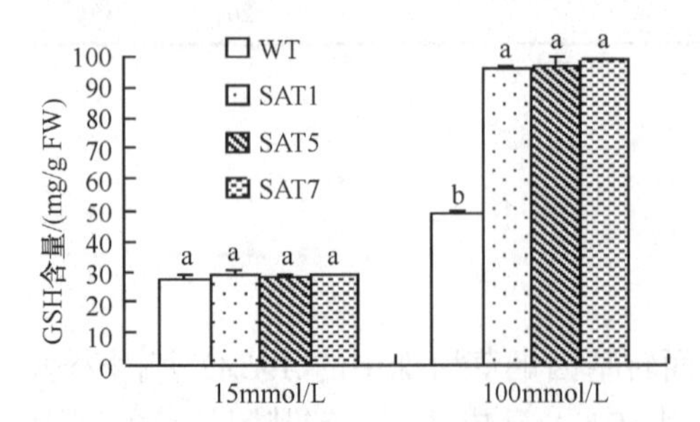

图 13-38 还原型谷胱甘肽(GSH)含量测定

(六) 转基因植物 H_2O_2 和 MDA 含量的测定

为了确认转入基因是否对植株 H_2O_2 含量造成影响，选取野生型植物和转基因植物的幼根 1g，液氮充分研磨，加入 4mL 磷酸钾缓冲液(KH_2PO_4 0.27g，K_2HPO_4 1.83g，pH7.6)充分研磨，4℃、12 000r/min

离心 20min，吸取上清保存至另一新的 EP 管中，–20℃保存备用。H_2O_2 含量采用二甲酚橙法进行测定；MDA 含量测定用硫代巴比妥酸法。结果(图 13-39)证明转基因植株具有较好的活性氧清除能力。在高浓度硝酸盐胁迫下，AgSAT 过量表达缓解了转基因植株细胞膜所受的氧化损伤。

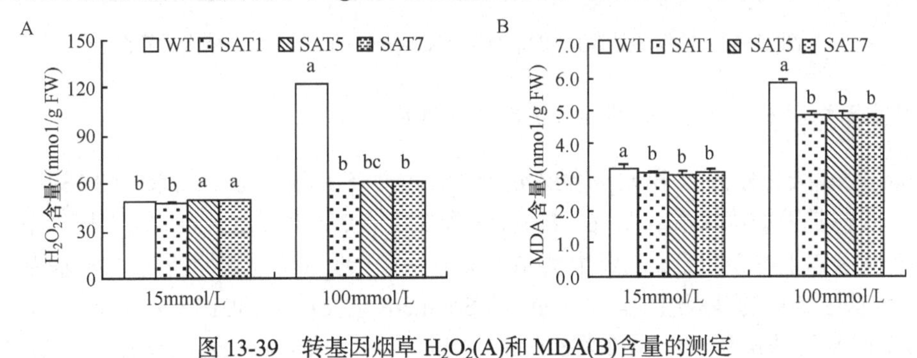

图 13-39　转基因烟草 H_2O_2(A)和 MDA(B)含量的测定

六、利用 CS 和 PEPC 的表达载体产生双转基因烟草及表型分析

(一) 引言

铝胁迫下根系分泌的有机酸主要有苹果酸(Mal)、草酸和柠檬酸(Cit)，其中柠檬酸对铝的螯合能力最强。植物体内柠檬酸的合成主要通过柠檬酸循环中柠檬酸合酶(CS)的作用完成，CS 催化来自糖酵解或其他异化反应的乙酰辅酶 A 与草酰乙酸缩合合成柠檬酸。磷酸烯醇式丙酮酸羧化酶(PEPC)是 C_4 植物 CO_2 固定的一个重要酶，也是有机酸代谢中的一个关键酶，它催化磷酸烯醇式丙酮酸(PEP)和 HCO_3^- 生成草酰乙酸(OAA)及无机磷酸(Pi)的不可逆反应。目前通过在植物中过量表达有机酸代谢相关酶增加有机酸的分泌，从而提高植物耐铝能力的研究，取得较好的结果。但这些研究都是在植物中过量表达一种基因，还没有在植物中表达两个或两个以上基因提高植物对铝抗性的报道。因此我们尝试用 PrbcS 启动子在烟草叶片细胞质中同时表达 *cs* 和 *pepc*，通过 PEPC 的作用利用糖酵解产生的 PEP 生成更多的草酰乙酸，而草酰乙酸含量的增加使 CS 有更多的底物合成柠檬酸。这样可在细胞质中构建一条柠檬酸合成途径，以期增加柠檬酸的合成，从而进一步提高植物对铝的抗性。

(二) 实验操作流程

1. 利用 *cs* 和 *pepc* 植物表达载体转化烟草

Cs(GenBank 登录号为 X84226)的植物表达载体用 pPZP211-PrbcS-cs。*PEPC* 基因选用嗜热蓝藻(*Synechococcus vulcanus*)*PEPC*(GenBank 登录号为 AB057454)的一个突变体(889 位的 Lys 突变成了 Ser)基因，该突变体 *PEPC* 对苹果酸的反馈抑制不敏感。*PEPC* 的植物表达载体 pH2-35S-PrbcS-pepc 通过通路克隆技术构建，其 T-DNA 区的结构如图 13-40 所示。用植物表达载体 pPZP211-PrbcS-cs 和 pH2-35S-PrbcS-pepc 转化农杆菌，通过农杆菌介导，用叶盘法转化烟草。在转化实验中，首先利用 pPZP211-PrbcS-cs 载体获得卡那霉素抗性转基因烟草植株，经基因 PCR 鉴定确认后用 pH2-35S-PrbcS-pepc 转化卡那霉素抗性转基因烟草，在含有卡那霉素和潮霉素(Km, 50μg /mL; Hg, 20μg/mL)的培养基上筛选转基因小苗。

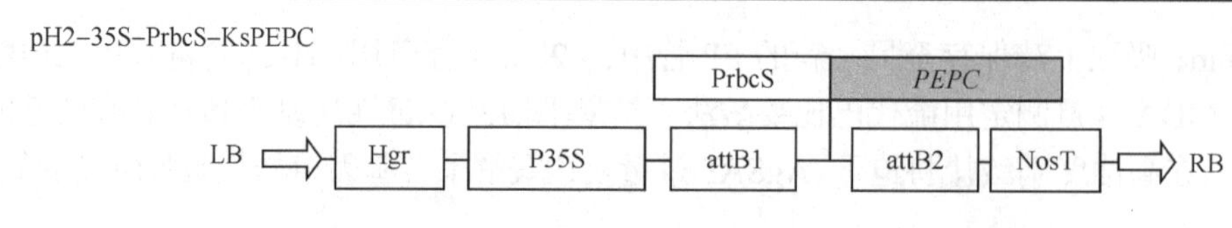

图 13-40　植物表达载体 pH2-35S-PrbcS-pepc 的 T-DNA 区结构示意图

2. 转基因烟草中 *cs* 和 *pepc* 的插入情况及表达水平

用 Southern 杂交分析 *cs* 和 *pepc* 插入情况，对 *cs* 的 Southern 杂交结果如图 13-41A 所示，3 个 *cs*/*pepc* 双转基因烟草株系(pcs1、pcs4、pcs14)和 3 个 pPZP211-PrbcS-cs 转基因株系(rcs1、rcs4、rcs14)都有两条以上的杂交带，而野生型(WT)只有一条杂交带，这说明所转的 *cs* 基因 cDNA 已成功插入转基因烟草的基因组中。对 *pepc* 的 Southern 杂交结果如图 13-41B 所示，pcs1、pcs4 和 pcs14 双转基因株系和 3 个 pH2-35S-PrbcS-pepc 转基因株系(pepc2、pepc14、pepc17)都有杂交带，而野生型则没有，这说明所转的 *pepc* 基因已成功插入转基因烟草的基因组中。为了考察转基因烟草株系中 *cs* 和 *pepc* 基因的转录水平，用 RT-PCR 分析检测 *cs* 和 *pepc* 基因在转基因植物中的转录水平。对 *cs* 的 RT-PCR 分析结果如图 13-41C 所示，pcs1、pcs4、pcs14 双转基因株系和 rcs1、rcs4、rcs14 转基因株系 *cs* 基因的转录水平均明显高于野生型。对 *pepc* 的 RT-PCR 分析结果如图 13-41D 所示，pcs1、pcs4、pcs14 双转基因株系和 pepc2、pepc14、pepc17 转基因株系均可扩增出与正对照相同的目的条带，而以野生型烟草则没有明显的目的基因条带。

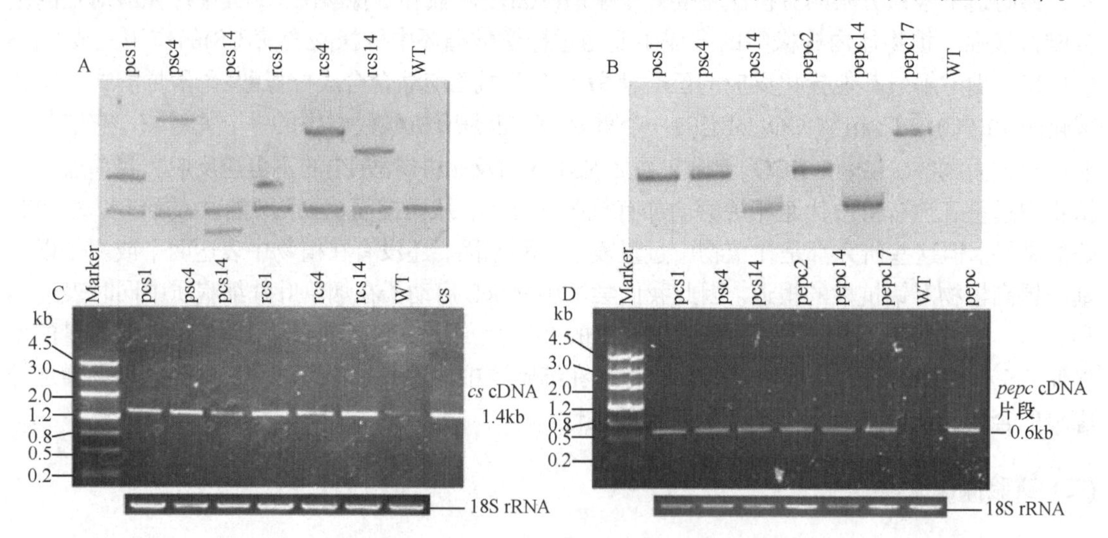

图 13-41　Southern(A, B)和 RT-PCR(C, D)分析 cs cDNA 和 pepc 的插入情况和转录水平

以 18S rRNA 作为内参。pcs1、pcs4、pcs14，转 pH2-35S-PrbcS-pepc 和 pPZP211-PrbcS-cs 双基因株系；rcs1、rcs4、rcs14，pPZP211-PrbcS-cs 转基因株系；pepc2、pepc14、pepc17，pH2-35S-PrbcS-pepc 转基因株系；WT，负对照；*cs*、*pepc*，正对照(以表达载体 DNA 为模板)

从这些转基因烟草植株叶片中抽提总蛋白，测定 CS 和 PEPC 的活性。其中 rcs1、rcs4 和 rcs14 转基因株系的 CS 酶活性是野生型的 2～2.4 倍，pcs1、pcs4 和 pcs14 双转基因烟草的 CS 酶活性是野生型的 2.4～2.6 倍(图 13-42A)。pepc2、pepc14 和 pepc17 转基因株系的 PEPC 酶活性是野生型的 2.1～2.3 倍，pcs1、pcs4 和 pcs14 双转基因烟草的 PEPC 酶活性是野生型的 2.2～2.4 倍(图 13-42B)。这也说明 pcs1、pcs4 和 pcs14 双转基因烟草叶中 CS 和 PEPC 的酶活性都增强。

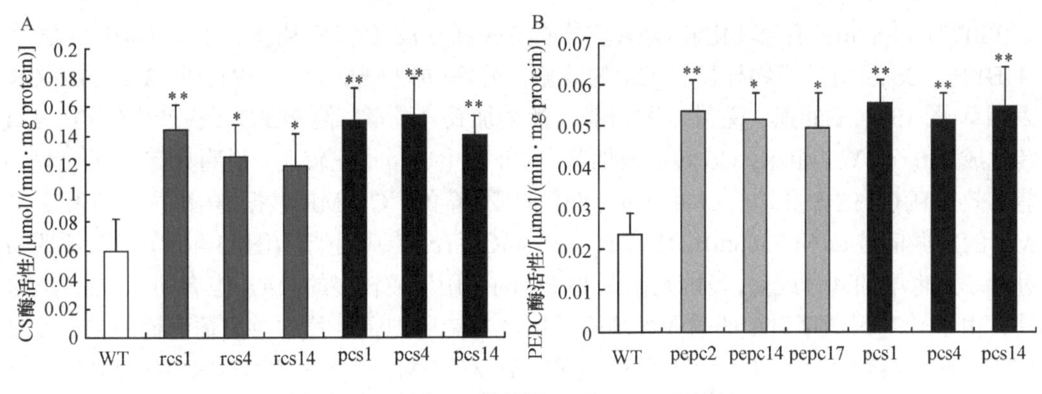

图 13-42　烟草 CS 酶活性(A)和 PEPC 酶活性(B)

3. 转基因植株对铝的抗性比较

铝对根生长的抑制程度是判断植物耐铝能力的常用方法，因此检测转基因植物 30μmol/L 的 $AlCl_3$ 胁迫下根的生长情况，结果表明 30μmol/L 的 $AlCl_3$ 处理烟草植株 24h 后，野生型烟草根相对伸长量为 39%，rcs1、rcs4 和 rcs14 转基因植株根相对伸长量为 84%～90%，pepc2、pepc14 和 pepc17 转基因植株的根相对伸长量为 57%～64%，pcs1、pcs4 和 pcs14 双转基因烟草的根相对伸长量为 102%～115%(图 13-43)。由此可见转双基因植株的铝抗性比单基因烟草和野生型烟草强，其根生长不受抑制。

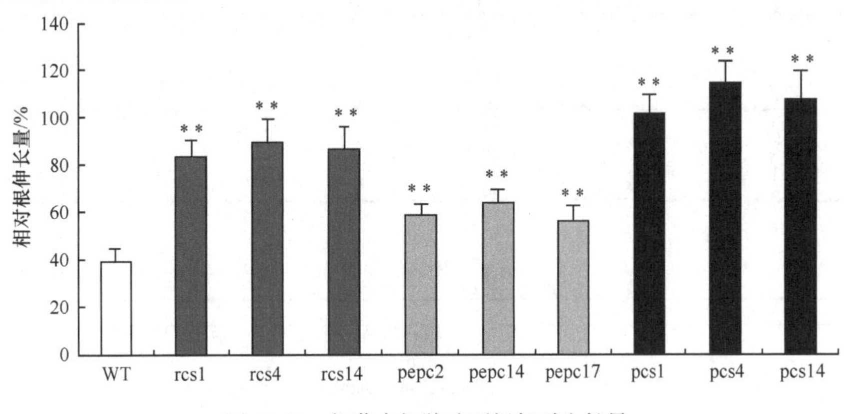

图 13-43　烟草在铝胁迫下根相对生长量

4. 转基因烟草中 CS 和 PEPC 反应产物的检测

为了确定在烟草叶片中过量表达的 *cs* 和 *pepc* 确实能利用光合作用合成的糖通过糖酵解产生的 PEP 增加柠檬酸的合成，我们用 ^{13}C NMR 分析有铝胁迫和无铝胁迫转基因烟草株系(pcs1，rcs1)中 CS 和 PEPC 催化的反应底物和产物的含量变化。用未经任何处理的野生型烟草作为对照检测烟草叶片中各种背景 ^{13}C NMR 共振信号的水平(图 13-44D 和 E)，根据预实验结果，首先用 $NaH^{13}CO_3$ 做 5h 的标记实验，通过光合作用的 CO_2 同化途径使葡萄糖和果糖的碳原子被 ^{13}C 标记上(图 13-44D)，然后再进行有铝(图 13-44)和无铝胁迫(图 13-45)处理 16h，观察进入糖的 ^{13}C 在有机酸中的分布。结果发现在有铝胁迫下，在转 *cs* 和 *pepc* 双基因烟草的 ^{13}C NMR 共振谱(图 13-44B)中，PEPC 反应的产物 OAA 的共振信号峰(22.52ppm)比 WT(图 13-44C)和单转 CS 基因烟草(图 13-44A)的强，说明 *pepc* 的过量表达增加其合成量，使糖酵解途径产生的 PEP(21.13ppm)被有效转化成 OAA。同时在 *cs* 和 *pepc* 双转基因烟草的 ^{13}C NMR 共振谱(图 13-44B)中，CS 反应的产物柠檬酸(Cit)的共振信号峰(70.13ppm)也比 WT(图 13-44C)和 CS 转基因烟草(图 13-44A)的强，说明 *cs* 的过量表达增加其合成量，使 PEPC 反应产生的 OAA 被有效转化成 Cit。与 WT 相比，CS 转基因烟草中 Cit 的生成量也比较大，说明只有 *cs* 的过量表达也能有效提高 Cit 的含量。在 *cs* 和 *pepc* 双转基因烟草的 ^{13}C NMR 共振谱(图 13-44B)中，苹果酸 Mal 的共振信号峰(64.93ppm)也比 WT(图 13-44C)和 *cs* 转基因烟草(图 13-44A)的强，说明 *pepc* 的过量表达也增加其合成量，可能是由于 PEPC 的作用生成较多的 OAA 也有助于 Mal 的合成。此外，由于转基因烟草对铝的耐受性增强，因此在铝胁迫下叶片中游离葡萄糖的共振峰也比 WT 的高(图 13-44A 和 B)。在无铝胁迫下，*cs* 和 *pepc* 双转基因烟草的 ^{13}C NMR 共振谱(图 13-45A)与 WT(图 13-45C)和 CS 转基因烟草(图 13-45B)相比差别不大，但是在 WT 的 ^{13}CNMR 共振谱中发现丙酮酸(PA, 15.17ppm)和果糖的共振峰(Fruc, 99.58ppm)比较强，而在转基因烟草中没有这两种共振峰，因为 PEP 是合成 PA 的底物，由于 CS 和 PEPC 的作用可能使更多的糖分解为 PEP 然后用于 OAA 和 Cit 的合成，因而减少转基因烟草中 PA 的合成量。

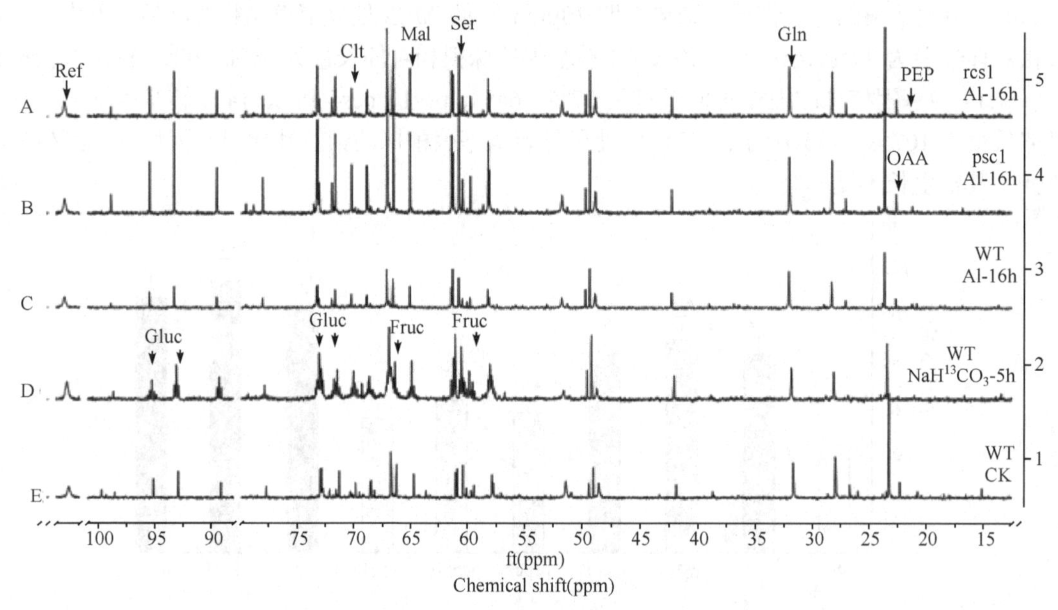

图 13-44　^{13}C NMR 分析 50μmol/L 铝处理转基因烟草 $NaH^{13}CO_3$ 代谢谱

A～C. rcs1、pcs1 和 WT 分别用 $NaH^{13}CO_3$ 标记 5h 后铝处理 16h；D. 野生型烟草用 $NaH^{13}CO_3$ 标记 5h；E. 野生型烟草未作任何处理。Ref，甲酰胺；Cit，柠檬酸；Mal，苹果酸；PEP，磷酸烯醇式丙酮酸；Gln，谷氨酰胺；Asp，天冬氨酸；Ser：丝氨酸；OAA，草酰乙酸；Gluc，葡萄糖；Fruc，果糖；Ser，丝氨酸；PA，丙酮酸

5. 无铝和有铝胁迫下转基因烟草柠檬酸分泌量的比较

对转基因烟草和野生型烟草柠檬酸分泌量的分析结果如图 13-46 所示，在无铝胁迫的酸性条件下，rcs1、rcs4 和 rcs14 转基因植株柠檬酸的分泌量是野生型的 1.8～1.9 倍，pepc2、pepc14 和 pepc17 转基因植株柠檬酸的分泌量是野生型的 1.3～1.4 倍，pcs1、pcs4 和 pcs14 双转基因植株的柠檬酸分泌量是野生型的 2.5～2.7 倍(图 13-46A)。在 300 μmol/L $AlCl_3$ 胁迫的酸性条件下，rcs1、rcs4 和 rcs14 转基因植株柠檬酸的分泌量是野生型的 2.7～3.3 倍，pepc2、pepc14 和 pepc17 转基因植株柠檬酸的分泌量是野生型的 1.3～1.5 倍，pcs1、pcs4 和 pcs14 双转基因烟草的柠檬酸分泌量是野生型的 3.8～4 倍(图 13-46B)。

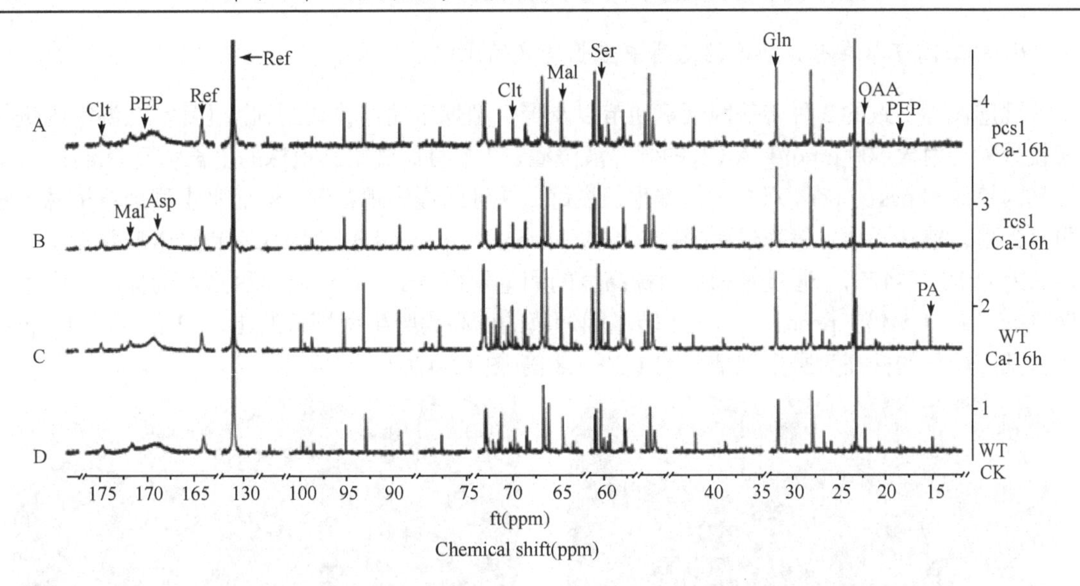

图 13-45　^{13}C NMR 分析未用铝处理转基因烟草 NaH^{13}CO$_3$ 代谢谱

A～C. rcs1、pcs1 和 WT 分别用 NaH^{13}CO$_3$ 标记 5h 后 CaCl$_2$ 处理 16h；D. 野生型烟草未作任何处理。缩写名称同图 13-44

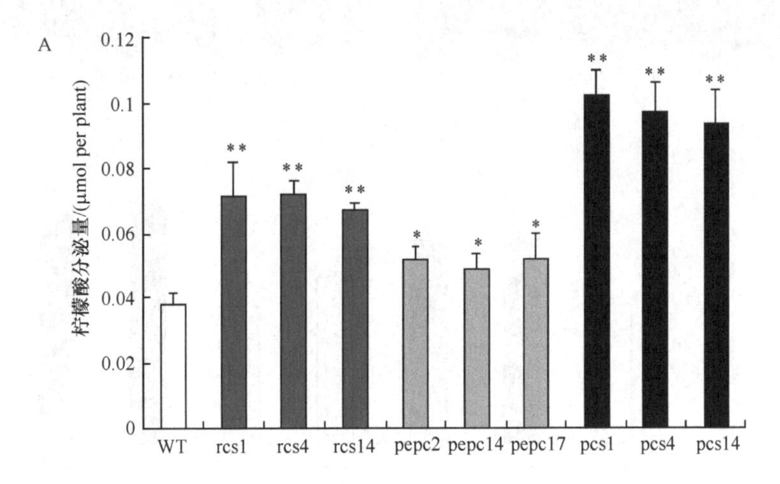

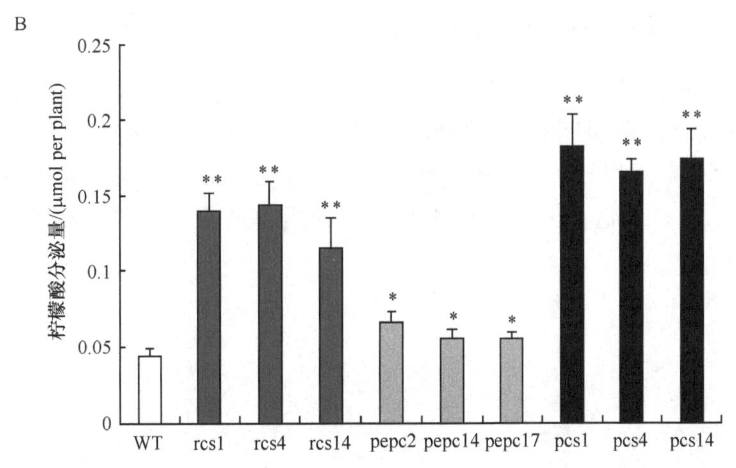

图 13-46　在无铝胁迫(A)和 300μmol/L 铝胁迫下(B)烟草根尖柠檬酸分泌量

6. 转基因烟草在有铝胁迫的基质中生长情况的比较

挑选长势一致的 3 种转基因烟草幼苗以及野生型烟草幼苗移栽到细沙土中，在温室内进行盆栽试验，用含 500 μmol/L $AlCl_3$ 的营养液浇灌，2 个月后观察其植株的生长状况。rcs1、rcs4 转基因植株和 pcs1、pcs4 双基因植株生长良好，并且已经出现花蕾。然而野生型烟草植株生长明显受阻，植株矮小，发育迟缓(图 13-47A)。Pepc2、pepc14 转基因株系和野生型并没有太明显的差异(图 13-47B)。通过对烟草植株高度的测量发现 rcs1、rcs4 转基因烟草的株高为野生型烟草的 1.4～1.5 倍，pepc2、pepc14 转基因烟草的株高为野生型烟草的 1～1.2 倍，pcs1、pcs4 双转基因烟草的株高为野生型烟草的 1.7～1.8 倍(图 13-47C)。

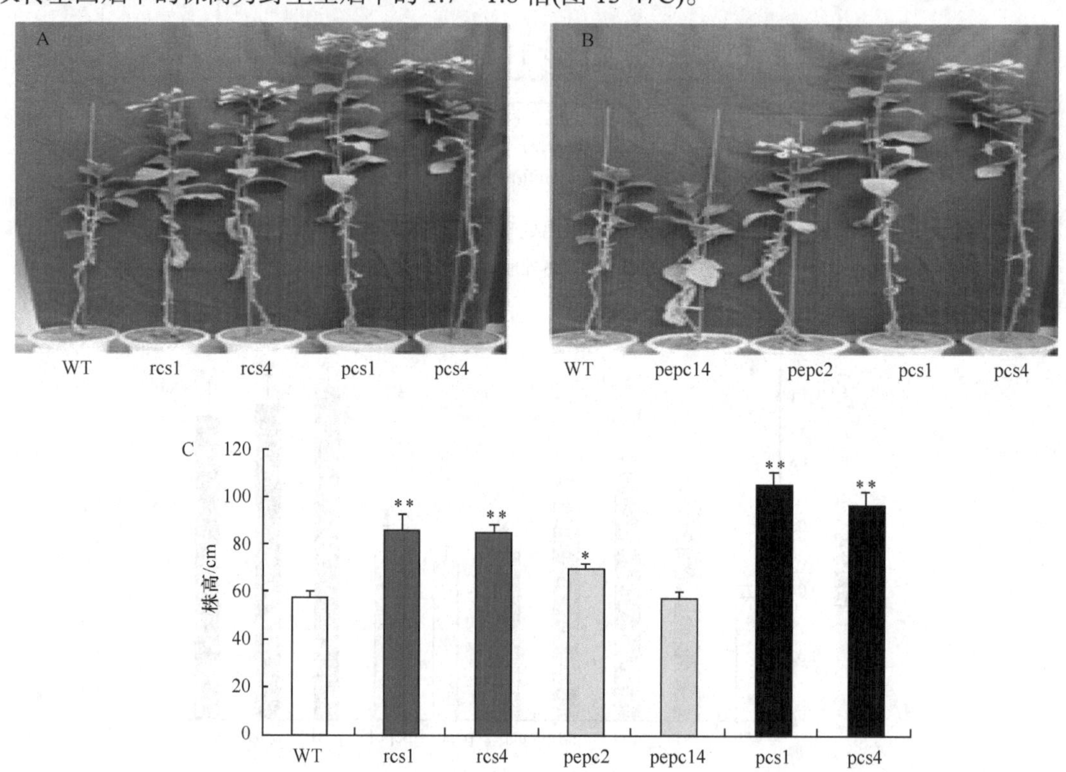

图 13-47　烟草在用高浓度铝(500μmol/L)浇灌的沙土基质上的生长状况(A，B)及株高(C)

用清水将烟草根部冲洗干净后观察根部的长势，发现 rcs1、rcs4 转基因烟草和 pcs1、pcs4 双转基因烟草根部的生物量明显高于野生型烟草(图 13-48A)。将根烘干后测定其干重发现，rcs1、rcs4 转基因烟草的根部干重是野生型的 2.4～2.5 倍，pepc2、pepc14 转基因烟草的根部干重是野生型的 1.2～1.3 倍，pcs1、pcs4 双转基因烟草的根部干重是野生型的 3.4～3.7 倍(图 13-48B)。

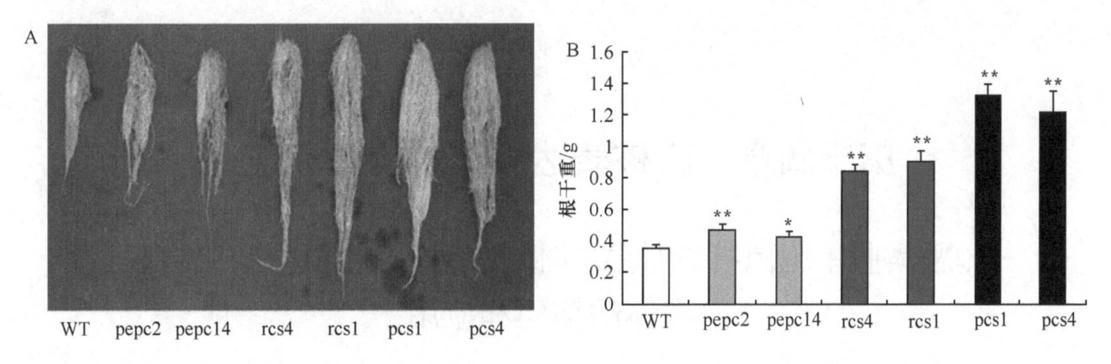

图 13-48　烟草在用高浓度铝(500μmol/L)浇灌的沙土基质上的根生物量(A)及干重(B)

第十四章　原核表达载体的构建和应用

一、恶臭假单胞菌谷胱甘肽-非依赖型甲醛脱氢酶的原核表达载体的构建和应用

(一) 引言

生化和遗传学研究表明依赖甲醛脱氢酶的甲醛解毒途径广泛存在于绝大多数原核生物(除了古细菌)和所有的真核生物中。大多数的甲醛脱氢酶都需要 NAD^+和 GSH 参与甲醛的氧化，但来自恶臭假单胞杆菌(*Pseudomonas putida*)的甲醛脱氢酶(PADH,EC 1.2.1.46)则是不需 GSH 而仅依赖 NAD^+的甲醛氧化酶。纯化的 PADH 是由 4 个相同亚基组成的同型四聚体，每个亚基由 398 个氨基酸残基组成。

Ito 等从 *P. putida* 克隆得到 1197bp 的 PADH 编码基因，转化大肠杆菌 *E. coli* DH5α后发现其甲醛脱氢酶活性要比 *P. putida* 高 50 倍，他们从大肠杆菌 *E. coli* DH5α的可溶性细胞抽提物中纯化到 PADH。由于 PADH 具有一些独特的生化特性，如可以直接利用甲醛作为底物将其氧化为甲酸，因此该酶可以应用于甲醛污染的生物治理。用较低的成本和简便的方法快速生产并纯化有活性的 PADH 蛋白是满足其广泛应用的必需条件，PADH 蛋白特异性抗体是检测 PADH 蛋白异源表达水平的有效工具，因此我们构建 PADH 的原核表达载体(pET28a-*PADH*)，该载体含有 T7 启动子和终止子、细菌核糖体结合位点、PADH 基因及一个组氨酸标签，利用该载体转化大肠杆菌(Rosetta)，实现 PADH 蛋白的高水平表达，表达的重组蛋白 40%以可溶性形式存在于上清中(占大肠杆菌可溶性总蛋白 30%)，60%存在于包涵体中，通过割胶纯化从包涵体中很容易获得高纯度的重组蛋白，用于抗体的制备。用亲和层析很容易从大肠杆菌可溶性总蛋白中纯化出有活性的重组 PADH 蛋白，用于 PADH 酶制剂的生产及其生化特性分析。纯化 PADH 蛋白的操作相当简单，成本也很低，极易重复使用。

载体构建策略如下：从 GenBank 中查找恶臭假单胞菌中 *PADH* 的全长基因序列，并设计其特异引物，以恶臭假单胞菌的基因组模板进行 PCR 扩增，得到 *PADH* 基因的全长。回收并纯化 *PADH* 全长基因片段，并将其连接到 pMD18-T 载体上，获得重组质粒 pMD18-*PADH*；用 *Nde* Ⅰ和 *Xho* Ⅰ双酶切 pMD18T-*PADH* 和 pET28a，并回收纯化 *PADH* 基因片段及载体片段 pET28a，然后连接、转化、抽提质粒获得原核表达载体 pET28a-*PADH*。

(二) 实验操作流程

1. 恶臭假单胞菌基因组 DNA 的制备与检测

恶臭假单胞菌(*Pseudomonas putida)*基因组 DNA 的制备采用普通细菌基因组提取方法。取 2mL 过夜培养菌液于 4℃ 4000r/min 离心 2min，弃尽上清液，收集菌体；加入 100μL Solution Ⅰ悬菌；30μL 10%SDS，1μL 20mg/mL 蛋白酶 K，混匀，37℃孵育 1h；加入 100μL 5mol/L NaCl，

混匀；加入 20μL CTAB/NaCl 溶液(CTAB 10%，NaCl 0.7mol/L)，混匀，65℃，10min；加入等体积酚：氯仿：异戊醇混合液(酚：氯仿：异戊醇=25：24：1)混匀；离心 12 000r/min，5min；取上清，加入 2 倍体积无水乙醇，0.1 倍体积 3mol/L NaOAc，–20℃放置 30min；12 000r/min 离心 10min；沉淀加入 70%乙醇洗涤；沉淀干燥后，溶于 20μL TE，–20℃保存。取 2μL 基因组 DNA 用 1%的琼脂糖凝胶进行电泳检测，结果(图 14-1)说明提取到的基因组 DNA 质量符合要求。

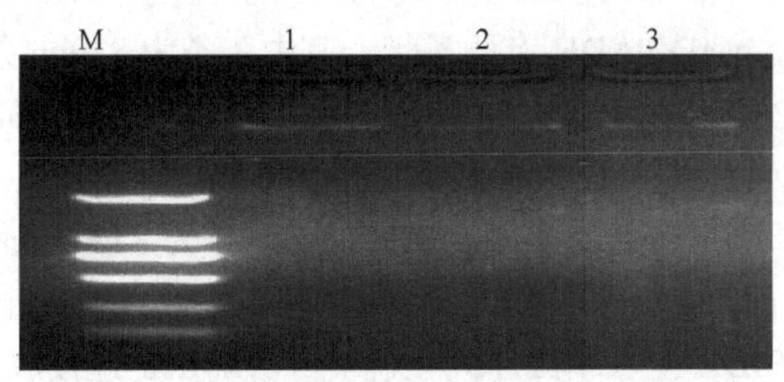

图 14-1 恶臭假单胞菌基因组 DNA 的检测

M，DL2000；1～3，基因组

2. *PADH* 基因的扩增与 TA 克隆

ADH 基因的扩增及 TA 克隆的策略如图 14-2 所示，首选从 GenBank 中查找 *PADH* 的全长基因序列(*ADH* 基因的 GenBank 登录号为 D21201)，并设计序列如下的一对引物：

PADH5: CATATGTCTGGTAATCGTGGTGTCG

PADH3: CTCGAGGGCCGCGCTGAAGGTCTTGTG

5′端加 CATATG 特征序列，并由此形成 *Nde* Ⅰ 酶切位点；3′端加 CTCGAG 特征序列，由此形成 *Xho* Ⅰ 酶切位点。

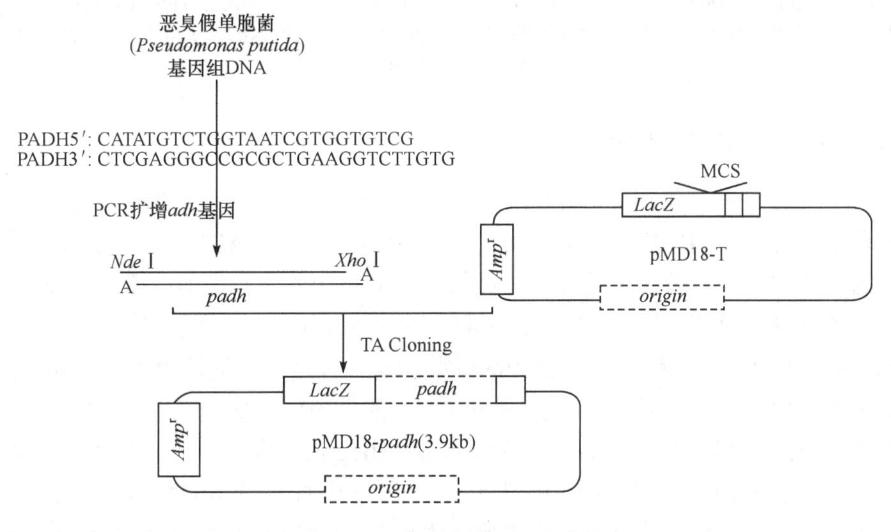

图 14-2 PADH 基因的 TA 克隆策略

在 PCR 反应混合液中加入 10ng 的恶臭假单胞菌基因组 DNA 作为模板，同时加入 50ng 的特异性引物 PADH5 和 PADH3、1.8μL dNTP(10mmol/L)、12.5μL 的 2×GC Buffer Ⅰ 和 0.4μL 的 *Taq* plus (2.5U/μL)聚合酶(天根生化科技公司)，加双蒸水使反应终体积为 20μL。在 PCR 仪上于 94℃加热 3min，然后按照 94℃、45s，55℃、30s，72℃、1min 15s 的程序进行 30 个循环的反

应，最后在 72℃延伸反应 10min 的程序进行 PCR 反应扩增得到 *PADH* 基因。反应完成后，通过琼脂糖凝胶电泳分离 PCR 扩增产物。回收并纯化 *PADH* 全长基因 DNA(1.2kb)，然后用宝生物(TaKaRa)的 TA 克隆试剂盒亚克隆到 pMD18-T (大连宝生物公司)载体上，实验操作按试剂盒的说明书进行，反应过夜后用反应混合液转化大肠杆菌感受态 DH5α(购自天根生化科技公司)，采用碱裂解法提取质粒 DNA，用 1%琼脂糖凝胶电泳检测其大小(图 14-3A)，选取大小和理论值相符的重组质粒进行酶切检测。用 *Sal* Ⅰ单酶切重组质粒，用 1%琼脂糖凝胶电泳检测酶切产物，连接成功的重组质粒 pMD-PADH 有两条带，其中一条为 829bp 条带，另一条为 3.08kb 条带(因为 *Sal* Ⅰ在载体和 *PADH* 基因片段上都有一个酶切位点) (图 14-3B)。选取单酶切检测正确的重组质粒 pMD18-PADH 做进一步的双酶切检测，用 *Nco* Ⅰ、*Kpn* Ⅰ双酶切重组质粒，连接成功的重组质粒有两条带，其中一条为 499bp 条带，另一条为 3.4kb 条带(因为 *Nco* Ⅰ只在 *PADH* 基因上有单一酶切位点，而 *Kpn* Ⅰ只在载体片段上有单一酶切位点)(图 14-3C)。测序分析证明重组质粒载体中插入的 *PADH* 全长基因序列正确。再次确认是连接成功的质粒后，重新转化大肠杆菌 DH5α，挑单个菌落进行液体培养，用试剂盒纯化质粒 pMD18-PADH。

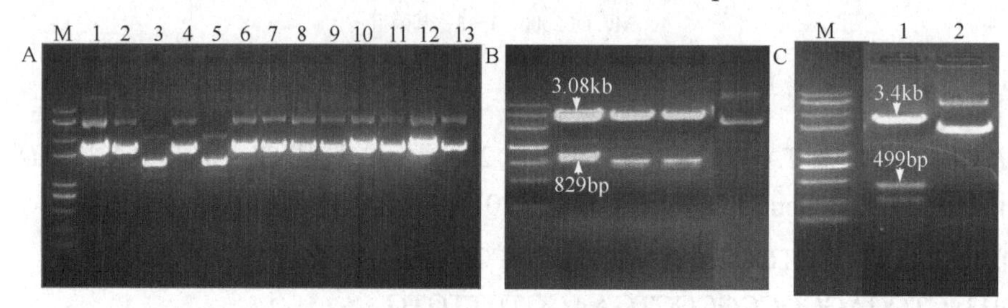

图 14-3 PADH 基因 TA 克隆质粒的检测

A. 重组质粒 pMD18-*PADH* 的电泳检测。M，DL2000 plus Ⅱ;1～12，重组质粒 pMD18-*PADH*；13，正对照(分子质量为 3.9kb 的质粒 DNA)。B. 重组质粒 pMD18-*PADH* 的单酶切检测。M，DNA marker Ⅲ；1～3，用 *Sal* Ⅰ单酶切的 pMD18-ADH；4，没有酶切的质粒 pMD18-*PADH*。C. 重组质粒 pMD18-*PADH* 的双酶切检测。M，DL2000 plus Ⅱ;1，用 *Nco* Ⅰ+*Kpn* Ⅰ双酶切的 pMD18-PADH；2，没有酶切的质粒 pMD18-*PADH*

3. 原核表达载体 pET28a-*PADH* 的构建

pET28a-*PADH* 的构建策略如图 14-4 所示，用 *Nde* Ⅰ(Fermentas)和 *Xho* Ⅰ(Fermentas)切开纯化的原核表达质粒载体 pET28a(购自 Novagen 公司)和 pMD18-PADH，通过琼脂糖凝胶电泳分离已切开的载体和插入片段，从凝胶中回收 pET28a 被切割后产生的载体片段 pET28a(5.3kb)及 pMD18-*PADH* 被切割后产生的 PADH 基因的 DNA 片段(1.2kb)，然后用宝生物(TaKaRa)的连接酶试剂盒连接 pET28a 载体片段和 *PADH* 基因的 DNA 片段产生原核表达载体 pET28a-*PADH*。用连接反应混合物转化高效率(10^8cfu/μg 质粒 DNA)的大肠杆菌感受态细胞(DH5α，天根生化科技)，把转化好的大肠杆菌涂于加有卡那霉素(Km，50μg/mL)的平板上，于 37℃过夜培养，筛选 Km 抗性重组子菌落，从 Km 抗性重组子菌落中提取质粒(图 14-5A)，用 *Xho* Ⅰ、*Sal* Ⅰ(Fermentas)进行双酶切检测，连接成功的质粒在琼脂糖凝胶电泳图上产生 5.5kb 和 800bp 左右大小的两条带[因为 *Xho* Ⅰ和 *Sal* Ⅰ在 *PADH* 基因处都有单一识别位点，而在 pET-28a(+)载体没有识别位点，故双酶切质粒应有两个片段](图 14-5B)。将连接成功的质粒载体 pET28a-*PADH* 重新转化大肠杆菌 DH5α，挑单个菌落进行液体培养，用试剂盒纯化质粒 pET28a-*PADH*。

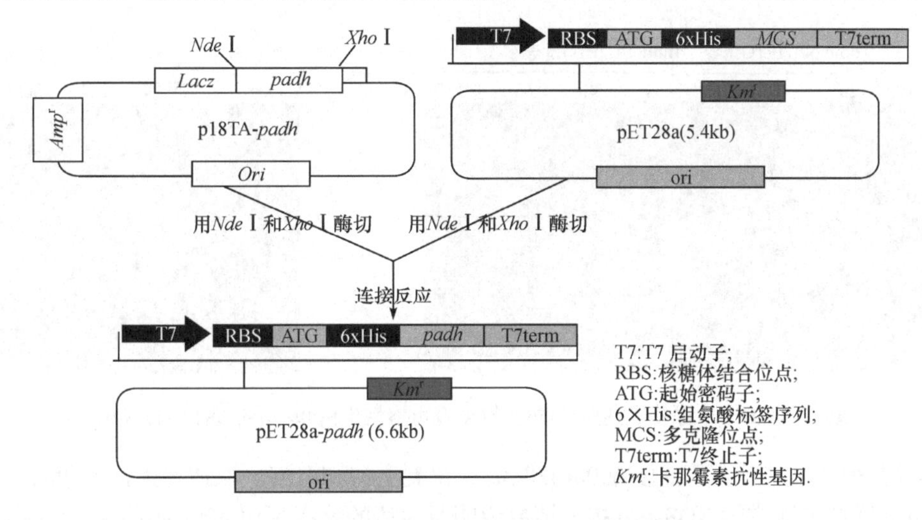

图 14-4　*PADH* 基因的原核表达载体构建策略

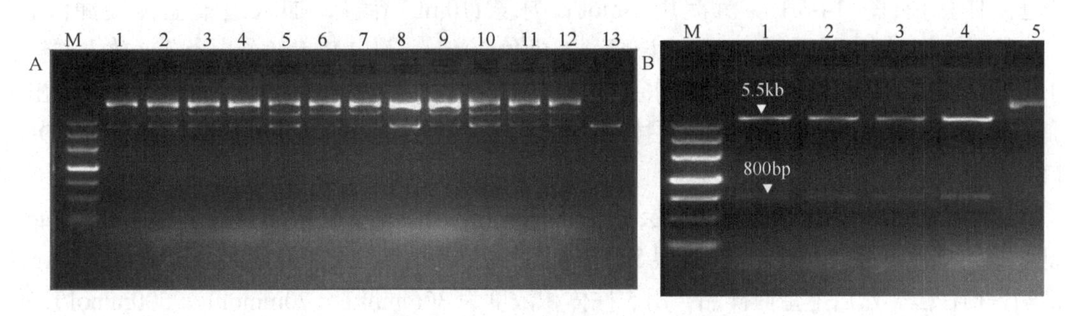

图 14-5　*PADH* 基因原核表达载体的检测

A. 重组质粒 pET28a-*PADH* 的电泳检测。1～12，重组质粒 pET28a-*PADH*；13，正对照(分子质量为 6.6kb 的质粒 DNA)。B. 重组质粒 pET28a-*PADH* 的双酶切检测。M, DNA marker Ⅲ; 1～4, 用 *Xho* I +*Sal* I 双酶切的 pET28a-*PADH*; 5, 没有酶切的质粒 pET28a-*PADH*

4. 重组 PADH 蛋白的表达与表达条件的优化

用原核表达载体 pET28a-*PADH* 转化大肠杆菌 Rosetta 的感受态细胞(天根生化科技)。挑取单菌落加入 2mL LB(含有 Km 50mg/L)中，37℃过夜培养(OD_{600}值约为 1.5)。加 0.5mmol/L 和 1.0mmol/L 的 IPTG 于 28℃诱导 0～8h 后，离心收集菌体，去掉上清液，加入 5×SDS-PAGE 上样缓冲液(sample loading buffer)，于 95℃加热 10min 煮沸菌体。冰浴冷却后于 4℃离心(12 000r/min)10min，取上清进行 SDS-PAGE。根据文献资料和软件分析预测目的蛋白大小为 45kDa 左右，采用 12%分离胶。SDS-PAGE 电泳结果(图 14-6A)表明用 IPTG 于 30℃诱导的时间越长，PADH 蛋白表达量越高，用 0.5mmol/L 的 IPTG 诱导 4h 后 PADH 蛋白表达量最高。

5. 重组 PADH 蛋白的纯化

用原核表达载体 pET28a-*PADH* 转化大肠杆菌 Rosetta 的感受态细胞，挑取单菌落入 1000mL LB(含有 Kan 50mg/L)中，37℃培养至 OD_{600}值约为 0.6。加 0.5mmol/L IPTG 后诱导 4h，离心收集菌体，用 Wash Buffer(10mmol/L Tris-Cl, pH7.5)洗 2 次，加入 30mL 蛋白抽提缓冲液[磷酸钠缓冲液(pH7.4)20mmol/L]，悬浮菌体。于冰浴中超声波破碎细菌细胞(工作 3s，间歇 9s，功率

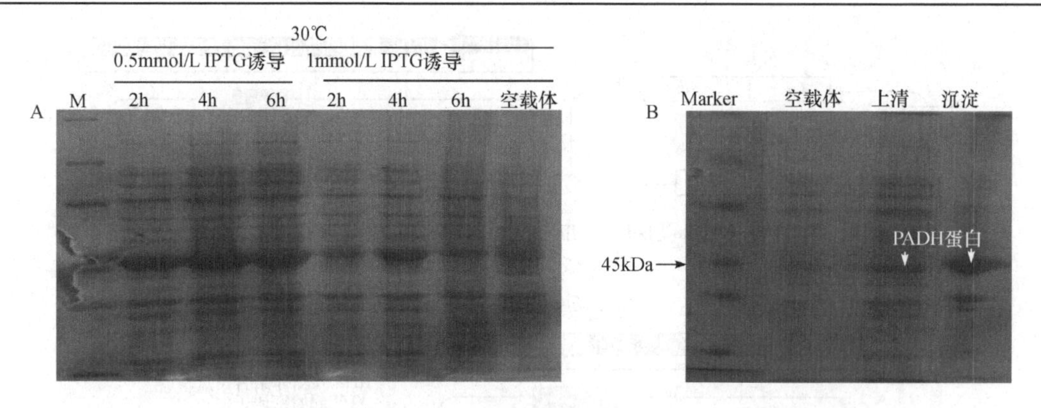

图 14-6　PFDH 原核表达条件的优化(A)及可溶性蛋白和不溶性蛋白的分布(B)

30W，全程 30min)。于 4℃离心(6000*g*)30min，得到上清和沉淀。取适量上清和沉淀蛋白样品加入适量上样缓冲液进行 SDS-PAGE，结果说明所表达的重组蛋白 40%为可溶性蛋白，60%形成包涵体蛋白(图 14-6B)。沉淀用 8mol/L 尿素(10mL)溶解，加入适量上样缓冲液，跑 12%SDS-PAGE，然后用 0.25mol/L KCl 于 4℃染色 30min，割出 PADH 蛋白条带，放入透析袋，加入 2mL SDS-PAGE 缓冲液，进行水平电泳 4～5h 或过夜，将 PADH 蛋白从凝胶中洗脱出来，可获得纯度达 95%以上的 PADH 蛋白样品，最后在 1×PBS 溶液中透析过夜后可用于 PADH 抗体的制备。

上清液过 0.23μm 滤膜，用亲和层析柱分离纯化可溶性 PADH 重组蛋白。参看 His-Trap HP 说明书，首先用 5 柱体积纯水洗柱，用 5 柱平衡缓冲液[磷酸钠缓冲液(pH7.4)20mmol/L，5mmol/L 咪唑]平衡柱子，然后上蛋白样品，用 5 柱体积浓度为 30mmol/L、70mmol/L、500mmol/L 的咪唑缓冲液(磷酸钠盐缓冲液 20mmol/L，NaCl 0.5mmol/L，咪唑)进行梯度洗脱，收集洗脱液，每管 1.5mL。最后分别用 5 柱体积纯水和 5 柱体积 20%乙醇洗柱。测定及各洗脱液中蛋白的浓度，用 50μg 跑 SDS-PAGE 检测蛋白的纯度(图 14-7)，图 14-7 的数据说明 PADH 重组蛋白在 500mmol/L 的咪唑缓冲液中被洗脱下来，蛋白质的纯度达 90%，加 70%硫酸铵沉淀洗脱液中的蛋白质，用蛋白溶解缓冲液[磷酸钾缓冲液(pH7.5)100mmol/L，DTT 1mmol/L，20%甘油]溶解后可用于固定化酶的制备或生化特性分析。

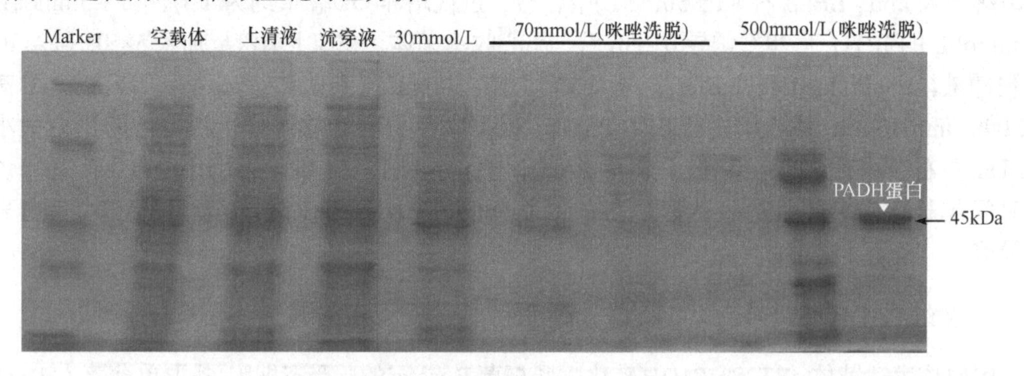

图 14-7　PADH 重组蛋白的纯化

6. 重组 PADH 蛋白的酶活性分析

通过 Bradford 法测定可溶性总蛋白样品和纯化后蛋白样品的浓度，然后测定 PADH 酶活性。

如图 14-8A 所示，未纯化的粗蛋白酶活仅为 0.08U/mg，而纯化后蛋白酶活达到 1.721U/mg，纯化倍数为 21.5 倍。同时在 30℃、40℃、50℃、65℃四个温度下分别测定了 PADH 酶蛋白的活力，结果表明(图 14-8B)在 50℃左右 ADH 活性达到最高，为 1.95 U/mg。PADH 在 65℃温育 10min 后仍具有 65%(1.26 U/mg)的活性，表明纯化的重组 PADH 是一种适用温度较广、耐热性较强、活性较高的酶蛋白。

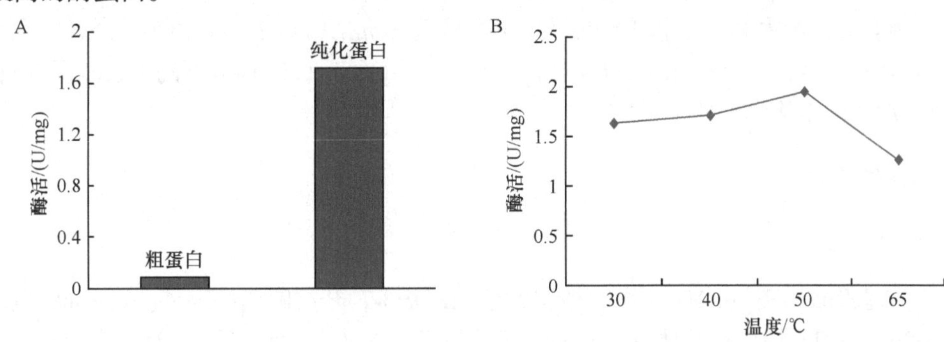

图 14-8　PFDH 重组蛋白的酶活性分析

7. 重组 PADH 蛋白酶活性的耐热性分析

取适量 PADH 纯化蛋白样品在不同温度(30℃、40℃、50℃、65℃)下保温不同时间(0min、10min、20min、40min、100min)后测定其相对剩余酶活，结构如图 14-9 所示。从图 14-9 可以看出，PADH 重组蛋白具有较好的热稳定性，在 30～40℃下相当稳定，酶活变化不大，在 30℃、40℃下保温 100min 后仍有接近 85%和 75%的相对活性。50℃时酶活性达到最高(1.95U/mg)，不过随着时间的延长，其相对酶活有所下降，但长时间保温(100min)仍然具有 61%的相对活性。从图中可以看出 PADH 在 65℃下温育 10min 后活性开始急剧下降，到 20min 时仅存 11.3%，40min 后完全失活，说明在高温下(65℃)长时间的温育还是会对 PADH 蛋白结构造成较大破坏，使其丧失活性。

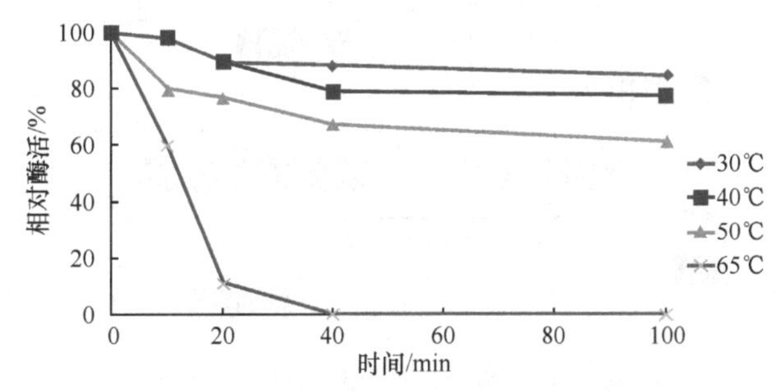

图 14-9　PFDH 重组蛋白酶活性的耐热性分析

二、黑大豆醛脱氢酶基因原核表达载体的构建和应用

(一) 引言

醛类物质是一类具有高度反应活性的毒性物质，是细胞内多个代谢途径的中间产物。细胞内的醛类物质主要来源于膜脂过氧化、蛋白质糖基化和氨基酸氧化作用。过量的醛与蛋白质和

核酸反应形成加合物，破坏蛋白质和核酸的正常结构及功能。醛脱氢酶(ALDH)是一类催化醛类脱氢氧化为相应羧酸的蛋白质。ALDH 在生物体中具有多种主要功能：醛类物质脱毒、参与代谢和 NAD(P)H 的再生等。由于 ALDH 具有脱毒保护功能，许多研究者致力于 ALDH 与逆境胁迫关系的研究。重金属和氧化胁迫诱导拟南芥 ALDH3 的表达，在拟南芥中过量表达 ALDH3 提高其对抗重金属和氧化胁迫的能力。为了解大豆 *GmALDH3-1*(以下称 *ALDH3-1*)是否具提高转基因生物有抗重金属和氧化胁迫的能力，我们构建 *GmALDH3-1* 的原核表达载体，在大肠杆菌中表达 ALDH3-1，同时对 *ALDH3-1* 转化菌在 Al^{3+}、Cu^{2+}、Cd^{2+}胁迫下的生长状况进行分析，研究 *ALDH3-1* 的生物学功能。

(二) 实验操作流程

1. 引物设计

载体构建策略如图 14-10 所示。根据大豆 *ALDH3-1* 开放阅读框序列(GenBank 登录号为 XM-003526590)和原核表达载体 pGEx-4T-1 多克隆酶切位点，设计如下一对特异引物，两个引物上分别添加 *Eco*R Ⅰ 和 *Xho* Ⅰ 位点。

ALDH *Eco*R Ⅰ　5′-GAATTCATGTCGGTTGAGGAGATGCAGTC;

ALDH *Xho* Ⅰ　3′-CTCGAGTTAGGACCATCCGAAAAGAGCAC

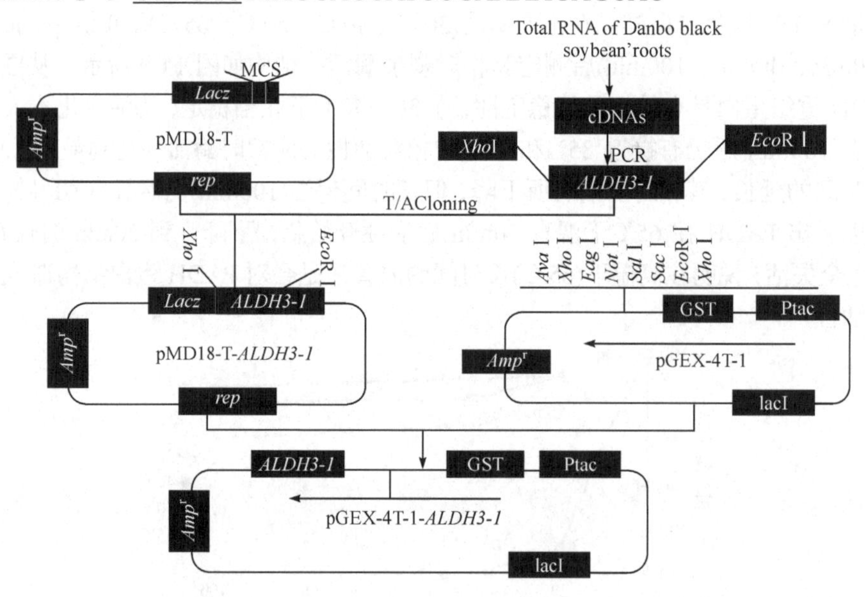

图 14-10　原核表达载体 pGEX-4T-1-*ALDH3-1* 的构建策略

2. *ALDH* 基因的扩增和 TA 克隆

从丹波黑大豆(RB)根中提取总 RNA，根据 M-MLV(RNase H-1)试剂盒说明书反转录合成 cDNA，−20℃保存备用。以 cDNA 为模板进行 PCR 扩增。PCR 反应条件为：94℃ 3min：94℃ 30s，60℃ 30s，72℃ 2min，30 个循环；72℃延伸 10min。回收 PCR 产物，将其加尾后与 pMD18-T 载体连接，后经 DNA 连接试剂盒连接，转化 *E.coli* DH5α感受态细胞，涂布于添加 Amp(100 mg/L)的 LB 平板后放于 37℃恒温箱中培养，第二日随机挑选单菌落于 LB 液体培养基(含 Amp，100mg/L)中 37℃摇床摇菌后提取质粒，通过酶切鉴定、PCR 检测正确后测序，获得重组载体

pMD18T-*ALDH3-1*。

3. *ALDH*基因原核表达载体的构建

pMD18T-*ALDH3-1*和pGEX-4T-1载体分别用*Eco*RⅠ和*Xho*Ⅰ进行双酶切后回收载体片段和目的基因，按摩尔比4∶1混合后经DNA连接试剂盒连接，转化*E. coli* DH5α，然后涂布于添加Amp(100mg/L)LB平板，次日随机挑取阳性克隆，37℃摇床摇菌后提取质粒，通过酶切鉴定、PCR检测正确后进行测序，获得原核表达载体pGEX-4T-1-*ALDH3-1*(图14-11)。

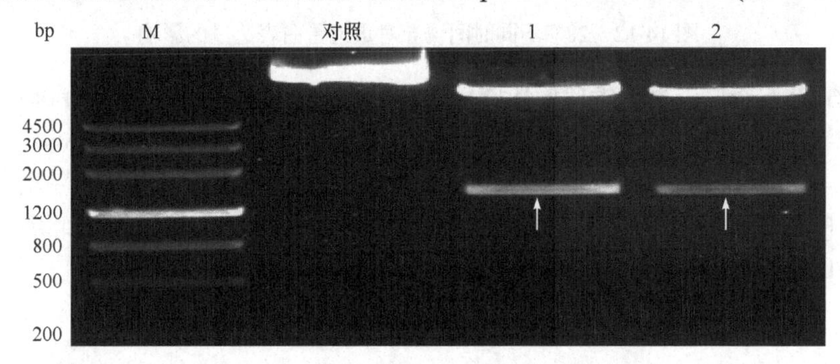

图14-11 PGEX-4T-1-*ALDH3-1*的酶切验证

用*Xho*Ⅰ和*Eco*RⅠ双酶切重组质粒pGEX-4T-1-*ALDH3-1*，可切出约1500bp(未显示)条带，表明扩增的*ALDH*片段已经插入载体pGEX-4T-1中。然后对重组表达质粒pGEX-4T-1-*ALDH3-1*进行测序。结果表明，表达载体中连入的基因片段与目的序列一致，而且酶切位点连接点序列也正确，未出现移码及碱基突变现象，表明获得了正确的*ALDH*的原核表达重组质粒(图14-11)。

4. *ALDH*在大肠杆菌中的表达及表达条件的优化

将重组质粒pGEX-4T-1-*ALDH3-1*转化大肠杆菌BL21感受态细胞，挑单菌落接种到4mL液体LB培养基(含100mg/L Amp)中，37℃、200r/min摇床过夜培养。次日按1∶50的比例转接到新的液体培养基中(含100mg/L Amp)，摇床培养至菌液OD≈0.6后，分别在16℃、28℃和37℃条件下，加入200mmol/L的IPTG(终浓度0.5mmol/L)进行诱导表达。同时以空质粒pGEX-4T-1转化菌为对照(加IPTG终浓度0.5mmol/L)。诱导后于0h、2h、4h、6h、8h后收集菌液2mL，12 000r/min、4℃离心5min后弃上清，加入菌液1/5体积SDS-PAGE上样缓冲液[250mmol/L Tris-HCl(pH6.8)、5%β-巯基乙醇、0.5%溴酚蓝、50%甘油、10%SDS]，100℃沸水浴20min，立即冰浴5min，12 000r/min离心2min，取15μL样品上样，进行SDS-PAGE(12%分离胶和4%的浓缩胶)分析，凝胶用考马斯亮蓝G-250染色，脱色后观察重组蛋白ALDH表达水平，以确定其最佳诱导表达温度。

SDS-PAGE分析结果表明经IPTG诱导后，转化重组质粒PGEX-4T-1-*ALDH3-1*的样品在预期的位置有一个分子质量83kDa(包括载体上GST序列)左右蛋白条带，而pGEX-4T-1对照质粒和未诱导时的转化重组质粒均没有出现这条蛋白条带，表明重组质粒pGEX-4T-1-*ALDH3-1*在大肠杆菌BL21经诱导后可表达ALDH重组蛋白。当温度为28℃，诱导时间为6h时，蛋白表达量最大(图14-12)，而诱导温度处于37℃、16℃时蛋白质的表达量不高(数据未显示)，因此最终选择最佳表达温度为28℃。

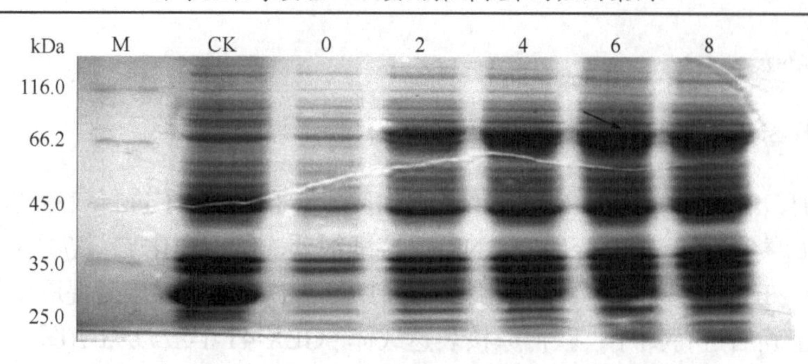

图 14-12　28℃不同时间诱导对重组蛋白表达量的影响

为获得在 28℃条件下重组蛋白最佳诱导的 IPTG 浓度，分别用 0、0.25mmol/L、0.5mmol/L、0.75mmol/L、1.0mmol/L、1.25mmol/L、1.5mmol/L 的 IPTG 诱导 6h。SDS-PAGE 电泳分析结果表明在 0.25～1.5mmol/L IPTG 均能诱导 ALDH 的表达，且各个浓度 IPTG 诱导蛋白表达量差别不大，IPTG 的浓度对转化菌的 ALDH 蛋白表达量影响不明显(图 14-13)，因此随后大规模培养时用 1mmol/L 的 IPTG 诱导该蛋白质的表达。

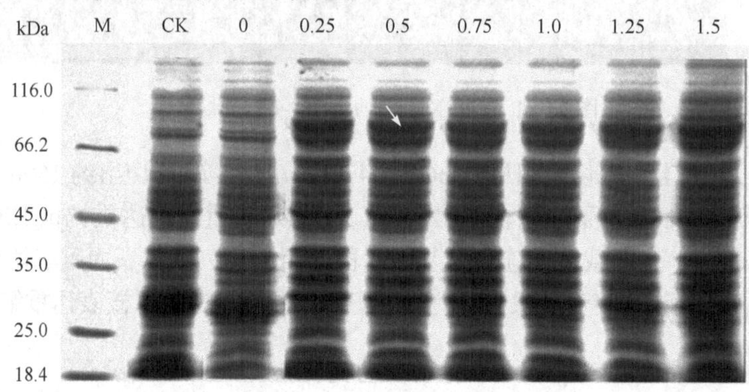

图 14-13　28℃下不同 IPTG 浓度诱导对重组蛋白表达量的影响

5. 重组蛋白的纯化

取出 500μL 过夜培养菌液加入 50mL LB 液体培养基中，37℃、180r/min 摇床培养 2h；培养结束后，取出 1mL，测定菌液 OD_{600} 值，OD_{600} 达到 0.6～0.8 即可加入 0.1mol/L 的 IPTG 使其终浓度为 1mmol/L，28℃、110r/min 摇床培养 4h。离心收集菌液，重悬浮于冰上预冷的 1×PBS Buffer(含有 10mmol/L Na_2HPO_4, 1.8mmol/L KH_2PO_4, 140mmol/L NaCl, 2.7mmol/L KCl, pH8.0)中(每 50mL 培养液加 3mL PBS)；冰上超声破碎细胞直至样品不再黏稠，呈透明状，10 000r/min，4℃离心 15min，并将上清转移至一个新的、预冷的 EP 管中，然后用预冷的 PBS 重悬浮；分别取 10μL 上清和沉淀悬液进行 SDS-PAGE 电泳检测。若 GST 融合蛋白形成包涵体，应在纯化前以适当方式溶解。

GST 融合蛋白的纯化：摇动混匀 GST 凝胶至完全重悬浮，用吸管移取适量的 GST 凝胶柱至层析柱中，接着用 10 倍柱床体积的 PBS Buffer 洗涤层析柱。然后在层析柱中将含有 GST 融合蛋白的 PBS 溶液加入到已平衡好的层析柱样品(样品上样前要用 0.45μm 滤器过滤)，流速控制在 10～15cm/h；上样完成后，用 20 倍柱床体积的 PBS 洗涤，洗涤液中最好加入蛋白酶抑制剂 PMSF，抑制蛋白酶活性。用 10～15 倍柱床体积新鲜配制的洗脱缓冲液(含有 10mmol/L GSH

还原型, 50mmol/L Tris-HCl, pH8.0)洗脱 GST 融合蛋白；分别取等量的流穿液、洗涤液和洗脱收集液进行 SDS-PAGE 分析重组蛋白的纯化程度(图 14-14)；洗脱完成后用 3～5 倍柱床体积 PBS 洗涤层析柱，接着用 3～5 倍去离子水洗涤，最后保存在 2～3 倍柱床体积的 20%乙醇中。

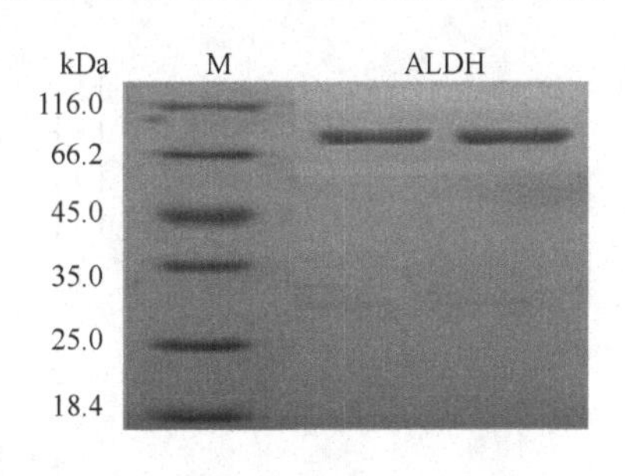

图 14-14　纯化重组蛋白的电泳检测

6. 转化菌的金属耐受性分析

为分析 ALDH 蛋白的功能，采用 28℃、IPTG 0.5mmol/L 诱导 ALDH 蛋白表达后的转化菌做金属耐受性分析，使用的金属离子浓度分别为：$ALCl_3$(1.0mmol/L、1.5mmol/L 和 2.0mmol/L)；$CdCl_2$(0.6mmol/L、0.8mmol/L 和 1.0mmol/L)；$CuCl_2$(2.0mmol/L、2.2mmol/L 和 2.5mmol/L)。将转化 pGEX-4T-1-*ALDH3-1* 的 BL21 菌种接种于 LB 液体培养基(含 100mg/L Amp)中，37℃ 200r/min 摇床过夜培养。次日，以 1∶50 的比例转接于新的 50mL LB 液体培养基中(含有 100mg/L Amp)，在 37℃条件下，200r/min 摇床培养至菌液 OD≈0.2，然后加入 200mmol/L 的 IPTG(终浓度为 0.5mmol/L)诱导 ALDH 蛋白表达，同时分别加入 $CdCl_2$、$ALCl_3$、$CuCl_2$ 溶液，以只加 IPTG 不加金属离子的 pGEX-4T-1 质粒转化菌为正对照，添加金属离子的 pGEX-4T-1 质粒转化菌为负对照，每个实验重复 3 次。

由于 LB 液体培养基对铝离子有螯合作用，为了验证 pGEX-4T-1-*ALDH3-1* 转化菌的耐铝性，在 GM 液体培养基中活化转化菌和转空载体菌，28℃培养 24h 后按 1%的比例接种到新鲜的 GM 液体培养基中，28℃培养 24～36h。起始 OD_{600} 值为 2.0，按 10^0、10^{-1}、10^{-2}、10^{-3} 稀释梯度依次取 5μL 点样于含有 0mmol/L、0.1mmol/L、0.2mmol/L、0.3mmol/L、0.4mmol/L 铝的 GM 固体培养基上。在不同时间点通过测定菌液的 OD 值分析转化菌的生长情况。

结果表明 2.0mmol/L、2.25mmol/L、2.5mmol/L 的 $CuCl_2$ 处理后，在 0～6h 内，*ALDH3-1* 转化菌和正负对照都能生长，但 *ALDH3-1* 转化菌明显比正负对照生长较快，在 6～10h *ALDH3-1* 转化菌与负对照生长均都趋于平缓(图 14-15)，但随着 $CuCl_2$ 浓度的增加，*ALDH3-1* 转化菌与正负对照在整个处理过程中生长量都有所下降。

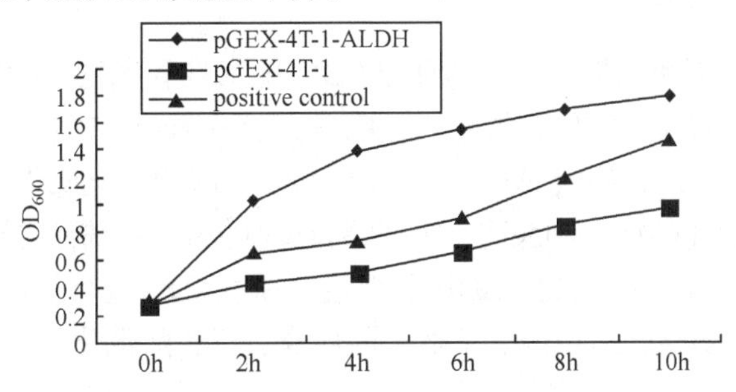

图 14-15　$CuCl_2$ 处理时 *ALDH3-1* 转化菌与负对照菌和正对照菌生长曲线对比

使用 0.6mmol/L、0.8mmol/L、1.0mmol/L $CdCl_2$ 处理后，在 0～5h 内负对照几乎不生长，但 *ALDH3-1* 转化菌则快速生长(图 14-16)。在 6～10h 内，负对照生长速度有所增加，但 *ALDH3-1* 转化菌和负对照的生长都比较缓慢。随着 $CdCl_2$ 浓度的增加，*ALDH3-1* 转化菌和负对照的生长逐渐受到抑制。

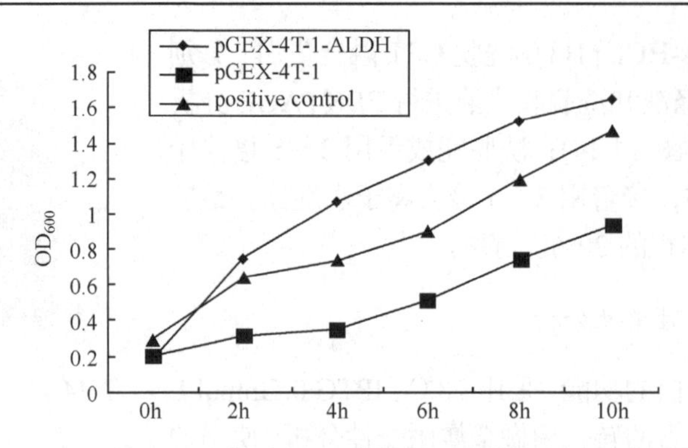

图 14-16 $CdCl_2$ 处理时 *ALDH3-1* 转化菌与负对照菌和正对照菌生长曲线对比

用 1.0mmol/L、1.5mmol/L、2.0mmol/L $AlCl_3$ 处理后，在 0～6h 内负对照生长缓慢，但 *ALDH3-1* 转化菌则生长较快(图 14-17)。6～10h 正对照和负对照生长加快，但其生长速度仍然弱于 *ALDH3-1* 转化菌。在整个实验过程中，随着 $AlCl_3$ 浓度的增加，*ALDH3-1* 转化菌和负对照的生长逐渐受到抑制。

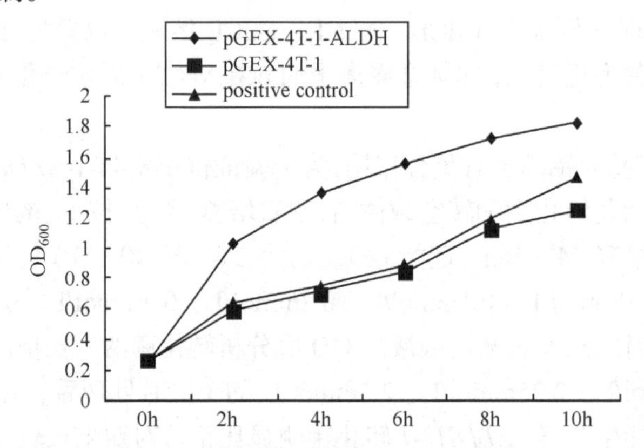

图 14-17 $AlCl_3$ 处理时 *ALDH3-1* 转化菌与负对照菌和正对照菌生长曲线对比

7. ALDH 蛋白生化特性分析

ALDH 能够将醛类氧化为羧酸。为验证 ALDH 的活性和底物，我们根据膜脂过氧化醛类分析的结果，购买不同的醛类物质，加入 ALDH 重组蛋白和 NAD^+或 $NADP^+$催化反应,根据醛类物质和生成的羧酸的含量，确定 ALDH 的活性和其可能的催化底物。ALDH 能够将醛类氧化为羧酸，为验证 ALDH 的活性和底物，根据膜脂过氧化醛类分析的结果，在甲醛、乙醛、辛醛、丙烯醛、正庚醛溶液中加纯化的 ALDH 重组蛋白和 $NADP^+$进行催化反应，结果发现 ALDH 蛋白对乙醛的催化效果明显，对甲醛、辛醛、丙烯醛、正庚醛催化效果不及乙醛。

第十五章　酵母表达载体的构建及应用

AtHSFA1d 基因在酵母中的表达与功能分析

(一) 引言

热激因子(Hsf)在热激蛋白基因表达调控中起关键作用。Hsf 能被热、氧化等胁迫激活，在细胞质为无活性的单体形式，转变为有活性的三聚体形式后转入核内，结合到位于特异基因(包括 HSP)启动子区的热激元件(HSE′)上，介导热激蛋白(heat shock protein，HSP)HSP70、HSP90、HSP100/Clp 和小分子 HSP 等热激蛋白等效应基因的转录，导致热激蛋白等效应基因产物在细胞内的积累，以应对胁迫导致的损伤。我们用 cDNA 芯片分析了拟南芥在甲醛胁迫下的基因表达谱变化，证实多个热激蛋白和热激转录因子基因的表达受到甲醛的诱导。*AtHsfA1d* 是拟南芥中一个甲醛胁迫响应转录因子，我们构建 *AtHSFA1d* 的酵母表达载体 pYES3-*AtHSFA1d*，转入酿酒酵母中，考察甲醛胁迫下 *AtHSFA1d* 在酿酒酵母中的表达与功能。

(二) 酵母表达载体的构建策略

pYES3-*AtHSFA1d* 酵母表达载体的构建策略如图 15-1 所示，从 NCBI 数据库获得 *AtHSFA1d* 蛋白对应的 cDNA 序列，针对该序列设计引物，以 cDNA 为模板，通过 PCR 扩增得到 *AtHSFA1d*

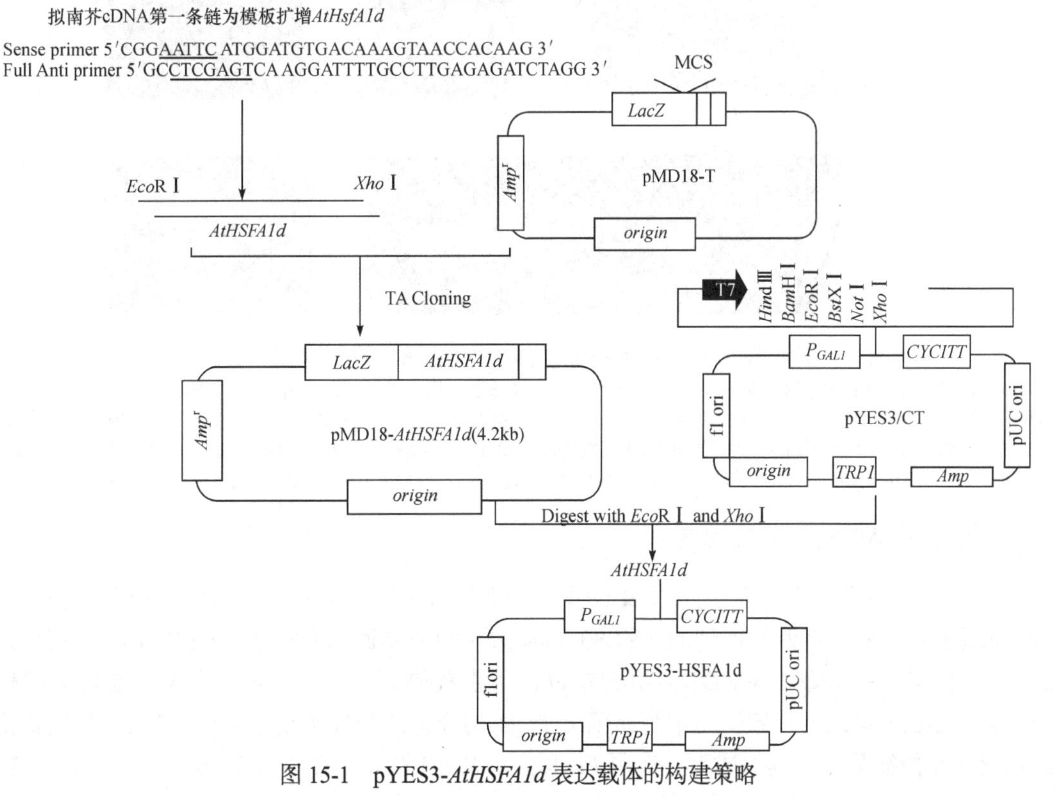

图 15-1　pYES3-*AtHSFA1d* 表达载体的构建策略

的 cDNA。将回收的 *AtHSFA1d* 基因片段进行 TA 克隆，获得 pMD18-T-*AtHSFA1d*。用 *Eco*R Ⅰ和 *Xho* Ⅰ酶切 pMD18-T-*AtHSFA1d* 和酵母表达载体 pYES3，回收的 pYES3 载体片段与 AtHSFA1d 目的片段进行连接反应得到重组载体 pYES3-AtHSFA1d。

(三) 实验操作流程

1. 引物设计

从 NCBI 数据库获得 *AtHSFA1d* 蛋白对应的 cDNA 序列，并针对该序列设计引物：

上游引物　5'CGGAATTCATGGATGTGAGCAAAGTAACCACAAG3'(含有 *Eco*R Ⅰ位点)；

下游引物　5'GCCTCGAGTCAAGGATTTTGCCTTGAGAGATCTAAGG3'(含有 *Xho* Ⅰ位点)。

2. *AtHSFA1d* 的扩增及 TA 克隆

以 cDNA 为模板，通过 PCR 扩增得到大小为 1458bp 目的 DNA 片段(图 15-2A)。将回收的 *AtHSFA1d* 基因片段(图 15-2B)进行 TA 克隆，连接到 pMD18-T 载体后转化大肠杆菌感受态细胞，菌落 PCR(图 15-2C)初步筛选阳性重组子，提取质粒进行大小比对，连接正确的质粒大小为 4.2kb，提取质粒大小也是 4.2kb(图 15-2D)，之后进行酶切检测(图 15-2E)获得正确的质粒 pMD18-T-*AtHSFA1d*，将检测正确的质粒送测序公司测序分析。序列经 NCBI BLAST 之后发现有 4 个碱基的变化，但根据文献可知突变的位点不是 HSF 的保守区域，故可继续进行载体构建。

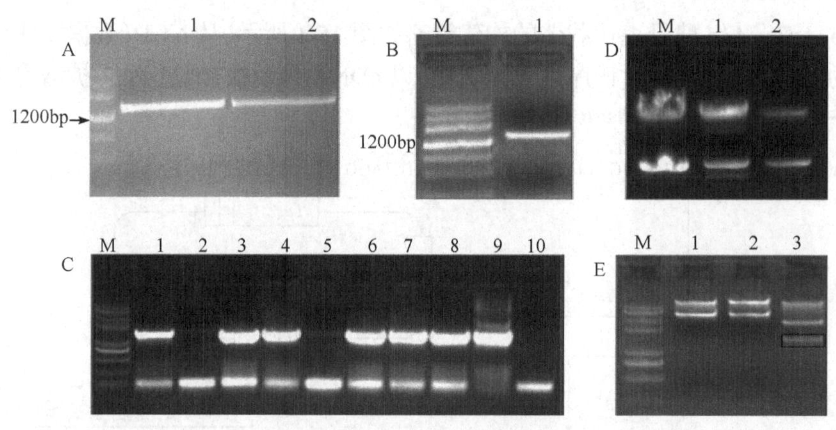

图 15-2　TA 克隆载体 pMD18-T-*AtHSFA1d* 的构建

A. *AtHSFA1d* 的电泳检测。以拟南芥第一链 cDNA 为模板扩增，经 PCR 扩增得到 *AtHSFA1d* 片段。M，Marker；1～2，*AtHSFA1d* 的特异扩增带。B. 割胶回收获得 *AtHSFA1d* 片段。M，Marker；1，*AtHSFA1d* 片段。C. pMD18-T-*AtHSFA1d* 质粒的菌落 PCR 检测。1～9，挑取的单菌落；10，用水作为模板的负对照；M，Marker。D. 质粒 pMD18-T-*AtHSFA1d* 的大小比对。M，对照；1～2，pMD18-T-*AtHSFA1d*。E. 重组质粒 pMD18-T-*AtHSFA1d* 经 *Eco*R Ⅰ和 *Xho* Ⅰ(单)双酶切后检测。1，*Xho* Ⅰ；2，*Eco*R Ⅰ；3，*Eco*R Ⅰ和 *Xho* Ⅰ；M，Marker

3. pYES3-AtHSFA1d 的构建

提取 pYES3 质粒并纯化，先用 *Eco*R Ⅰ酶切彻底，再用 *Xho* Ⅰ进行酶切，获得 pYES3 载体大片段(图 15-3A)。将回收得到的 pYES3 载体大片段与将回收获得的 *AtHSFA1d* 目的片段(用 *Eco*R Ⅰ和 *Xho* Ⅰ双酶切 pMD18-T-*AtHSFA1d* 回收获得)(图 15-3B)进行连接，得到重组载体 pYES3-AtHSFA1d，转化感受态细胞，菌落 PCR 初步检测阳性重组子(图 15-3C)；取检测正确的菌落，接种摇菌之后提取质粒，选用 *Eco*R Ⅰ和 *Xho* Ⅰ酶切，获得 *AtHSFA1d* 片段(图 15-3D)，

说明植物表达载体 pYES3-AtHSFA1d 构建成功。

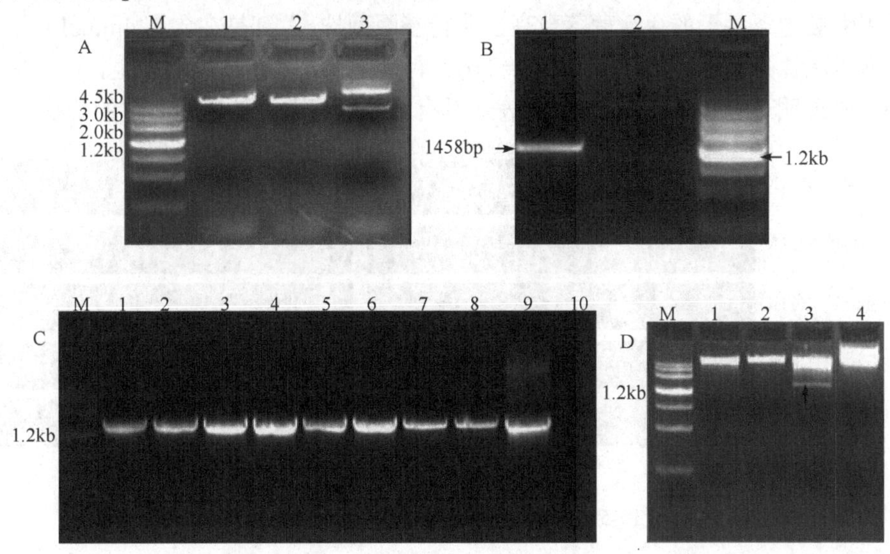

图 15-3　pYES3-AtHSFA1d 构建过程的质量检测

A. *Eco*R Ⅰ和 *Xho* Ⅰ双酶切回收的 pYES3 载体大片段。M，Marker；1，*Eco*R Ⅰ；2，*Xho* Ⅰ；3，pYES3 质粒。B. 确定 pYES3 载体大片段与 *AtHSFA1d* 目的片段的含量。1，*AtHSFA1d* 目的片段；2，pYES3 载体大片段；M，Marker。C. pYES3-*AtHSFA1d* 质粒的菌落 PCR 检测。1～8，挑取的单菌落；9，以质粒作为正对照；10，用水作为模板的负对照。D. 重组质粒 pYES3-*AtHSFA1d* 经 *Eco*R Ⅰ和 *Xho* Ⅰ酶切后检测。M，Marker；1，*Eco*R Ⅰ；2，*Xho* Ⅰ；3，*Eco*R Ⅰ和 *Xho* Ⅰ双切，4，重组质粒 pYES3-*AtHSFA1d*

4. 酿酒酵母的遗传转化

质粒 pYES3-*AtHSFA1d* 采用电转化进入酿酒酵母感受态细胞，涂布在色氨酸缺陷型平板上生长两天后，用菌落 PCR 检测质粒是否转化到酿酒酵母中。利用 HSFA1d 的上下游引物，进行菌落 PCR 检测 pYES3-*AtHSFA1d* 转化结果，PCR 扩增片段理论长度为 1458bp，PCR 产物经电泳检测显示与理论值相符，表明质粒已转入酿酒酵母中(图 15-4)。

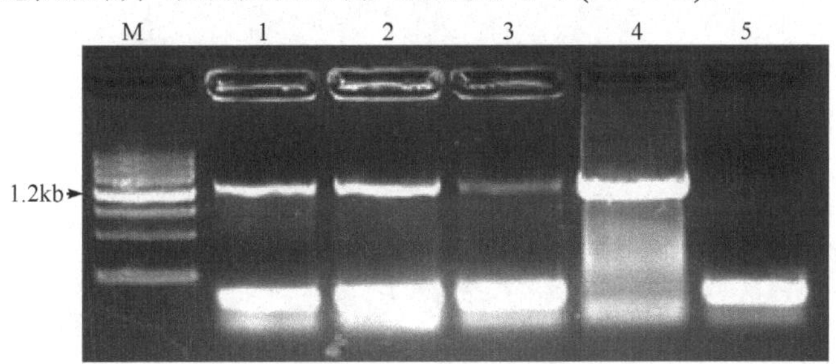

图 15-4　质粒 pYES3-*AtHSFA1d* 的菌落 PCR 检测

M，Marker；1～3，挑取的单菌落；4，正对照；5，用水作为模板做负对照

5. pYES3-*AtHSFA1d* 在酿酒酵母中的功能鉴定

为了鉴定 pYES3-*AtHSFA1d* 是否具有增强酵母菌抗甲醛胁迫的功能，将原始酵母菌株 INVSc 和转化表达载体 pYES3-*AtHSFA1d* 的酵母菌株在诱导培养基上培养到 OD_{600}=2.0 时，分别将其稀释至 10^{-1}、10^{-2}、10^{-3}、10^{-4}、10^{-5}，依次吸取 3μL 放到加甲醛(0mmol/L、1mmol/L、1.5mmol/L、2mmol/L、4mmol/L、6mmol/L)的平板上，培养结果见图 15-5，在 6mmol/L 甲醛平

板上没有长出菌落。通过比较转基因菌株和非转基因菌株在甲醛胁迫下的生长状况，发现转基因菌株在甲醛胁迫条件下的存活菌落数高于非转基因菌株，尤其是在含有 4mmol/L 甲醛的平板上，原始酵母菌株只有在起始浓度(OD_{600}=2.0)下有所生长，其余浓度均未生长，而转基因菌株生长良好，这证明 *AtHSfA1d* 在酵母中的表达具有增强酵母菌抵抗甲醛胁迫的功能。

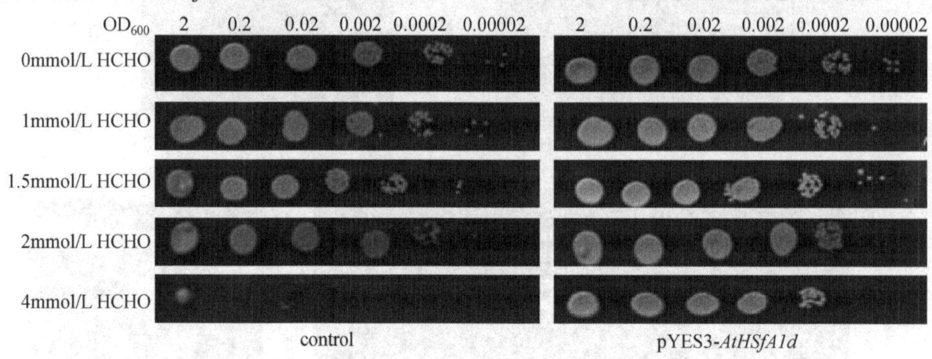

图 15-5　pYES3-*AtHSFA1d* 对甲醛的抗性检测

第十六章　利用 SSH cDNA 文库技术分析基因的差异表达

一、喷施甲醇的蚕豆叶片中上调表达基因的分离与鉴定

(一) 引言

外源性施用甲醇(CH_3OH)能够促进多种植物的生长，这种现象在蚕豆中也得到了验证。但是甲醇(CH_3OH)刺激植物生长的具体机制并未明确，我们通过 SSH 技术构建蚕豆喷施甲醇叶片的正向 SSH cDNA 文库，分离鉴定表达上调的基因，在转录水平上解释甲醇刺激蚕豆生长的分子机制，研究结果有利于揭示甲醇刺激植物生长的机制，同时也为甲醇在农业上的广泛应用提供理论依据。

(二) SSH cDNA 文库构建的实验操作流程

1. 蚕豆的培养与甲醇喷施

选取饱满均匀的蚕豆，用常温去离子水浸种 24h，之后将种子平铺于下层垫有湿润吸水纸的培养皿中，在 25℃恒温暗培养箱中进行催芽，48h 后，种子露白发芽后，挑选发芽一致的种子，移栽到装有腐殖土和珍珠岩(比例为 1∶2)的花盆中进行盆栽培养，每盆植入 6 株并在每天光照 14h，恒温 25℃的温室中进行栽培。盆栽一周后，用 5%浓度的甲醇溶液和蒸馏水(对照)均匀喷洒于叶片上，喷头距离叶表面 5cm，每盆植物喷洒溶液 30mL，每种处理设置三个重复。喷洒于每天下午 15：00 进行，每周两次。甲醇处理持续 3 周后，在最后一次喷洒后分别在 0.5h、2h、6h、12h、24h、48h 选择长势良好的顶端第三叶片用于文库的构建。

2. 蚕豆叶片总 RNA 提取和质量分析

用 TRIzol 试剂提取甲醇处理叶片和对照叶片的总 RNA，并用苯酚和氯仿纯化 RNA 样品。经琼脂糖凝胶电泳检测(图 16-1)，结果说明总 RNA 质量较好，28S RNA、18S RNA、5S RNA 条带都比较清晰，完整性相对较好。运用紫外分光光度计来测定 RNA 的纯度和浓度，总 RNA

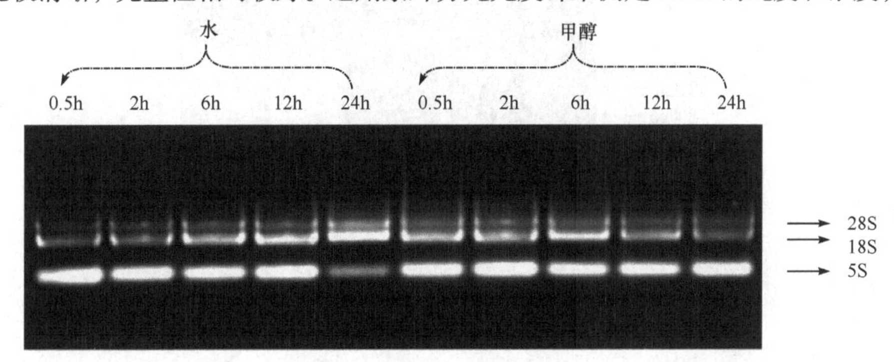

图 16-1　提取的 RNA 电泳检测

的 A_{260}/A_{280} 比值都大约在 2.0 左右，因此所提取的总 RNA 基本无降解并无污染，已经符合 SSH 建库的质量要求。

3. mRNA 的分离及 cDNA 的合成

1) mRNA 的分离

选用 mRNA 分离试剂盒(Oligotex mRNA Midi Kit)对 mRNA 进行分离。得到的 mRNA 经琼脂糖凝胶电泳检测(图 16-2)，结果说明 mRNA 的条带呈现均匀的弥散分布，rRNA 的污染也很少，这证明其质量较好，可用于 SSH 文库构建。

2) cDNA 的合成

将两个 mRNA 样品经由 AMV 逆转录酶反转录之后合成 cDNA 双链，经 *Rsa* I 酶切，用琼脂糖凝胶电泳检测(图 16-3)，结果说明 cDNA 的合成效果比较好，*Rsa* I 酶切之后产物的分子质量明显减小，符合后续实验的要求。

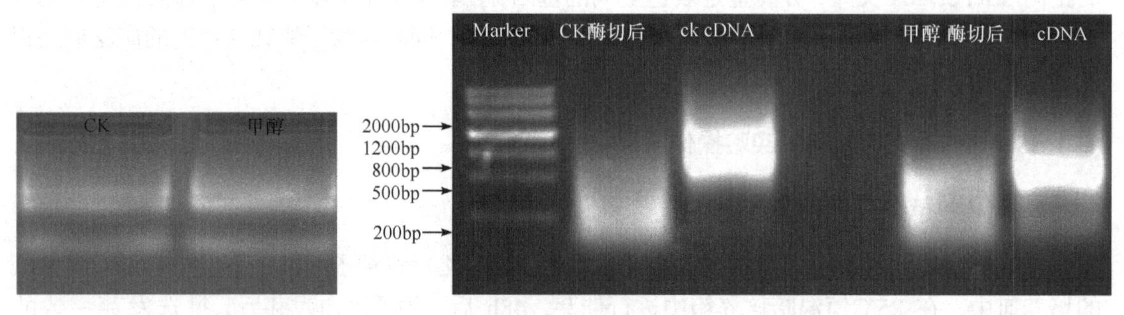

图 16-2　mRNA 的质量检测　　　　图 16-3　*Rsa* I 酶切前后 cDNA 的电泳检测

4. 消减杂交与抑制 PCR

以甲醇处理样品的 cDNA 为 Tester，与接头连接以后进行两次消减杂交，以杂交产物为模板进行两次抑制 PCR 扩增，PCR 产物经过琼脂糖凝胶电泳检测(图 16-4)，结果说明 PCR 产物呈现出弥散状，扩增片段丰度集中在 100～800bp，经过两次抑制 PCR 之后消减的产物得到扩增，对较大的片段有明显的消减作用。

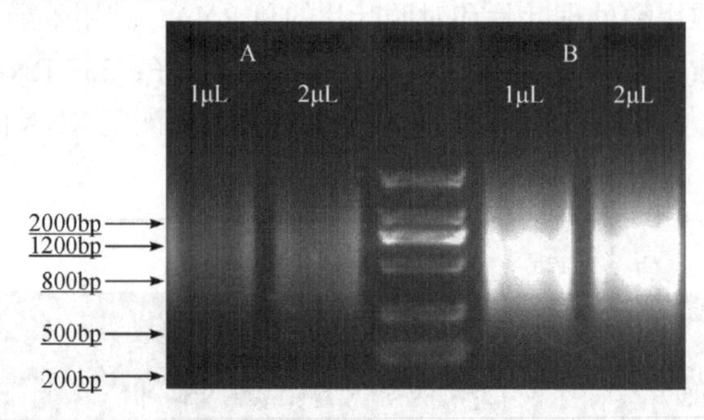

图 16-4　第一次 PCR 扩增产物(A)和第二次 PCR 扩增产物(B)的电泳检测

5. PCR产物的回收及TA克隆

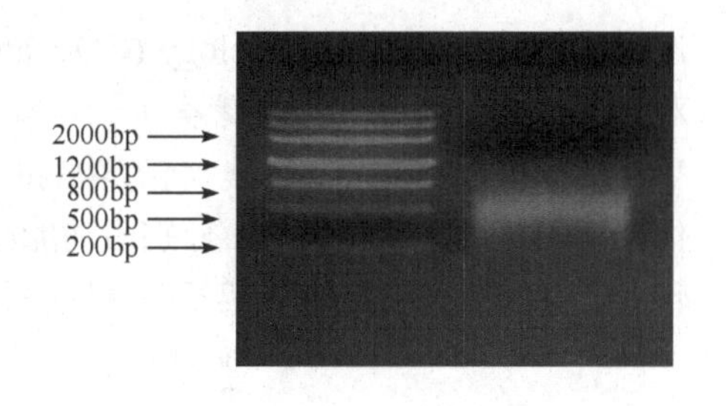

图16-5 回收PCR产物的电泳检测

大量扩增杂交产物进行胶回收，回收的产物取少量进行电泳检测(图16-5)，结果说明回收的效果较好。把回收的PCR产物与pMD18-T载体做TA克隆，采用热刺激转化方法将连接的产物转化到商业化的感受态 *E. coli* DH5α细胞，在加Amp(100 μg/mL)的LB固体培养基平板上均匀涂上80μL IPTG(100μg/μL)和15μL X-gal(50mg/mL)。37℃过夜倒置培养，次日取出放置于在4℃，进行1～2h的蓝白斑显色，对所涂布的12个平板进行蓝白斑筛选(白斑为含有插入片段的菌落)。

6. 文库克隆的筛选(菌落PCR)

在无菌操作台上从平板上挑取含有插入片段的白斑菌落，接种到含有12%～15%甘油和Amp的液体LB培养基的96孔板中，37℃过夜培养。共挑取960个阳性克隆建成SSH cDNA文库。采用菌液作为模板，用PCR扩增检测文库中各阳性克隆插入cDNA的大小，部分克隆PCR扩增产物的电泳结果如图16-6所示。结果显示插入cDNA片段的长度在200～1500bp之间，平均值约为500bp。

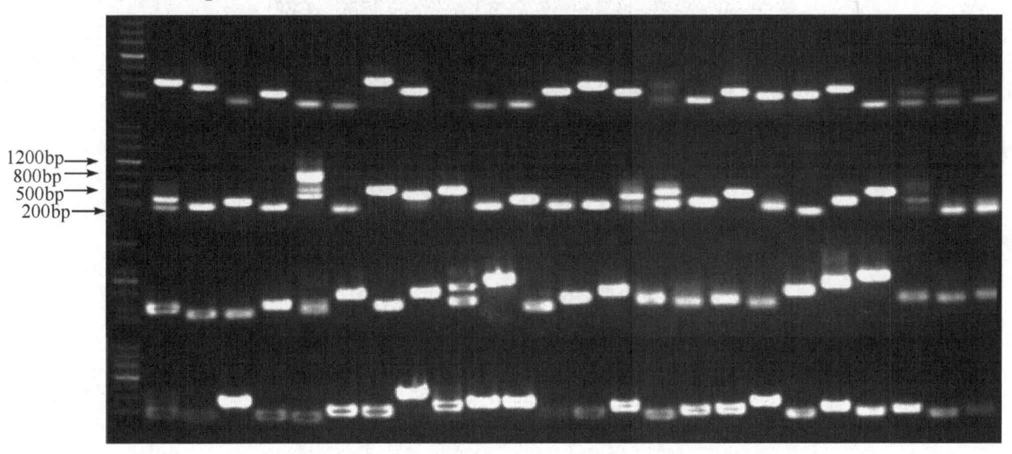

图16-6 SSH文库部分菌落PCR扩增产物的电泳检测

7. SSH cDNA文库克隆的序列分析及基因功能聚类

根据菌落PCR的结果随机挑选插入片段在200～1500bp的阳性克隆178个，送深圳华大基因进行测序，145个测序成功，在NCBI上对测序成功的结果进行比对，获得95个有效测序结果。利用BLASTn程序与GenBank中的NR(non-redundant database)核酸数据库进行序列相似性检索，并通过与已知基因的同源程度进行比较分析，推测所得到的EST序列所代表基因可能性功能。同时利用BLAST软件进行序列同源性比对来分析和确定哪些EST序列所代表基因是已知功能的基因。将所有EST序列上传至GenBank数据库并获得各基因在基因库中的登录号。

将所得到的具有功能的EST与Uniprot数据库(http://www.uniprot.org/)中已知功能的蛋白质

进行比较后，经 Gene Ontology (GO，http://www.geneontology.org/) 数据库进行基因的注释，对所获得的 EST 进行功能聚类(图 16-7)。在获得的 145 条 EST 中，有功能的 EST79 条，未知功能的 6 条，新基因 10 条。将有功能的 EST 分为 7 类，其中光合作用、防御胁迫与细胞凋亡代谢相关基因比重比较大，分别占功能已知 EST 的 45%、20%；新陈代谢、蛋白质合成、信号转导、细胞生长、细胞骨架相关基因分别占功能已知 EST 的 5%、5%、3%、3%、2%。

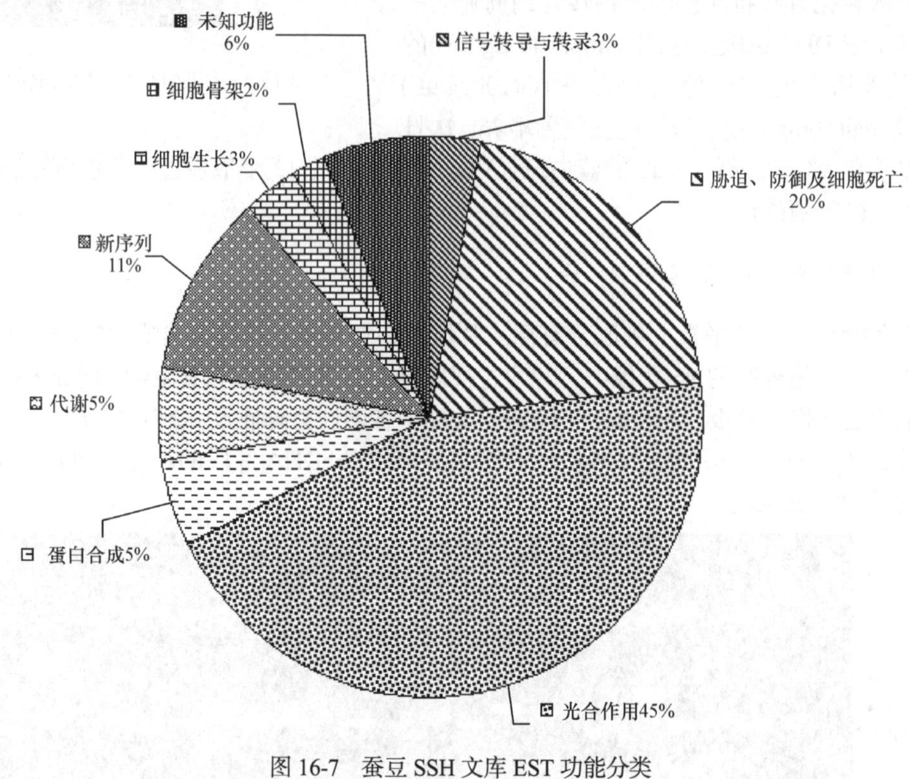

图 16-7 蚕豆 SSH 文库 EST 功能分类

二、甲醛胁迫拟南芥叶片中下调表达基因的分离与鉴定

(一) 引言

通过 SSH 技术构建植物受到环境胁迫后的反向 SSH cDNA 文库，可对表达下调的基因进行分离鉴定，从而在转录水平上解释环境因子胁迫植物的分子机制。植物在 HCHO 胁迫下叶片的白化可能是叶绿素大量流失的一种表现，据此推测 HCHO 胁迫会影响植物光合作用的正常进行。为了研究甲醛胁迫对拟南芥叶片光合作用的影响，用 SSH 技术鉴定拟南芥叶片中受甲醛胁迫下调表达的基因，在转录水平上分析 HCHO 胁迫影响拟南芥光合作用的分子机制。

(二) 实验步骤

1. 植物样品的 HCHO 胁迫处理

将长势较好、4 周龄的幼苗(0.5g)转移到含有 2mmol/L HCHO 的 MS 培养基上，于温度 25℃

恒定光照[100μmol/(m^2 · s)]培养室中进行 HCHO 胁迫处理，处理时间分别为 0.5h、2h、12h、24h 和 36h，以没有 HCHO 胁迫于相同条件下处理相同时间的植物作为对照。处理结束后收集幼苗，在液氮中速冻后保存于−80℃备用。

2. 总 RNA 的提取和 mRNA 的分离

将保存在−80℃的材料取出，在液氮中充分研磨成粉末，提取纯化拟南芥总 RNA。用 1.2% 琼脂糖凝胶电泳和酶标仪检测纯化 RNA 的质量和浓度，使用基因公司的 mRNA 分离试剂盒(Oligotex mRNA Midi Kit)进行 mRNA 的分离，具体操作按照产品说明书进行。用 1.2%琼脂糖凝胶电泳检测分离到的 mRNA 质量，确认没有核糖体 RNA 污染后用于 SSH 文库的构建。

3. 反向 SSH cDNA 文库的构建

文库的构建采用 ClontechPCRSelect-cDNA Subtraction Kit(Clontech，USA)。逆转录反应以分离纯化后的 mRNA 样品为模板，用 AMV 逆转录酶合成第一链 cDNA 的合成，然后以第一链 cDNA 为模板在 *E. coli* 的 DNA 聚合酶 I 的作用下合成第二链 cDNA。以从对照材料提取的 RNA 逆转录产生的双链 cDNA(ds-cDNA)为实验方(tester)，以从 HCHO 胁迫处理的材料提取的 RNA 逆转录产生的双链 cDNA(ds-cDNA)为驱动方(driver)。将纯化后的实验方和驱动方 cDNA 用 *Rsa* I 完全酶切，将酶切后的实验方 cDNA 等分为两份，分别连接不同的接头(接头 1 和接头 2R)。连接反应结束后向实验方 cDNA 中加入过量驱动方 cDNA 进行两轮分子杂交。将杂交产物稀释 50 倍，取 3μL 作模板进行两轮特异性 PCR。对 PCR 产物进行 T/A 克隆，热刺激转化大肠杆菌 *E. coli* DH5α后挑选大约 1200 个阳性克隆组成 SSH cDNA 文库。

4. SSH 文库克隆插入片段长度的检测和测序分析

用接头引物 1 和接头引物 2R 进行 PCR 扩增 SSH 文库中每个克隆的插入片段，分析克隆插入片段的有无以及片段的大小。挑选插入片段大于 500bp 的克隆进行单向测序，从测序结果中除去载体序列和接头序列，去除相同序列的克隆获得单一 EST 序列。将序列提交至 NCBI(National Center for Biotechnology Information, http://www.ncbi.nlm.nih.gov)进行 BLASTn 序列比对，比对评分高于 40 的确定为功能已知的 EST 序列，与 NCBI 上所有数据库均没有相似序列的 EST 被确为功能未知的 EST 序列。

5. SSH 文库 EST 基因功能聚类

初步分析具有功能的 EST 提交至 Gene Ontology (GO，http://www.geneontology.org/)数据库进行基因注释，对所获得的 EST 进行功能聚类。全部的 112 条功能已知 EST，根据其功能被划分为 8 大类，如图 16-8 所示。其中光合作用/叶绿体结构相关基因和转录/信号转导途径相关基因为最大的两个类群，所占比例均为 20%。其次是代谢相关基因占 17%。蛋白质代谢相关基因为第三大类基因，占 14%；第四类是胁迫与细胞死亡相关基因，所占比例为 12%。接着是转运和能量代谢相关基因，各自占 8%；与细胞生长和植物代谢相关基因所占比重最小，只有 1%。

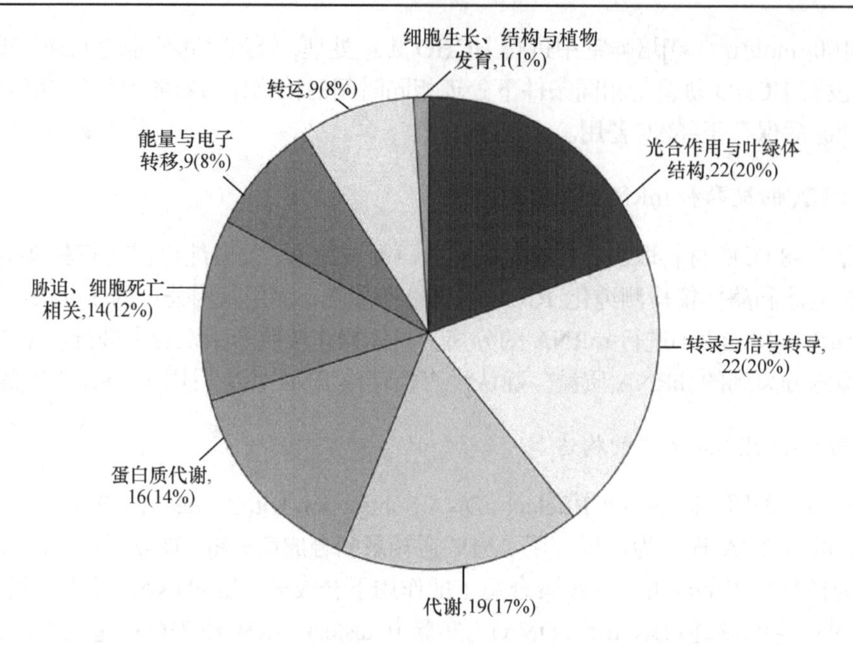

图 16-8　拟南芥 SSH cDNA 文库中 HCHO 抑制基因的功能聚类

第十七章　利用 DNA 芯片技术分析基因的差异表达

一、用拟南芥全基因组芯片杂交分析基因的差异表达

(一) 引言

甲醇是植物自身代谢产生的一种最简单产物，很多研究发现施用一定浓度的甲醇对植物生长有一定的促进作用，用低浓度(2mmol/L)甲醇处理刺激拟南芥时能显著促进其生长。为了在转录水平上分析低浓度甲醇刺激拟南芥生长的分子机理，用 cDNA 芯片分析鉴定拟南芥响应低浓度甲醇刺激的应答基因。

(二) 实验操作流程

1. 实验材料的处理

为了排除外界微生物的对实验结果的可能的影响，本实验选择无菌培养的野生型拟南芥(*A. thaliana*,ecotype,Columbia-0)为试验材料。春化后的拟南芥种子经表面消毒后，播种于含有 1%蔗糖的 MS 固体培养基(pH5.8)上，置于 25℃恒温培养箱内，在持续光照[100μmol/(m^2 · s)]条件下培养 3～5 天后转入温室自然条件下[日间 30℃/夜间 25℃，12h 光照，1200μmol/(m^2 · s)]培养 3 周后，选择生长健康、大小均一的拟南芥植株进行甲醇处理。将 3 周龄的拟南芥幼苗转入添加 2mmol/L 甲醇的 MS 固体培养基(pH5.8，1%蔗糖)上，在温室自然条件下处理 24h。实验以在 MS 固体培养基(不添加甲醇乙醇)上生长的拟南芥幼苗作为对照(CK，下同)。处理 24h 后取样，剪去根部，用液氮速冻后置于−80℃备用。

2. cDNA 芯片杂交和数据分析

选择含有大约 24 000 探针组的 Affymetrix ATH1 拟南芥全基因组芯片做芯片杂交实验，芯片杂交实验由上海康成生物公司完成。从−80℃冻存的样品中提取总 RNA，纯化的总 RNA 经紫外分光光度计(ND-1000, 美国)和变性凝胶电泳检验合格，样品备用。每个样品总 RNA 使用试剂盒进行反转录后用 NimbleGen one-color DNA labeling 试剂盒进行 ds-cDNA 标记。在 NimbleGen Hybridization System 进行杂交。杂交好的芯片洗涤染色后用基因芯片扫描仪 Axon GenePix 4000B microarray scanner (Molecular Devices Corporation)扫描，扫描图像导入 NimbleScan software (version 2.5)软件进行表达分析，表达的原始数据导入 Expression Console 软件得到质控数据。用 RMA 算法得到均一化之后的 RMA 数据，根据目前数据库注释基因的功能信息，将上调和下调的基因进行功能分类(图 17-1A～C)。

3. cDNA 芯片杂交数据的验证

根据芯片分析数据，选择 9 个甲醇响应基因设计特异引物(表 17-1)，用 RT-PCR 方法分析甲醇刺激后这些基因的表达谱，验证芯片分析结果。培养 3 周龄拟南芥幼苗在含 2mmol/L

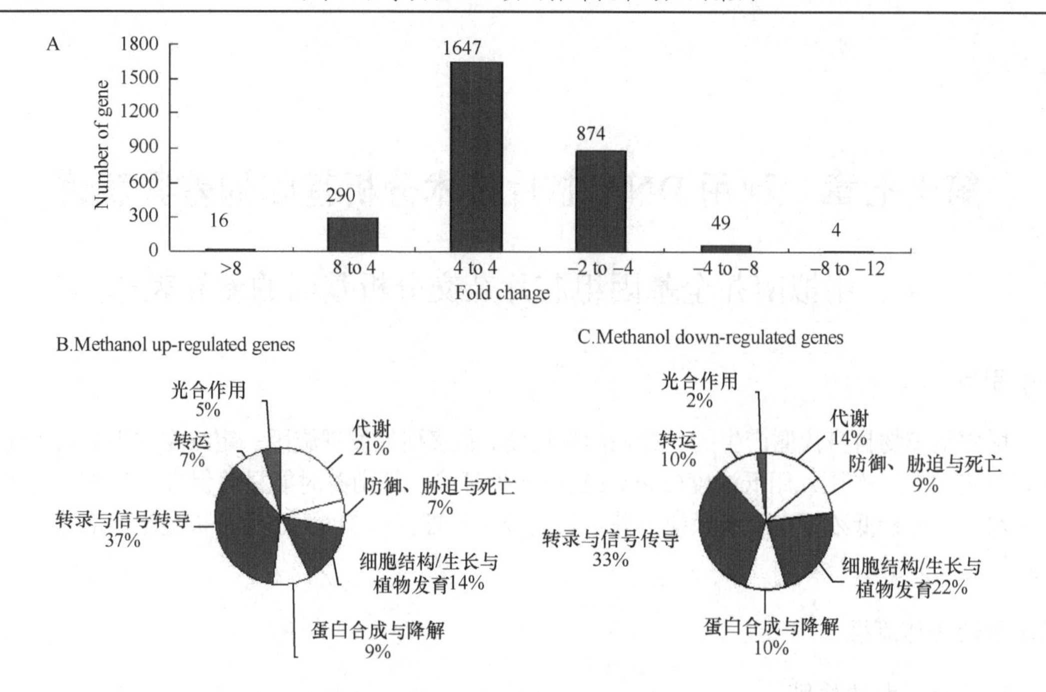

图 17-1　cDNA 芯片杂交鉴定的甲醇响应基因的分布(A)及其功能聚类(B、C)

CH_3OH 和 1%蔗糖的 MS 固体上培养处理 12h、24h、48h 和 72h，以相同培养条件生长在含 1%蔗糖的 MS 培养基上的样品作为对照(CK)，样品处理结束后液氮速冻。

表 17-1　RT-PCR 分析所用引物序列

Gene Name	Abbrev	Locus	Primers sequences
Light-harvest complex PSll	*Lhcb4.2*	AT3G08940_1	F:5′-ATGGCCACATCAGCTATCCAAC-3′ R:5′-TTACTTTCCGGGGACAAAGTTAG-3′
chlorophyll binding	*Lhcb2.3*	AT3G27690_1	F:5′- GCCGCCGCAGTTTCCACCG -3′ R:5′- GTTGTAGACACAGGTTCCA -3′
post-illumination chlorophyll fluorescence increase	*Pifl*	AT3G15840_2	F:5′- TTCTTGGCTTCATTATCC -3′ R:5′- TTTCGCTCTTTGACACTA -3′
phytochrome interacting factor 4	*Pif4*	AT2G43010_2	F:5′- GTTCCTCATCAGGTGGCT -3′ R:5′- CAAATAATCTATGGCTTCGT-3′
chlorophyll binding	*Lhcal*	AT3G54890_4	F:5′- A GACACCGCTGGACTTTCA -3′ R:5′- CCATTTCCTGCGACTCTG -3′
chlorophyll binding	*Lhca2*	AT3G61470_1	F:5′- GGGCAGAAGGTAGAAGAT -3′ R:5′- AAACAGAACCCAAGGAAA -3′
light harvesting complex PS Ⅱ	*Lhcb4.3*	AT2G40100_1	F:5′- ATGGCCGCCGCAGTTTCCACCG -3′ R:5′- AAAGTTGTAGACACAGGTTCCA -3′
chlorophyll binding	*Lhcb5*	AT4G10340_1	F:5′- TGGAGACTACGGATGGGACA -3′ R:5′- GACGATGGCTTGAACGAA -3′
Light-harvest chlorophylla/b-biding (LHC) protein 3,PS Ⅱ	*Lhcb3*	At5g54270	F:5′- CTCCGTCTTACCTCACCG -3′ R:5′- GCCTTCGCCAACACCATC -3′
Photosystem Ⅱ subunit O	*Psbo*	At3g50820	F:5′- TTGGCAATACCAGATTCCTT -3′ R:5′- AACACTCAGCGACCTCAC -3′
Light-harvest chlorophylla/b-biding (LHC) protein4,PSI	*Lhca4*	At3g47470	F:5′- CTCCTCCGTCAAATCAAC -3′ R:5′- TGACAGTAGCCATTATCCC -3′

续表

Gene Name	Abbrev	Locus	Primers sequences
Photosystem I subunit O	*Psao*	At1g08380	F:5′- CTGGAGGAGTCGGGAAGT -3′ R:5′- TCCCTTCAGCATTCACCC -3′
Photosystem Ⅱ subunit P	*Psbp*	At1g06680	F:5′- AACACTCAGCGACCTCAC -3′ R:5′- CCTACACCCAGAAGAAGC -3′
Ribulose bisphosphate carboxylase oxygenase	*RBCS1A*	At1g67090	F:5′- ATGGCTTCCTCTATGCTCTCTTC -3′ R:5′- ACACTTGAGCGGAGTCGGTGCA -3′
light harvesting complex PS Ⅱ	*Lhcb4.2*	AT3G08940_1	F:5′- GAGACTACGGATGGGACAC -3′ R:5′- GACGATGGCTTGAACGAA -3′
Photosystem Ⅱ subunit R	*PSBR*	AT1G79040_1	F:5′- TGGAGACTACGGATGGGACA -3′ R:5′- GACGATGGCTTGAACGAAA -3′
Rubisco activase	*RCA*	At2g39730	F:5′- TGGAAACGCAGGAGAACC -3′ R:5′- GCCCTCAAAGCACCGAAG -3′
18s rRNA	*18s rRNA*	At3g41768	F:5′-GCAAATTACCCAATCCTGACA-3′ R:5′-ATCCCAAGGTTCAACTACGAG-3′

用液氮将植物材料研磨成粉状，用TRIzol试剂(Invitrogen，USA)提取样品总RNA，按产品说明书进行相应操作，抽提到的总RNA用DEPC处理水溶解，然后用DNase I (Promaga, USA)试剂处理，彻底去除基因组DNA，用苯酚/氯仿抽提，最后用乙醇沉淀后重新溶于DEPC处理水中。用1.2%琼脂糖凝胶的电泳和酶标仪检测RNA的质量及浓度，每个样品取等量的总RNA，逆转录反应以纯化总RNA(7μg)为模板，选用M-MLV Reverse Transcriptase (Promega，USA)反转录合成第一链cDNA。首先通过扩增拟南芥内参基因18S rRNA的cDNA来确定模板用量，然后对其他目的基因进行扩增，最后用ImageJ软件对PCR产物跑胶结果进行分析，根据扩增产物的亮度变化判断目的基因表达水平变化。

RT-PCR分析结果(图17-2)表明在所选的9个基因中，9个基因的表达水平变化与芯片分析的结果基本是一致的，*PIF1*和*PIF4*基因在甲醇处理12h时与对照相比表达被抑制，而在甲醇

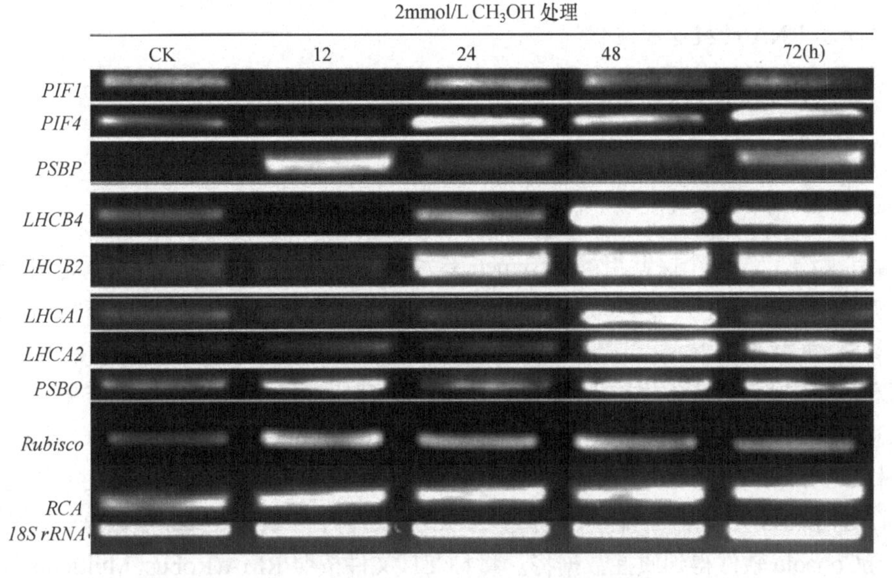

图17-2　RT-PCR分析cDNA芯片鉴定甲醇响应基因的表达谱

诱导处理 24～72h 期间这些基因表达呈上升趋势。*PSBP* 基因在甲醇诱导处理 12h 后表达明显上调，约为对照的 200 倍，而在这以后表达有略有降低，这些数据证明芯片数据的可靠性和重现性。在上调的基因中，*LHCB4* 和 *LHCB2* 表达在 2mmol/L 甲醇处理 12h 和 72h 时，表达水平显著升高，*PSBO* 在处理 12h 时表达量达到最大，*Rubisco* 和 *RCA* 在整个处理过程中表达呈现上升趋势。

二、用大豆全基因组芯片杂交分析基因的差异表达

(一) 引言

铝毒是酸性土壤上限制农作物生长的主要因子之一，关于植物耐铝毒的生理机制和分子机制已有不少的报道，然而植物对酸性土壤耐受性的分子机制目前还没有报道，因此我们应用大豆 cDNA 芯片杂交技术鉴定耐酸型黑大豆(简称 RB)中响应酸性土壤胁迫的基因，分析 RB 适应酸性土壤胁迫生长的分子机制。

(二) 实验操作流程

1. 试验材料的准备

以耐酸型黑大豆 RB 和酸敏感型(简称 SB)为试验材料。塑料盆内分别装入 1kg 的中性土壤(pH7.14)和黄壤(pH4.55)，每种土壤 1 盆，然后放置在塑料托盘上。每盆播种 15 粒种子，在托盘上灌水，通过土壤毛细管作用吸水湿润整盆土壤。在温室(昼/夜温度为 30℃/25℃，12h 光照，光照强度为 12 000μmol/($m^2 \cdot s$)中培养。当植物生长到 30 天后，对中性土壤和黄壤上生长的黑大豆地上部分和根进行形态观察，然后取中性土壤和黄壤上生长的黑大豆根系 1g，液氮速冻后置于−80℃保存备用。

2. 植物总 RNA 的提取和纯化

以黄壤上生长的 RB 根为处理样品，中性土壤上生长的 RB 根为对照样品，每个样品都制备 60μg 总 RNA。

3. 芯片杂交与数据分析

用含有大约 37 500 个探针组的 Affymetrix 大豆全基因组芯片做杂交实验，芯片杂交试验由晶态生物技术有限公司(Gene Tech Biotechnology Company Limited, Shanghai,China)完成。纯化得到的 RNA 使用 miRNeasy 试剂盒(QIAGEN)再次纯化，经紫外分光光度计(ND-1000,美国)和变性凝胶电泳质检合格者备用。取 300ng 总 RNA，使用 Affymetrix 公司 IVT 试剂盒扩增标记 cRNA。取 15μg 标记好的 cRNA 和芯片于杂交仪 640(Affymetrix 公司)中 45℃杂交 16h。杂交好的芯片在 FS450 全自动洗涤工作站(Affymetrix 公司)上洗涤染色，然后用基因芯片扫描仪 3000 7G(Affymetrix 公司)扫描芯片，通过 AGCC 软件得到 cel 格式原始数据。原始数据导入 ExpressionConsole 软件得到质控数据将。将*.CEL 文件按照 RMA(Robust Multichip Analysis)方式导入 Partek GS6.4 软件(Partek 公司)，用 RMA 算法得到均一化之后的 RMA 数据，根据最新

数据库注释基因功能信息，将上调和下调的基因导入基因数据库(http：//geneonttology.org)进行基因功能分类(图 17-3)。

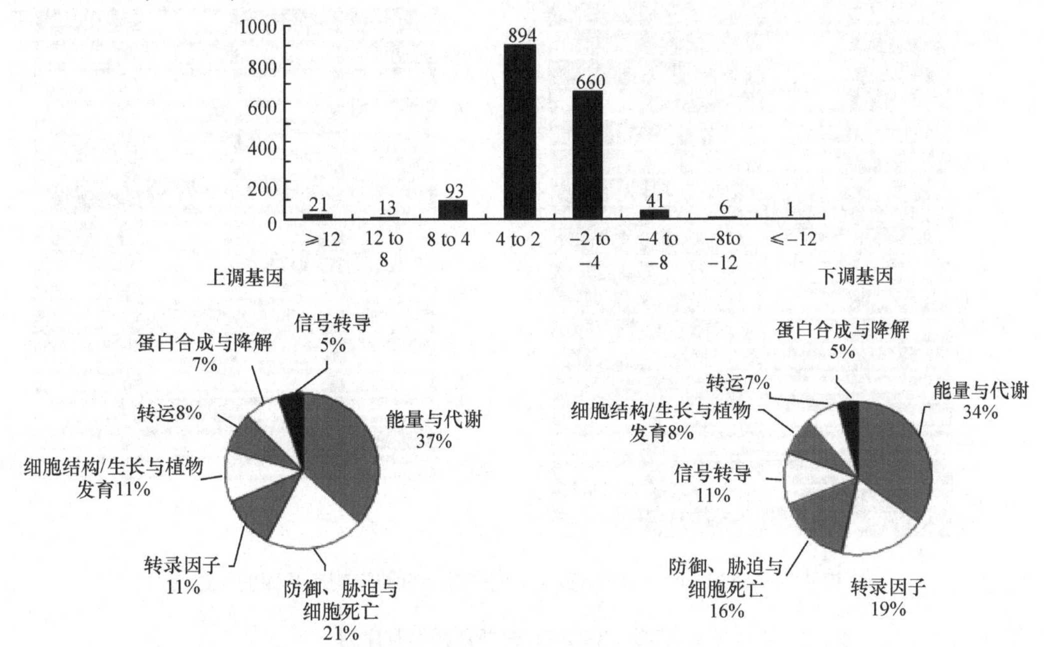

图 17-3　cDNA 芯片中鉴定的酸性土壤胁迫响应基因的分布及其功能聚类

cDNA 芯片数据分析表明，在酸性土壤的胁迫下，在大约 37 500 个转录物中，大多数基因(约 35 771 个转录物)的表达水平没有变化，以变化倍数 2 为基准，共鉴定得到 1729 个可能的酸性土壤胁迫响应基因，其中上调基因和下调基因的数目分别为 1021 和 708(图 17-3)。在 1729 个酸性土壤胁迫响应基因中，有 438 个基因的功能是已知的，而 1291 个基因功能是未知的(数据未显示)。在 438 个功能已知的基因中，多数基因(291 个，66.4%)受酸性土壤胁迫上调表达，147 个(33.6%)基因受酸性土壤胁迫下调表达。

对酸性土壤上调的 291 个基因进行功能聚类，共分为 7 大类(图 17-3)。其中占比例最大的是能量和代谢相关的基因，比例为 37%；其次是胁迫/防御和细胞死亡相关基因，比例为 21%；细胞生长/结构和植物发育相关的基因和转录相关基因所占比例都是 11%；与转运体相关的基因、与蛋白质合成/降解相关的基因以及信号转导相关基因分别占 8%、7%、5%。对酸性土壤下调的 147 个基因进行功能聚类，共分为 7 大类(图 17-3)。其中所占比例最多的是能量和代谢相关基因，为 34%；其次是转录因子相关基因，所占比例为 19%；胁迫/防御和细胞死亡相关基因占 16%；信号转导相关基因占 11%；细胞结构/生长和植物发育、转运体及蛋白合成/降解相关基因分别为 8%、7%、5%。

4. RT-PCR 分析基因的表达谱

根据功能聚类结果，选取部分响应酸性土壤的基因进行表达谱分析(图 17-4)。PCR 反应使用的引物序列及其扩增产物的长度见表 17-2。

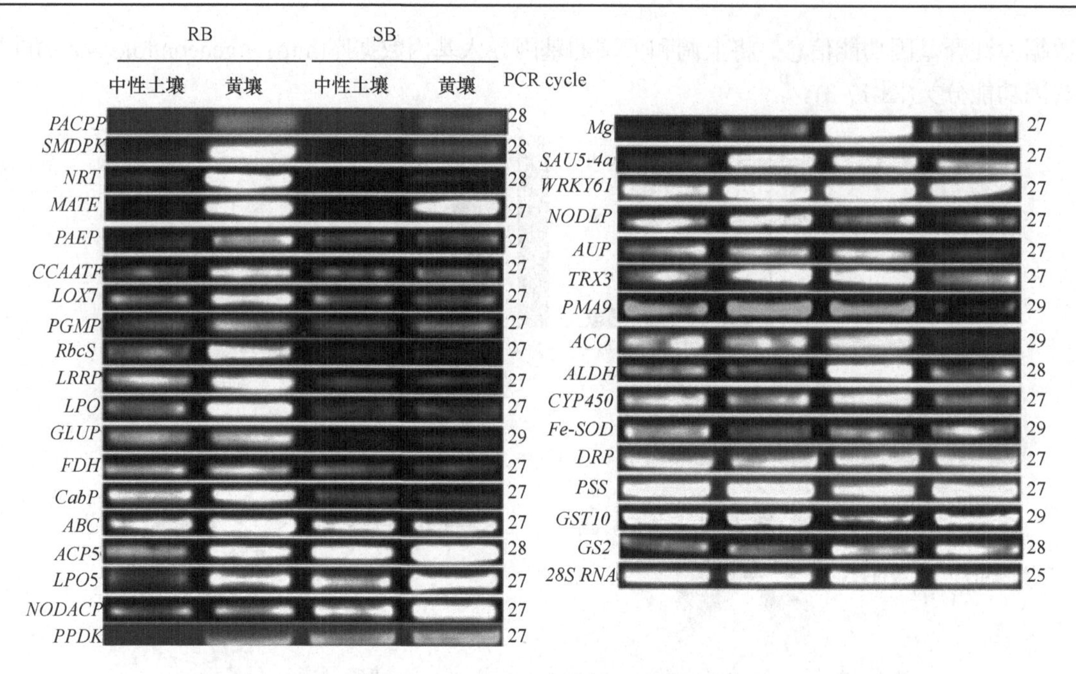

图 17-4　RT-PCR 分析 cDNA 芯片鉴定酸性土壤胁迫响应基因的表达谱

表 17-2　RT-PCR 分析所用引物序列

Abbrev	Unigene ID	Forward Primer(5′-3′)/Reverse Primer(5′-3′)	Product size/bp
NODLP	Gma.12377.1	5′-GCTACTGCCATACCAACTC-3′ 5′-TTGGGTCAATGCTAAGATA-3′	251
PAEP	Gma.3917.1	5′-CATCAGATAGATTGCCCTTAC3′ 5′-TAAACAATGATGGAGGTGC-3′	288
FDH	Gma.11028.2	5′-ATCCCTGCTTGCCTCATCT-3′ 5′-CGGGTCCTTCTTTGTCATC-3′	206
SALI5-4a	Gma.15307.1	5′-AGAAAGAAGCCATTGAGGG-3′ 5′-TAGGCAGTGTCCACAGATAAA-3′	433
ALIP	Gma.11326.2	5′-CTGCCAATCGTGTTGTATG-3′ 5′-TAGCATCTCAATCCTCCAA-3′	247
DRP	Gma.8292.1	5′-CCACCCTCATTCCGAACAT-3′ 5′-CCGACTCTGGCACTCAAAC-3′	476
PMA9	Gma.6496.1	5′-TCAAAGGACAGGGTCAAGC-3′ 5′-ATGTAGCGGATGGCGAACT-3′	461
FeSOD	Gma.3233.1	5′-AGCCGCCACCATATCCACT-3′ 5′-TAGCCAAGCCCACCCTGAA-3′	377
ALDH	Gma.1031.1	5′-CTTCCTCCTGGTGTTCTGA-3′ 5′-ACGCCTGATCTTATGTATTTC-3′	442
GST 10	Gma.1917.1	5′-CTTCAGACCCTTACCAGAG-3′ 5′-AACGACCAATACTTCACTA-3′	448
ACO	Gma.4937.1	5′-TATGGAAGTCGCCGTGGTA-3′ 5′-ACTCAGCACCAGCCAAGAT-3′	199
PACPP	Gma.8117.1	5′-AAGCCCGCGTTGATGTTGT-3′ 5′-AGGTCCAGCGTGCATGAGA-3′	240
ACP5	Gma.13045.1	5′-TCTTGGTGCTTGGTGACTG-3′ 5′-GGTTGCCTAACACGCTGTA-3′	251

续表

Abbrev	Unigene ID	Forward Primer(5′-3′)/Reverse Primer(5′-3′)	Product size/bp
NODACP	Gma.8520.1	5′-CTCTAATCTCCCTTACTATGC-3′ 5′-TTTCCTCCAGCTTCTTTCT-3′	317
LOX7	Gma.10969.1	5′-ACAAGGGTCACAAGATAAA-3′ 5′-GTGGCACTAATGAGCTGGA-3′	175
LPO5	Gma.17610.1	5′-TTAGCCTCCTCCATCTCCA-3′ 5′-ATCCTATCCCATTCCTTGC-3′	437
LPO	Gma.11166.1	5′-GTTTGGTGCCGTTAGTAGA-3′ 5′-TAAGATGCCTGTTTGTTGC-3′	179
CYP450	Gma.4167.1	5′-TTTTGGTCCTCCTACATCA-3′ 5′-ATCTCCCTTTGTTTGGTTA-3′	443
Mg	Gma.5672.5	5v-CCGTAAAGTTCGCAGTTCC-3′ 5′-CTTGTATTTGGCGTGGCTC-3′	236
GLUP	Gma.12099.1	5′-CTATGGGAAGGAAATGGAG-3′ 5′-AAGGGATATGACATCTTTGGA-3′	111
PSS	Gma.3032.1	5′-GTGATGCGACCTAGAGGAG-3′ 5′-CAATGCCACAATACAGACC-3′	232
GS2	Gma.1104.1	5′-ATGAGGAGCAAAGCAAGGA-3′ 5′-CCCAGCAGGAGTGTAAGCA-3′	201
PGMP	Gma.7477.1	5′-GACAGAGCACTGGGCAACT-3′ 5′-TTCTCCCTCCCTGTGAAGT-3′	417
RbcS	Gma.10987.1	5′-ATCACAAGAGGAAAGGGTT-3′ 5′-TTGGCAAAGACAAGCTCAC-3′	287
SMDPK	Gma.817.1	5′-ATGCCAACAGGACAGAATG-3′ 5′-AACAAGGAAAGGAAACCCT-3′	215
CabP	Gma.17554.3	5v-AAGCAGCTCAATGAGTTCG-3′ 5′-AGTGGAGTGGGAAGGGTAA-3′	125
PPDK	Gma.1263.1	5′-CTGCTTCCACCGCACTTCA-3′ 5′-CACCGCTCATGCTACTCCC-3′	422
CCAATF	Gma.403.1	5′-AATAAGGGTAACAACAACAC-3′ 5′-AGTGTAATTTCAACCCTTG-3′	251
LRRP	Gma.5773.4	5′-TACATACTGAAGGGCATTG-3′ 5′-TTATCAGTGAGTGACCAAG-3′	117
WRKY61	GmaAffx.73009.1	5′-TCTCCCTCCTCCGAGTTCA-3′ 5′-CACATCGCATCCTTCACCT-3′	363
TRX3	Gma.4701.2	5′-CAACTACGAGGAACTGAAA-3′ 5′-TCACCAATAGAAGCCAAAA-3′	228
ABC	Gma.3858.1	5′-TCTCAACCCTCATAATCTC-3′ 5′-GGTAACTAAACCTCCACTA-3′	240
NRT	Gma.4837.1	5′-GTTCTTCTTGGTGGGTTCT-3′ 5′-TGCCCTTGTTTATGTTGTC-3′	221
MATE	Gma.8768.1	5′-AGTAAGCGTAGCCACAGAA-3′ 5′-CTGAGATAGAGCCAAGGTC-3′	144
MS	Gma.8130.1	5′-ACTGTGGGCGTTGGGATTA-3′ 5′-CTTGCTCGGTGATGTTTGC-3′	399
INR2	Gma.8416.1	5′-CCCCACAAGGGTGAGATAG-3′ 5′-CATTTGCTTGGCTTTGTCG-3′	354
NR	Gma.1221.1	5′-CCCCACAAGGGTGAGATAG-3′ 5′-GCTTCGCATTGGTGTAATC-3′	492
EFE	Gma.2776.2	5′-TACAGAATTTGCACCTTGA-3′ 5′-AAAGTTGGTCCTCTTGATC-3′	263

续表

Abbrev	Unigene ID	Forward Primer(5′-3′)/Reverse Primer(5′-3′)	Product size/bp
ICL1	Gma.1746.1	5′-CATCACTGTGGGAGGTCTT-3′ 5′-TAGTTCGGCAGAAGTAGCA-3′	341
PK	Gma.5735.1	5′-TCAAGCCTAATGACCAACT-3′ 5′-ACTAAGGAGCATAACAAGA	283
PLRRP	Gma.6503.1	5′-GGATTCCTCTTGTCCCTCG-3′ 5′-TCATTTCCTTGTCCACCCT-3′	475
IRT	Gma.12173.1	5′-TAAAGCCTCGTCAGCAACT-3′ 5′-GAGCGAAGACATCAATCCAG-3′	283

RT-PCR 分析结果表明在所选的 42 个基因中，有 31 个上调基因和 8 个下调基因的表达水平变化与芯片分析的结果是一致的，这些数据证明芯片数据的可靠性和重复性。

第十八章　利用免疫共沉淀技术分析体内蛋白与蛋白之间的相互作用

一、用免疫共沉淀分析铝胁迫下大豆根中 14-3-3 蛋白对质膜 H^+-ATPase 活性的调控

(一) 引言

质膜 H^+-ATPase 在高等植物的生命活动中有主宰酶的作用，调控许多重要的生理过程。14-3-3 蛋白是在真核细胞中发现的一类高保守的调控蛋白，它可以通过与磷酸化的质膜 H^+-ATPase 相互作用而调节其活性。质膜 H^+-ATPase 的翻译后调控主要通过改变其 C 端倒数第二个 Thr 的磷酸化水平及其与 14-3-3 蛋白的结合而实现。

铝毒是酸性土壤中限制植物生长的主要因素之一，有机酸分泌在植物耐铝机制中发挥着重要作用。研究发现低磷胁迫和铝胁迫均可诱导植物中某些 14-3-3 和质膜 H^+-ATPase 异构型基因的表达。同时植物根尖质膜 H^+-ATPase 活性与根系柠檬酸的分泌有关，质膜 H^+-ATPase 可能通过一个柠檬酸-质子转运体系参与柠檬酸分泌过程的调控。在铝处理液中添加质膜 H^+-ATPase 的激活剂或抑制剂增加或降低质膜 H^+-ATPase 活性的同时，柠檬酸的分泌也随之增加或降低。因此，通过改变质膜 H^+-ATPase 活性调控有机酸分泌可能是独立于有机酸通道蛋白调控的另一个重要机制。我们以铝耐受型黑大豆 RB 和铝敏感型黑大豆 SB 为实验材料，利用免疫共沉淀技术考察铝胁迫下黑大豆 14-3-3 蛋白和质膜 H^+-ATPase 的互作调控柠檬酸分泌的分子机制。

(二) 实验操作流程

1. 黑大豆的铝胁迫处理

RB 和 SB 种子平铺于垫有湿润滤纸的培养皿中，在恒温(25℃)黑暗的培养箱中进行催芽、浸种。待种子长出 2～3cm 根后播在有针眼孔的薄泡沫板上，置于盛有完全营养液的黑色塑料盆中，白天 25℃、晚上 30℃，每天光照[1200μmol/(m^2 · s)]12h 进行漂浮培养，每隔一天更换一次培养液。选取水培 2 周的 RB 和 SB 幼苗，先用 pH4.3 的 0.5mmol/L $CaCl_2$ 预处理过夜，然后置于 50μmol/L 的 $AlCl_3$ 溶液(含有 0.5mmol/L $CaCl_2$，pH4.3)分别处理 0(CK)、2h、4h、8h、12h 和 24h 后，收集 0.3g 的根尖(1～2cm)样品，用液氮冻存。

2. 质膜的提取和 Western blot 分析

冻存的根尖用液氮快速研磨后加入提取质膜蛋白提取液提取质膜，测定蛋白浓度并检测质膜纯度。为了确定提取的质膜蛋白样品中是否有质膜 H^+-ATPase 和 14-3-3 蛋白，取 50μg 的质膜蛋白做 Western blot 分析，用 10% SDS-PAGE 分离蛋白后，用半干式转膜仪将胶上蛋白转移

到 PVDF 膜上，然后再分别加入质膜 H^+-ATPase 的 C 端抗体和 14-3-3 蛋白抗体作为一抗，常温孵育 2～3h，接着用偶联过氧化物酶的羊抗兔 IgG 的抗体常温孵育 2h，最后加入产生荧光的反应底物，通过凝胶成像仪观察结果。

Western blot 分析结果(图 18-1)发现随着铝处理时间的增加，RB 根尖质膜 H^+-ATPase 和 14-3-3 蛋白的表达量都显著增加；SB 根质膜 H^+-ATPase 蛋白的表达量呈轻微的上升趋势，而 14-3-3 蛋白的表达量呈轻微的下降趋势。质膜 H^+-ATPase 在 RB 根中的表达量在所有铝胁迫的时间点都明显比 SB 根中的高。这些结果说明铝胁迫增强 RB 根中质膜 H^+-ATPase 和 14-3-3 蛋白的表达水平，但铝胁迫使 SB 根中质膜 H^+-ATPase 蛋白的表达有所增强的同时却降低了 14-3-3 蛋白的表达水平。

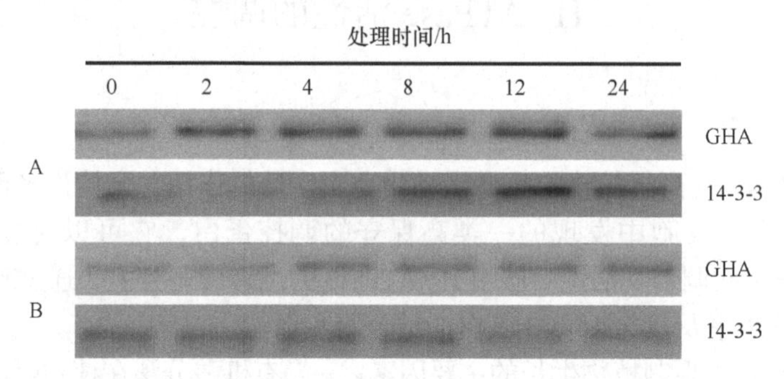

图 18-1　铝胁迫对 RB(A)和 SB(B)根尖 14-3-3 蛋白和质膜 H^+-ATPase 蛋白(GHA)表达水平的影响

3. 免疫共沉淀分析

通过免疫共沉淀的方法确定 14-3-3 蛋白与磷酸化质膜 H^+-ATPase 结合，在 200μg 的质膜蛋白中加入 2μg 用有磷酸化修饰的质膜 H^+-ATPase(GHA2)C 端多肽[N′-ESVVKLKGLDIDTIQQHYT(p)V-C′]制备的多克隆抗体(兔抗)GHA2p，4℃孵育振摇 6h，然后加入 20μL 的蛋白 A/G plus-agarose (Santa Cruz Biotech, Santa Cruz, CA)，于 4℃孵育振摇过夜。蛋白样品 3500r/min 离心 5min 得到沉淀蛋白，沉淀蛋白用预冷的 PBS(磷酸盐缓冲液)清洗 5 次，每次 5min。清洗后的沉淀用 40μL1×Loading Buffer 溶解，取 40μL 经 SDS-PAGE(12%)电泳分离后，用于 Western blotting 分析。分离蛋白经半干电转仪将蛋白转移至 PVDF 膜上，PVDF 膜首先用 GHA2p 抗体或者 14-3-3 蛋白多克隆抗体(兔抗)常温孵育 2h，然后再用偶联过氧化物酶的羊抗兔 IgG 的抗体常温孵育 2h，最后加入产生荧光的反应底物，通过凝胶成像仪观察结果(图 18-2)。

免疫共沉淀分析结果说明随着铝处理时间的增加，RB 根质膜 H^+-ATPase 磷酸化水平逐渐增加，同时与磷酸化质膜 H^+-ATPase 结合的 14-3-3 蛋白量也逐渐增加(图 18-2A)，用凝胶成像系统的软件对 Western blotting 分析结果进行相对定量(图 18-2C)，结果说明在铝处理 2h 时 RB 根质膜 H^+-ATPase 的磷酸化水平有所下降，而随着铝处理时间的延长，达到 4h 以后，质膜 H^+-ATPase 的磷酸化水平开始上升，在铝胁迫处理 4h、8h、12h 和 24h 后质膜 H^+-ATPase 磷酸化水平分别为未经铝胁迫处理对照(0h)的 1.2 倍、1.35 倍、1.4 倍和 1.4 倍，在铝胁迫 2～24h 期间，RB 根尖质膜 H^+-ATPase 磷酸化水平维持在一个稳定的水平。此外，随着铝处理时间的增加，与磷酸化质膜 H^+-ATPase 结合的 14-3-3 蛋白量也显著增加，说明铝胁迫增强质膜 H^+-ATPase 的磷酸化作用及其与 14-3-3 蛋白的结合。

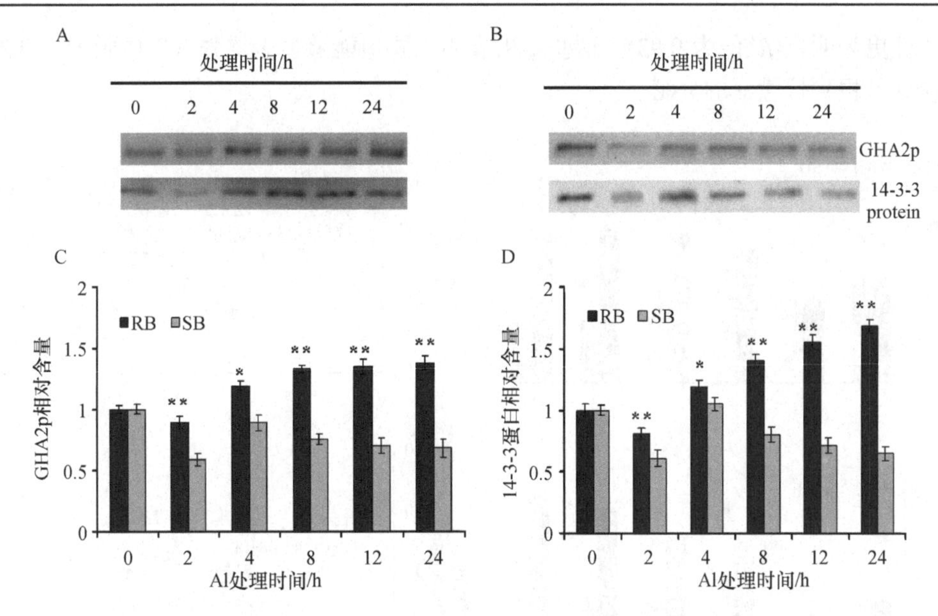

图 18-2　铝胁迫对 RB(A、C)和 SB(B、D)根尖质膜 H^+-ATPase 磷酸化水平及其与 14-3-3 蛋白互作的影响

与 RB 的情况相反，SB 根尖质膜 H^+-ATPase 磷酸化水平随着铝处理时间的增加有轻微下降的趋势(图 18-2B)，在铝处理 2h、4h、8h、12h、24h 后分别下降到 0.6、0.9、0.8、0.7 和 0.7(图 18-2C)，在相同的铝处理时间下，SB 根尖质膜 H^+-ATPase 磷酸化水平均低于 RB；同时，与磷酸化质膜 H^+-ATPase 结合的 14-3-3 蛋白也是呈现显著下降的趋势(图 18-2D)，这说明铝胁迫抑制 SB 根尖质膜 H^+-ATPase 的磷酸化及与 14-3-3 蛋白结合。

4. 质膜 H^+-ATPase 活性和柠檬酸分泌量的相关性分析

选取水培 2 周的 RB 和 SB 幼苗，先用 pH4.3 的 0.5mmol/L $CaCl_2$ 预处理过夜，然后置于 50μmol/L 的 $AlCl_3$ 溶液(含有 0.5mmol/L $CaCl_2$，pH 4.3)分别处理 0(CK)、2h、4h、8h、12h 和 24h 后，收集处理液，真空抽干后溶于 1mL 蒸馏水中，用 HPLC 测定柠檬酸分泌量(图 18-3)，同时收集 RB 和 SB 幼的根尖提取质膜蛋白，测定 RB 和 SB 根质膜 H^+-ATPase 的活性。结果显示 RB 根尖质膜 H^+-ATPase 活性随着处理时间的增加呈现出逐渐上升的趋势(图 18-3A)，在铝处理 2h 时酶活性有所降低，但与 0h 处理时的酶活性没有明显差异；而 SB 根尖质膜 H^+-ATPase 的活性呈先下降而后上升最后又下降的趋势(图 18-3A)，在铝处理 2h 时降至最低，而在处理 4h 时酶活性达到最大随后又下降，但这种变化趋势并不算明显。并且在相同的处理时间下，RB 根尖质膜 H^+-ATPase 的活性也明显比 SB 高。同时，在没有铝处理下(0h)，RB 根尖质膜 H^+-ATPase 活性比 SB 稍高，而随着铝处理时间的增加 RB 的活性显著增加，在处理 24h 时达到最大，为 SB 根尖质膜 H^+-ATPase 活性的 3.7 倍。

RB 根尖柠檬酸的分泌量也随着处理时间增加而逐渐增加，处理 24h 后其分泌量大约为 0h 的 2.3 倍(图 18-3B)；而 SB 柠檬酸分泌量呈现出先增加而后又降低的趋势，在处理 4h 后柠檬酸分泌量开始上升，当处理时间达到 8h 时其分泌量有所降低并维持在相对稳定的水平(图 18-3B)。在相同时间处理下，RB 根尖分泌的柠檬酸量明显比 SB 高。此外，RB(图 18-3C)和 SB(图 18-3D)根尖质膜 H^+-ATPase 的活性变化趋势与柠檬酸分泌量呈正相关，并且在 RB 中这种相关性更为明显(R^2值为 0.93)。这些结果表明铝胁迫能够显著增强 RB 质膜 H^+-ATPase 的活性并诱导其根尖柠檬酸的分泌。

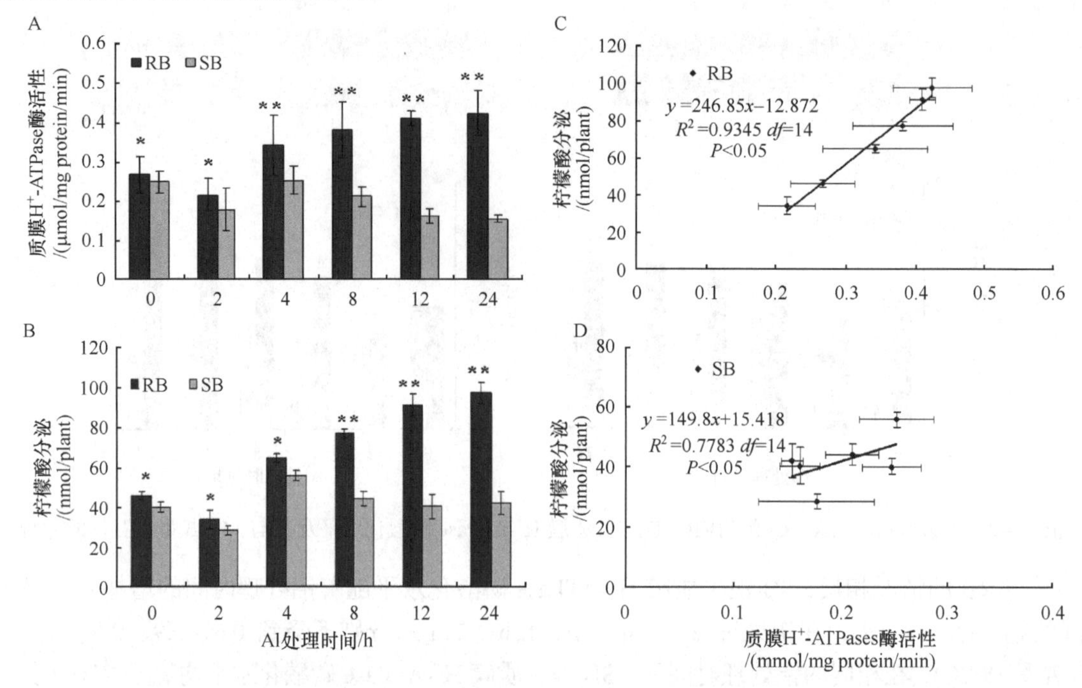

图 18-3　铝胁迫下黑大豆根尖质膜 H^+-ATPase 活性(A)和柠檬酸分泌量(B)的相关性

5. 质膜 H^+泵活性和 H^+分泌的测定

质膜 H^+-ATPase 活性的升高最直观明显的作用效果就是激活 H^+泵，促进 H^+从胞内分泌到细胞外，产生质子的电化学电势能够为植物代谢中次级物质的转运产生动力，因此我们能分析 RB 和 SB 经铝胁迫后根尖 H^+泵活性及根尖 H^+分泌量的变化。

质膜 H^+泵活性和 H^+分泌分析结果显示在没有铝胁迫时(即处理 0h)，RB 和 SB 根尖 H^+泵活性没有明显变化；而经 50μmol/L 的铝胁迫处理 24h 后，RB 和 SB 根尖 H^+泵活性均显著上升，但 RB 根尖 H^+泵活性上升更明显，其 H^+泵活性达到 SB 的 3 倍(图 18-4A)。在质膜提取液中加入短杆菌肽后显著消除了 H^+泵的活性，这证实所提取的质膜纯度比较高。由于溴甲酚酯是酸性 pH 指示剂，在 pH<5.5 时显黄色，用溴甲酚紫对铝处理的 RB 和 SB 根尖染色来检测铝胁迫对 RB 和 SB 根尖 H 离子分泌的影响，结果如图 18-4B 所示，未经铝处理的 RB 和 SB 根尖周围的琼脂糖中溴甲酚紫的颜色为紫色，变化不明显，这可能是在正常生长条件下这两种黑大豆分泌的 H 离子不多，不足以引起根尖溴甲酚酯发生颜色变化；而在经 50μmol/L 的铝处理 24h 后，RB 和 SB 根尖周围的琼脂糖中溴甲酚紫的颜色从紫色变为黄色，且 RB 根尖周围的琼脂糖显示黄色区域比 SB 大，黄颜色也比较重，这说明经铝胁迫处理后 RB 根尖分泌的 H^+量明显比 SB 的高。这个结果说明铝胁迫增强 RB 质膜 H^+-ATPase 的 H^+泵活性及分泌 H 离子的能力。

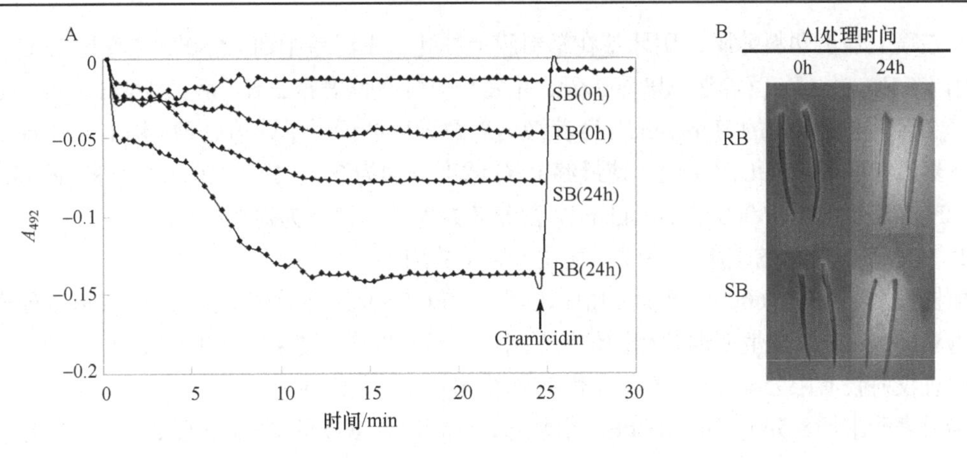

图 18-4 铝胁迫对黑大豆根尖 H^+泵活(A)和根尖 H^+分泌的影响(B)

二、用免疫共沉淀分析烟草质膜 H^+-ATPase 与 14-3-3 蛋白的互作对干旱胁迫的应答

(一) 引言

干旱胁迫时气孔保卫细胞的生理生化变化能影响气孔孔径的大小，进而调控植株的蒸腾作用、光合作用等生理过程。质膜 H^+-ATPase 是调控气孔开度的关键酶，其泵 H^+作用能引起气孔开放，故其活性能反映气孔开度的变化，因此在水分胁迫下质膜 H^+-ATPase 活性变化是植物适应水分胁迫的重要机制之一。14-3-3 蛋白通过与磷酸化质膜 H^+-ATPase 的 C 端结合而增加其活性。用离体蚕豆表皮条的研究表明，外源添加 H_2O_2 能够抑制质膜 H^+-ATPase 的磷酸化及与 14-3-3 蛋白的结合从而抑制质膜 H^+-ATPase 的活性，减少 H^+的泵出，导致气孔关闭。烟草作为一种容易进行遗传转化的模式植物，叶片的气孔很大，表皮容易撕取，因此许多有关干旱胁迫方面的研究都选择它作为实验材料。我们以不同浓度的聚乙二醇 PEG 模拟干旱胁迫，分析烟草叶片生理生化特性的变化及叶片 14-3-3 基因和质膜 H^+-ATPase(PMA)基因转录、质膜 H^+-ATPase 磷酸化水平与 14-3-3 蛋白互作水平变化的相关性，考察烟草响应干旱胁迫的分子机制。

(二) 实验操作流程

1. 干旱胁迫对烟草植株失水率、叶片蒸腾速率及气孔传导率的影响

植物应对干旱胁迫首先表现在防止体内水分流失，降低气孔传导率随之减小蒸腾速率和失水作用，因此我们首先测定烟草植株的失水率、叶片的蒸腾速率及气孔传导率。

1) 烟草植株的水培与 PEG 处理

将 MS 培养基中继代培养 2 周的野生型烟草幼苗的组培瓶盖子拧开，并虚掩在瓶子上，在组培室培养 2 天后向组培瓶中加入适量自来水，水的多少以淹没 MS 培养基为宜，炼苗 2 天，将烟草幼苗从组培瓶中取出，去掉琼脂，尽量不要伤到烟草的根。将烟草插在有眼孔的薄泡沫板上，并在泡沫板上标号，将插有烟草的泡沫板放入有 3L 1/10 的 Hongland’s 营养液的塑料盆

中，并在喷上盖上塑料薄膜，用牙签在塑料膜上扎孔，于温室中白天 30℃、晚上 25℃，自然光下用 1/5 Hongland's 营养液，培养 3 天，并揭开塑料薄膜培养 2 天，后换 1/2 Hongland's 营养液培养 2 天，再用 1 倍的 Hongland's 营养液培养两天后进行干旱胁迫处理。用 Hongland's 营养液溶解聚乙二醇 6000(PEG6000)，使最终 PEG 浓度分别为 2%、5%、10%，处理时间 0h、2h、5h、12h、以未加 PEG6000 的 Hongland's 营养液处理烟草植株为对照(CK)。

2) 失水率、叶片的蒸腾速率以及气孔传导率的测定

植株失水率=(PEG6000 处理前的植株鲜重 - PEG6000 处理后植株鲜重)/PEG6000 处理前植株鲜重×100%；选取野生型烟草相同位置的叶片，从顶叶向下数第三片叶子，用 Yaxin-1301(北京雅欣理仪科技有限公司)植物气孔计测定蒸腾速率及气孔传导率。

结果表明(图 18-5A)，烟草对 PEG 很敏感，在相对低浓度的 PEG 处理 2h 时，同对照相比，植株失水率已经显著升高，此后失水率随时间的增加而升高，在 12h 达到最大；随着 PEG 处理浓度的升高，烟草失水率也呈现上升趋势，10%PEG 处理时失水率最大。如图 18-5B 所示，不同浓度的 PEG 处理都使烟草的蒸腾速率减弱，并随处理时间的延长蒸腾速率下降更明显，在 10%PEG 处理时蒸腾作用下降得最多。2%、5%、10%PEG 处理 12h，烟草叶片蒸腾速率分别比对照下降了 4.5 倍、4.84 倍、6.4 倍。这些结果说明烟草在干旱胁迫下，随 PEG 处理浓度的增加和处理时间的延长，烟草失水率增大、蒸腾速率、气孔传导率下降，因此通过减少蒸腾速率和气孔传导率是烟草一种耐旱的机制。

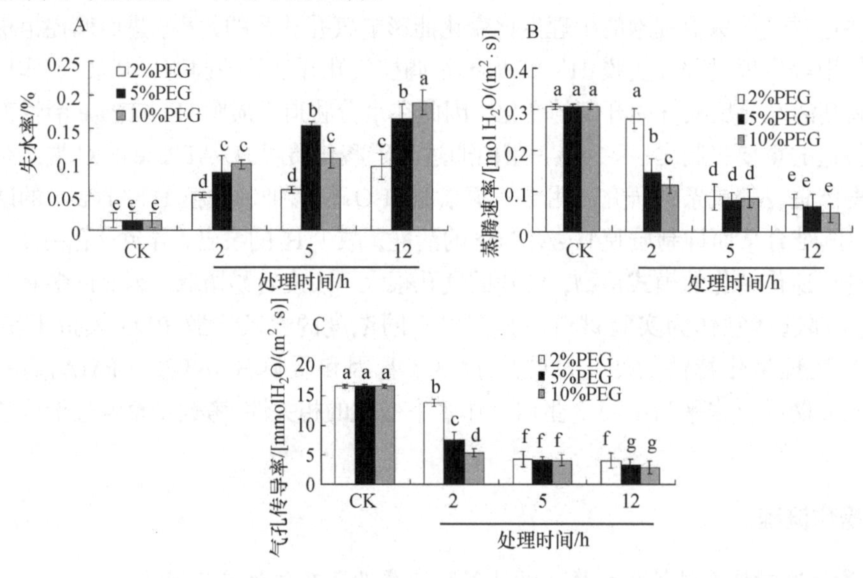

图 18-5　不同浓度 PEG 处理不同时间后烟草失水率、叶片腾速率和气孔传导率

2. PEG 干旱胁迫下烟草叶片中脯氨酸含量的变化

植物在干旱胁迫下，为了保持体内水分的稳定，在减少叶片的蒸腾速率和水分散失的同时，也通过积累渗透性物质如脯氨酸来增加对水分的吸收能力，并维持细胞正常的渗透势，保证细胞的正常活动。为了了解烟草叶片中渗透性物质含量的变化，在 2%、5%、10%PEG 处理 12h 后，测定烟草叶片中脯氨酸的含量。结果如图 18-6 示，烟草叶片中脯氨酸含量也随 PEG 处理浓度的增加而升高，与对照相比，脯氨酸含量分别升高了 1.98 倍、2.3 倍、2.77 倍。由此可见，

在干旱胁迫下烟草通过增加渗透物质来缓解胁迫。

3. 不同浓度 PEG 处理对烟草叶片抗氧化物酶活性的影响

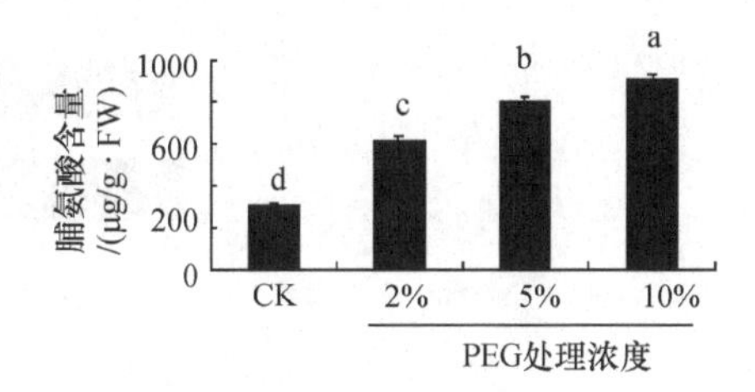

图 18-6　不同浓度 PEG 处理对烟草叶片中脯氨酸含量的影响

植物在遭遇胁迫时为了维持正常生理活动，通过信号转导表达比正常情况下更多的保护酶类如 POD、SOD、CAT 抗氧化酶，其中 SOD 可以将 O^{2-}转化成 H_2O_2，CAT、POD 又能将 H_2O_2 分解成 H_2O，从而清除积累的自由基。这三个酶能共同作用，维持自由基在一个低水平，稳定细胞正常的生理活动。对三种抗氧化酶活性测定结果显示(图 18-7)，PEG 处理烟草能使 SOD 活性增加，但 2%、5%、10%三个浓度 PEG 处理植株 SOD 活性无显著差异(图 18-7A)，与对照比分别增加 1.48 倍、1.42 倍、1.49 倍。而 POD 活性与 SOD 活性的变化趋势相似。PEG 胁迫处理增加烟草叶中 POD 的活性(图 18-7B)，与对照相比，2%、5%、10%PEG 处理 12h，POD 活性分别增加 1.1 倍、1.13 倍、1.2 倍。CAT 活性在 2%PEG 处理时，呈上升趋势，5%、10%PEG 处理 12h CAT 活性下降，分别为对照的 1.18 倍、0.7 倍、0.72 倍(图 18-7C)。

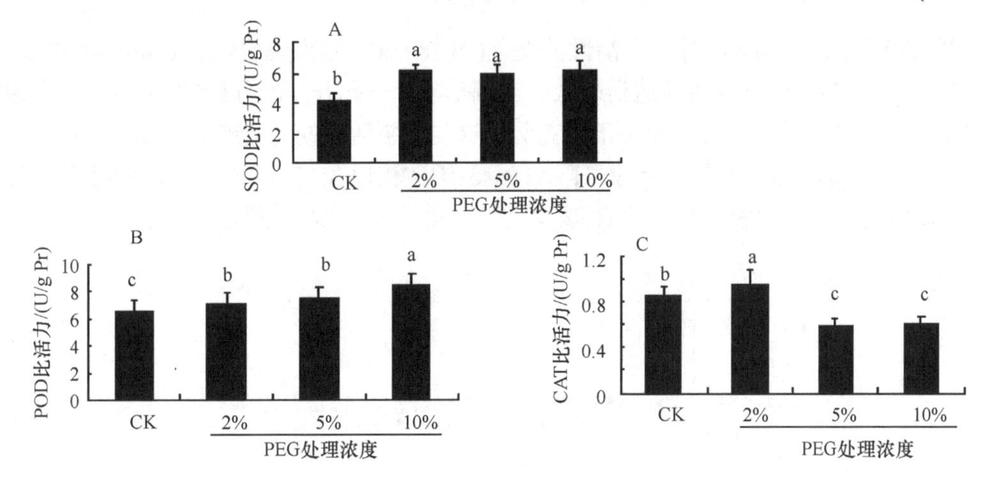

图 18-7　不同浓度 PEG 模拟干旱处理对烟草叶片 H_2O_2 和抗氧化酶活性的影响

4. PEG 模拟干旱胁迫对质膜 H^+-ATPase 磷酸化水平及其与 14-3-3 蛋白的相互影响

2% PEG 处理烟草 0h、2h、5h、12h 后收集叶片，液氮研磨提取质膜蛋白，做免疫共沉淀(CO-IP)分析(图 18-8A)和质膜 H^+-ATPase 活性测定(图 18-8B)。结果表明在 2%PEG 处理条件下，随处理时间的延长叶片质膜 H^+-ATPase 的磷酸化水平降低，同时与质膜 H^+-ATPase 相互作用的 14-3-3 蛋白的量也呈下降趋势。这些结果表明，干旱胁迫导致了质膜 H^+-ATPase 磷酸化水平及与 14-3-3 蛋白结合能力的下降。质膜 H^+-ATPase 活性随 PEG 处理时间增加而降低。质膜 H^+-ATPase 磷酸化水平的降低可能与 H_2O_2 含量升高有关，在干旱胁迫下烟草叶片中 H_2O_2 含量大幅增加，从而使质膜 H^+-ATPase 的磷酸化水平降低，同时与质膜 H^+-ATPase 相互作用的 14-3-3 蛋白的量也下降，最终使质膜 H^+-ATPase 活性降低。

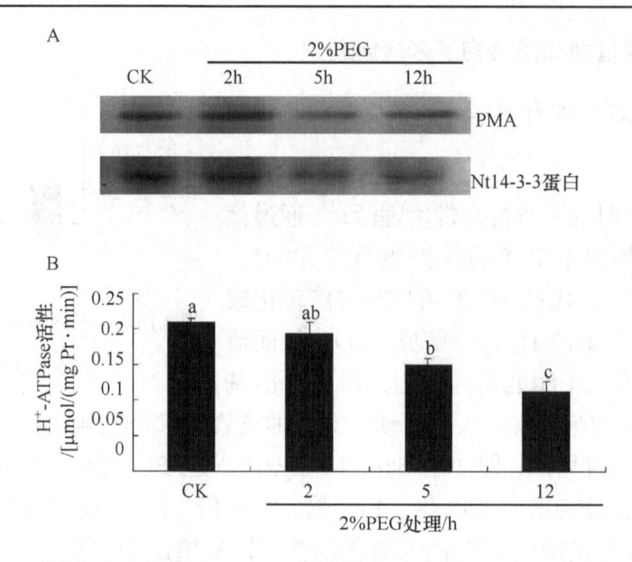

图 18-8　干旱胁迫对质膜 H^+-ATPase 磷酸化水平及其与 14-3-3 蛋白相互的影响

5. 干旱胁迫对烟草叶片中气孔开度以及质膜质子泵的影响

分析 2%PEG 处理烟草叶片氢泵活性的变化(图 18-9A)，结果说明随着处理时间增加，氢泵活性下降，处理 12h 后氢泵活性达到最低。对烟草叶片气孔开度的分析(图 18-9B)结果说明，随处理时间延长，烟草气孔开度也呈下降趋势，这与氢泵活性的变化趋势相一致。可能是干旱胁迫时 H_2O_2 含量增加，抑制了质膜 H^+-ATPase 磷酸化以及与 14-3-3 蛋白的结合，使质膜 H^+-ATPase 活性下降，向膜外泵出的 H^+减少，进入膜的 K^+减少，导致气孔关闭。

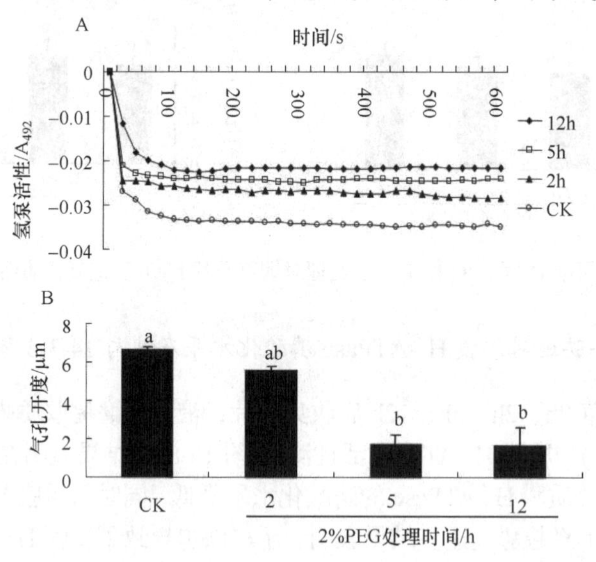

图 18-9　2%PEG 处理对烟草叶片氢泵活性(A)和气孔开度(B)的影响

三、用免疫共沉淀分析云南红梨果皮转录因子 MYB、bHLH 和 WD40 的互作模式

(一) 引言

调控植物花青素苷的生物合成的主要转录因子是 MYB、bHLH 和 WD40 三类，它们相互作用形成蛋白复合物，作用于花青素合成途径结构基因的启动子上，通过调控结构基因的转录表达来调控花色素苷的合成。我们以云南红梨果皮为材料，分析云南红梨果皮转录因子 PyMYB、PybHLH 和 PyWD40 的互作，了解云南红梨果皮 MYB、bHLH 和 WD40 蛋白之前的互作关系及调控果皮着色的分子机理。

(二) 实验操作流程

1. 红梨果皮的曝光时间

使用‘云红梨 1 号’果皮，果实坐果后，套上白色单层果袋，当果实撑破单层白色果袋后，给果实套黑色双层果袋。大约在果实收获前 7 天，对套黑色袋的果实进行脱袋曝光处理，曝光时间分别为 0 天、1 天、2 天、3 天、5 天和 7 天(图 18-10)，并且用水果刀削下曝光后的‘云红梨 1 号’果皮，迅速投入液氮中，带回实验室，–80℃保存备用。

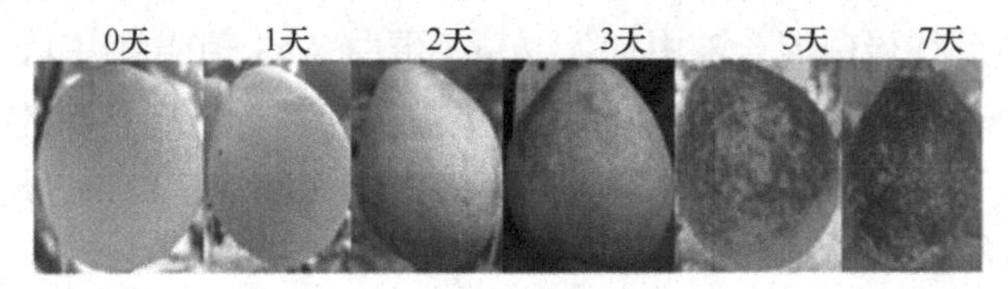

图 18-10　曝光不同时间对‘云红梨 1 号’果皮着色的影响

2. 红梨果皮蛋白的提取

取 0 天、3 天、5 天和 7 天果皮(10g)分别在液氮中充分研磨至粉末状，加入 10mL 蛋白抽提液(10%甘油，100mmol/L Tris-HCl，1mmol/L PMSF，5%PVP，10mmol/L 巯基乙醇)，继续研磨直到充分混匀。抽提的蛋白混合液转移到 2mL 离心管中，4℃，13 000r/min，离心 20min。收集的上清液中加入固体硫酸铵，直至蛋白完全沉淀。4℃、13 000r/min，离心 20min 收集蛋白沉淀物。收集的蛋白沉淀物溶解于 500μL 1×PBS Buffer (137mol/L NaCl, 2.7mmol/L KCl, 10mmol/L $Na_2HPO_4 \cdot 12H_2O$, 1.7mmol/L KH_2PO_4)中，蛋白质的浓度用 Bradford 法测定。

3. PyMYB、PybHLH 和 PyWD40 表达水平及花青素含量的相关性分析

分别取光照 0 天、3 天、5 天、7 天果皮可溶性总蛋白(50μg)提取液，用 Western blotting 方法检测曝光不同天数‘云红梨 1 号’果皮中 PyMYB、PybHLH 和 PyWD40 蛋白的表达水平(图 18-11A)。结果说明随着光照时间的增加，PyMYB 和 PyBHLH 蛋白表达呈现明显上调趋势，而 PyWD40 蛋白表达呈现微弱的上升趋势。这与果皮中花青素含量的变化一致(图 18-11B)。这些结果表明，光通过增强红梨果皮中 PyMYB、PybHLH 和 PyWD40 蛋白的表达水平，使 PyMYB、PybHLH 和 PyWD40 三个转录因子共同参与调控‘云红梨 1 号’果皮中的花青素生物合成。

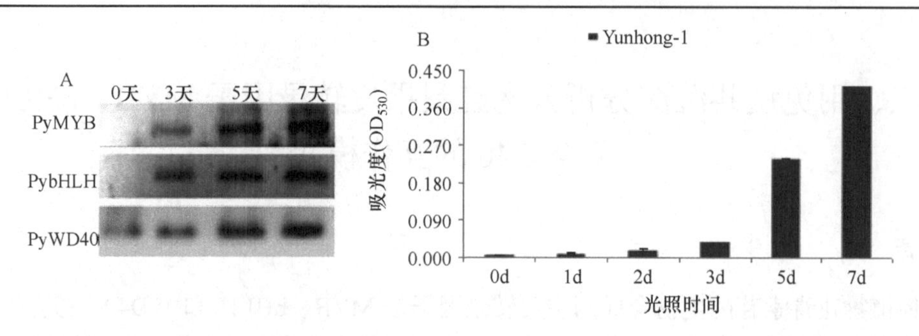

图 18-11　光照对‘云红梨 1 号’果皮 PyMYB、PybHLH 和 PyWD40 蛋白表达和花青素含量的影响

分别取 0 天、3 天、5 天、7 天的‘云红梨 1 号’果皮可溶性总蛋白(50μg)，进行 SDS-PAGE(12%)分离。然后把分离后的蛋白质通过半干转膜仪(BIO-RAD)转移到 PVDF 膜上，分别和兔抗 anti-MYB 与 anti-bHLH、鼠抗一抗 anti-WD40 特异性抗体振荡孵育，孵育后的膜分别与含有辣根过氧化物酶的羊抗兔和羊抗鼠 IgG 抗体进行结合反应。最后用 ECL(北京，康为世纪)发光试剂盒在成像系统 Chemidoc XRS(Bio-Rad)中检测。

4. 免疫共沉淀分析

根据以上 Western blotting 分析结果，分别取 0 天和 7 天的‘云红梨 1 号’果皮可溶性总蛋白，用免疫共沉淀(Co-IP)技术体内分析 PyMYB、PybHLH 和 PyWD40 之间的相互作用。往果皮总蛋白(500μg)溶液中分别加入 5μg 特异性抗体 anti-PyMYB 和 anti-PybHLH，室温振荡(40r/min)孵育 2h。然后往蛋白混合液中加入 20μL 蛋白 A/G 琼脂糖，4℃振荡孵育过夜。孵育后的蛋白混合液 4℃、3500*g* 离心 5min。收集的蛋白沉淀复合物用预冷的 1×PBS 洗涤三次，最后，蛋白沉淀物溶解于 40μL 1×电泳上样缓冲液中，取 20μL 在 12%的聚丙烯酰胺凝胶上进行 SDS-PAGE。分离后的蛋白质通过半干转膜仪转移到 PVDF 膜上，膜首先用 anti-MYB 或 anti-bHLH 或 anti-WD40 特异性抗体进行结合孵育，并且与含有辣根过氧化物酶的羊抗兔和羊抗鼠 IgG 抗体结合反应，用 ECL 发光试剂盒在成像系统 Chemidoc XRS(Bio-Rad)检测蛋白质信号。

Co-IP 分析结果表明，用 anti-bHLH 抗体沉淀到 PybHLH 蛋白时也分别共沉淀到 PyMYB 和 PyWD40 蛋白(图 18-12A 和 B)。同样，用 anti-PyMYB 特异性抗体对果皮中的 PyMYB 蛋白免疫沉淀，结果显示也共沉淀到果皮中的 PyWD40 蛋白(图 18-12C)。然而，在缺少多克隆抗体或曝光 0 天果皮总蛋白的对照中没有共沉淀下果皮中的 PyMYB 和 PyWD40 蛋白。这些结果表明，在云南红梨果皮中，PybHLH 与 PyMYB 或 PyWD40、PyMYB 与 PyWD40 蛋白之间有相互作用。

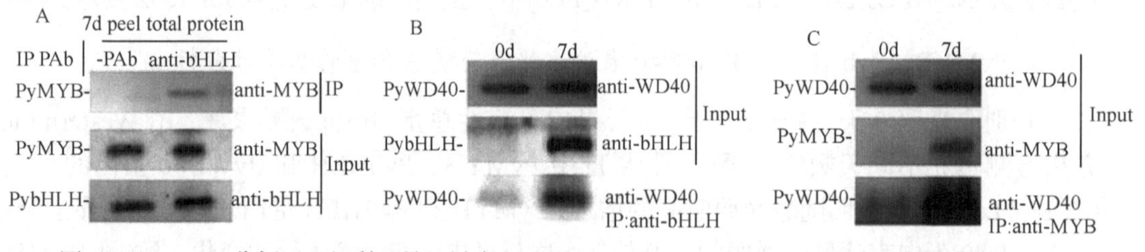

图 18-12　Co-IP 分析‘云红梨 1 号’果皮 PyMYB、PybHLH 和 PyWD40 蛋白的相互作用

第十九章　利用双分子荧光技术分析植物体内转录因子间的相互作用

在洋葱表皮细胞中验证 PyMYB、PybHLH 和 PyWD40 之间的相互模式

(一) 引言

双分子荧光互补(bimolecular fluorescence complementation，BiFC)分析技术是一种直观、快速地判断目标蛋白在活细胞中的定位和相互作用的新技术，该技术巧妙地将荧光蛋白分子的两个互补片段分别与目标蛋白融合表达，如果荧光蛋白活性恢复则表明两目标蛋白发生了相互作用，之后发展出的多色荧光互补技术(multicolor BiFC)不仅能同时检测到多种蛋白质复合体的形成，还能够对不同蛋白质间产生相互作用的强弱进行比较。

BiFC 技术原理：将荧光蛋白在某些特定的位点切开，形成不发荧光的 N 端和 C 端两个多肽，称为 N 片段(N-fragment)和 C 片段(C-fragment)。这两个片段在细胞内共表达或体外混合时，不能自发地组装成完整的荧光蛋白，在该荧光蛋白的激发光激发时不能产生荧光。但是，当这两个荧光蛋白的片段分别连接到一组有相互作用的目标蛋白上，在细胞内共表达或体外混合这两个融合蛋白时，由于目标蛋白的相互作用，荧光蛋白的两个片段在空间上互相靠近互补，重新构建成完整的具有活性的荧光蛋白分子，并在该荧光蛋白的激发光激发下发射荧光。简言之，如果目标蛋白之间有相互作用，则在激发光的激发下，产生该荧光蛋白的荧光。反之，若蛋白质之间没有相互作用，则不能被激发产生荧光。实验操作时通常选用易被检测的黄色荧光蛋白(YFP)，将其从氨基酸(aa155 和 aa156)处切开，把一组反向平行的亮氨酸拉链分别连接到 YFP 的 N 端和 C 端。将一个亮氨酸拉链(NZ)通过一个连接肽连接到 YFP N 片段的第 155 个氨基酸上，另一个亮氨酸拉链(CZ)连接到 C 端片段的第 156 位氨基酸上。

为了进一步验证 PyMYB、PybHLH 和 PyWD40 三个蛋白质之间的相互模式，我们构建 PyMYB、PybHLH 与 PyWD40 三个转录因子与 YFP 荧光蛋白基因融合的植物表达载体，转化洋葱表皮细胞，在洋葱表皮细胞瞬时表达三个转录因子和 YFP 荧光蛋白的融合蛋白，利用双分子荧光技术分析 PyMYB、PybHLH 和 PyWD40 三个转录因子在洋葱表皮细胞中的互作模式及蛋白复合物的亚细胞定位。

(二) 实验操作流程

1. PyMYB、PybHLH 和 PyWD40 基因的 TA 克隆

pMD18-T-*PyMYB/PybHLH/PyWD40* TA 克隆载体构建流程如图 19-1 所示。以‘云红梨 1 号’cDNA 为模板进行 PCR 扩增，分别扩增出 *PyMYB*、*PybHLH* 和 *PyWD40* 基因的全长编码区。这三个基因 cDNA 的 PCR 扩增引物如下。正向引物 PyMYB-F：5′-GGATCCGTCTACATGG

AGGGATATAACGTTAACTTG-3′(下划线为 *Bam*H Ⅰ 酶切位点)，反向引物 PyMYB-R：5′-<u>GTCGAC</u>GATATCTTCTTCTTTTGAATGATTCCAAAGG-3′(下划线为 *Sal* Ⅰ 酶切位点)；正向引物 PybHLH-F：5′-<u>GGATCC</u>ATGGCTCAGAATCATGAGAGGGTG-3′(下划线为 *Bam*H Ⅰ 酶切位点)，反向引物 PybHLH-F：

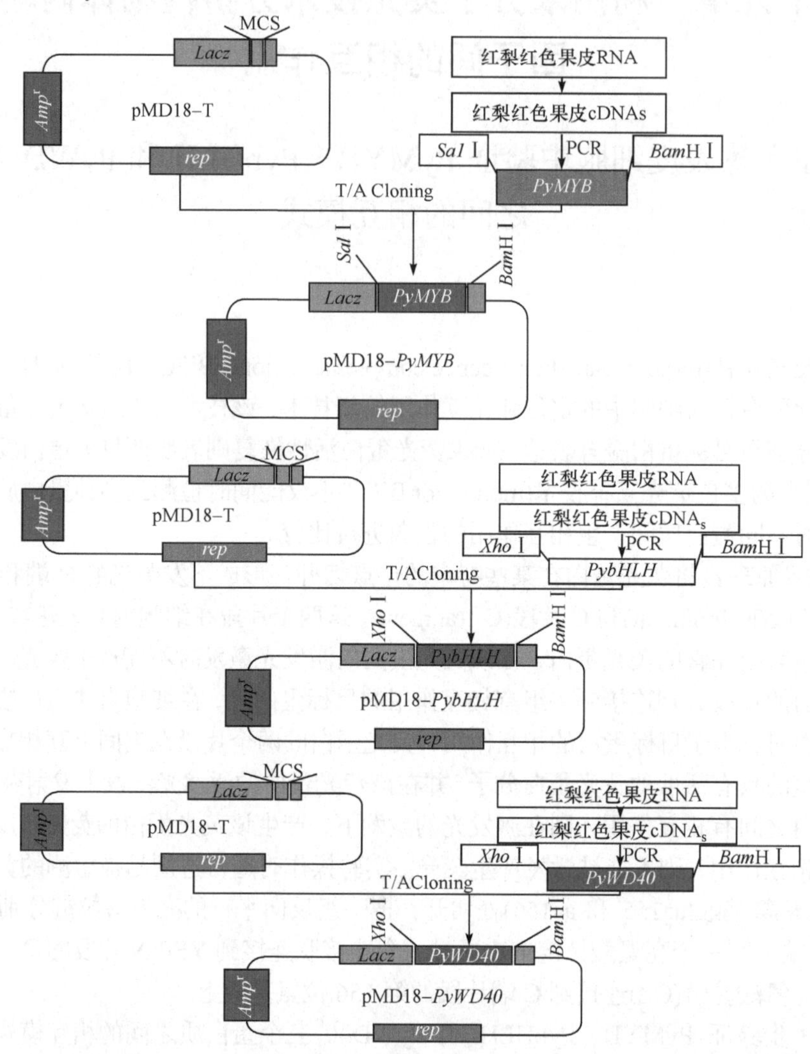

图 19-1　TA 克隆载体 pMD18-T-*PyMYB*、pMD18-T-*PybHLH* 和 pMD18-T-*PyWD40* 的构建策略

5′-<u>CTCGAG</u>GCACTTACCAGCAATTTTCCAAAGC-3′(下划线为 *Xho* Ⅰ 酶切位点)；正向引物 PyWD40-F：5′-<u>GGATCC</u>AGAACTCTACGCAAGAATCG-3′(下划线为 *Bam*H Ⅰ 酶切位点)，反向引物 PyWD40-R：5′-<u>CTCGAG</u>AACCTTCAAAAGCTGCATCTTG-3′(下划线为 *Xho* Ⅰ 酶切位点)。将 *PyMYB*、*PybHLH* 和 *PyWD40* 基因的 PCR 产物亚克隆到 pMD18-T 载体上，分别获得 TA 克隆载体 pMD18-T-*PyMYB*、pMD18-T-*PybHLH* 和 pMD18-T-*PyWD40*，然后对获得的 TA 克隆载体进行酶切验证，对酶切检测正确 TA 克隆载体送北京六合华大基因科技股份有限公司测序。

2. *PyMYB*、*PybHLH* 和 *PyWD40* 基因双分子荧光互补植物表达载体的构建

pNYFP 和 pCYFP 表达载体分别含有 YFP 的一半 N 端和一半 C 端，并且该载体含有

CaMV35S 启动子和 nos 终止子。用 *Bam*H Ⅰ 和 *Sal* Ⅰ 酶切 pMD18-T-*PyMYB* 重组质粒及双分子荧光互补载体 pCYFP 和 pNYFP，获得了含有 *PyMYB* 基因全长编码区的 DNA 片段及 pCYFP 和 pNYFP 互补载体片段，然后把 *PyMYB* 基因分别连接到 pCYFP 和 pNYFP 上，转化大肠杆菌 DH5α，挑取阳性克隆，经 PCR 和酶切验证，获得 pCYFP-*PyMYB* 和 pNYFP-*PyMYB* 双分子荧光互补载体(图 19-2A 和 C)。用 *Bam*H Ⅰ 和 *Xho* Ⅰ 酶切 pMD18T-T-*PyWD40* 重组质粒和 pNYFP 载体，获得含有 *PyWD40* 基因全长编码区的 DNA 片段，连接到 pNYFP 双分子荧光互补载体上，经酶切验证和测序，获得了 pNYFP-*PyWD40* 双分子荧光互补载体(图 19-2B)。用 *Bam*H Ⅰ 和 *Xho* Ⅰ 酶切质粒 pMD18-T-*PybHLH* 和载体 pCYFP，获得含有 *PybHLH* 基因编码区的 DNA 片段连接到 pCYFP 载体上，获得双分子荧光互补载体 pCYFP-*PybHLH*(图 19-2D)。通过电转化法，分别将 pCYFP-*PyMYB*、pNYFP-*PyMYB*、pNYFP-*PyWD40* 和 pCYFP-*PybHLH* 重组载体导入农杆菌 EHA105 感受态细胞中，涂于 LB+Km 固体平板上，挑取重组的阳性克隆，进行 PCR 验证选出阳性农杆菌转化子菌落。

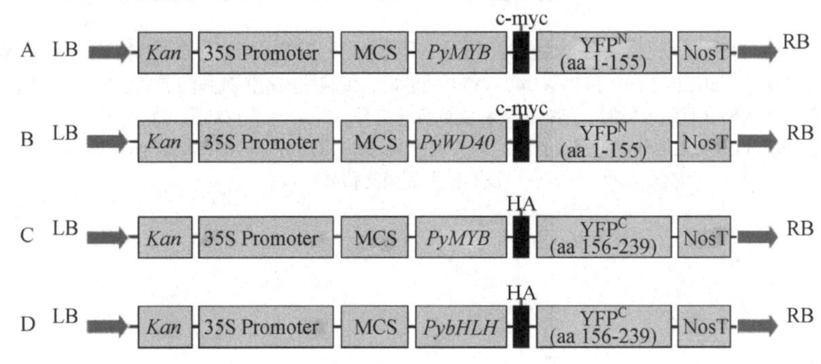

图 19-2　双分子荧光表达载体 T-DNA 的结构

A. *PyMYB* 基因双分子荧光互补载体结构图；LB 和 RB，T-DNA 序列的左右边界；*Kan*，卡那霉素抗性基因；35S，CaMV 35S 启动子；MCS，多克隆位点；YFP，黄色荧光蛋白；NosT，终止子。B. *PyWD40* 基因双分子荧光互补载体。C. *PyMYB* 基因双分子荧光互补载体。D. *PybHLH* 基因双分子荧光互补载体

3. 洋葱表皮的转化和荧光定位观察

挑取阳性菌落接种到 5mL 含有 50mg/L 卡那霉素的 LB 液体培养基中(胰蛋白胨 1%，酵母提取物 0.5%，NaCl 1%)，在 28℃振荡培养 OD_{600} 至 0.6～0.8 时，取 1mL 菌液接种到 100mL LB 液体培养基中，同样条件下培养菌体 OD_{600} 为 0.6～0.8。室温下 4000r/min 离心 15min 收集菌体，用等体积的 LB 液体培养基重悬菌体，按照基因 1∶基因 2=1∶1 的比例混合菌体溶液，混合液即为侵染液。

取新鲜的洋葱鳞茎，用镊子取洋葱内表皮，将其切成 1cm×1cm 的小片，放置于 MS 固体培养基上，28℃暗培养 12～24h。取暗培养好的洋葱内表皮，浸入制备好的侵染液中侵染 30min。用无菌滤纸吸干洋葱内表皮上的菌液，转入到含有 100μmol/L 乙酰丁香酮的 MS 固体培养基上，28℃暗培养 24～72h。然后取洋葱内表皮，置于载玻片上，用蔡司激光扫描共聚焦显微镜在激发波长为 514nm 下观察 YFP 荧光，采集照片。图像用激光共聚焦和 Photoshop 7.0 处理。

荧光显微镜下观察结果表明，当细胞内共同转入 pPyWD40-NYFP 和 pPyMYB-CYFP、pPyWD40-NYFP 和 pPybHLH-CYFP、pPyMYB-NYFP 和 pPybHLH-CYFP 重组质粒时，在洋葱表皮细胞的细胞核内观察到黄色荧光(图 19-3A～C)。然而当 PybHLH-CYFP 和 pNYFP、PyMYB-CYFP 和 pNYFP 共转入洋葱表皮细胞时，细胞核内没有检测到黄色荧光(图 19-3D，E)。

这些结果表明，PybHLH与PyMYB或PyWD40、PyMYB与PyWD40之间有相互作用，并且相互作用的蛋白复合物定位于细胞核中。

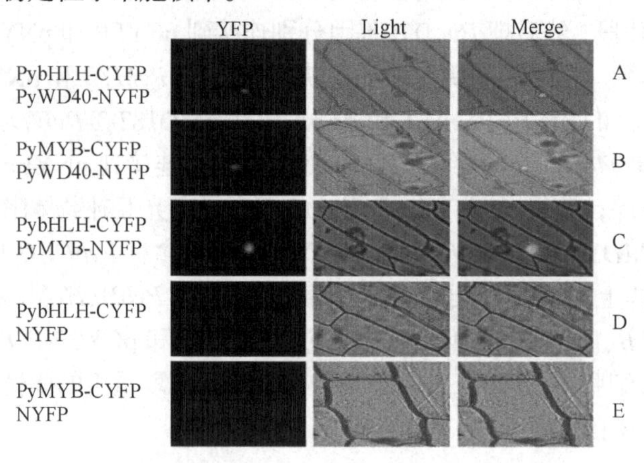

图 19-3　双分子荧光互补验证 PyMYB、PybHLH 和 PyWD40 在活体内的互作模式

A. 洋葱表皮细胞内共表达 PybHLH-CYFP 和 PyWD40-NYFP 质粒时，细胞核内检测到强烈荧光信号。B. 洋葱表皮细胞内共表达 PyMYB-CYFP 和 PyWD40-NYFP 重组质粒时，细胞核内检测到荧光信号。C. 洋葱表皮细胞共表达 PybHLH-CYFP 和 PyMYB-NYFP 质粒时，检测到细胞核内有强烈荧光信号。D～E. 当细胞内共表达 PybHLH-CYFP 和 NYFP 或 PyMYB-CYFP 和 NYFP 时，细胞核内没有检测到荧光信号

第二十章 用 Pulldown 和 Far Western blot 技术做体外实验分析蛋白质之间的互作

PyMYB、PybHLH 和 PyWD40 重组蛋白之间互作模式分析

(一) 引言

通过双分子荧光互补和免疫共沉淀分析证实红梨果皮中转录因子 PyMYB、PybHLH 和 PyWD40 的互作模式后，我们构建 PyMYB、PybHLH 和 PyWD40 的原核表达载体，表达 PyMYB、PybHLH 和 PyWD40 的重组蛋白，通过 GST pull-down 技术和 Far Western blotting 技术在体外验证红梨果皮 PyMYB、PybHLH 和 PyWD40 三个转录因子之间的互作关系。

(二) 实验操作流程

1. *PyMYB*、*PybHLH* 和 *PyWD40* 原核表达载体的构建

PyMYB、*PybHLH* 和 *PyWD40* 基因原核表达载体构建策略如图 20-1 所示。分别用 *Bam*H I

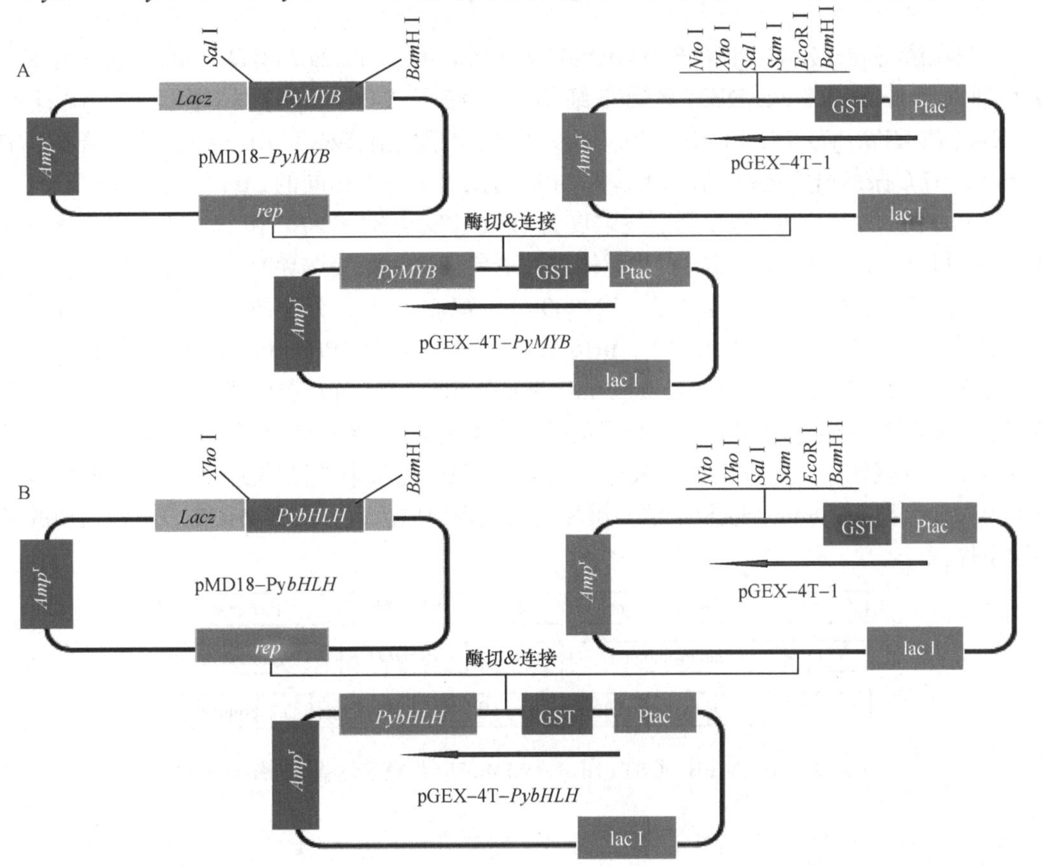

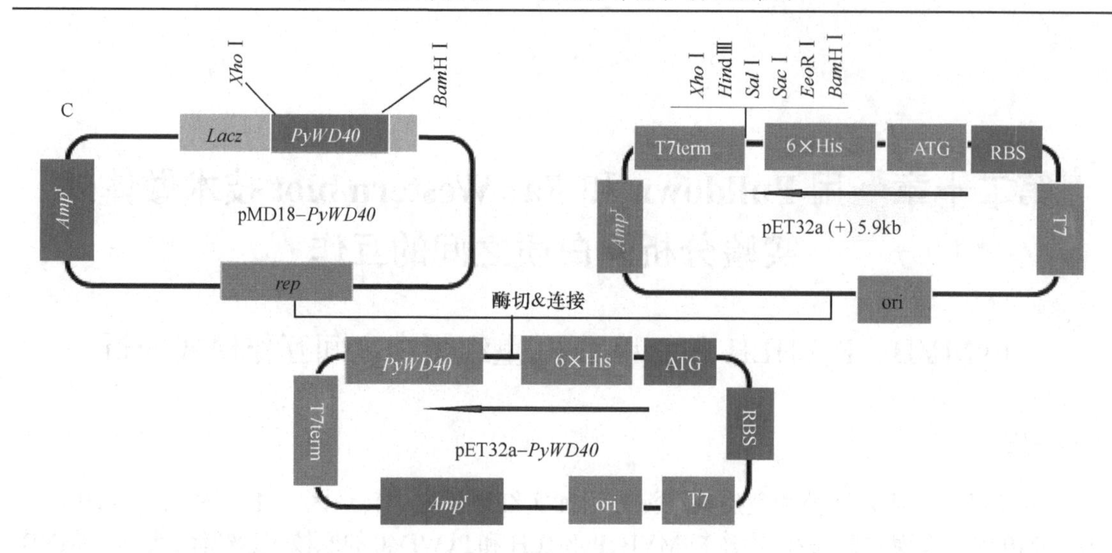

图 20-1　pGEX-4T-*PyMYB*(A)、pGEX-4T-*PybHLH*(B)和 pET32a(+)-*PyWD40* (C)原核表达载体构建策略

和 *Sal* Ⅰ、*Bam*H Ⅰ和 *Xho* Ⅰ酶切 pMD18-T-*PyMYB*、pMD18-T-*PybHLH*、pMD18-T-*PyWD40* 的重组质粒和 pGEX-4T-1、pET-32a 原核表达载体，获得的 *PyMYB*、*PybHLH* 和 *PyWD40* 特异性 DNA 片段分别连接到 pET-32a 和 pGEX-4T-1 原核表达载体上，获得原核表达载体 pGEX-4T-*PyMYB*、pGEX-4T-*PybHLH* 和 pET-32a-*PyWD40*。

2. PyMYB、PybHLH 和 PyWD40 融合蛋白的表达

用热激法将 pGEX-4T-*PyMYB*、pGEX-4T-*PybHLH* 和 pET-32a-*PyWD40* 重组质粒(图 20-2A)转入到大肠杆菌 Rosetta(DE3)感受态细胞中，涂于 LB+Amp 固体平板上，次日挑取 pGEX-4T-*PyMYB*/*PybHLH* 和 pET-32a-*PyWD40* 的重组菌落接种于 LB+Amp 液体培养基中，200r/min、37℃振荡培养过夜，第二天按 1∶100 的比例接种于相同的LB培养基上培养至OD_{600}为 0.6～0.8 时，加入 ITPG 诱导剂至终浓度为 1mmol/L，分别在 37℃和 16℃下对含有 *PyMYB*、*PybHLH* 和 *PyWD40* 目的基因的表达载体进行诱导表达，收集诱导时间分别为 0h、2h、4h、6h、8h 后的表达菌体 2mL，于 4℃、12 000r/min 离心 1min，弃上清液，沉淀用 100μL SDS 凝胶加样缓冲液(Tris-HCl 50mmol/L，pH6.8；SDS2%；DTT 100mmol/L；溴酚蓝 0.1%；甘油 10%)重悬，煮沸 5～10min 后，12 000r/min 离心 1min，取 20μL 菌体进行 SDS-PAGE 分析，确定蛋白质的最优表达时间。以含有目的基因的表达菌诱导 0h、不含目的基因 pGEX-4T-1 和 pET-32a 空载体的大肠杆菌诱导表达 8h 作为对照。对收集的菌体进行超声波破碎，4℃、13 000r/min，离心 30min，收集上清与沉淀，测定蛋白质浓度，SDS-PAGE 分析蛋白质的最优表达条件。

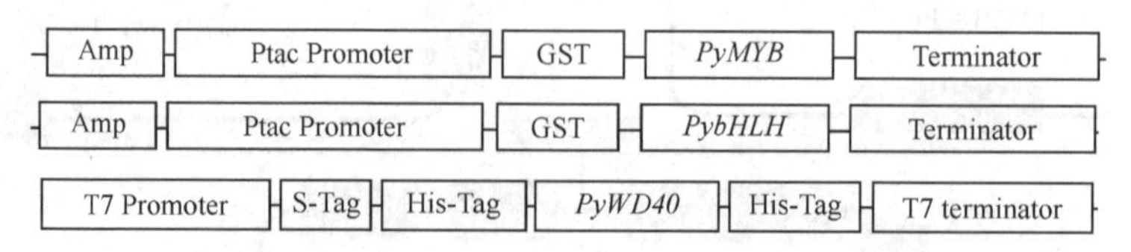

图 20-2　GST-MYB、GST-bHLH、WD40-His 原核表达载体的结构示意图

3. 亲和层析柱分离纯化重组蛋白

1) GST 凝胶柱亲和层析分离纯化含有 GST 标签的重组蛋白

(1) 收集诱导后的菌体，重悬于预冷的 PBS Buffer(10mmol/L Na_2HPO_4，1.8mmol/L KH_2PO_4 140mmol/L NaCl，2.7mmol/L KCl，调节 pH 至 8.0)中，冰上超声波破碎，4℃、13 000r/min，离心 30min，收集上清。

(2) 用 0.45μm 的微孔滤膜过滤上清液，除去杂质。

(4) GST 凝胶柱进行装柱，用吸管移取适量的 GST 凝胶至层析柱中。

(5) GST 凝胶柱的前期处理：用 10 倍柱床体积的 PBS Buffer 洗涤、平衡柱子，流速一般控制在 1mL/min。

(6) 蛋白样品上柱：往含有 GST 融合蛋白的 PBS 溶液中加入少量 DTT，至终浓度为 5mmol/L，把蛋白混合液加入到已经平衡好的层析柱中，室温轻轻振摇 2～4h，流出上样液，流速控制在 10～15cm/h。

(7) 用 20 倍体积的 PBS 洗涤 GST 凝胶层析柱(PBS 中加入 PMSF 蛋白酶抑制剂)。

(8) 用新鲜配制的洗脱液(10mmol/L 还原型谷胱甘肽，50mmol/L Tris-HCl, pH8.0)洗脱 GST 融合蛋白，用 1.5mL EP 管收集洗脱液，–20℃保存。

(9) 分别取等体积的流穿液、洗涤液、洗脱液进行 SDS-PAGE 检测。

(10) 层析柱的后期处理：分别用 3～5 倍柱床体积的 1×PBS Buffer、去离子水洗涤柱子，GST 凝胶最好保存在 20%的乙醇中。

2) His-Trap HP 柱亲和层析分离纯化含有 His 标签的重组蛋白

(1) 菌体破碎：对大量诱导表达的菌体，经超声破碎菌体。

(2) 收集上清和沉淀：将菌体破碎液 4℃、13 000r/min 离心 30min，收集上清和沉淀。

(3) 蛋白破碎上清液使用 0.22μm 滤器进行过滤，除去杂质。

(4) His-Trap HP 柱的预处理：使用 5 倍柱体积纯水洗柱；5 倍柱体积结合缓冲液(磷酸钠缓冲液 20mmol/L (pH7.4)，NaCl 0.5mol/L，咪唑 30mmol/L)平衡柱子，流速为 1mL/min。

(5) 蛋白样品上柱：流速为 1mL/min，收集流出液。

(6) 洗柱：使用 5 倍柱体积结合缓冲液(20mmol/L 磷酸钠缓冲液 pH7.4，NaCl 0.5mol/L，咪唑 30mmol/L)进行洗脱。

(7) 洗脱：分别使用 5 倍柱体积洗脱缓冲液(20mmol/L 磷酸钠缓冲液 pH7.4，NaCl 0.5mol/L，咪唑 30mmol/L、150mmol/L、200mmol/L、300mmol/L、500mmol/L)依次洗脱，收集洗脱液。

(8) His-Trap HP 柱的后处理：用 5 倍柱体积洗脱缓冲液(20mmol/L 磷酸钠缓冲液 pH7.4，NaCl 0.5mol/L，咪唑 500mmol/L)洗去所有蛋白质；依次用 5 倍柱体积超纯水、5 倍柱体积 20%乙醇洗涤柱子；最后柱子保存于 4℃、20%的乙醇中。

(9) 分别取不同洗脱液进行 SDS-PAGE 分析(图 20-3)。

4. GST 融合蛋白的 pull-down 分析

用纯化的并且带 GST 标签的 MYB 蛋白(GST-MYB)和 bHLH 融合蛋白(GST-bHLH)，以及含有组氨酸(His)标签的 WD40 融合蛋白(WD40-His)做 pull-down 实验，在体外分析 PyMYB、PybHLH 和 PyWD40 之间的相互作用。分别混合纯化的 GST-MYB 和 WD40-His 融合蛋白、GST-bHLH 和 WD40-His 融合蛋白，以及 GST-MYB 融合蛋白和‘云红梨 1 号’果皮总蛋白各

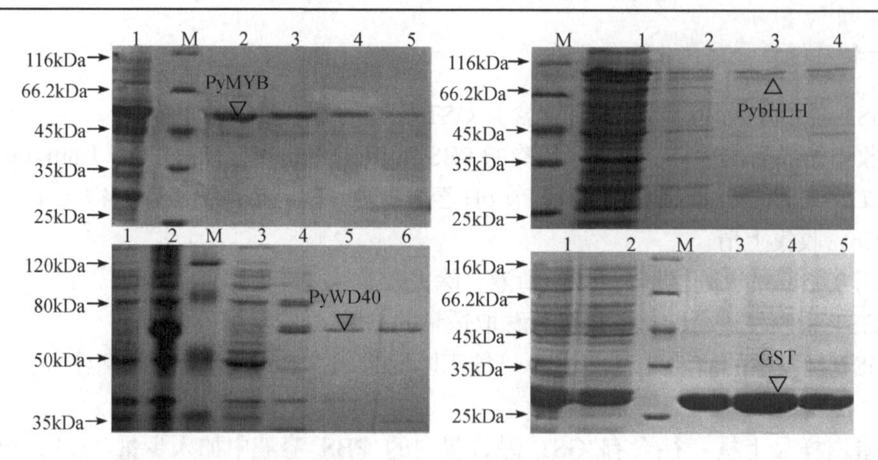

图 20-3　亲和层析分离纯化重组蛋白 GST-MYB、GST-bHLH、WD40-His 和 GST 的电泳检测

50μg，在结合缓冲液(50mmol/L Tris-Cl, pH7.5, 100mmol/L NaCl, 0.25%TritonX-100, 1mmol/L EDTA, 1mmol/L DTT)中室温振荡结合 2h，然后加入 30μL GST 琼脂糖结合树脂在 4℃摇床(40r/min)孵育过夜。4℃离心(3500g)5min 收集沉淀物，收集的沉淀蛋白混合物用结合缓冲液洗涤三次。沉降下来的蛋白质用沸水浴煮，并且在 12%的 SDS-PAGE 胶分离所沉淀的蛋白质，分离后的蛋白质转移到 PVDF 膜上，然后分别用 anti-PyWD40 和 anti-PybHLH 特异性多克隆一抗孵育膜，随后在 Chemidoc XRS(BIO-RAD)中进行成像观察。结果表明，WD40-His 被 GST-MYB(图 20-4A)和 GST-bHLH(图 20-4B)蛋白沉淀，PybHLH 被 GST-MYB 蛋白沉淀(图 20-4C)；然而负对照 GST 蛋白没有沉淀到 WD40-His(图 20-4A 和 B)和 PybHLH 蛋白(图 20-4C)。这些结果证实 PyWD40 与 PyMYB(图 20-4A)或 PybHLH(图 20-4B)，以及 PyMYB 与 PybHLH(图 20-4C)在体外有相互作用。

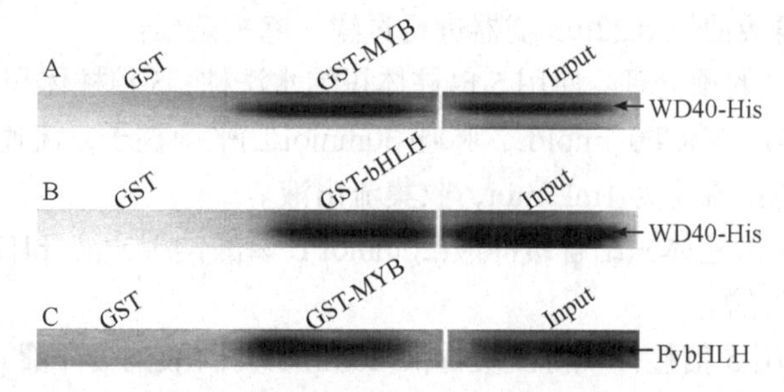

图 20-4　GST-Pull-down 体外验证 PyMYB、PybHLH 和 PyWD40 之间的互作模式

A. 纯化的 WD40-His 融合蛋白分别与 GST 和 GST-MYB 蛋白振荡孵育，沉淀的蛋白混合液用 antin-WD40 特异性抗体检测。结果显示 MYB 沉降到 WD40 融合蛋白，而 GST 对照组没有沉淀到 WD40 蛋白，表明 MYB 与 WD40 有相互作用。B. 纯化的 WD40-His 融合蛋白分别与 GST 和 GST-bHLH 融合蛋白振荡孵育，沉淀的蛋白混合液用 antin-WD40 抗体检测。结果显示 bHLH 沉淀到 WD40 融合蛋白，而 GST 对照组没有沉淀到 WD40 蛋白，表明 bHLH 与 WD40 有相互作用。C. 光照 7 天的‘云红梨 1 号’果皮总蛋白分别与 GST 和 GST-MYB 蛋白振荡孵育，然后用 antin-bHLH 抗体检测沉淀的蛋白混合液。结果表明 MYB 沉淀到 bHLH 蛋白，而 GST 对照组没有沉淀到 bHLH 蛋白，表明 MYB 与 bHLH 有相互作用

5. Far Western blotting 实验

取纯化的 WD40-His 和 GST-MYB 融合蛋白各 50μg 进行 SDS-PAGE 凝胶(12%)分离，分离后的蛋白质在转膜缓冲液(39mmol/L Glycine，48mmol/L Tris，0.037%SDS)中电转移到硝酸纤维素(PVDF)膜上，转移到膜上的蛋白分别在浓度为 6mol/L、3mol/L、1mol/L、0mol/L 盐酸胍 AC

Buffer(10%Glycerol, 0.1mol/L NaCl, 20mmol/L Tris-HCl pH7.5, 1mmol/L EDTA, 0.1% Tween-20, 2% Milk Powder, 1mmol/L DTT)中进行变性/复性。膜分别在含有 6mol/L、3mol/L、1mol/L、盐酸胍的 AC Buffer 中室温振荡(40r/min)孵育 2h，然后在 0mol/L 盐酸胍的 AC Buffer 中 4℃振荡孵育过夜(40r/min)。孵育后用含有 5%脱脂奶粉的封闭液(50mmol/L Tris-HCl pH8.0、0.15mol/L NaCl、0.02% Tween-20)中室温封闭 2h，然后分别往封闭后的、含有 WD40-His 和 GST-MYB 融合蛋白的 PVDF 膜上加入 30μLGST-MYB、GST-bHLH 和 GST 融合蛋白作为探针，在结合缓冲液(50mmol/L Tris-Cl pH7.5, 1mmol/L EDTA，100mmol/L NaCl, 1mmol/L DTT，0.25% TritonX-100)中 4℃孵育过夜，GST 融合蛋白用来作为对照。最后用 anti-GST 或 anti-PyMYB 或 anti-PybHLH 一抗进行孵育，用含有辣根过氧化物酶的羊抗鼠或羊抗兔二抗进行 Western Blotting 检测结果如果图 20-5 所示。

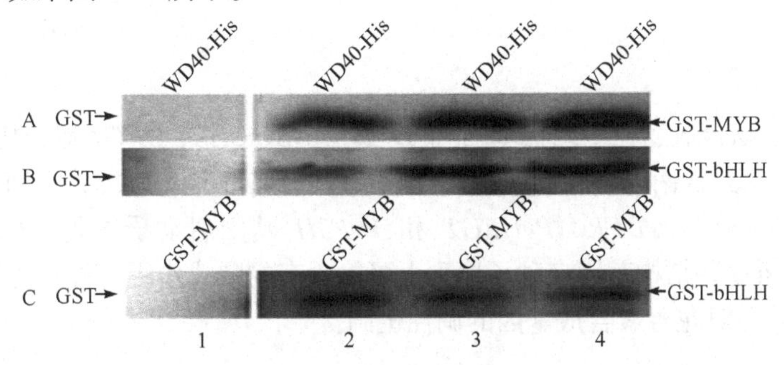

图 20-5 Far Western blotting 分析 PyMYB、PybHLH 和 PyWD40 蛋白的互作

A. 用纯化的 WD40-His 融合蛋白进行 SDS-PAGE，随后把蛋白转移到 PVDF 膜上，对含有 WD40-His 蛋白的膜进行变性/复性。分别用 GST 和 GST-MYB 蛋白作为探针与膜孵育，然后用 antin-GST 单抗检测。1，用 GST 融合蛋白作为探针作为对照；2～4，GST-MYB 作为探针。B. 取纯化的 WD40-His 融合蛋白进行 Western blotting 分析，分别用 GST 和 GST-bHLH 蛋白作为探针与膜孵育，然后用 antin-GST 单抗检测。1，用 GST 融合蛋白作为探针作为对照；2～4，GST-bHLH 作为探针。C. 取纯化的 GST-MYB 融合蛋白进行 Western blotting 分析，分别用 GST 和 GST-bHLH 蛋白作为探针与膜孵育，然后用 antin-bHLH 多克隆抗体进行 Western blotting 检测。1，用 GST 融合蛋白作为探针作为对照；2～4，用 GST-bHLH 作为探针

第二十一章　用 ChIP 分析植物体内转录因子和启动子的结合

一、云南红梨果皮 MYB 转录因子结合花青素结构基因启动子元件的分析

(一) 引言

植物花青素生物合成途径中结构基因(如 *DFR*、*ANS*、*CHS*、*UFGT* 等)的表达受 MYB 转录因子的调控。为了探索云南红梨花青素生物合成基因的转录调控模式，以云南红梨果皮为材料，克隆云南红梨 *PyANS*、*PyDFR*、*PyUFGT* 和 *PyF3H* 基因启动子序列；用启动子分析软件 PLANTCARE 分析这些结构基因启动子序列上可能含有的顺式作用元件；运用 ChIP 做活体实验验证 PyMYB 蛋白对花青素合成基因的调控机制。

(二) 实验操作流程(图 21-1)

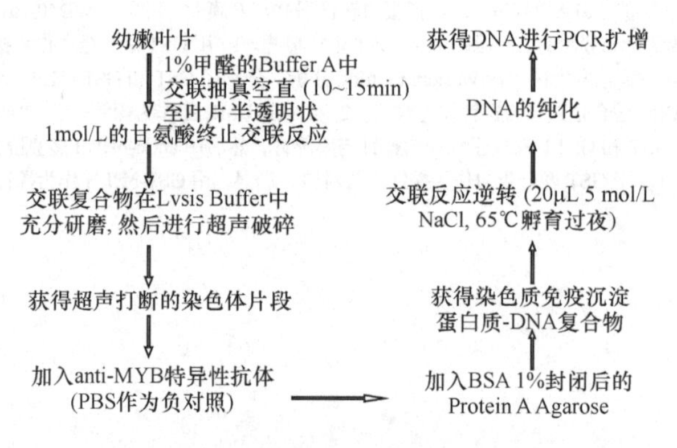

图 21-1　染色质免疫共沉淀实验操作程序

1. *PyANS*、*PyDFR*、*PyUFGT* 和 *PyF3H* 基因启动子的扩增及序列分析

采用上海生工的 UNIQ-10 柱式新型植物基因组 DNA 提取试剂盒(代码：SK1207)提取和纯化‘云红梨 1 号’果皮基因组 DNA。以‘云红梨 1 号’基因组 DNA 为模板，用 TaKaRa 公司 Genome Walking(染色体步移)Kit(TaKaRa，大连)试剂盒做 Tailer-PCR(thermal asymmetric interlaced PCR，不对称 PCR)反应(图 21-2)扩增 *PyDFR*、*PyANS*、*PyUFGT* 和 *PyF3H* 基因启动子的序列。

按照 TaKaRa 公司 Genome Walking Kit 试剂盒说明书，根据 *PyDFR*、*PyANS*、*PyUFGT* 和 *PyF3H* 基因的已知 cDNA 序列设计 Tailer-PCR 所需特异性引物(表 21-1)。

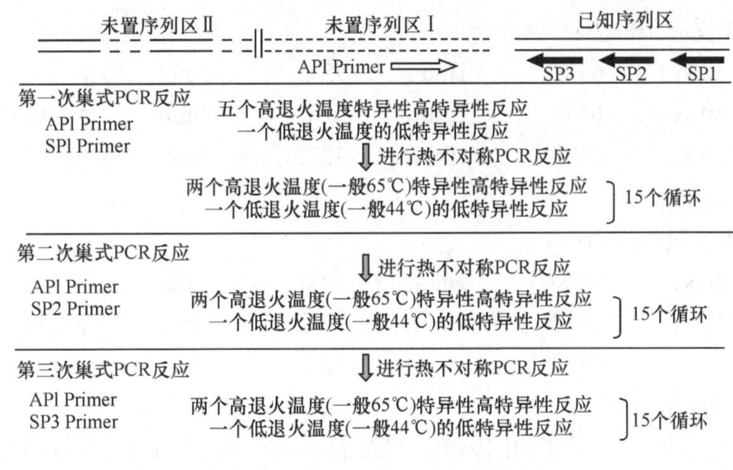

图 21-2　Tailer-PCR 反应的原理

表 21-1　云南红梨果皮花青素结构基因启动子扩增所用引物

引物	序列(5′→3′)
P-PyANS-SP1	TGTAATCAGCAGGTGTTTGAGGC
P-PyANS-SP2	CTGGTCATTGGCATACTTCTCCT
P-PyANS-SP3	CCACAGCTGCCTTCTTCAATTC
P-PyDFR-SP1	AAGATCGGCGAAAGTCCAGTGATGAG
P-PyDFR-SP2	GGCATACTTCCATGCAGCTTGC
P-PyDFR-SP3	CACTCCAGTTGGACTCGTCGTA
P-PyUFGT-SP1	ACACCGCCAACAATGCTCTCCAA
P-PyUFGT-SP2	CCATTGGGCAATACATCCTCTATG
P-PyUFGT-SP3	GTGCTTGTCCAGCCACTCTAAG
P-PyF3H-SP1	GCACTTCGGATAGAAATTCACCACC
P-PyF3H-SP2	CATCAGCTCATCGCTGTACTTCTTCG
P-PyF3H-SP3	GCACAGCTTCTCCCTGTAAATG

根据引物退火温度，对 PCR 条件进行修改如下：

第一轮 PCR 反应条件为：

94℃　1min

98℃　1min

94℃　30s }
63℃　1min } 5 Cycles
72℃　2min }

94℃　30s;　25℃　3min;　72℃　2min

94℃　30 s;　63℃　1min;　72℃　2min }
94℃　30 s;　63℃　1min;　72℃　2min } 15 Cycles
94℃　30 s;　44℃　1min;　72℃　2min }

72℃　10min

第二轮 PCR 反应条件为：

94℃	30 s；	63℃	1min；	72℃	2min	15 Cycles
94℃	30 s；	63℃	1min；	72℃	2min	
94℃	30 s；	44℃	1min；	72℃	2min	
72℃	10min					

第三轮 PCR 反应条件为：

94℃	30 s；	63℃	1min；	72℃	2min	15 Cycles
94℃	30 s；	63℃	1min；	72℃	2min	
94℃	30 s；	44℃	1min；	72℃	2min	
72℃	10min					

取以上每次扩增的 PCR 产物用 1%琼脂糖凝胶电泳检测(图 21-3)，切胶回收第三轮 PCR 产物，TA 克隆验证正确后送测序公司测序。

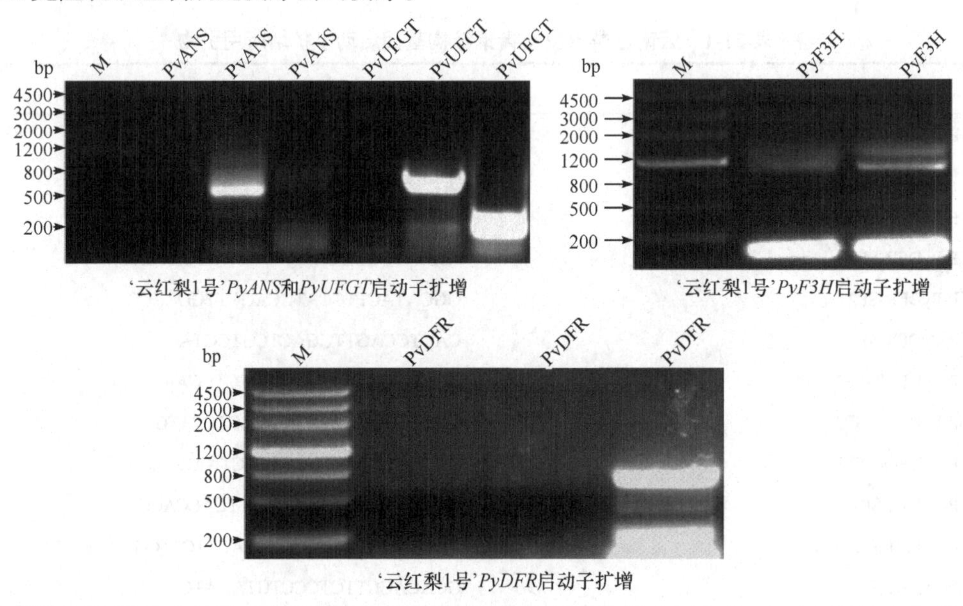

图 21-3　染色体步移扩增‘云红梨 1 号’果皮中花青素结构基因 *PyANS*、*PyUFGT*、*PyDFR* 和 *PyF3H* 的启动子 DNA 片段

2. *启动子序列分析*

在测序的序列中去除 T 载体上的序列，然后再找出各个基因的 SP3 特异引物序列，运用在线软件 PLACE(网址为：http://bioinformatics.psb.ugent.be/webtools/plantcare/html/)对扩增的启动子序列顺式作用元件及转录因子结合位点进行序列分析，预测 *PyANS*、*PyDFR*、*PyUFGT* 和 *PyF3H* 基因的启动子序列中可能存在的顺式作用元件，结果发现 *PyDFR* 基因的启动子序列含有多个 TATA-box 和 CAAT-box 等基本启动子元件(表 21-2)，除此之外，该基因启动子区域也含有 MYB 转录因子结合元件(MBS，MRE)、光响应元件(G-box)、ABA 响应元件(ABRE)等(表 21-2)；对 *PyUFGT* 基因的启动子序列分析(表 21-3)发现，该基因启动子片段除含有多个 CAAT-box 和 TATA-box 元件以外，还含有其他的顺式作用元件，如 MBS 是与 MYB 蛋白相互结合的元件，CGTCA-motif 为茉莉酸甲酯响应元件、ARE 为厌氧响应元件、干旱胁迫响应

元件等。

表 21-2　*PyDFR* 基因启动子上的顺式作用元件

基序	物种	位置	链	序列	功能
CAAT-box	*Brassica rapa*	198	+	CAAAT	Common cis-acting element in promoter and enhancer regions
	Hordeum vulgare	545	–	CAAT	
		374	–	CAAT	
GT1-motif	*A. thaliana*	244	+	GGTTAA	light responsive element
I-box	*Zea mays*	493	–	GGATAAGGTG	part of a light responsive element
MBS	*A. thaliana*	58	–	CAACTG	MYB binding site involved in drought-inducibility
		251	–	CAACTG	
Skn-1_motif	*Oryza sativa*	93	+	GTCAT	cis-acting regulatory element required for endosperm expression
Sp1	*Zea mays*	149	–	CC(G/A)CCC	Light responsive element
		538	+	CC(G/A)CCC	
		154	–	CC(G/A)CCC	
ARE	*Zea mays*	157	+	TGGTTT	cis-acting regulatory element essential for the anaerobic induction

表 21-3　*PyUFGT* 基因启动子上的顺式作用元件

基序	物种	位置	链	序列	功能
ARE	*Zea mays*	244	–	TGGTTT	cis-acting regulatory element essential for the anaerobic induction
CGTCA-motif	*Hordeum vulgare*	110	–	CGTCA	cis-acting regulatory element involved in the MeJA-responsiveness
MBS	*Zea mays*	587	+	CGGTCA	MYB Binding Site
Skn-1_motif	*Oryza sativa*	388	+	GTCAT	cis-acting regulatory element required for endosperm expression
		639	+	GTCAT	
		611	–	GTCAT	
TC-rich repeats	*N.tabacum*	187	+	ATTTTCTTCA	cis-acting element involved in defense and stress responsiveness

对 *PyANS* 基因的启动子区域分析结果表明，该启动子序列除含有基本的 TATA 框和 CTAT 框之外，还含有 MYB 转录因子结合元件(MBS、MRE)、G-box 和 Sp1 等光响应元件、赤霉素响应元件(P-box)等其他元件(表 21-4)；对 *PyF3H* 基因启动子分析结果表明，该基因的启动子区域含有多个 TATA-box 和 CAAT-box 等基本顺式作用元件、蛋白结合元件(BoxⅢ)、光响应元件(BoxI、G-box、I-box 等)、赤霉素响应元件(GARE-motif、P-box)、生长素和厌氧等一些其他顺式作用元件(表 21-5)。

表 21-4 *PyANS* 基因启动子上的顺式作用元件

基序	物种	位置	链	序列	功能
G-box	*Solanum tuberosum*	149	+	CACATGG	cis-acting regulatory element involved in light responsiveness
	Zea mays	211	–	CACGAC	
GT1-motif	*Solanum tuberosum*	109	+	AATCCACA	light responsive element
		121	–	GTGTGTGAA	
MBS	*A. thaliana*	451	+	TAACTG	MYB binding site involved in drought-inducibility
MRE	*Petroselinum crispum*	276	+	AACCTAA	MYB binding site involved in light responsiveness
P-box	*Oryza sativa*	340	+	CCTTTTG	gibberellin-responsive element
Sp1	*Zea mays*	336	+	CC(G/A)CCC	light responsive element
		439	+	CC(G/A)CCC	
Skn-1_motif	*Oryza sativa*	48	+	GTCAT	cis-acting regulatory element required for endosperm expression

表 21-5 *PyF3H* 基因启动子上的顺式作用元件

基序	物种	位置	链	序列	功能
ARE	*Zea mays*	128	–	TGGTTT	cis-acting regulatory element essential for the anaerobic induction
		841	+	TGGTTT	
		257	–	TGGTTT	
		162	–	TGGTTT	
		354	–	TGGTTT	
ATCT-motif	*Pisum sativum*	423	+	AATCTAATCC	part of a conserved DNA module involved in light responsiveness
AuxRE	*Glycine max*	2	+	TGTCTCAATAAG	Part of an auxin-responsive element
Box I	*Pisum sativum*	112	+	TTTCAAA	light responsive element
		747	+	TTTCAAA	
		241	+	TTTCAAA	
		207	+	TTTCAAA	
		303	+	TTTCAAA	
Box Ⅲ	*Pisum sativum*	389	+	CATTTACACT	protein binding site
		976	+	CATTTACACT	
G-box	*Zea mays*	356	–	GACATGTGGT	cis-acting regulatory element involved in light responsiveness
		657	–	CACGAC	
P-box	*Oryza sativa*	189	+	CCTTTTG	gibberellin-responsive element
		379	+	CCTTTTG	
		285	+	CCTTTTG	
		750	–	CCTTTTG	
GARE-motif	*Brassica oleracea*	1070	+	AAACAGA	gibberellin-responsive element
I-box	*Solanum tuberosum*	515	–	TATTATCTAGA	part of a light responsive element

以上分析结果表明，云南红梨 *PyANS*、*PyDFR*、*PyUFGT* 和 *PyF3H* 基因的启动子序列含有 MYB 转录因子结合位点，说明这些基因的转录表达可能受 MYB 转绿因子的调控。

3. 染色质免疫共沉淀分析 MYB 蛋白结合的花青素结构基因

对红梨果皮花青素途径合成基因启动子上顺式作用元件的预测表明，这些基因的启动子区域都含有 MYB 转录因子结合位点。因此我们用染色质免疫共沉淀分析验证 *PyMYB* 转录因子是否通过与花青素结构基因启动子的结合来调控花青素合成基因的表达，促进果皮花青素的生物合成和累积。染色质免疫共沉淀分析实验操作流程如下。

1) 甲醛交联

取‘云红梨 1 号’果树的幼嫩叶片(1.5～2g)加入 1%甲醛的预冷 Crossing Buffer 进行交联反应。甲醛交联处理后超声波破碎细胞核染色质，获得切断后的 DNA 片段如图 21-4 所示。从图 21-4 中可以看出，粗染色质 DNA 片段为 200～800bp，主要集中在 500bp 左右。

2) 染色质免疫共沉淀

用 *PyMYB* 特异性抗体做染色质免疫共沉淀。用沉淀的 DNA 为模板进行 PCR 反应，扩增与 MYB 结合的启动子序列。随后对用 anti-MYB 特异性抗体免疫沉淀后的样品进行 Western blotting 分析(图 21-5)。从图 21-5 中可以看出，用 anti-MYB 特异性抗体沉淀的样品中检测到 PyMYB 蛋白，并且与对叶片总蛋白用 anti-MYB 特异性抗体进行免疫沉淀(Input)获得的目的蛋白大小一致；然而以 PBS 为负对照免疫沉淀的样品中没有检测到 PyMYB 蛋白，证实用 anti-MYB 特异性抗体免疫沉淀到甲醛交联处理叶片中的 PyMYB 蛋白。因此，用 anti-MYB 抗体免疫沉淀获得的靶 DNA 进行 PCR 扩增，以基因组 DNA(Input)为正对照，结果发现用 anti-MYB 特异性抗体处理的样品经过 PCR 扩增出 *ANS*、*DFR*、*UFGT* 基因的启动子片段，而阴性对照没有扩增出条带(图 21-5)。这些结果证实在云南红梨中，*PyMYB* 转录因子通过结合在 *PyANS*、*PyDFR* 和 *PyUFGT* 基因的启动子上，调控花青素合成基因的转录，促进果皮中花青素的生物合成和累积。

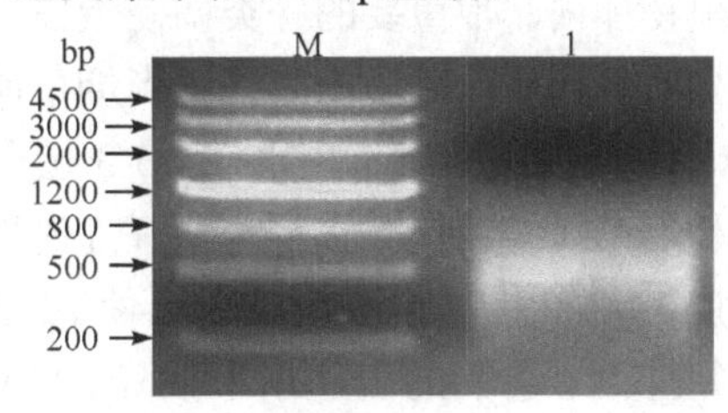

图 21-4 超声波破碎染色质 DNA 的琼脂糖凝胶电泳检测

取超声波破碎的染色质 DNA 5μL 上样，1%琼脂糖凝胶电泳检测。M，DNA Marker Ⅲ；1，超声波破碎的染色质 DNA 片段

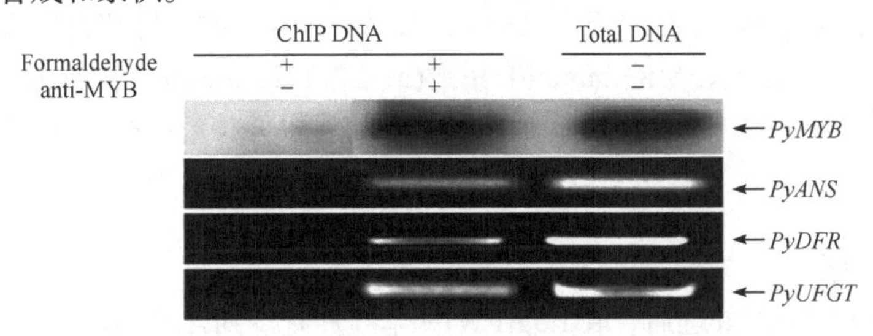

图 21-5 PyMYB 的染色质免疫共沉淀分析

‘云红梨 1 号’幼嫩叶片经甲醛处理后，用 anti-MYB 特异性抗体进行染色质免疫共沉淀，将免疫沉淀的 DNA 为模板，进行 PCR 扩增。以基因组 DNA 为模板的 PCR 产物为阳性对照(Total DNA)，以未加抗体处理获得的 DNA 为模板 PCR 作为阴性对照(ChIP-DNA)

二、甲醇和乙醇刺激对烟草转录因子 RSG 与 GA20ox1 启动子结合的影响

(一) 引言

在烟草中 RSG 是一个含有碱性亮氨酸拉链(bZIP)的赤霉素(GA)合成调控转录因子，通过调节 GA 合成关键酶 KO[贝壳杉烯(ent-kauene)氧化酶]和 GA20ox1(GA18 氧化酶)的表达来控制内源 GA 含量。RSG 与 GA20ox1 启动子的结合受烟草体内 GA 含量的反馈调节。14-3-3 蛋白是植物体内非常重要的一类调控蛋白，通过与植物中的多种信号转导相关蛋白相互作用来调节植物对外界环境刺激的应答。当烟草体内 GA 含量降低或应用 PAC(内源性 GA 合成抑制剂)抑制 GA 合成时，细胞质中的 14-3-3 蛋白与 RSG 结合减少，使 RSG 定位于细胞核中，RSG 与 KO 和 GA20ox1 启动子结合，提高它们的表达水平，GA 合成量增加；反之，添加外源 GA 时则增强 14-3-3 蛋白与 RSG 的结合使 RSG 定位到细胞质中，RSG 与 KO 和 GA20ox1 启动子结合受到抑制，它们的表达水平下降，GA 合成量减少。为了深入研究甲醇和乙醇刺激植物生长的分子机理，我们以烟草为实验材料，分析甲醇和乙醇处理烟草叶片中 14-3-3 和 RSG 转录和表达水平及它们相互作用、RSG 与 GA20ox1 启动子结合与赤霉素含量的相关性，探讨 RSG 应答甲醇和乙醇刺激的分子机理，为甲醇和乙醇作为植物生长调节剂的广泛使用提供理论依据。

(二) 实验操作流程

1. 烟草的培养和处理

为了排除微生物等因素干扰，烟草的培养及处理均在无菌条件下进行。野生型烟草(ecotype，*N. tabacum* cv. Xanth)种子经表面消毒后，播种到 MS 琼脂培养基(含 1%蔗糖，pH5.7)上，在培养箱(25℃，光照强度 200μmol/(m^2 · s)，持续光照)培养 3～5 天，然后转入温室条件下(25℃，12h 光照，200μmol/(m^2 · s))生长 14 天，选择大小均一的植株切去根后转移至 MS(CK)、MS+2mmol/L 甲醇(或乙醇)、MS+2mmol/L 甲醇(或乙醇)+10μmol/L GA[或 0.5μmol/L PAC(赤霉素合成抑制剂)]的培养基中，培养 14 天后测量处理前后根伸长量和植株鲜重增加量。

2. ChIP 分析

1) 1%甲醛交联

烟草植株经实践梯度处理后，取 1.5g(FW)烟草叶片淹没到含 35mL 交联液的塑料杯中，于真空干燥仪中交联 15min 至叶片半透明，加入 2.5mL 甘氨酸(1mol/L)，继续抽真空 5min 以终止交联，用镊子取出并用 ddH_2O 清洗叶片 2～3 次后，用吸水纸吸干，置于倒有液氮的研钵中研磨至发白粉末状。

2) 染色质的超声破碎

在研磨后的样品中加入 4mL 预冷的提取缓冲液，充分混匀，待解冻后，用研棒混匀，转移至悬浮浸泡在冰水混合物中剪短的 50mL 离心管里，超声波破碎 5min(超声波条件：工作 10s、停止 6s、工作强度 55%)，结束后用 0.4μm 孔径滤膜过滤以除去细胞结构物质和其他杂质，取

5μL 滤液进行电泳检测(图 21-6)，断裂的染色质片段应为 400～700bp，断裂大小可通过超声破碎时间和强度来控制。检测结果说明超声时间和强度比较合适，破碎大小主要集中在约 500bp。

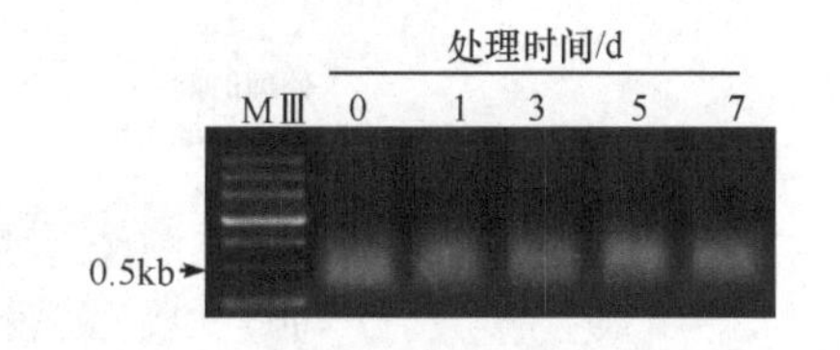

图 21-6　超声破碎染色质片段电泳检测

用去超声破碎样品 10μL 进行电泳检测。MⅡ：Marker；0、1、3、5、7 分别表示甲醇(或乙醇)不同处理时间后样品超声破碎程度

3) 免疫共沉淀获取 RSG-GA20ox1 启动子结合复合物

在 1.5mL EP 管中加入 50μL ProteinA 琼脂糖珠，往 EP 管中加入 900μL BSA(1%)，常温、50r/min 下封闭 2h，再用 800μL 提取缓冲液洗涤 2～3 次，以洗去多余的 BSA，4℃、3000r/min 离心 8min 收集琼脂糖珠。取总量约 600μg 的滤液(对照为等体积 PBS Buffer)和 50μL anti-RSG 抗体，常温、50r/min 下孵育 2h，在加入经洗封闭的 Protein A 琼脂糖珠，4℃、40r/min 下孵育过夜，4℃、3000r/min 离心 8min 收集蛋白-启动子复合物。

4) GA20ox1 启动子与 RSG 结合序列的分离

分别用 900μL 低盐缓冲液或高盐缓冲液洗涤蛋白-启动子复合物和对照组各三次，再用氯化锂缓冲液洗涤一次，最后用 1.2mL 1×TE Buffer 洗涤三次。经洗涤的蛋白-启动子复合物和对照使用 40μL 洗脱缓冲液在 60℃下孵育 15～20min 洗脱后，12 000r/min、4℃离心 2min，转移上清液至新的 1.5mL EP 管中，再次洗脱一次，将两次得到的上清合并，混合均匀后，加入 25μL NaCl(5mol/L)，65℃过夜孵育。往孵育的样品中加入消化缓冲液，45℃下孵育消化 1h，然后加入 500μL 氯仿-苯酚进行抽提，12 000r/min、4℃下离心 25min，将上清转移至新的 1.5mL EP 管中，加入 100μL 乙酸钠(3mol/L)、20μg 糖原、1.2mL 无水乙醇，于–80℃过夜沉淀，12 000r/min、4℃离心 25min，弃上清，用 700μL 70%～75%的无水乙醇洗涤两次，12 000r/min、4℃离心 20min，收集沉淀，抽真空 2min 至干燥。

5) PCR 扩增 RSG 与 GA20ox1 结合的序列

将干燥后的 GA20ox1 复合物完全溶解于 20μL 超纯水中，以 ChIP 沉淀的 DNA 片段 1μL 作为模板，扩增包含 RSG 结合位点的 DNA 片段，用凝胶成像仪上附带软件 Volume Rect Tool 对 PCR 扩增条带的亮度进行相对定量分析。

3. 结果分析

用 Anti-RSGp 特异性抗体对超声破碎后的样品进行 Western blot 分析，从图 21-7A 中可以看到，用 Anti-RSGp 特异性抗体对不同时间处理样品的免疫沉淀中获得了与总蛋白为样品免疫的蛋白相一致的条带，同时以 PBS Buffer 为负对照的样品中没有免疫到任何东西，这说明用 Anti-RSGp 特异性抗体能够很好地免疫到经 1%甲醛交联的烟草叶片中的 RSG 蛋白，同时用 Anti-RSGp 特异性抗体对经洗涤的免疫沉淀物进行 PCR 检查，以基因组 DNA 为正对照、PBS Buffer 结果为负对照进行扩增，同样也发现免疫沉淀物中存在与基因组相同大小的 GA20ox1 启动子序列，负对照则无条带出现(图 21-7)。这些结果表明随着甲醇和乙醇处理时间的增加，烟草 RSG 与 GA20ox1 启动子序列结合水平逐渐增加(图 21-7A)。PCR 扩增相对定量分析结果说明在处理的第 7 天二者结合的水平分别为对照的 2.38 倍和 1.96 倍(图 21-7B)，这说明甲醇和乙醇刺激能显著增加 RSG 与 GA20ox1 启动子的结合水平。

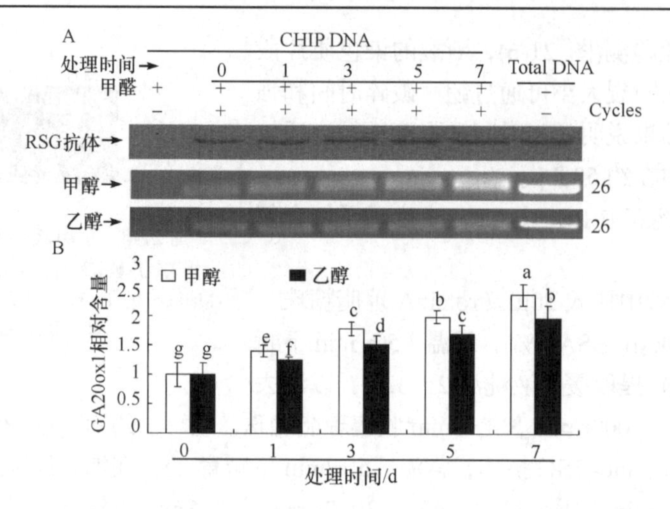

图 21-7　2mmol/L 甲醇(或乙醇)对烟草 RSG 与 GA20ox1 启动子结合的影响

烟草幼苗经甲醇(或乙醇)处理，用 Anti-RSGp 特异性抗体进行 ChIP 分析，以免疫沉淀得到不同时间处理样品 DNA 为模板，以烟草基因组 DNA 为正对照、以未加 Anti-RSGp 抗体得到的沉淀为负对照，进行 PCR 扩增分析

4. Co-IP 分析甲醇和乙醇对 14-3-3 蛋白与 RSG 互作水平的影响

在烟草体内 14-3-3 蛋白通过与 RSG 结合来调控 RSG 进入细胞核的水平，从而控制 GA 合成量，同时 GA 合成又会负反馈调节 14-3-3 与 RSG 的结合水平。研究表明，RSG 需要被磷酸化修饰后才能与 14-3-3 蛋白结合，因此用 Co-IP 分析甲醇和乙醇处理烟草叶片中 14-3-3 蛋白和 RSG 相互作用：由于大豆 14-3-3 蛋白氨基酸序列和烟草 14-3-3 的一致性极高，因此可用大豆 14-3-3a 蛋白(anti-14-3-3a)或烟草 anti-RSG 蛋白的兔多抗做 Co-IP 分析。

在 600μg 总蛋白质里加入 25μL 烟草 RSG 多克隆抗体(兔抗 anti-RSGp)沉淀与 RSG 结合的蛋白质，用 PBS Buffer 定容至 1mL，室温振荡(45r/min)孵育 2h，然后往蛋白混合液里加入 30μL proteinA/G 琼脂糖，4℃振荡(45r/min)孵育过夜。4℃、3000r/min 离心 5min，收集蛋白复合物沉淀，用 900μL PBS Buffer 洗涤 3 次，蛋白沉淀物溶解于 30μL 1×电泳上样缓冲液[2.5%SDS, 0.05mol/L Tris-HCl(pH6.8)]中，加入 8μL 蛋白上样缓冲液并于沸水中加热处理 8min，经冰浴后取 20μL 蛋白沉淀复合物，通过 12%SDS-PAGE 分离后转移到 PVDF 膜上，膜首先用 anti-14-3-3a 或 anti-RSGp 抗体作为一抗进行 Western blot 分析，然后加入 5μL HRP 标记的羊抗兔二抗(北京康为世纪生物公司)，再用 ECL 试剂盒显影观察结果。结果表明随着处理时间的增加，甲醇或乙醇处理烟草叶片中 14-3-3 蛋白和 RSG 互作水平逐渐增强(图 21-8)，说明甲醇或乙醇的刺激增强 14-3-3 蛋白和 RSG 的相互作用。

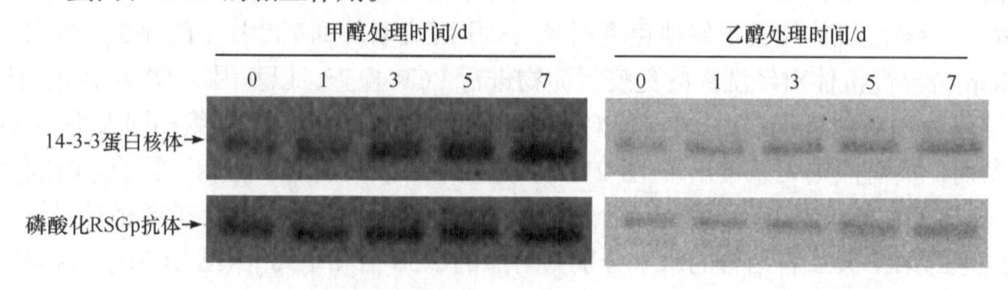

图 21-8　2mmol/L 甲醇(或乙醇)对烟草叶片 14-3-3 和 RSG 互作水平的影响

5. 甲醇和乙醇对野生型烟草赤霉素含量的影响

为了进一步分析转甲醇和乙醇刺激对 14-3-3 蛋白和 RSG 的相互作用及 RSG 与 GA20ox1 启动子结合的影响是否干扰赤霉素的合成，经 2mmol/L 甲醇或乙醇处理 0 天、1 天、3 天、5 天、7 天后，对处理烟草的 GA 含量进行测定。结果表明随着甲醇和乙醇处理时间的增加，烟草体内的赤霉素含量也逐渐增加(图 21-9)，并在第 7 天出现最高值，分别约为对照(0 天)的 2.12 倍、1.86 倍，这说明甲醇和乙醇刺激能通过提高烟草体内赤霉素的含量从而促进烟草的生长，并且甲醇的作用要比乙醇更为明显。

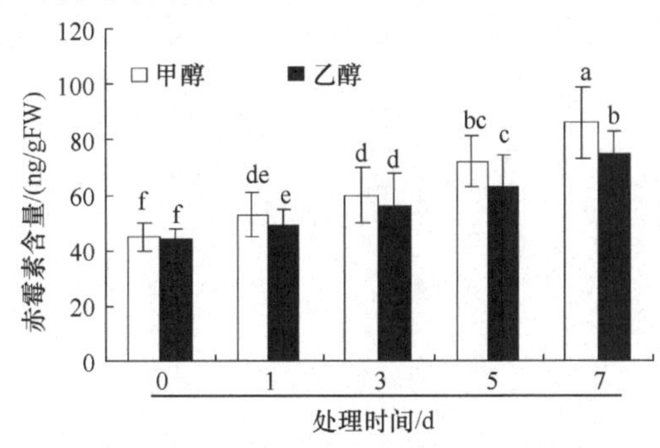

图 21-9 甲醇和乙醇对野生型烟草赤霉素含量的影响

6. 烟草应答甲醇和乙醇刺激的表型变化与 GA 相关性分析

为了进一步确认甲醇和乙醇刺激烟草的生长与 GA 合成有关联，在含有 2mmol/L 甲醇或乙醇的 MS 培养基上添加 10μmol/L GA 或 0.5 μmol/L PAC(GA 合成抑制剂多效唑)，比较在 MS(对照，CK)、MS+2mmol/L 甲醇(或乙醇)及 MS+2mmol/L 甲醇(或乙醇)+PAC(GA)的培养基上处理 15 天(约 2 周)后烟草鲜重的相对增长量(图 21-10A)和根的相对生长量(图 21-10B)。结果说明，在含甲醇和乙醇的 MS 培养基中，烟草鲜重增长量分别是 CK 的 1.28 倍和 1.23 倍；在添加甲醇或乙醇及 PAC 的 MS 培养基中，烟草鲜重显著降低，约为 CK 的 0.82 倍和 0.87 倍；而在同时添加有甲醇(或乙醇)及 GA 的 MS 培养基中，烟草鲜重增加的量比单独添加甲醇和乙醇的培养基显著，分别为仅添加甲醇(或乙醇)处理的 1.3 倍和 1.25 倍。这些结果说明 PAC 的存在降低甲醇和乙醇对烟草生长的刺激作用，添加 GA 增强甲醇和乙醇对烟草生长的刺激作用。

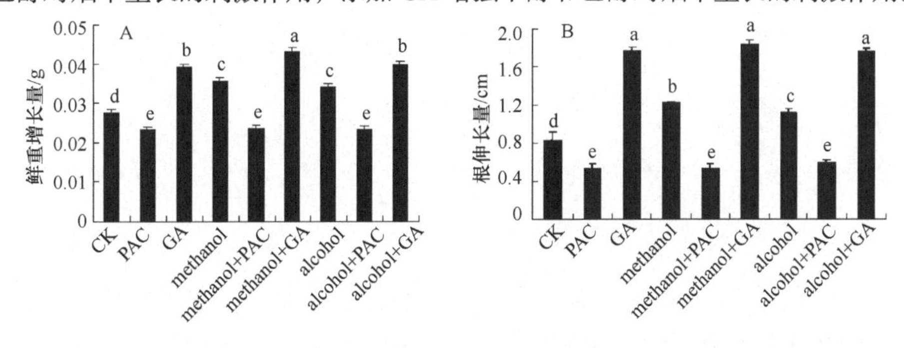

图 21-10 PAC 和 GA 对 2mmol/L 甲醇(或乙醇)刺激烟草鲜重增长量(A)和根伸长量(B)的影响

在含有甲醇或乙醇的 MS 培养基中，烟草根的相对生长量分别为对照组 CK 的 1.42 倍和 1.35 倍；在同时添加有甲醇(或乙醇)及 GA 的 MS 培养基中，烟草根相对生长量分别为 CK 的

1.75 倍和 1.64 倍；而在同时添加有甲醇或乙醇及 PAC 的 MS 培养基中，烟草根相对生长量明显减少，分别为只添加甲醇或乙醇的 0.84 倍和 0.86 倍。这些结果表明添加 GA 增强甲醇和乙醇对烟草生长的刺激作用，而添加 PAC 抑制甲醇和乙醇对烟草生长的刺激作用。以上这些结果证实甲醇和乙醇可能是通过增加植物内源性 GA 的合成来促进烟草的生长，且甲醇刺激烟草生长的效果比乙醇更显著。

第二十二章　利用 EMSA 技术做体外实验分析转录因子和基因启动子元件的结合

EMSA 分析在体外 PyMYB 与花青素合成结构基因启动子的结合

(一) 引言

通过 EMSA 分析启动子和蛋白质的结合情况，可确定启动子的顺式作用元件。对云南红梨花青素合成基因 *PyANS*、*PyDFR*、*PyUFGT* 和 *PyF3H* 的启动子序列分析表明，该启动子序列都含有 MYB 转录因子或其他蛋白结合位点(MBS、MRE 或 BoxⅢ)，可能受 PyMYB 蛋白直接调控。为了验证这一推测，我们对含有 MYB 结合位点(MBS 或 MRE 或 BoxⅢ)的元件设计探针，用 EMSA 法验证 PyMYB 蛋白是否结合到这三个结构基因 MBS、MRE 或 BoxⅢ的位点上。

(二) 实验操作流程

1. EMSA 实验测量

用化学发光法 EMSA 试剂盒(chemiluminescent EMSA Kit)参照碧云天 GS009 试剂盒说明书做实验，具体实验策略如图 22-1 所示。

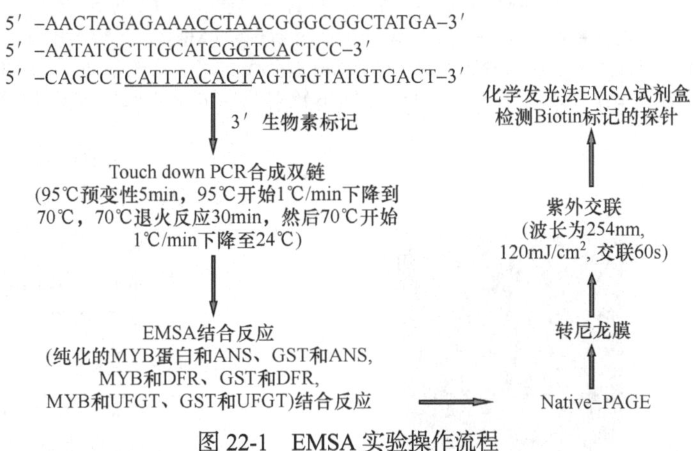

图 22-1　EMSA 实验操作流程

2. EMSA 探针的制备

根据花青素结构基因 *PyDFR*、*PyANS*、*PyUFGT* 和 *PyF3H* 启动子序列，对含有 MYB 结合位点的 DNA 片段进行生物素标记：

PyDFR-F：5′-TCATAGCCGCCCGTTAGGTTTCTCTAGTT-3′　3′生物素标记

PyDFR-R ：5′-AACTAGAGAA<u>ACCTAA</u>CGGGCGGCTATGA-3′

PyUFGT-F：5′-AATATGCTTGCAT<u>CGGTCA</u>CTCC-3′　　3′生物素标记

PyUFGT-R：5′-GGAGTGACCGATGCAAGCATATT-3′

PyF3H-F：5′-CAGCCTCATTTACACTAGTGGTATGTGACT-3′　　3′生物素标记

PyF3H-R：5′-AGTCACATACCACTAGTGTAAATGAGGCTG-3′

PyANS-F：5′- ATCATTGCTCCAACTGGGTTAAAATTAAGT-3′　　3′生物素标记

PyANS-R：5′-ACTTAATTTTAACCCAGTTGGAGCAATGAT-3′

3. 探针与转录因子的结合反应

取纯化的PyMYB融合蛋白和生物素标记的*PyANS*、*PyDFR*启动子片段探针进行结合反应。结合反应完成后，在6%的非变性聚丙烯酰胺凝胶电泳上进行SDS-PAGE分离，电泳结束后进行转膜。最后用碧云天化学发光法EMSA试剂盒(GS009)检测(图22-2)。从图22-2中可以看出，PyMYB转录因子与*PyDFR*或*PyANS*基因启动子片段结合的样品进行电泳分离后有明显的滞后条带，然而用GST蛋白与*PyDFR*和*PyANS*启动子片段结合的样品中没有滞后条带，证实PyMYB确实可以与*PyANS*和*PyDFR*的启动子结合。

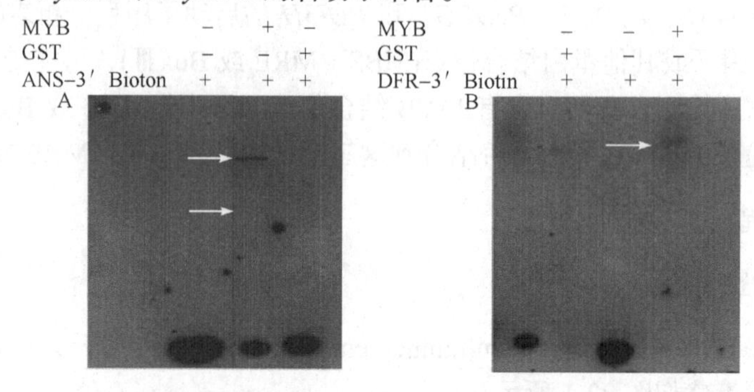

图22-2　EMSA体外分析PyMYB蛋白结合的DNA片段

A. MYB蛋白与ANS和DFR启动子核心元件的结合分析，在含有MYB结合位点(MBS)上3′端进行生物素标记，进行EMSA分析，运用纯化的MYB融合蛋白与标记的双链DNA探针结合反应，以GST蛋白的结合作为对照，箭头表示MYB蛋白与DNA的结合物。MYB与ANS启动子片段的结合分析。B. MYB转录因子与*DFR*基因的启动子结合分析

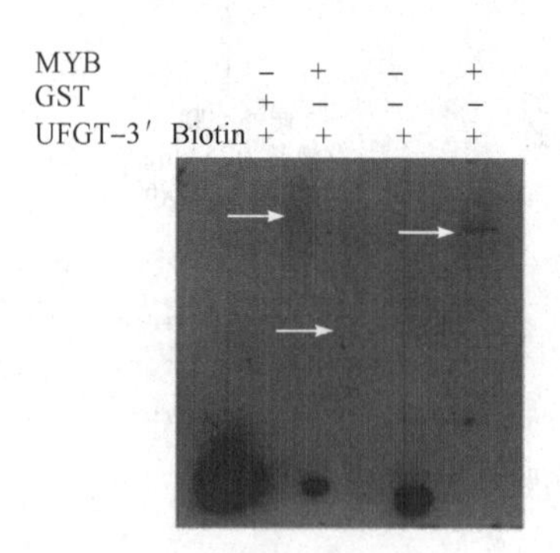

图22-3　PyMYB与*PyUFGT*基因启动子结合的EMSA分析

MYB蛋白与UFGT启动子核心元件的结合分析，在含有MYB结合位点(MBS)上3′端进行生物素标记，进行EMSA分析，运用纯化的MYB融合蛋白与标记的双链DNA探针结合反应，以GST蛋白的结合作为对照，箭头表示MYB蛋白与DNA的结合物

从图22-3中可以看出，PyMYB转录因子与*PyUFGT*基因启动子DNA片段结合的样品，经Western blotting分析发现有明显的滞后条带，而用GST蛋白和H_2O阴性对照样品中没有出现滞后条带，说明PyMYB直接结合于*PyUFGT*基因的启动子上。因此，PyMYB转录因子可能通过调控*PyDFR*、*PyANS*和*PyUFGT*表达，调控红梨中花青素的生物合成，并且这种调控模式与在其他植物中提出的模型相似。

第二十三章　利用PCR技术筛选拟南芥的T-DNA插入突变体

拟南芥 *SHMT1* 纯合 T-DNA 插入突变体的筛选

(一) 引言

丝氨酸羟甲基转移酶(SHMT)是 GDC/SHMT 酶系统和 C1-THF synthase/SHMT 酶系统合成丝氨酸所必需的酶。拟南芥基因组中共有 7 个等位基因编码 SHMT，其中 *SHMT*1、*SHMT*2 定位于线粒体，*SHMT*3、*SHMT*4、*SHMT*5 定位于胞质，*SHMT*6、*SHMT*7 定位于叶绿体。*SHMT*1 主要在叶片表达，催化线粒体中甘氨酸合成丝氨酸的反应，它的活性是光呼吸过程必需的，*SHMT*1 功能缺失突变体表现出光呼吸致死表型。*SHMT*2 主要在根部及顶端分生组织表达，在 *SHMT*1 突变株中用 35S 或者 *SHMT1* 基因启动子驱动 SHMT2 表达不能恢复其光呼吸致死表型。我们通过基因组 PCR 分析筛选出 *SHMT1* 的 T-DNA 插入突变株的纯合体，剖析线粒体 SHMT1 活性在拟南芥 HCHO 代谢中的作用。

(二) 实验操作流程

野生型及突变体拟南芥的生态型均为 Columbia 型，*SHMT1* 突变体种子购自拟南芥突变体库 ABRC，编号为 SALK_083735。种子经表面消毒后播种于 MS 培养基中，在组培室中培养 1 个月，然后移入土壤中在温室进行盆栽。

1. 快速提取基因组 DNA

从盆栽植株上取 1～2 片叶片置于 EP 管中加液氮研磨，加入 1mL TE Buffer 摇匀。12 000*g* 离心 10min 后移上清至新 EP 管，加入等体积异丙醇沉淀 DNA。–20℃放置 30min 后，12 000*g* 离心 10min。沉淀用 75%乙醇清洗后充分真空干燥，溶于 10μL 灭菌蒸馏水中。

2. 基因组 PCR 方法鉴定纯合突变株

原理如图 23-1 所示：

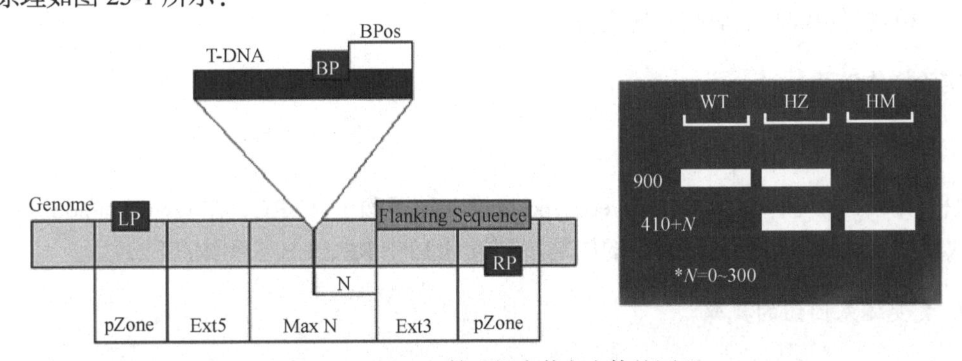

图 23-1　用 PCR 筛选拟南芥突变体的原理

WT，野生型拟南芥；HZ，T-DNA 插入杂合突变株；HM，T-DNA 插入纯合突变株；LP/RP，基因特异的左端和右端引物；LB，T-DNA 序列的左边界通用引物

在 www.arabidopsis. org 网站查询获得鉴定 *SHMT1* 插入突变株 *shm1-2*(SALK_083735)的引物序列如下：

Lba1：5′-TGGTTCACGTAGTGGGCCATCG-3′

LP： 5′-TGCTCAGGTACTAATCCCGTG-3′

RP： 5′-ATCCCTTTCTCGTTTTGTTGG-3′

根据 http://signal.salk.edu/中提供的“三引物(三条引物为 LP、RP 和 LB)法”，进行 PCR 反应，以拟南芥基因组 DNA 为模板，用 LP 和 RP 扩增不出条带而用 RP 和 LB 能扩增出条带的为纯合突变株(图 23-2A)。提取 *shm1-2* 纯合突变株及野生型拟南芥总 RNA 合成 cDNA 作为模板进行 RT-PCR 分析检测 *SHMT1* 基因表达水平，RT-PCR 分析表明 *SHMT1* 基因在 *shm1-2* 纯合突变株中没有表达(图 23-2B)，可以用于甲醛代谢分析。

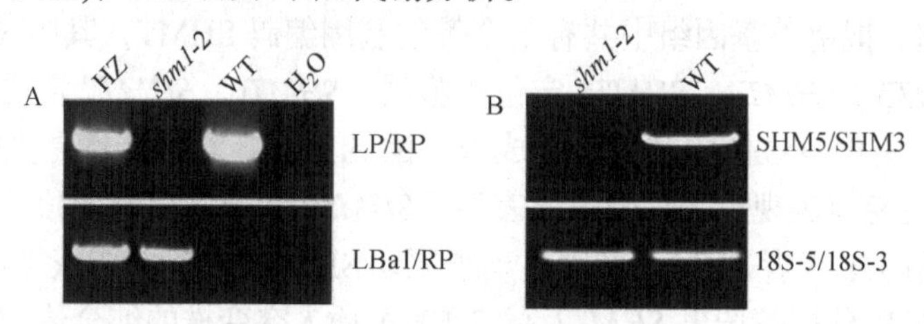

图 23-2 *SHMT1* 突变体的鉴定

A. 突变体中 *SHMT1* 基因插入情况的基因组 PCR 分析。B. RT-PCR 分析 *SHMT1* 的转录水平，18S 基因扩增 25 个循环，*SHMT1* 扩增 35 个循环。HZ，杂合突变株；*shm1-2*，*SHMT1* 纯合 T-DNA 插入突变株；WT，野生型拟南芥；H_2O，负对照，以水作为 PCR 模板

二、拟南芥 *HY5* 纯合 T-DNA 插入突变体的筛选

(一) 引言

HY5(long hypocotyl 5)是拟南芥中与光形态建成相关的重要转录因子，是 168 个氨基酸编码的蛋白，分子质量为 18.5kDa，定位于细胞核。拟南芥中 *hy5* 基因编码的蛋白质是一个碱性亮氨酸拉链型的转录因子。HY5 蛋白的二级结构由两部分组成：①灵活且高度无序的 N 端结构域(第 1～110 位氨基酸)；②含有卷曲螺旋 LZ 结构域的 C 端结构域(111～168 位氨基酸)，这些结构决定了 HY5 在植物光形态建成相关基因表达调控中有着非常重要的作用。因此我们用三引物基因组 PCR 筛选 HY5 的 T-DNA 插入纯合子突变体，来验证光形态建成正调控因子 HY5 是否参与植物对甲醇和乙醇刺激的应答。

(二) 实验操作流程

1. LP、RP、LB 三引物的设计

拟南芥 *hy5* 突变体(*A. thaliana*，ecotype，col-0)种子购于 ABRC，在 www.arabidopsis.org 网站查找突变株的编号，根据该基因的侧翼序列设计 LP、RP、LB 三引物(表 23-1)。

2. 突变体基因组的提取

种子经表面消毒后播种与 MS 培养基中，在组培室中培养 1 个月，然后移入土壤中在温室进行盆栽。用 CTAB 法提取突变体植株的基因组：①称取植物叶片 100mg 放置于 1.5mL 离心

管，加液氮后用特制的研棒充分研磨；②立即加入 900μL 预热至 65℃的 2×CTAB 缓冲液(Tris-HCl pH7.5 100mmol/L，EDTA 20mmol/L，NaCl 1.4mol/L，CTAB 2%)混匀，样品 65℃水浴 20min 后取出并使其自然冷却；③往上述离心管中加入 500μL 氯仿后摇匀，室温离心 10min (7500r/min)后转移上清至新的离心管中；④重复步骤③一次；⑤取上清，加入 1/10 体积的乙酸钠(3mol/L pH5.2)和等体积的异丙醇，摇匀后 4℃、12 000r/min 离心 20min；⑥收集沉淀，75%乙醇清洗两次后，真空干燥，最后用含 RNase 的 TE 缓冲液溶解，电泳检测提取的基因组 DNA(图 23-1A)，然后保存于–20℃备用。

3. 三引物 PCR 反应

以提取的植物基因组(图 23-3A)为模板，用 LP、RP、LB 三引物进行 PCR 反应，PCR 产物在 1%的琼脂糖凝胶电泳上检测(图 23-3B)，野生型(WT)拟南芥的基因组中的两条染色体均没有 T-DNA 插入，所以其基因组 PCR 产物中仅含有一条碱基数约为 900bp 的条带(从 LP 到 RP)(图 23-3B 的 WT 泳道)；因为纯合子突变体植株(HM)基因组上两条染色体上均发生了 T-DNA 的插入，而 T-DNA 本身的长度约为 17kb，由于 PCR 的模板过长，妨碍了目的基因特异扩增产物的产生，所以这种情况下也只能得到由 LB 和 LP 或 LB 和 RP 引物扩增出来的一种产物，碱基数约为 410+*N* bp，即从 LP 或 RP 到 T-DNA 插入位点的片段大小长度是 300+*N* bp，再加上从 LB 到 T-DNA 载体左边界的碱基数长度为 110bp，所以纯合子突变体植株扩增出来的为一条大小为 410+*N* bp 的碱基片段(图 23-3B 的 2～17 泳道)；因为杂合子突变体拟南芥(HZ)只在目的基因的一条染色体上发生了插入突变，而目的基因的另一条染色体为野生型，所以 PCR 反应后会得到 410+*N* bp 和 900bp 两种条带。

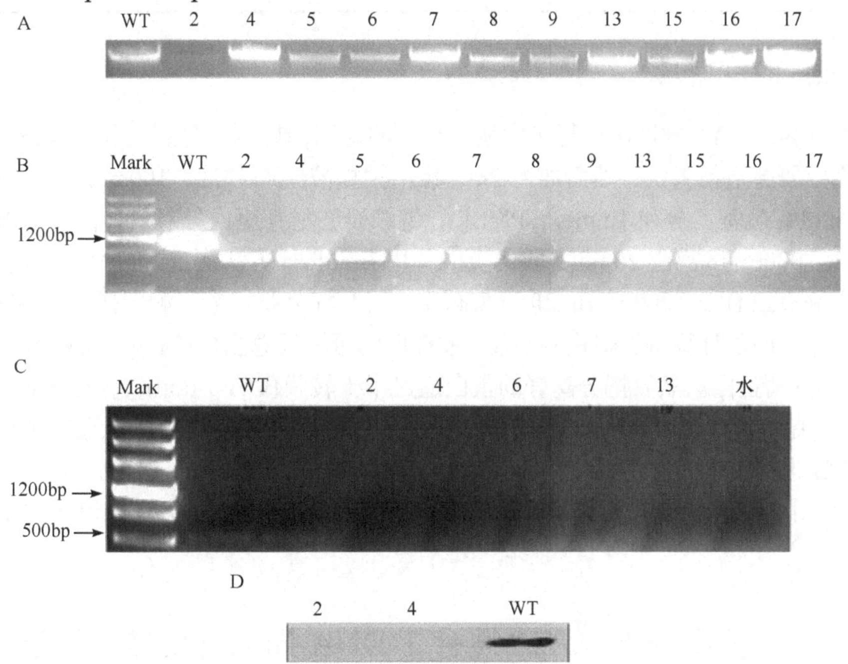

图 23-3　拟南芥 *hy5* 突变体的筛选鉴定

A. *hy5* 突变体基因组检验；B. *hy5* 突变体基因组 PCR 检测；C. RT-PCR 检验；D. Western-blot 分析。WT，野生型拟南芥；水，负对照；2、4～9、13、15～17，拟南芥突变体的不同株系

4. RT-PCR 检测插入基因的转录水平

基因组 PCR 筛选得到的植株，需要通过 RT-PCR 分析插入基因的转录水平。首先提取总 RNA：取拟南芥突变体材料 0.1g，加入液氮后将植物材料充分研磨至粉末状，并立即加入 1mL 的 TRIzol 继续研磨，室温静置 5min 后移入 2mL 的离心管中，并加入 0.2mL 氯仿，振荡混匀后，4℃、12 000r/min 离心 15min，取上清，重复加入一次氯仿，离心，取上清。加入 0.5mL 异丙醇后混匀，室温放置 10min，4℃、12 000r/min 离心 10min，弃上清，沉淀用 75%乙醇清洗两次，弃乙醇后真空干燥沉淀，用 20μL 焦碳酸二乙酯(DEPC)水溶解，–20℃保存备用。

用 1.5%琼脂糖凝胶电泳和酶标仪检测 RNA 的质量和浓度，然后每个样品取等量(7μg)RNA，选用 M-MLV Reverse Transcriptase(Promega，USA)反转录合成第一链 cDNA。RT-PCR 反应使用的内参基因为 18S rRNA，RT-PCR 所用引物如表 23-1 所示，琼脂糖凝胶电泳检测 RT-PCR 扩增产物(图 23-3C)，结果说明只有 WT 植株中有 *hy5* 的转录(图 23-3C 的 WT 泳道)，而突变体植株中都没有检测到 *hy5* 的转录物(图 23-3C 的 2～17 泳道)。

表 23-1 *hy5* 突变体筛选所用引物信息

Gene name	prime	Sequence(5′→3′)	T_m/℃	Product/bp
基因组引物	LP RP BP	TTTTCACCAGCTTCGCTACTAAG GACCATTTCAAGAACCTACATGC ATTTTGCCGATTTCGGAAC	56	
mRNA 引物	Forward Reverse	ATGCAGGAACAAGCGACTAG TCAAAGGCTTGCATCAGCAT	64	507
18S rRNA	Forward Reverse	GCAAATTACCCAATCCTGACA ATCCCAAGGTTCAACTACGAG	52	462

5. Western blot 检测插入基因蛋白的表达水平

选取没有转录 HY5 的植株进行蛋白表达水平的检测，具体步骤如下：取拟南芥材料约 0.5g，在液氮中充分研磨至粉末状，然后加入 2mL 蛋白抽提液(10%甘油、100mmol/L Tris-HCl、5% PVP、10mmol/L 巯基乙醇和 1mmol/L PMSF)，继续研磨材料至成匀浆状。转移到 2mL 离心管中，4℃、13 000r/min 离心 20min。收集上清，用 Bradford 方法测定蛋白浓度，测定时样品的反应体系为(800μL H_2O_2+200μL Bradford Solution+5μL 样品蛋白液)，测定样品在 595nm 处的吸光值后带入标准曲线计算得出蛋白的浓度。取提取的可溶性总蛋白(25μg)，进行 SDS-PAGE (胶浓度为 12%)分离蛋白。然后把分离好的蛋白通过半干转膜仪(Bio-Rad)转移至 PVDF 膜上，加入 HY5 一抗(兔抗)孵育，孵育后的膜洗涤两次后加入偶联辣根过氧化物酶的羊抗兔 IgG 孵育。最后用 ECL(北京，康为世纪)发光试剂盒做荧光反应，在成像系统 Chemidoc XRS(Bio-Rad)中观察结果(图 23-3D)，结果表明 WT 植株有 HY5 蛋白的表达，但突变体植株内没有 HY5 蛋白表达。

三、拟南芥 *bHLH30* 纯合 T-DNA 插入突变体的筛选

(一) 引言

为了研究 bHLH30 转录因子在植物应答铝胁迫中的作用，我们购买 bHLH30 的 T-DNA 插

入突变体，然后设计引物对突变体进行DNA水平和RNA水平的检测，筛选出突变体的纯合子，即DNA的两条链上*GmbHLH30*基因均被T-DNA插入的突变体植株。

(二) 实验操作流程

1. 植物基因组的提取

取植物材料0.1g于研钵中加液氮研磨成粉末。加入900μL在65℃中预热的2×CTAB缓冲液(100mmol/L Tris-HCl pH7.5，20mmol/L EDTA，1.4mol/L NaCl，2% CTAB)充分研磨，转移至2mL离心管中，放入65℃水浴20min，每隔5min摇混一次。取出冷却至室温，加入500μL氯仿-异戊醇(24∶1)混合液，摇混均匀，室温7500r/min离心10min，取上清，再次加入500μL氯仿-异戊醇，室温7500r/min离心10min。取上清，加入等体积的异丙醇和1/10体积的pH5.2的乙酸钠，摇匀后–20℃沉淀30min。4℃、12 000r/min离心30min，弃上清，用75%的乙醇洗沉淀两次，干燥，加入RNase TE缓冲液，37℃孵育30min，取出2μL进行琼脂糖凝胶电泳检测，放–20℃保存备用。总RNA用TRIzol试剂提取。

2. PCR反应的引物设计

(1) 将*GmbHLH30*突变体的编号SALK_046700c输入到http://www.arabidopsis.org/index.jsp中，查找出突变体基因的基因组序列。

(2) 在http://www.arabidopsis.org/index.jsp查找出该突变体中插入T-DNA的侧翼序列，同时在该网站中找到Vector Name为pROK2。经过分析发现，T-DNA插入到*GmbHLH30*基因的外显子上，所以设计相同的引物用于基因组PCR与RT-PCR检测。

(3) 在侧翼序列两端分别设计

右端引物RP：5′-GCTTTGCTGTGAAGACAGGTC-3′，

左端引物LP：5′-GCATATCTAGAAAACCAACTCAAC-3′。

(4) 根据步骤(2)中找出的Vector Name，在http://signal.salk.edu/tdnaprimers.2.html中确定T-DNA插入的左边界序列及左边界引物，并将左边界引物在左边界序列中定位。

左边界引物为LB：5′-ATTTTGCCGATTTCGGAAC-3′。

3. 基因组PCR和RT-PCR检测

将三种引物两两组合，分别为LP+RP和LB+RP；PCR反应体系为：模板1μL，引物各1μL，Mix Buffer 10μL；退火温度均为55℃，延伸时间为45s。对基因组PCR的扩增产物用电泳检测(图23-4A和B)。如果未插入T-DNA，即为野生型拟南芥(WT)，那么LP+RP这组引物的PCR有条带，大小为556bp，而BP+RP这组引物由于没有LB的结合位点，故PCR后没有条带。如果为纯合突变体，在LP和RP引物之间插入的T-DNA片段较大，延伸时间较短，那么LP+RP这组引物的PCR无条带，而BP+RP这组引物进行的PCR有条带，大小与插入位点和侧翼序列的位置有关。如果插入位点在侧翼序列的左端，则大小为607bp，如果插入位点在侧翼序列的右端，大小为708bp。如果突变体是杂合子，即T-DNA只插入一条染色体，那么PCR的结果有两条条带，一条与WT一样，一条与纯合突变体一样。电泳检测的结果确定2、3、4、5、6、7、8、9、10、11、12均为纯合的突变体株系。RT-PCR检测结果说明纯合的突变体植株中都没有bHLH30的转录物(图23-4C)。

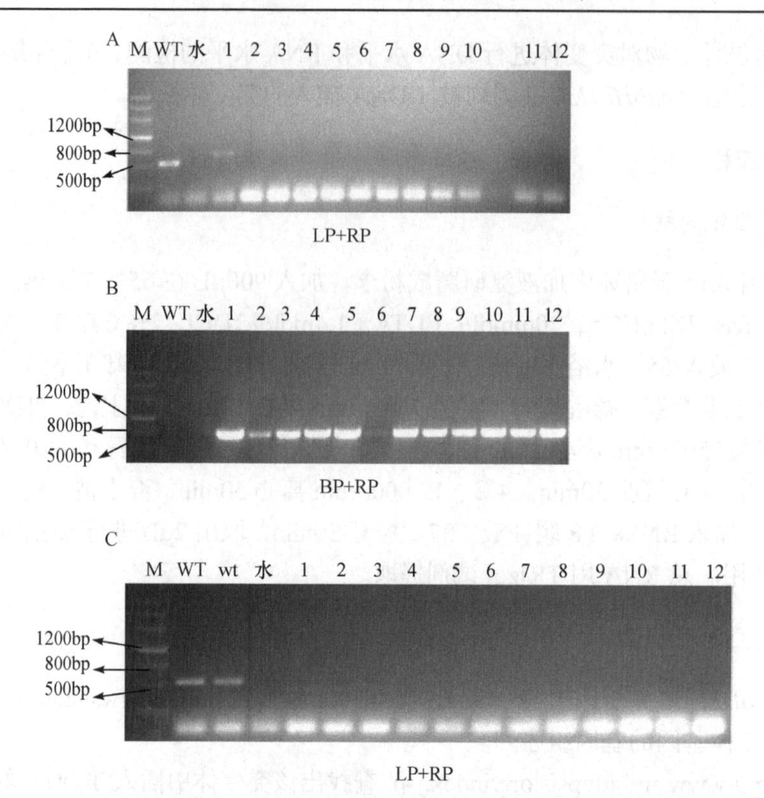

图 23-4 拟南芥突变体植株的基因组 PCR 和 RT-PCR 检测

A、B. 为基因组 PCR 的检测结果。M，Marker；WT，野生型拟南芥；水，作为负对照；1～12，拟南芥突变体 DNA。A. 加入 LP 和 RP 两种引物的检测结果。B. 加入 BP 和 RP 两种引物的检测结果。C. RT-PCR 的检测结果。M，Marker；WT，野生型拟南芥；水，作为负对照；1～12，拟南芥突变体 cDNA，其中 C 是加入 LP 和 RP 两种引物的检测结果

参 考 文 献

本杰明. 2007. 基因八(中文版). 余龙，江松敏，赵寿元译. 北京：科学出版社.

布坎南等. 2004. 植物生物化学与分子生物学(中文版). 瞿礼嘉等译. 北京：科学出版社.

樊磊，张晓东，陈丽梅，等. 2011. 云南红梨 *PyMT* 基因的克隆、原核表达和功能分析. 生命科学研究，15(6): 485-492.

梁国栋. 2002. 最新分子生物学实验技术. 北京：科学出版社.

刘蕾, 孙振, 宋中邦, 等. 2013. 在叶绿体中过量表达 AOD1 和 HPS-PHI 创建光合甲醇同化途径增加烟草同化甲醇能力. 中国生物工程杂志, 3：69-78.

刘蕾, 杨志丽, 陈丽梅. 2014. 烟草 GA 合成调控转录因子 RSG 应答甲醇和乙醇刺激的分子机理初探.西北植物学报，34: 0943-0949.

卢圣栋. 1993. 现代分子生物学实验技术. 北京：高等教育出版社.

启动子在线分析软件 PLACE. http://bioinformatics.psb.ugent. be/webtools/plantcare/html/

萨姆布鲁克. 2013.分子克隆实验指南. 黄培堂等译.北京：科学出版社.

通路克隆载体 Gateway vectors.https://gateway.psb.ugent.be

王奇峰，胡清泉，赵玥，等. 2011. 光诱导和组成型启动子控制柠檬酸合酶基因过量表达对转基因烟草耐铝性影响的比较研究，浙江大学学报(农业与生命科学版)，37: 31-39.

王奇峰，易琼，李昆志，等. 2010. 铝胁迫下柱花草 SSH 文库的构建及表达序列标签的分析. 植物学报，45(06): 679-688.

夏凌君, 陈超凡, 皮明雪, 等. 2014. 原位转化获得转基因大豆方法的建立. 植物学研究, 3: 195-199.

向太和, 王利琳, 庞基良, 等. 2005. 发根农杆菌 K 对大豆黄瓜和凤仙花活体感染生根的研究. 遗传, 27(5): 783-786.

肖素勤, 孙振, 王莎莎, 等. 2011. 通路克隆入门载体 pEN-L4*-PrbcS-*T-gfp-L3*的构建及其应用. 生命科学研究, 15(6): 476-484.

肖素勤, 孙振, 轩秀霞, 等. 2012. 用于通路(Gateway)克隆技术的植物表达载体研究进展.植物科学学报, 30(5): 526-541.

曾智东, 游览, 赵艳, 等. 2014. 利用SSH文库技术分离鉴定常春藤应答甲醛胁迫相关基因.植物生理学报, 50(4): 549-559.

张乐, 陈宣钦, 王琳, 等. 2013. 丹波黑大豆醛脱氢酶基因 *GmALDH3-1* 的克隆、原核表达和功能分析.中国生物工程杂志，33: 86-92.

张维铭. 2003. 现代分子生物学实验手册. 北京：科学出版社.

周冰, 卢明倩, 赵丽伟, 等. 2013. 激光镊子拉曼光谱检测重组大肠杆菌表达蚕豆 14-3-3b 可溶性蛋白与包涵体蛋白.Chinese Journal of Analytical Chemistry, 12:1789-1794.

朱玉贤, 李毅, 郑晓峰, 等. 2012. 现代分子生物学. 北京：高等教育出版社.

Alberts et al.2002.Molecular biology of the cell. Garland Science.

Benjamin Lewin.2003.Genes VⅢ.Oxford：Oxford University Press.

Buchanan. 2004. Plant Biochemistry and Molecular Biology.北京：科学出版社.

Chen Q, Guo C L, Wang P, et al. 2013. Up-regulation and interaction of the plasma membrane H^+-ATPase and the 14-3-3 protein are involved in the regulation of citrate exudation from the broad bean (*Vicia faba* L.) under Al stress. Plant Physiology and Biochemistry, 70: 504-511.

Chen Q, Wu K H, Zhang Y N, et al. 2012. Physiological and molecular responses of broad bean (*Vicia faba* L.) to aluminium stress. Acta Physiologiae Plantarum, 34, 6: 2251-2263.

Clough S J, Bent A F. 1998. Floral dip: a simplified method for Agrobacterium-mediated transformation of *Arabidopsis thaliana*. The Plant Journal, 16(6): 735-743.

Diatchenko L, Chris Lau Y F, Campbell A P, et al. 1996. Suppression subtractive hybridization: a method for generating differentially regulated or tissue-specific cDNA probes and libraries. Proc Natl Acad Sci USA, 93: 6025-6030.

Guo C L, Chen Q, Chen X Q, et al. 2013. Al-enhanced expression and interaction of 14-3-3 protein and plasma membrane H^+-ATPase is related to Al-induced citrate secretion in an Al-resistant black Soybean. Plant Mol Biol Rep, 31: 1012-1024.

Hajdukiewicz P, Svab A, Maliga P. 1994. The small, versatile *pPZP* family of *Agrobacterium* binary vectors for plant transformation. Plant Molecular Biology, 25: 989-994.

Horsch R B, Hoffman N L. 1985. A simple and general method for transferring genes into plants. Science, 227: 1229-1231.

Jefferson R A, Kavanagh T A, Bevan M W. 1987. GUS fusion: β-glucuronidase as a sensitive and versatile gene fusion marker in higher plants. EMBO, 6: 3901-3907.

Karimi M, Bleys A, Vanderhaeghen R, et al. 2007. Building blocks for plant Gene Assembly. Plant physiol, 145: 1183-1191.

Karimi M, Inze D, Depicker A. 2002. Gateway vectors for *Agrobacterium*-mediated plant transformation. Trends Plant Sci, 7: 193-195.

Karimi M, Meyer B D, Hilson P. 2005. Modular cloning in plant cells. Trends Plant Sci, 10: 103-105.

Krishnaraj S, Bi Y M, Saxena P K. 1997. Somatic embryogenesis and *Agrobacterium* -mediated transformation system for scented geraniumulations (*Pelargonium* sp. Frensham). Planta, 201: 434-440.

Ma L, Song Z B, Hu Q Q, et al. 2011. Construction and application of a Gateway entry vector with Rubisco small subunit promoter and its transit peptide sequence. Prog Biochem Biophys, 38: 269-279.

Nian H, Meng C, Zhang W, et al. 2013. Overexpression of the formaldehyde dehydrogenase gene from *Brevibacillus brevis* to enhance formaldehyde tolerance and detoxification of tobacco. Appl Biochem Biotechnol, 169: 170-180.

Orita I, Sakamoto N, Kato N, et al. 2007. Bifunctional enzyme fusion of 3-hexulose-6-phosphate synthase and 6-phospho-3-hexuloisomerase. Applied Microbiology and Biotechnology, 76: 439-445.

Song Z B, Orita I, Yin F, et al. 2010. Overexpression of an HPS/PHI fusion enzyme from *Mycobacterium gastri* MB19 in chloroplasts of geranium enhances its ability to assimilate and phytoremediate HCHO. Biotechnol Lett, 32: 1541-1548.

Sugita M, Gruissem W. 1987. Developmental, organ-specific, and light-dependent expression of the tomato ribulose-1,5-bisphosphate carboxylase small subunit gene family. Proc Natl Acad Sci USA, 84:7104-7108.

Sugita M, Manzara T, Pichersky E, et al . 1987. Genomic organization, sequence analysis and expression of all five genes encoding the small subunit of ribulose-1,5-biophosphate carboxylase/oxygenase from tomato. Mol Gen Genet, 209: 247-256.

Wang Q F, Zhao Y, Yi Q, et al. 2010. Overexpression of malate dehydrogenase in transgenic tobacco leaves: Enhanced malate synthesis and augmented Al-resistance. Acta Physiologiae Plantarum, 33(6): 1209-1220.

Wang Q F，Yi Q, Hu Q Q, et al. 2012. Simultaneous overexpression of citrate synthase and phosphoenolpyruvate carboxylase in leaves augments citrate exclusion and Al-resistance in transgenic tobacco. Plant Mol Biol Rep, 30, 992-1005.

Wang S S, Song Z B, Sun Z, et al. 2012. Effects of formaldehyde stress on physiological characteristics and gene expression associated with photosynthesis in *Arabidopsis thaliana*. Acta Physiol Plant, 30:1291-1302.

Wang S S, Song Z B, Sun Z, et al. 2012. Physiological and transcriptional analysis of the effects of formaldehyde exposure on *Arabidopsis thaliana*. Acta Physiol Plant, 34: 923-936.

Wu K H, Chen Q, Xiao S Q, et al. 2013. cDNA microarray analysis of transcriptional responses to foliar methanol application on tamba black soybean plants grown on acidic soil. Plant Mol Biol Rep, 31:862-876.

Xiao S Q, Sun Z, Wang S S, et al. 2012. Overexpressions of dihydroxyacetone synthase and dihydroxyacetone kinase in chloroplasts install a novel photosynthetic HCHO-assimilation pathway in transgenic tobacco using modified Gateway entry vectors. Acta Physiol Plant, 34 (5): 1975-1985.

Zhang X D, Allan A C, Yi Q, et al.2011. Differential gene expression analysis of yunnan red pear, pyrus pyrifolia, during fruit skin coloration. plant Molecular Biology Reporter, 29: 305-314.

Zhao Y, Zeng Z D, Qi C J, et al. 2014. Deciphering the molecular responses to methanol-enhanced photosynthesis and stomatal conductance in broad bean. Acta Physiologia Plantarum, 36: 2883-2896.

附　录

一、常用抗生素贮存液配制方法

附表 1

种类	贮液浓度/(mg/mL)	使用浓度/(μg/mL)
氨苄青霉素(Amp)	100	100
卡那霉素(Km)	50	50
潮霉素(Hyg)	50	20
头孢噻肟钠(Cef)	50	500
大观霉素(Spe)	100	100

种类	工作浓度(mg/mL)	严谨型质粒(μg/mL)	松弛型质粒(μg/mL)
羧苄青霉素	50(溶于水)	20	60
氯霉素	34(溶于乙醇)	25	170
链霉素	10(溶于水)	10	50
四环素	5(溶于甲醇)	10	50

注：Amp、Km、Spe、Hyg、Cef 溶于无菌双蒸水中，0.22μm 滤膜过滤，–20℃保存。

1. 羧苄青霉素(carbenicillin)(50mg/mL)

溶解 0.5g 羧苄青霉素二钠盐于足量的水中，最后定容至 10mL。分装成小份于–20℃贮存。常以 25～50μg/mL 的终浓度添加于生长培养基。

2. 氯霉素(chloramphenicol)(25mg/mL)

溶解 0.25g 氯霉素足量的无水乙醇中，最后定容至 10mL。分装成小份于–20℃贮存。常以 12.5～25μg/mL 的终浓度添加于生长培养基。

3. 链霉素(streptomycin)(50mg/mL)

溶解 0.5g 链霉素硫酸盐于足量的无水乙醇中，最后定容至 10mL。分装成小份于–20℃贮存。常以 10～50μg/mL 的终浓度添加于生长培养基。

4. 四环素(tetracycline)(10mg/mL)

溶解 0.1g 四环素盐酸盐于足量的水中，或者将无碱的四环素溶于无水乙醇，定容至 10mL。分装成小份用铝箔包裹装液管以免溶液见光，于–20℃贮存。常以 10～50μg/mL 的终浓度添加于生长培养基。

5. 萘啶酸(nalidixic acid)(5mg/mL)

溶解 0.05g 萘啶酸钠盐于足量的水中，最后定容至 10mL。分装成小份于–20℃贮存。常以

15μg/mL 的终浓度添加于生长培养基。

6. 甲氧西林(methicillin)(100mg/mL)

溶解 1g 甲氧西林钠于足量的水中，最后定容至 10mL。分装成小份于–20℃贮存。常以 37.5μg/mL 终浓度与 100μg/mL 氨苄青霉素一起添加于生长培养基。

二、常用培养基的配制

(一) LB 培养基的配制

1. 配方

附表 2　细菌培养基配方

组分	200mL	300mL	400mL	500mL	600mL	700mL	800mL	1000mL
Tryptone	2g	3g	4g	5g	6g	7g	8g	10g
Yeast Extract	1g	1.5g	2g	2.5g	3g	3.5g	4g	5g
NaCl	2g	3g	4g	5g	6g	7g	8g	10g

2. 配制方法

(1) 按 LB 培养基成分称取试剂，置于 1L 烧杯中。

(2) 加入约 800mL 的去离子水，充分搅拌溶解。

(3) 滴加 2mol/L NaOH，调节 pH 至 7.0。

(4) 加入去离子水定容至 1L，如果是固体培养基要加入琼脂(Agar Bacteriological Grade)使最终浓度为 1.5%～5%。

(5) 121℃高压灭菌 20min，4℃保存。

(二) TB 培养基的配方

附表 3　TB 培养基配方(质粒抽提专用)

培养基组分	终浓度
Tryptone	1.2%(*m/V*)
Yeast Extract	2.4% (*m/V*)
Glycerol	0.4% (*V/V*)
KH_2PO_4	17mmol/L
K_2HPO_4	72mmol/L

(三) 酵母菌培养基的配制

培养基组分包括葡萄糖(20g/L)、蛋白胨(20g/L)、酵母膏(10g/L)，加蒸馏水定容至 1000mL，pH5.8，其中酵母膏、蛋白胨 121℃、20min 灭菌，葡萄糖 115℃、20min 灭菌，如配制固体培养基，需加入琼脂粉(2%, *m/V*)。如果配制酵母诱导培养基，需将碳源换成半乳糖。

附表 4　酵母缺陷型培养基(SC/Trp⁻选择性培养基)：筛选酵母转化子用

培养基组分	使用量(1L)
YNB(yeast nitrogen base 0.17%)	1.7g
$(NH_4)_2SO_4$ (0.5%)	5g
dH_2O	850mL
Agar(配固体培养基需加)	20 g
以上配好之后，灭菌后，待冷却到 55℃左右加	
40% glucose/galactose	50mL
10×氨基酸母液	100mL

注：10×氨基酸母液，配方是 0.01% (adenine, arginine, cysteine, leucine, lysine, threonine, uracil)，0.005% (aspartic acid, histidine, isoleucine, methionine, phenylalanine, proline, serine, tyrosine, valine)。另配制色氨酸的贮液(100×)，如需配制 SC 合成完全培养基，只需要补充色氨酸(浓度为 0.01%)即可。

(四) 甲基营养菌的无机盐培养基配方

0.26%(*m/V*)$(NH_4)_2SO_4$, 0.1% K_2HPO_4, 0.05% KH_2PO_4, 0.02% $MgSO_4·7H_2O$, 0.001% $CaCl_2·2H_2O$, 0.0001% $FeSO_4·7H_2O$, 0.005% yeast extract, 1.6g/L。

(五) 植物 MS 培养基的配制

1. 植物培养基贮液配制一览表

附表 5　植物培养基配方

贮液	成分	200mL
Stock 1	NH_4NO_3	33g
	KNO_3	38g
Stock 2	$MgSO_4·7H_2O$	7.4g
	KH_2PO_4	3.4g
Stock 3	$CaCl_2·2H_2O$	8.8g
Stock 4	$Na_2·EDTA$	0.746g
	$FeSO_4·7H_2O$	0.556g
Stock 5	H_3BO_4	0.124g
	$MnSO_4·4H_2O$	0.446g
	$ZnSO_4·4H_2O$	0.172g
	KI	0.017g
	$Na_2MoO_4·2H_2O$	0.005g
	$CuSO_4·2H_2O$	0.5mg
	$CoCl_2·6H_2O$	0.5mg
Stock 6	氯化硫胺素	0.02g
	肌醇	2g
	甘氨酸	0.04g
	盐酸吡哆醇	0.01g
	烟酸(尼克酸)	0.01g

续表

贮液	成分	200mL
Stock 7	萘乙酸	0.042g
Stock 8	6-苄基腺嘌呤(BAP)	0.01g
Stock 9	3-吲哚丁酸(IBA)	0.04g

注：以上 Stock 配完后可直接使用，不需要稀释。

2. 植物激素贮液的配制

(1) 配制 IBA 时，先溶于少量 95%乙醇，然后加去离子水混匀定容到 200mL。
(2) NAA、BAP：先使用少量 0.1mol/L 的 HCl 30mL 溶解，然后加水定容到 200mL。
(3) 激素溶液储液应使用直径 0.22μm 的滤膜过滤除菌后，–20℃保存。

3. 培养基配制步骤

(1) 先按植物培养基配制一览表方案在 5L 的大量杯中加入各种 Stocks 贮液。
(2) 按培养基的类型加入蔗糖，加入 MES(缓冲剂终浓度为 0.5g/L)。
(3) 加入 KOH 调节 pH 为 5.6～5.8(番茄 pH6.0)。
(4) 加琼脂(Agar Bacteriological Grade)：500mL 培养基加入 4.5g 琼脂，使其终浓度为 0.8%。
(5) 培养基的分装：在 1L 三角瓶中加入 500mL 培养基。
(6) 使用封口膜封口，皮筋捆扎好。
(7) 灭菌：检查确认灭菌锅中水位浸没灭菌锅底部的水孔，合盖后一定要关闭排气阀，121℃高压灭菌 20min，待降温至 90℃以下时，直接打开排气阀，打开灭菌锅，取出物品。

4. 植物培养基配置一览表

附表 6

100mL	MS4(芽诱导)	MSR(根诱导)	MS1(共培养)	MS(播种或培养)
Stock 1	1mL	0.5mL	1mL	1mL
Stock 2	1mL	0.5mL	1mL	1mL
Stock 3	1mL	0.5mL	1mL	1mL
Stock 4	1mL	0.5mL	1mL	1mL
Stock 5	1mL	0.5mL	1mL	1mL
Stock 6	1mL	0.5mL	1mL	1mL
Stock 7	0.05mL	—	1mL	—
Stock 8	1mL	—	0.04mL	—
Stock 9	—	0.01mL	—	—
sucrose	3g	1.5g	3g	2g

三、常用菌种的特性

(一) 大肠杆菌菌株

1. DH5α菌株

不带任何抗性，DH5α可以用于制作基因库、进行亚克隆等，由于DH5α具有decR变异，可以作为较大质粒的宿主菌使用。

Genotype:F-,φ80dlacZΔM15, Δ(lacZYA-argF) U169, deoR, recA1, endA1, hsdR17(rk$^-$, mk$^+$), phoA, supE44, λ -, thi-1, gyrA96, relA1。

2. XL 1-Blue 菌株

基因型：endA1 gyrA96(nalR) thi-1 recA1 relA1 lac glnV44 F' hsdR17(rK$^-$ mK$^+$)。

特点： 生长速度较慢，可进行蓝白斑筛选，用于分子克隆和质粒提取。

3. JM105

基因型：endA1, supE, sbcB15, thi, rpsL,Δ (lac-proAB) /F' [traD36, proAB+, lacIq, lacZΔM15]。生长速度较快，可进行蓝白斑筛选，用于分子克隆和质粒提取。

4. JM109

基因型：endA1 glnV44 thi-1 relA1 gyrA96 recA1 mcrB+ Δ(lac-proAB) e14- [F′ traD36 proAB+ lacIq lacZΔM15]hsdR17(rK$^-$ mK$^+$)，与JM105相比，外源DNA更为稳定。

5. BL21(DE3)

用于高效表达克隆于含有噬菌体T7启动子的表达载体(如pET系列)的基因。T7噬菌体RNA聚合酶位于λ噬菌体DE3区，该区整合于BL21的染色体上，重组蛋白表达广泛应用的宿主菌。

基因型：F$^-$，ompT，hsdS(rBB$^-$mB$^-$)，gal，dcm(DE3)。

6. Rosetta (DE3)

该菌株是携带氯霉素抗性质粒BL21的衍生菌，补充大肠杆菌缺乏的6种稀有密码子(AUA，AGG，AGA，CUA，CCC，GGA)对应的tRNA。

7. TransB (DE3)

化学感受态细胞经特殊工艺制作，具有卡那霉素(Kan)和四环素(Tet)抗性，重组蛋白表达用的宿主菌，适宜Amp$^+$抗性质粒。该菌株包含突变的硫氧还蛋白还原酶(thioredoxin reductase，trxB)和谷胱甘肽还原酶(glutathione reductase，gor)基因，表达主要还原途径的两个关键酶，有利于形成正确折叠的含有二硫键的蛋白，增强蛋白的可溶性。

基因型：F- ompT hsdSB(rB⁻ mB⁻) gal dcm lacY1 ahpC (DE3) gor522::Tn10 trxB (Kan^r, Tet^r)。

(二) 农杆菌菌株

1. LBA4404

本身带有链霉素抗性和利福平抗性，可用 LB 培养基来培养，培养温度为 28℃，是一种弱毒的农杆菌，配合双元载体使用可转化烟草。

2. C1C581(pMP90)

含有 pMP90 质粒的菌种，常用来转化拟南芥，抗性是 rif 和 Gen。

3. EHA105

由 EHA101 菌株改造而来，为 C58 型背景，核基因中含有筛选标签——利福平抗性基因 *rif* 和卡那霉素抗性基因，携带一无自身转运功能的琥珀碱型 Ti 质粒 pEHA105 (pTiBo542DT-DNA)，该质粒携带的 *vir* 基因可以帮助双元载体 T-DNA 的转移，属于毒性较强的菌种，适用于水稻、烟草等植物的转基因操作。

(三) 酵母菌

酿酒酵母菌是外源基因表达最理想的真核生物，其基因表达调控机理比较清楚，遗传操作相对比较简单，且具有原核细菌所没有的真核生物蛋白翻译后修饰加工系统；具体安全型基因工程受体系统；没有特异的病毒；能将外源基因表达产物分泌至培养基中；大规模发酵工艺简单，成本低廉。

1. AH109

酿酒酵母菌株，主要用于酵母双杂交系统，与 Y187 菌株一起配套使用，用于研究蛋白质与蛋白质之间的相互作用。AH109 酿酒酵母来源于 PJ69-2A 菌株，含有 ADE2 和 HIS3 筛选标记。*MEL1* 是一个内源性的 GAL4 响应基因。*LacZ* 报告基因被导入 PJ69-2A 后构建成 AH109。菌株中的 *His3*、*ADE2* 和 *MEL1*/*LacZ* 报告基因分别由三个完整的 GAL4 型响应启动子元件——GAL1、GAL2 和 MEL1 进行启动翻译。

配套载体: pGADT7pGADT7, pGBKT7。

2. INVSC1

酿酒酵母菌株，为生长快速的双倍体酵母，是 His、Leu、Trp 和 Ura 营养缺陷型菌株，在缺乏组氨酸、亮氨酸、色氨酸和尿嘧啶的 SC minimal media 中无法生长。INVSC1 酿酒酵母是非常理想的蛋白表达菌株，但是不应该用于遗传分析研究，因为该菌株的孢子形成不好。

3. GS115

可实现蛋白高水平表达的毕赤酵母菌株，具有 *AOX1* 基因，自身表型为 Mut$^+$，即甲醇利用正常型，但是 GS115 转化株既能够产生出 Mut$^+$菌株，也能够产生出 Muts 菌株，即甲醇利用缓慢型。目的蛋白在这两种转化株的表达水平可能不同，并且具有不可预测性，所以只有通过实验才能得到最好的酵母表达方案。毕赤酵母适宜的生长温度是 28～30℃，温度超过 32℃对蛋白质的表达是有害的，并可能导致细胞的死亡。GS115 毕赤酵母是组氨酸缺陷型(His4 基因型)，如果表达载体上携带有组氨酸基因，可补偿宿主菌的组氨酸缺陷，因此可以在不含组氨酸的培养基上筛选转化子。GS115 毕赤酵母可以在 YPD 培养基中生长，或者在补充有组氨酸的 minimal media 中生长，但是无法在单独的 minimal media 培养基中生长。

4. KM71

毕赤酵母菌株，与 GS115 相似，有 HIS4 营养缺陷标记，菌株的 AOX1 位点被 *ARG4* 基因插入，表型为 Muts(甲醇利用缓慢型)，适用于一般的酵母转化方法。

配套载体: pGADT7pYES3-CT，pYES3/CT。

四、常用质粒载体图谱

(一) pUC18

分子质量很小，适合用于酶切连接的亚克隆。

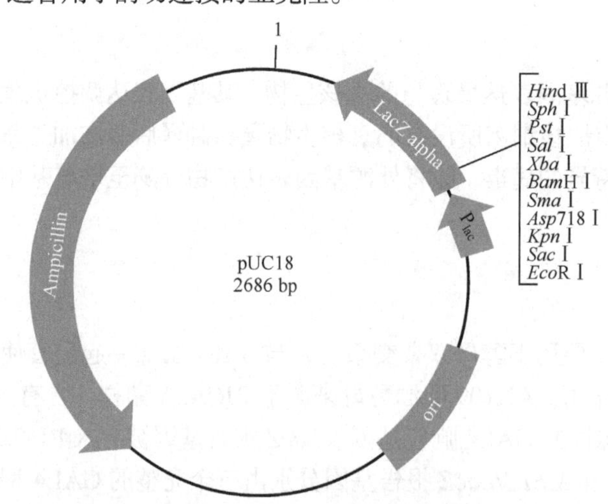

附图 1　pUC18 质粒结构图

LacZ alpha，β-半乳糖苷酶(LacZ)的α肽段(149～469bp)；P_{lac}，LacZ 的启动子片段(470～543bp)；ori，pUC18 质粒的复制起始位点(808～1481bp)；Ampicillin，氨苄青霉素抗性基因(1629～2486bp)；氨苄青霉素抗性基因启动子片段，2487～2585bp

(二) pMD-18T

TA 克隆载体，适合于含有突出 A 黏性末端 PCR 产物的亚克隆。

(三) TOPO 克隆载体(pENTRTM/SD/D-TOPO)

含有通路克隆的 attL1 和 attL2 重组位点，适合于高保真酶扩增的平末端 PCR 产物的亚克隆，通过 TOPO 克隆直接产生入门载体。

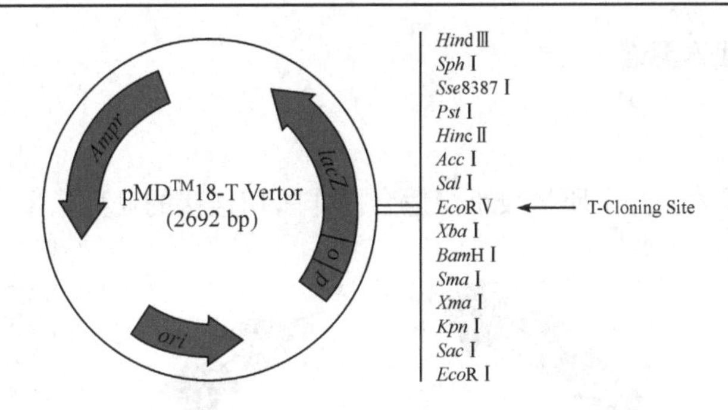

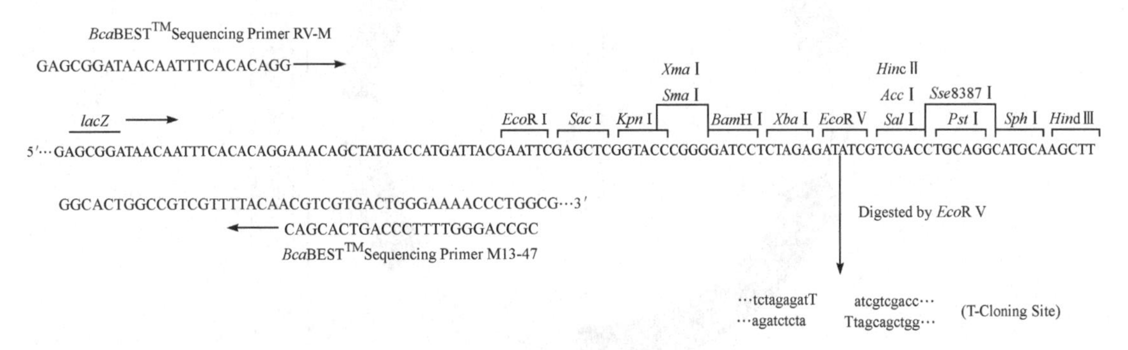

附图 2　pMD-18T 质粒结构图

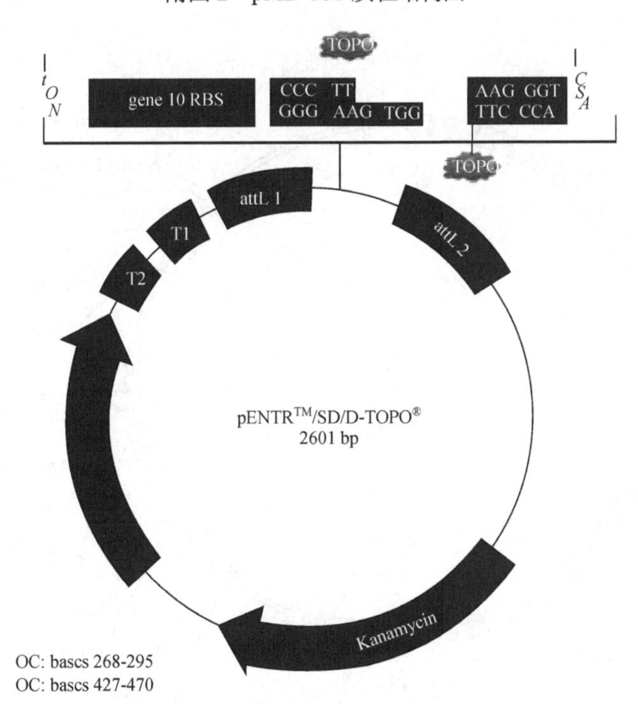

附图 3　pENTR^{TM}/SD/D-TOPO 质粒结构图

T2(268～295bp)，rrnB T2 转录终止位点；T1(427～470bp)，rrnB T1 转录终止位点；537～552bp，M13 正向引物(20bp)；attL1(569～668bp)，通路克隆 attL1 重组位点；gene10(684～692bp)：T7 基因 10 的翻译增强子；RBS(694～700bp)，核糖体结合位点；TOPO(701～705bp)，TOPO 异构酶的识别位点 1；706～709bp，突出末端；TOPO(710～714bp)，TOPO 异构酶的识别位点 2；attL2(726～825bp)，通路克隆 attL2 重组位点；866～882bp，M13 反向引物；Kanamycin(995～1804bp)，卡那霉素抗性基因；pUCori(1925～2598bp)，pUC 复制起始位点

(四) Gateway 入门载体图谱

1. pENTR™2B

通路克隆入门载体，分子质量较小，适合用作酶切连接的亚克隆反应，产生入门载体。

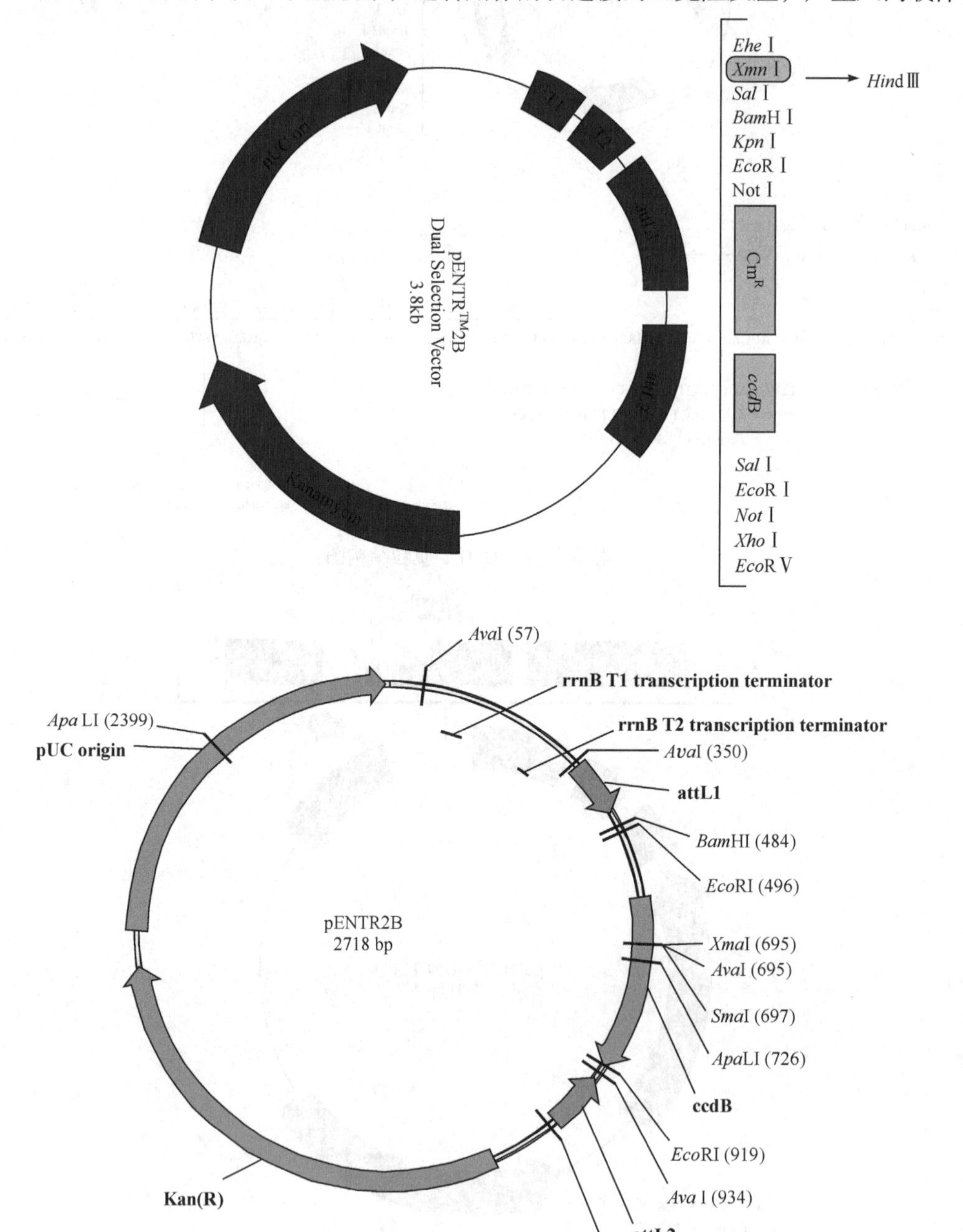

附图 4　pENTR™2B 质粒结构图

rrnBT1(106～149bp)，rrnB T1 转录终止位点；rrnB T2(281～308bp)，rrnBT2 转录终止位点；attL1(358～457bp)，通路克隆 attL1 重组位点；Cm^R(609～1267bp)，氯霉素抗性基因；866～882bp，ccdB(1609～1914bp)，*ccdB* 基因；attL2(1984～2083bp)，通路克隆 attL2 重组位点；Kanamycin(2206～3015bp)，卡那霉素抗性基因；pUCori(3079～3752bp)，pUC 复制起始位点

2. pEN-L4-2-L3,0

通路克隆入门载体，含有通路克隆的 attL3 和 attL4 重组位点，适合用于通路克隆的 LR 反应替换 35S 启动子，分析待研究启动子的活性。

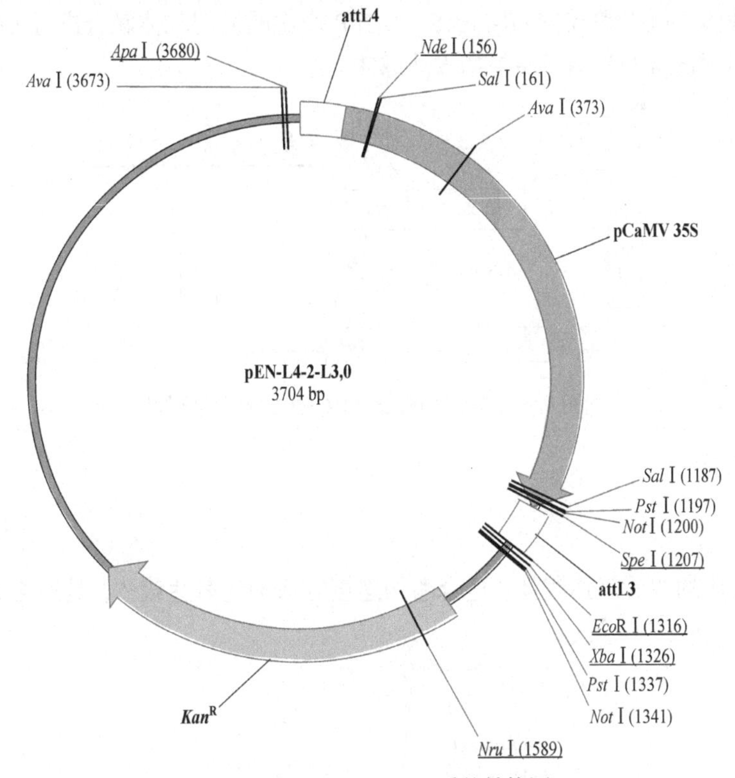

附图 5　pEN-L4-2-L3,0 质粒结构图

attL3，通路克隆 attL3 重组位点；*Kan*R，卡那霉素抗性基因；attL4，通路克隆 attL4 重组位点；pCaMV35S，花椰菜花叶病毒 35S 启动子

3. pENTR-PrbcS-*T-GFP

通路克隆入门载体，attL1 和 attL2 重组位点之间含有 Rubisco 的光诱导型启动子 PrbcS 及其叶绿体基质定位序列*T、GFP 报告基因，通过酶切连接方法用目的基因替换 GFP 可获得目的基因的入门载体，再通过与含有 attR1 和 attR2 重组位点的目的载体进行 LR 反应产生目的基因的光诱导型植物表达载体。

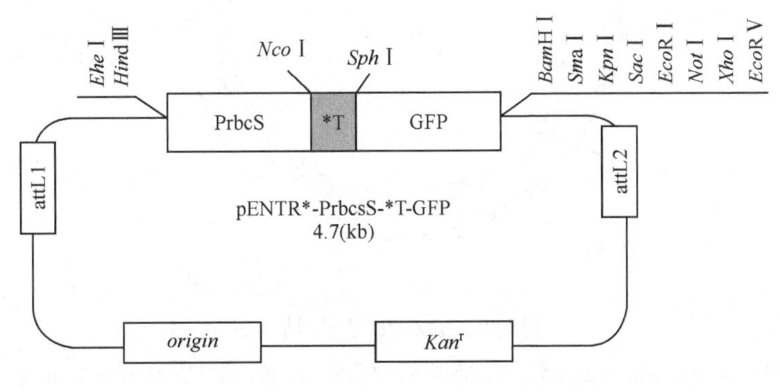

附图 6　pENTR-PrbcS-*T-GFP 质粒结构图

4. pEN-L4*-PrbcS-*T-GFP-L3*

通路克隆入门载体，attL3 和 attL4 重组位点之间含有 Rubisco 的光诱导型启动子 PrbcS 及其叶绿体基质定位序列*T、GFP 报告基因，通过酶切连接方法用目的基因替换 GFP 可获得目的基因的入门载体，可以和 pENTR-PrbcS-*T-GFP 产生的入门载体联合进行 LR 反应，得到串联两个目的基因表达盒的光诱导型植物表达载体。

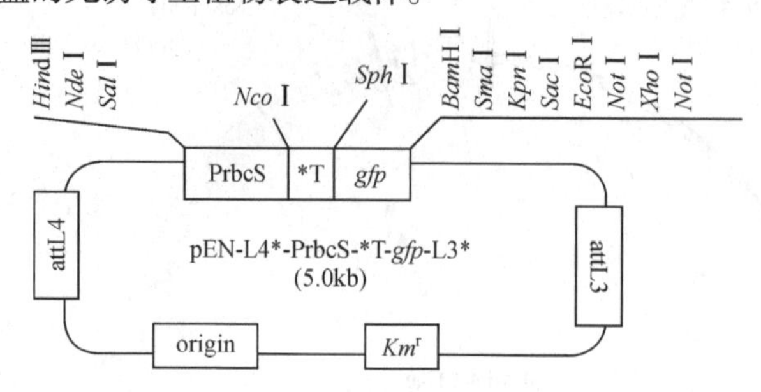

附图 7　pEN-L4*-PrbcS-*T-GFP-L3*质粒结构图

(五) 植物表达载体

1. pPZP200

农杆菌转化用的双元表达载体，适合酶切连接方法构建表达载体，是通路克隆植物表达载体的骨架。

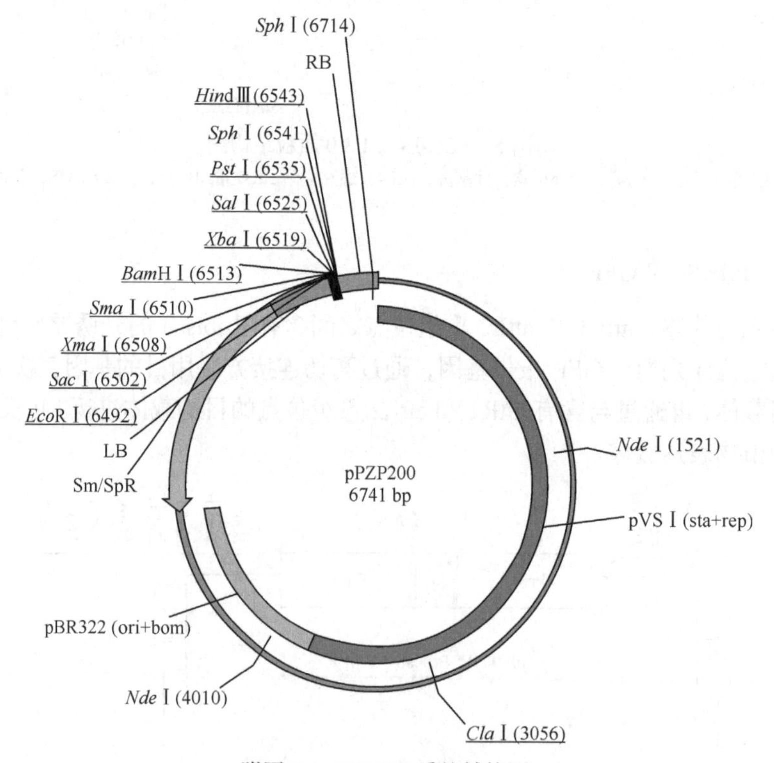

附图 8　pPZP200 质粒结构图

RB，T-DNA 右边界序列；LB，T-DNA 左边界序列；Sm/SpR，链霉素/大观霉素抗性基因；pBR322ori，pBR322 复制起始位点

2. pPZP221(211)

农杆菌转化用的双元表达载体，适合用酶切连接方法构建表达载体，目的基因的转录由CaMV35S控制，转录终止子为NOST，构建表达载体时在大肠杆菌和农杆菌中用大观霉素(Spe)筛选，pPZP221产生的转基因后代可用庆大霉素(Gm)筛选，pPZP211产生的转基因后代可用卡那霉素(Km)筛选。

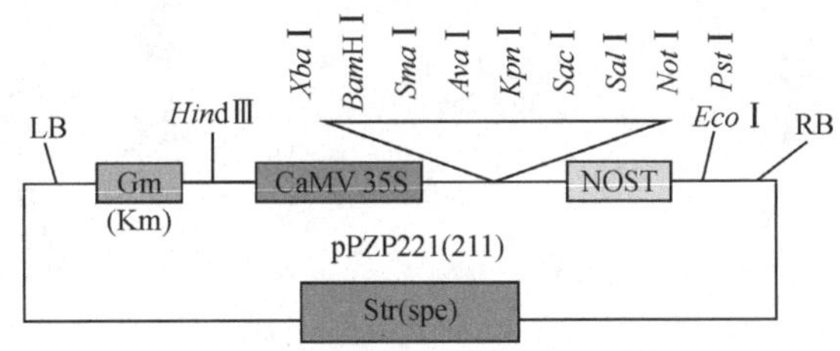

附图9　pPZP221(211)质粒结构图

(六) Gateway的目的表达载体

1. pK2GW7,0

农杆菌转化用的Gateway双元表达载体，适合用通路克隆技术构建过量表达目的基因的表达载体，产生的转基因后代可用卡那霉素(Km)筛选，由组成型35S启动子控制过量表达目的基因编码蛋白。

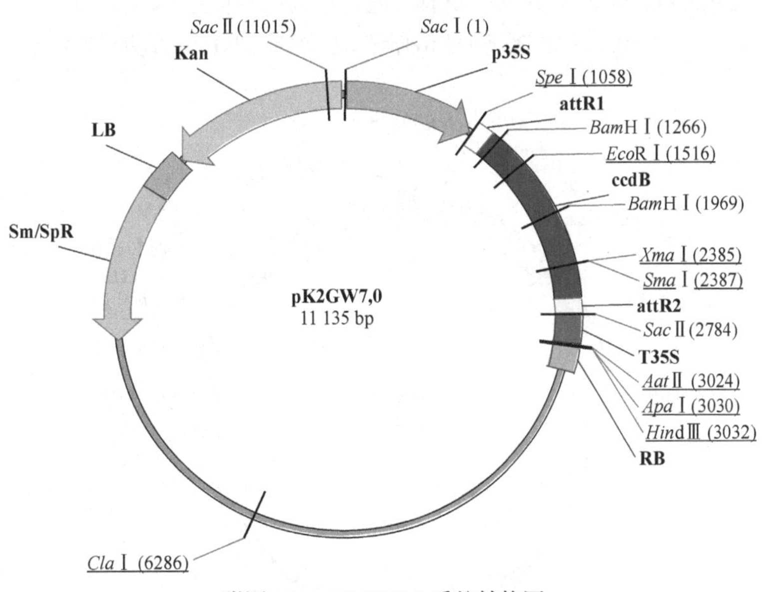

附图10　pK2GW7,0质粒结构图

RB，T-DNA右边界序列；LB，T-DNA左边界序列；Kan，卡那霉素抗性基因；attR1，通路克隆attR1重组位点，ccdB，*ccdB*基因；attR2，通路克隆attR2重组位点；p35S，花椰菜花叶病毒CaMV 35S启动子；T35S，35S终止子；Sm/SpR，链霉素/大观霉素抗性基因

2. pB2GW7,0

农杆菌转化用的Gateway双元表达载体，适合用通路克隆技术构建过量表达目的基因的表达载体，产生的转基因后代可用除草剂(草甘膦)筛选，由组成型35S启动子控制过量表达目的基因编码蛋白。

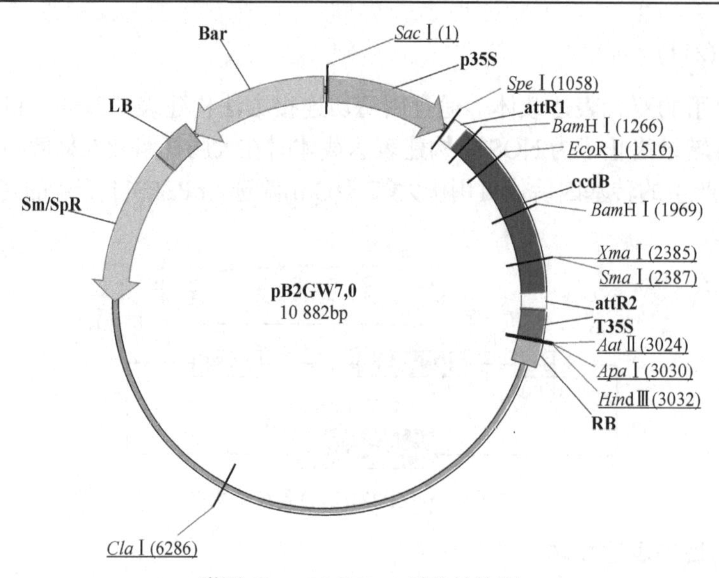

附图 11　pB2GW7,0 质粒结构图

RB，T-DNA 右边界序列；LB，T-DNA 左边界序列；attR1，通路克隆 attR1 重组位点；Bar，除草剂抗性基因；attR2，通路克隆 attR2 重组位点；p35S，花椰菜花叶病毒 CaMV 35S 启动子；T35S，35S 终止子；Sm/SpR，链霉素/大观霉素抗性基因；ccdB，*ccdB* 基因

3. pH2GW7,0

农杆菌转化用的 Gateway 双元表达载体，适合用通路克隆技术构建过量表达目的基因的表达载体，产生的转基因后代可用潮霉素(Hm)筛选，由组成型 35S 启动子控制过量表达目的基因编码蛋白。

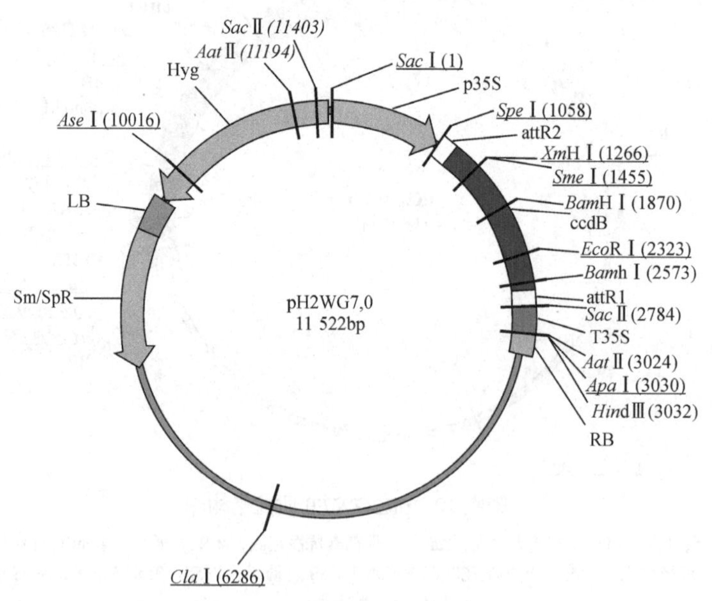

附图 12　pH2GW7,0 质粒结构图

RB，T-DNA 右边界序列；LB，T-DNA 左边界序列；attR1，通路克隆 attR1 重组位点；Hyg，潮霉素抗性基因；attR2，通路克隆 attR2 重组位点；p35S，花椰菜花叶病毒 CaMV 35S 启动子；T35S，35S 终止子；Sm/SpR，链霉素/大观霉素抗性基因；ccdB，*ccdB* 基因

4. pK7GWIWG2(I),0

农杆菌转化用的 Gateway 双元表达载体，适合用通路克隆技术构建 RNAi 干扰目的基因的

表达载体，产生的转基因后代可用卡那霉素(Km)筛选，由组成型 35S 启动子控制抑制目的基因编码蛋白的表达量。

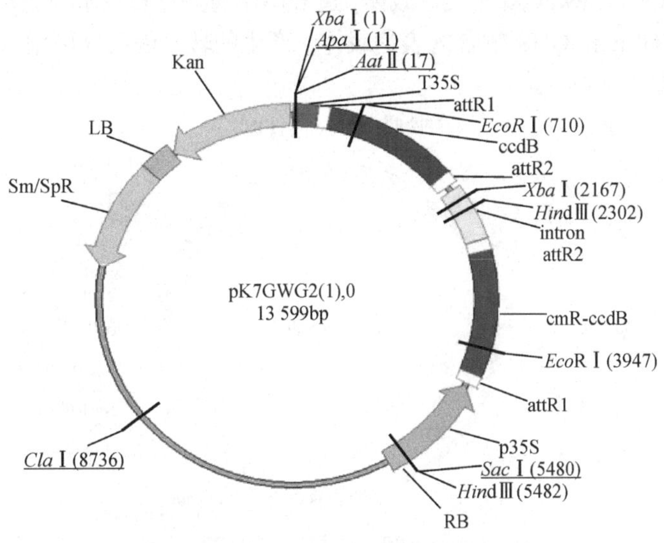

附图 13 pK7GWIWG2(I),0 质粒结构图

RB，T-DNA 右边界序列；LB，T-DNA 左边界序列；Kan，卡那霉素抗性基因；attR1，通路克隆 attR1 重组位点；ccdB，*ccdB* 基因；attR2，通路克隆 attR2 重组位点；p35S，花椰菜花叶病毒 CaMV 35S 启动子；T35S，35S 终止子；Sm/SpR，链霉素/大观霉素抗性基因；cmR-ccdB，氯霉素抗性基因-ccdB 基因；intron：内含子

5. pH7YWG2,0/pK7YWG2,0

农杆菌转化用的 Gateway 双元表达载体，适合用通路克隆技术构建过量表达目的基因与增强型黄色荧光蛋白 EYFP 融合蛋白的表达载体，产生的转基因后代可用卡潮霉素(Hm)筛选，由组成型 35S 启动子控制过量表达目的基因和 EYFP 融合的蛋白质。

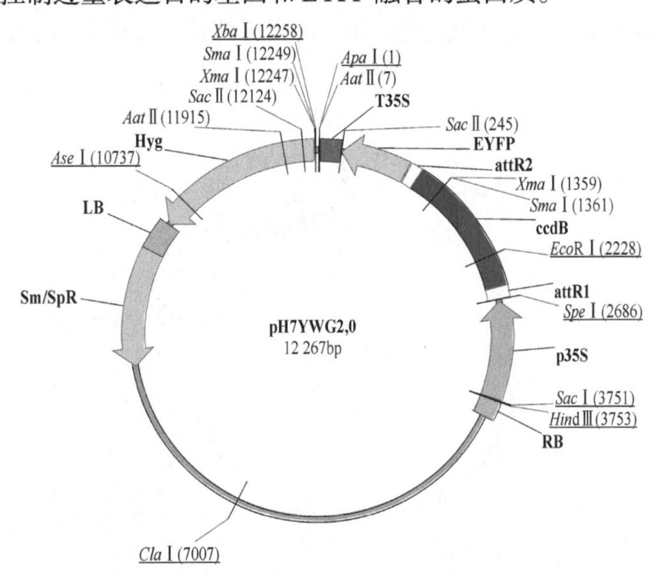

附图 14 pH7YWG2,0/pK7YWG2,0 质粒结构图

RB，T-DNA 右边界序列；LB，T-DNA 左边界序列；attR1，通路克隆 attR1 重组位点；Hyg，潮霉素抗性基因；attR2，通路克隆 attR2 重组位点；p35S，花椰菜花叶病毒 CaMV 35S 启动子；T35S，35S 终止子；Sm/SpR，链霉素/大观霉素抗性基因；ccdB，*ccdB* 基因；EYFP，增强型黄色荧光蛋白编码基因

6. pKGWF S7,0

农杆菌转化用的 Gateway 双元表达载体，适合用作通路克隆技术构建待分析启动子与增强型绿色荧光蛋白 EGFP 和 GUS 融合的表达载体，产生的转基因后代可用卡那霉素(Km)筛选，分析启动子活性用。

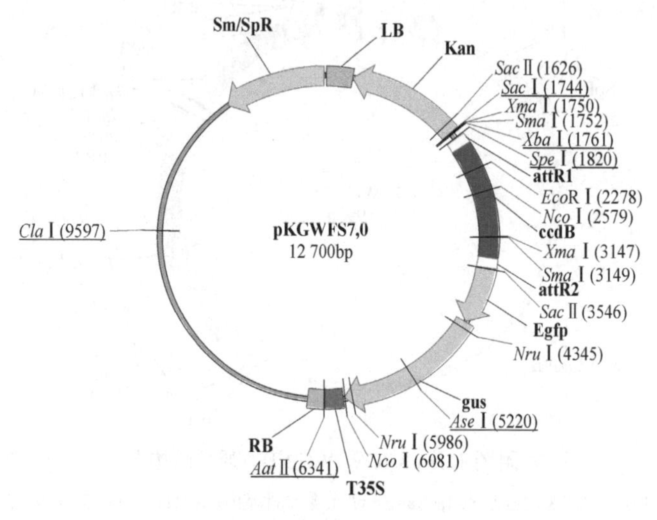

附图 15　pKGWF S7,0 质粒结构图

RB，T-DNA 右边界序列；LB，T-DNA 左边界序列；attR1，通路克隆 attR1 重组位点；Kan，卡那霉素抗性基因；attR2，通路克隆 attR2 重组位点；p35S，花椰菜花叶病毒 CaMV 35S 启动子；T35S，35S 终止子；Sm/SpR，链霉素/大观霉素抗性基因；ccdB，*ccdB* 基因；Egfp，增强型绿色荧光蛋白编码基因；gus，β-葡萄糖苷酸酶编码基因

7. pKGWL7,0

农杆菌转化用的 Gateway 双元表达载体，适合用于通路克隆技术构建过量表达待研究启动子控制萤火虫荧光素酶 LUC 蛋白表达的载体，产生的转基因后代可用卡那霉素(Km)筛选，分析启动子活性用。

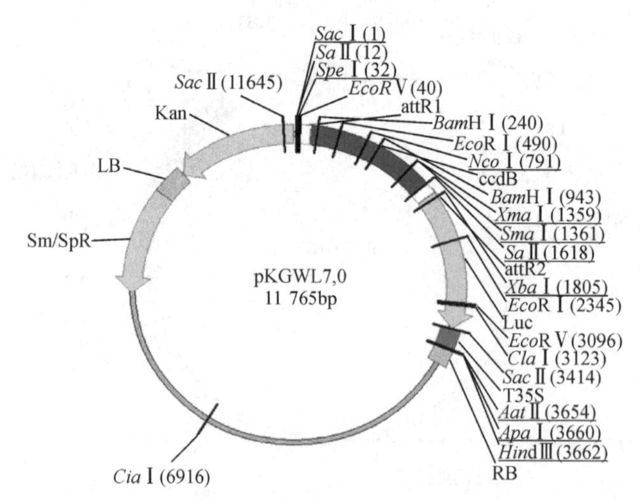

附图 16　pKGWL7,0 质粒结构图

RB，T-DNA 右边界序列；LB，T-DNA 左边界序列；attR1，通路克隆 attR1 重组位点；Kan，卡那霉素抗性基因；attR2，通路克隆 attR2 重组位点；p35S，花椰菜花叶病毒 CaMV 35S 启动子；T35S，35S 终止子；Sm/SpR，链霉素/大观霉素抗性基因；ccdB，*ccdB* 基因；luc，荧光素酶编码基因

8. pK7m34GW2-8m21GW3,0

农杆菌转化用的Gateway双元表达载体，适合用于通路克隆技术构建过量表达串联两个目的基因表达盒的载体，产生的转基因后代可用卡那霉素(Km)筛选。

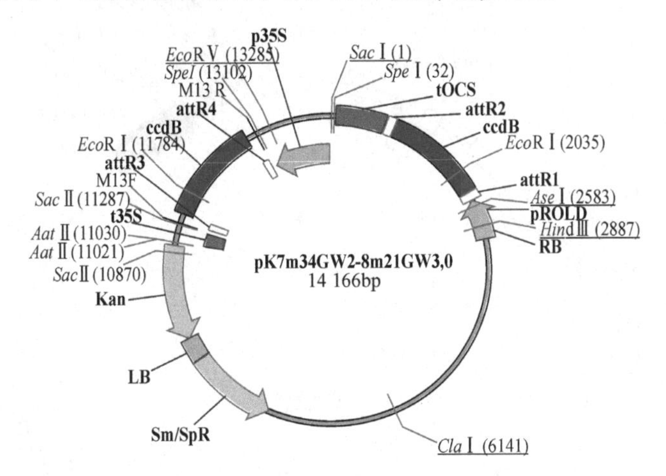

附图 17 pK7m34GW2-8m21GW3,0 质粒结构图

RB，T-DNA右边界序列；LB，T-DNA左边界序列；attR1，通路克隆attR1重组位点；Kan，卡那霉素抗性基因；attR2，通路克隆attR2重组位点；attR3，通路克隆attR3重组位点；attR4，通路克隆attR4重组位点；p35S，花椰菜花叶病毒CaMV 35S启动子；t35S，花椰菜花叶病毒35S终止子；Sm/SpR，链霉素/大观霉素抗性基因；ccdB，*ccdB*基因；pROLD，发根农杆菌启动子；tOCS，胭脂碱合成酶基因终止子

(七) 原核表达载体

1. pET-32a(+)

亚克隆的重组子用氨苄青霉素筛选，表达的目的重组蛋白两端有组氨酸标签，可以用His-Trap进行亲和层析纯化，表达的重组蛋白N端还有S-标签序列，可以用商业化的S-标签抗体检测重组蛋白的表达水平。纯化的重组蛋白可用肠激酶(enterokinase)切除N端的S-标签序列。

2. pET-28a(+)

亚克隆的重组子用卡那霉素筛选，表达的目的重组蛋白两端有组氨酸标签，可以用His-Trap进行亲和层析纯化。pET-28a-c(+)载体带有一个N端的His/Thrombin/T7蛋白标签，同时含有一个可以选择的C端His标签。

3. pET-27b(+)

亚克隆的重组子用卡那霉素(Kan)筛选，表达的目的重组蛋白N端有pelB信号肽，能够将目的蛋白定位于细胞周质腔，两端有组氨酸标签，可以用His-Trap进行亲和层析纯化。

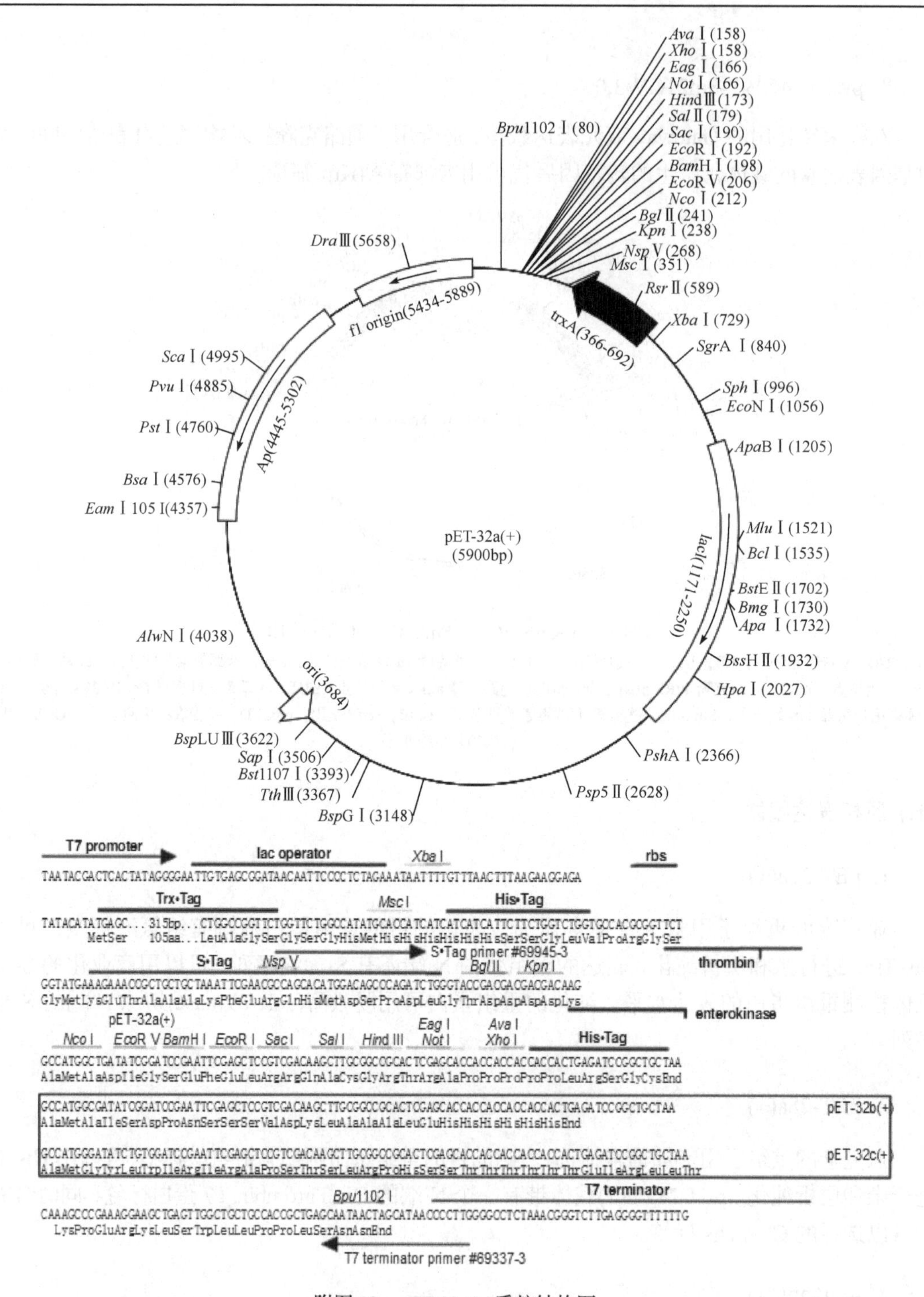

附图 18　pET-32a(+)质粒结构图

T7 promoter，T7 启动子(764～780bp)；Lac operator，Lac 操纵子；transcription start，转录起始位点(763)；Trx•Tag coding sequence，Trx 标签编码序列(366～692bp)；His•Tag coding sequence, His 标签编码序列(327～344bp)；S•Tag coding sequence，S 标签编码序列(249～293bp)；Multiple cloning sites(158～217bp)，多克隆位点(*Nco* Ⅰ～*Xho* Ⅰ)；His•Tag coding sequence，His 标签编码序列(140～157bp)；T7 terminator，T7 终止子(26～72l bp)；LacI coding sequence，*LacI* 基因编码区(1171～2250bp)；pBR322 origin，pBR322 复制起始位点(3684)；bla coding sequence，*bla* 基因编码区(4445～5302bp)；f1 origin，f1 复制起始位点(5434～5889bp)；thrombin，凝血酶识别位点；肠激酶 enterokinase，肠激酶识别位点

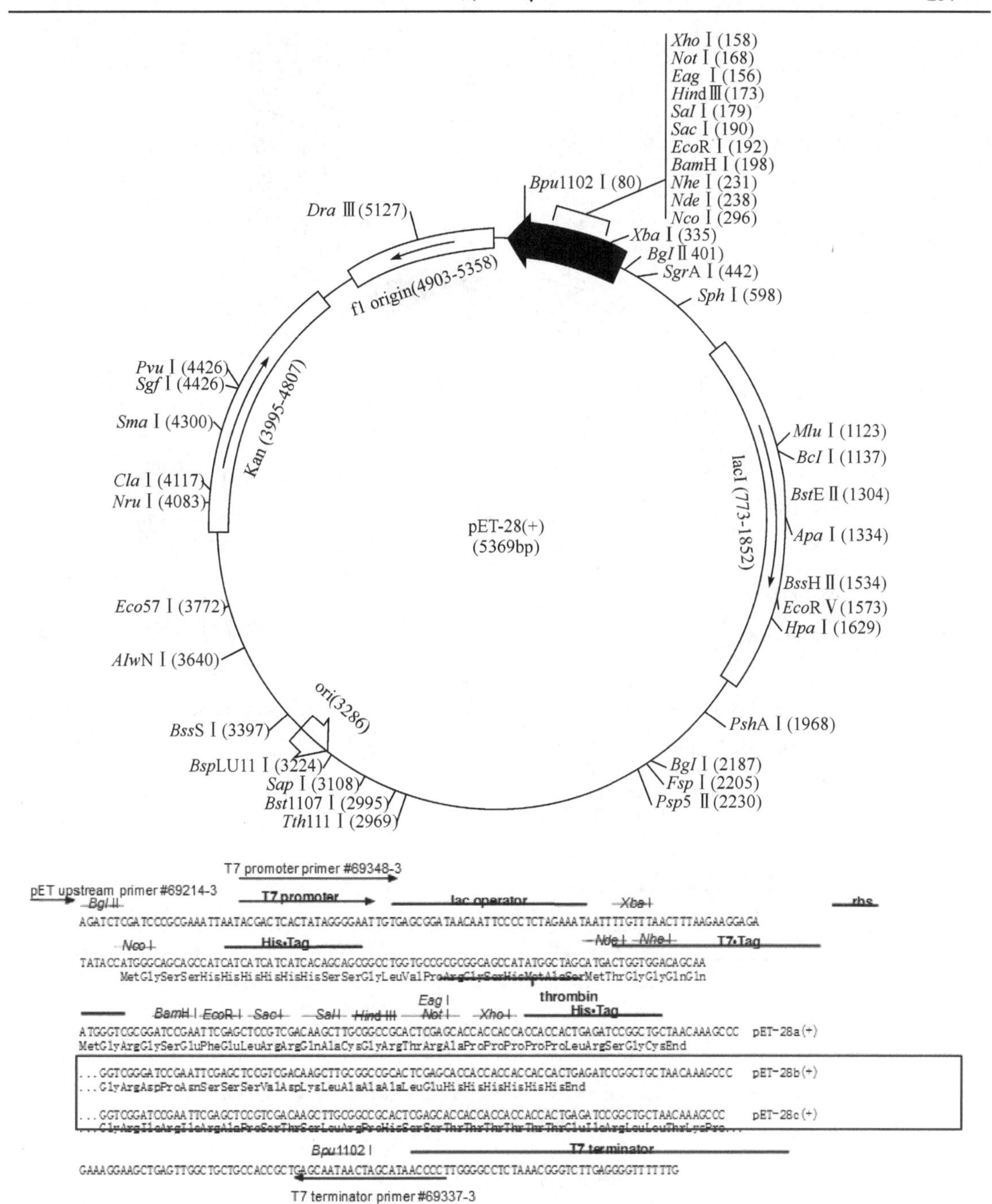

附图 19　pET-28a(+)质粒结构图

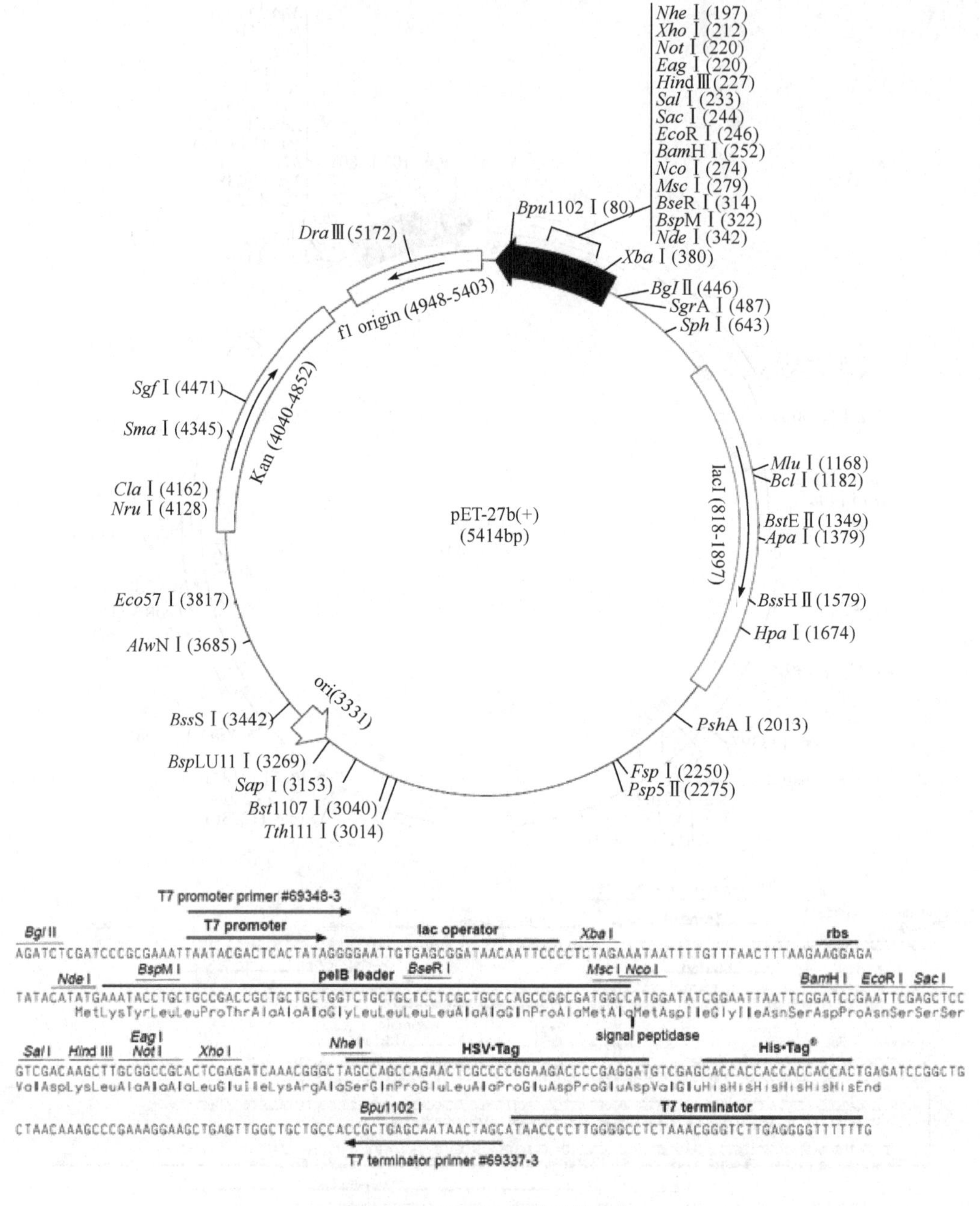

附图 20　pET-27b(+)质粒结构图

4. pGEX-4T-1

一种常用的原核表达载体，具有 Amp 抗性，质粒大小为 4.9kb。该载体多克隆位点区域含有多个常用的内切酶位点序列，便于不同基因的克隆；且全序列中含有 tac 启动子、GST 标签序列，是一种高效的蛋白表达载体。Tac 启动子在没有诱导物存在的情况下，质粒上携带的 *lacIq* 基因产物可以有效抑制 tac 启动子的转录。可在 BL21、Rosstea 等表达菌株中高表达融合有 GST 标签的蛋白质，且用凝血酶可将目的蛋白的 GST 标签切掉，便于下游蛋白纯化。由于 GST 标签较长，所以很容易用 GST 凝胶亲和层析纯化出重组蛋白。

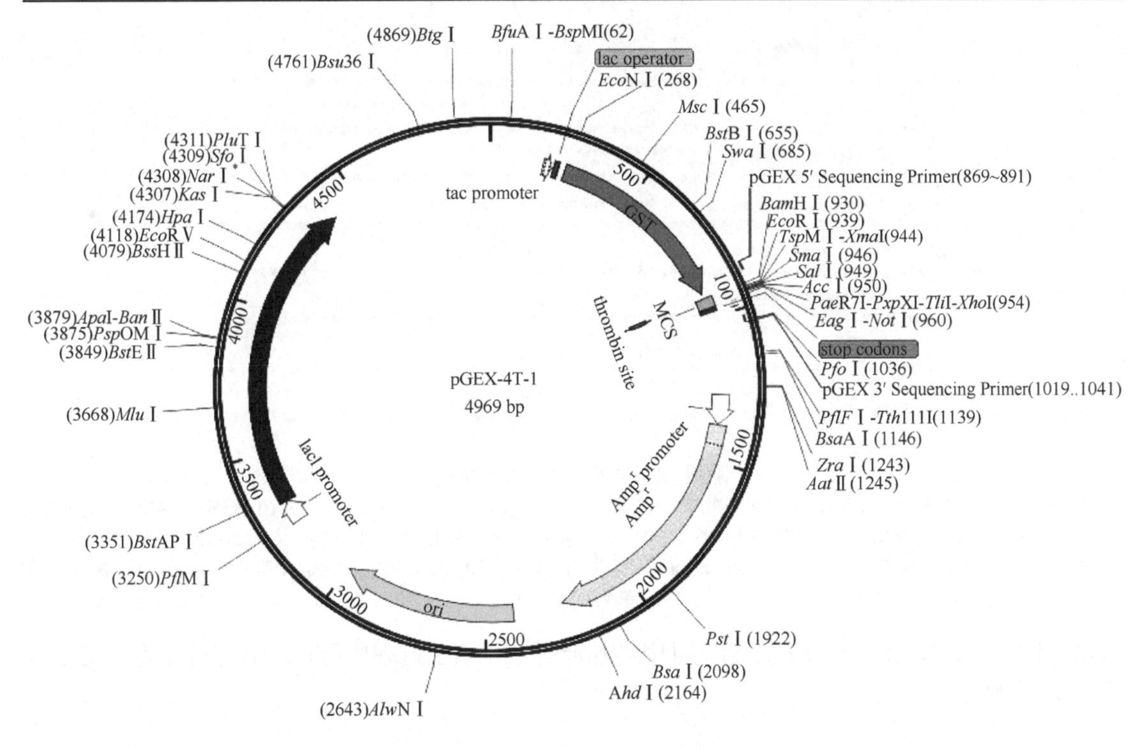

附图 21　pGEX-4T-1 质粒结构图

Tac promoter，Tac 启动子；GST，谷胱甘肽转移酶；MCS，多克隆位点；stop codons，终止密码子；Amp^r，氨苄青霉素抗性基因编码区；Amp^r promoter：Amp 启动子；pGEX 5′sequencing primer，pGEX 5′端测序引物；pGEX 3′sequencing primer，pGEX 3′端测序引物；LacI promoter，LacI 基因启动子；LacI coding sequence，LacI 基因编码区；origin，复制起始位点；thrombinsite，凝血酶识别位点

(八) 酵母表达载体

1. pYES3/CT

含有来自酿酒酵母 2μ质粒的复制起始位点，可以在酿酒酵母细胞中独立复制，是一种高拷贝稳定酿酒酵母蛋白表达载体，亚克隆于多克隆位点的目标基因编码蛋白的表达由半乳糖激

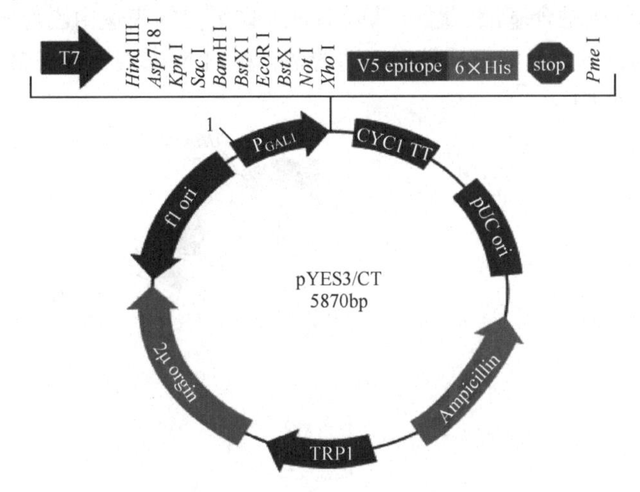

```
      GAL1 promoter
            TATA box
300 TTAACAGATA TATAAATGCA AAAACTGCAT AACCACTTTA ACTAATACTT TCAACATTTT
                                      start of transcription
360 CGGTTTGTAT TACTTCTTAT TCAAATGTAA TAAAAGTATC AACAAAAAAT TGTTAATATA
    GAL1 forward priming site   3' end of GAL1 promoter
420 CCTCTATACT TTAACGTCAA GGAGAAAAAA CCCCGGATCG GACTACTAGC AGCTGTAATA
    T7 promoter/priming site   Hind III  Asp718 I  Kpn I  Sac I  BamH I
480 CGACTCACTA TAGGGAATAT TAAGCTTGGT ACCGAGCTCG GATCCACTAG TAACGGCCGC
          BstX I*  EcoR I                 BstX I*  Not I  Xho I  Xba I*
540 CAGTGTGCTG GAATTCTGCA GATATCCAGC ACAGTGGCGG CCGCTCGAGT CTAGAGGGCC
             V5 epitope
600 CTTCGAA GGT AAG CCT ATC CCT AAC CCT CTC CTC GGT CTC GAT TCT ACG
            Gly Lys Pro Ile Pro Asn Pro Leu Leu Gly Leu Asp Ser Thr
                    Polyhistidine region                Pme I
649 CGT ACC GGT CAT CAT CAC CAT CAC CAT TGA GTTTAAACCC GCTGATCCTA
    Arg Thr Gly His His His His His His ***
                                    CYC1 reverse priming site
699 GAGGGCCGCA TCATGTAATT AGTTATGTCA CGCTTACATT CACGCCCTCC CCCCACATCC
```

附图 22　pYES3/CT 质粒结构图

f1 ori：f1 复试起始位点；P_{GAL1} 启动子：半乳糖激酶基因启动子；诱导方法：半乳糖；CYC1 TT：CYC1 转录终止序列；5′测序引物及序列 GAL1-F：AATATACCTCTATACTTTAACGTC；T7：T7 启动子；3′测序引物及序列 CYC1-R：GCGTGAATGTAAGCGTGAC；载体标签：V5 epitope，6×His；载体抗性：Ampicillin(氨苄青霉素)；酵母筛选标记：TRP1（色氨酸缺陷型）；2μ origin：酵母 2μ质粒复制起始位点

酶基因(*GAL1*)启动子 *PGAL1* 控制，可用半乳糖诱导，该表达载体可在酿酒酵母细胞中用于基因的功能验证。

2. pGBKT7

含有来自酿酒酵母 2μ质粒的复制起始位点，可以在酿酒酵母细胞中独立复制，酵母双杂交系统中的诱饵载体，亚克隆于多克隆位点的目标基因编码序列和转录因子 *GAL4* 的 DNA 结合域编码序列(*DNA-BD*)形成融合基因，融合基因编码诱饵蛋白的表达由乙醇脱氢酶基因(*ADH1*)的启动子 *PADH1* 控制，可用葡糖糖诱导。

3. pGADT7

高拷贝酿酒酵母双杂交猎物蛋白表达载体，含有 2μ质粒的复制起始位点，可以在酿酒酵母细胞中独立复制，亚克隆于多克隆位点的目标基因编码序列和转录因子 *GAL4* 的转录激活域编码序列(*GAL4AD*)形成融合基因，融合基因编码猎物蛋白的表达由乙醇脱氢酶基因(*ADH1*)的启动子 *PADH1* 控制，可用葡糖糖诱导。表达的融合蛋白 N 末端含有来自 SV40 的核定位序列 NLS，可定位到细胞核中。

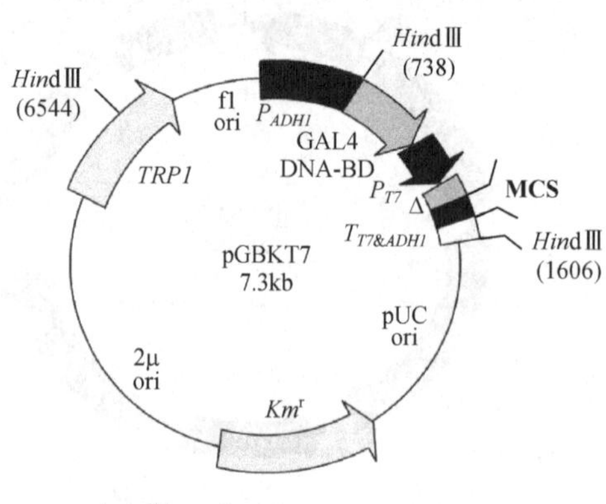

Δ　c-Myc epitope tag

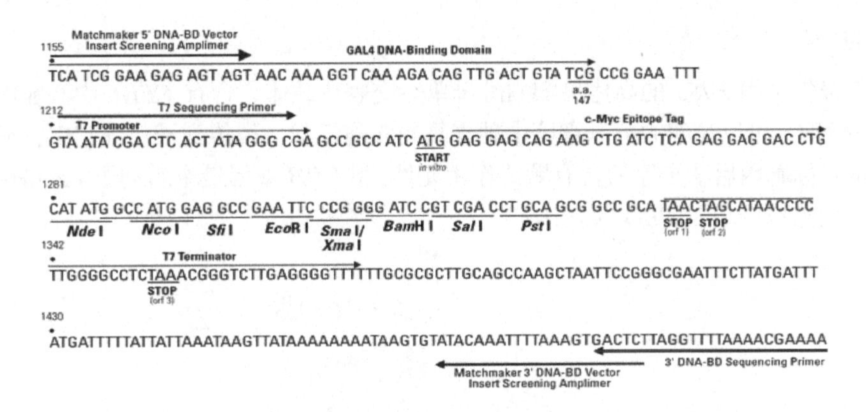

附图 23　pGBKT7 质粒结构图

启动子 P_{ADH1}：乙醇脱氢酶基因 1 启动子；诱导方法：葡糖糖；GAL4 DNA-BD：转录因子 GAL4 的 DNA 结合位点；P_{T7}：T7 启动子；MCS：多克隆位点；$T_{T7\&ADH1}$：T7 和 ADH1 的转录终止序列；pUC ori：pUC 质粒复试起始位点；载体标签：c-Myc；载体抗性标记 Km^r：卡那霉素；f1 ori：f1 复试起始位点；酵母筛选标记：TRP1（色氨酸缺陷型）；2μ origin：酵母 2μ质粒复制起始位点

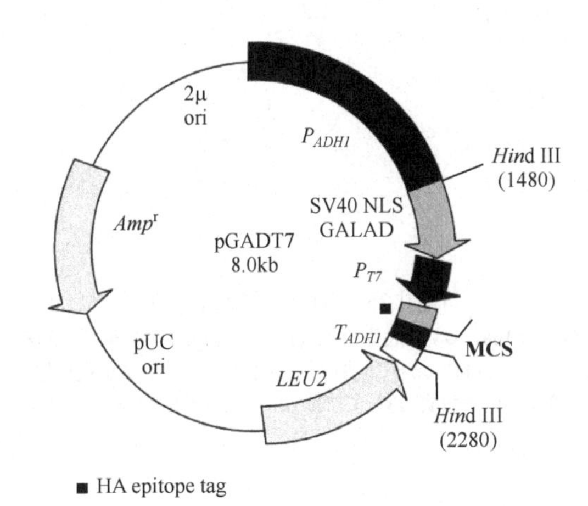

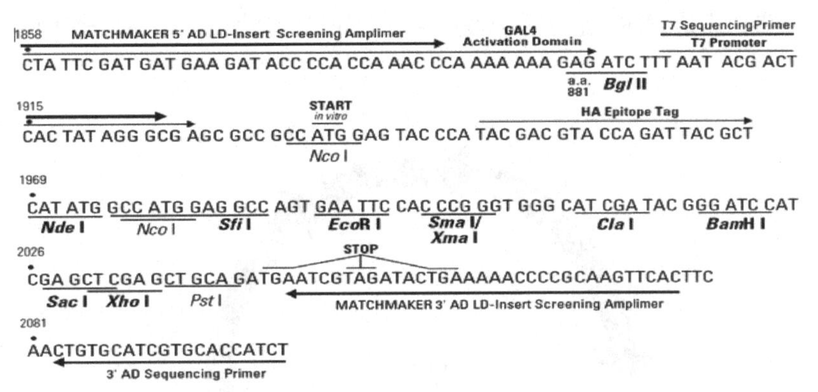

附图 24　pGADT7 质粒结构图

启动子 P_{ADH1}：乙醇脱氢酶基因 1 启动子；诱导方法：葡糖糖；SV40 NLS：SV40 病毒编码蛋白和定位序列；GAL4 AD：转录因子 GAL4 的转录激活位点；P_{T7}：T7 启动子；MCS：多克隆位点；T_{ADH1}：*ADH1* 的转录终止序列；pUC ori：pUC 质粒复试起始位点；载体抗性标记 Amp^r：氨苄青霉素；酵母筛选标记：LEU2（亮氨酸缺陷型）；2μ origin：酵母 2μ质粒复制起始位点

4. pHis3

含有报告基因 *HIS3* 的高拷贝酿酒酵母单杂交表达载体，含有 *CEN6* 中心粒序列和自主复制序列 *ARS4*，可以在酿酒酵母细胞中独立复制并随细胞分裂传到子代细胞中，亚克隆于多克隆位点的目标基因启动子序列含有顺式作用元件，和 *HIS3* 基因最小启动子 PminHIS3 形成融合启动子，调控报告基因 *HIS3* 的表达。

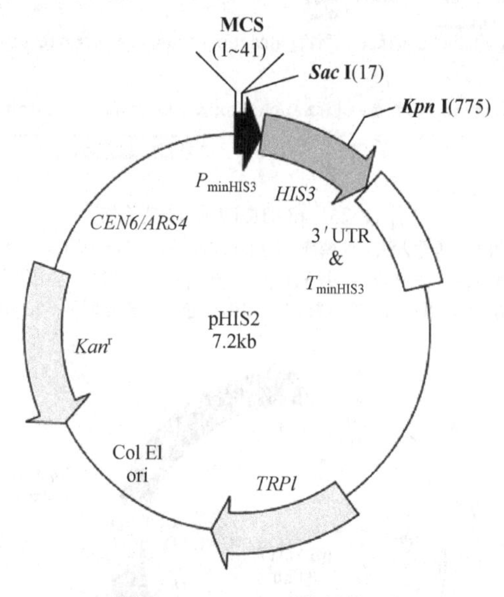

附图 25　pHis3 质粒结构图

启动子 $P_{min\ HIS}$：HIS 最小启动子；MCS(1～41bp)：多克隆位点；HIS3(152～811bp)：HIS3 基因编码区；3′UTR & TminHIS3(812～1446bp)：HIS3 基因 3′端非翻译区及其转录终止序列；Col E1 ori：Col E1 质粒复试起始位点；载体抗性标记 *Kan*ʳ(5605～4811bp)：卡那青霉素；酵母筛选标记 TRP1(2855～3529bp)：色氨酸缺陷型；CEN6/ARS4(6254～5737bp)：酵母染色体的着丝粒及自主复制序列

5. pPIC9K

毕赤酵母蛋白表达载体，亚克隆于多克隆位点的目标基因编码区和分泌因子信号肽 S 编码

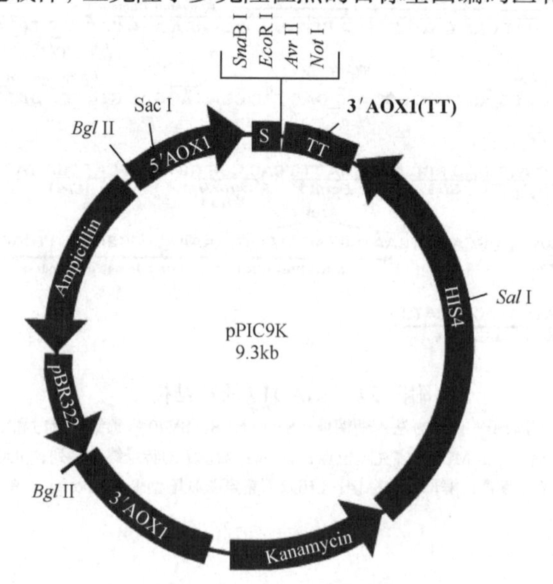

PAOX1 and Multiple Cloning Site of pPIC9K

The sequence below shows the detail of the multiple cloning site and surrounding sequences.

```
 AOX1 mRNA 5'end(824)                       5'AOX1 primer site(855-875)
TTATCATCAT TATTAGCTTA CTTTCATAAT TGCGACTGGT TCCAATTGAC

AAGCTTTTGA TTTTAACGAC TTTTAACGAC AACTTGAGAA GATCAAAAAA
                                  Start(949)  α-Factor Signal Sequence
CAACTAATTA TTCGAAGGAT CCAAACG  ATG AGA TTT CCT TCA ATT
Met Arg Phe Pro Ser Ile

TTT ACT GCA GTT TTA TTC GCA GCA TCC TCC GCA TTA GCT GCT
Phe Thr Ala Val Leu Phe Ala Ala Ser Ser Ala Leu Ala Ala

CCA GTC AAC ACT ACA ACA GAA GAT GAA ACG GCA CAA ATT CCG
Pro Val Asn Thr Thr Thr Glu Asp Glu Thr Ala Gln Ile Pla

GCA GAA GCT GTC ATC GGT TAC TCA GAT TTA GAA GGG GAT TTC
Ala Glu Ala Val Tle Gly Tyr Ser Asp Leu Glu Gly Asp Phe

GAT GTT GCT GTT TTG CCA TTT TCC AAC AGC ACA AAT AAC GGG
Asp Val Ala Val Leu Pro Phe Ser Asn Ser Thr Asn Asn Gly
                            α-Factor primer site (1152-1172)
TTA TTG TTT ATA AAT ACT ACT ATT GCC AGC ATT GCT GCT AAA
Leu Leu Phe Ile Asn Thr Thr Ile Ala Ser Ile Ala Ala Lys
                                            Signal clcavage (1203-1204)SndBI
GAA GAA GGG GTA TCT CTC GAG AAA AGA▼GAG GCT GAA GCT TAC
Glu Glu Gly Val Ser Leu Glu Lys Arg Glu Ala Glu Ala Tyr

GTA GAA TTC CCT AGG GCG GCC GCG AAT TAA TTCGCCTTAG
Val Glu Phe Pro Arg Ala Ala Ala Asn ***

ACATGACTGT TCCTCAGTTC AAGTTGGGCA CTTACGAGAA GACCGGTCTT
                    3 AOX1primer site(1327-1347)
GCTAGATTCT AATCAAGAGG ATGTCAGAAT GCCATTTGCC TGAGAGATGC

ATTCTTCATT TTTGATACTT TTTATTTGT AACCTATATA GTATAGGATT

TTTTTTGTCA ↓AOX1 mRNA 3 end(1418)t
```

附图 26　pPIC9K 质粒结构图

5′AOX1：乙醇氧化酶基因启动子；诱导方法：甲醇；3′AOX1(TT)：乙醇氧化酶基因转录终止序列；5′测序引物及序列 5′AOX1: 5′-GACTGGTTCCAATTGACAAGC-3′，alpha-Factor-F: 5′-TACTATTGCCAGCATTGCTGC-3′；3′ 测序引物及序列 3′AOX1:5′-GCAAATGGCATTCTGACATCC-3′；载体标签：N-alpha factor；载体抗性：Ampicillin(氨苄青霉素)和 Kanamycin(卡那霉素)；酵母筛选标记：HIS4(组氨酸缺陷型)；pBR322：pBR322 质粒复制起始位点

序列形成融合基因。融合基因的表达由醇氧化酶基因(*AOX1*)启动子控制，可用甲醇诱导，该表达载体不含有独立复制需要的起始位点，融合基因和筛选标记基因 HIS4 及卡那霉素抗性基因表达盒通过醇氧化酶基因的 3′端序列 3′AOX1 以整合的方式进入毕赤酵母基因组中，整合可以重复进行，利用 G418 的梯度筛选可获得多拷贝的重组子，实现蛋白质的高水平表达，表达的融合蛋白可分泌到细胞外容易纯化，因此该表达载体通常用于表达重组蛋白。

五、转基因生物表型常见生理生化指标的分析方法

(一) 叶片叶肉细胞原生质体的制备方法

(1) 纤维素酶解液室温融解，融化后量取 10mL/皿或者 6 孔培养板的小穴内。

(2) 剪取叶片(无菌苗、健康、未抽薹、伸展，去掉叶片顶端和叶柄部位，只选取中段叶片)，需要记录叶片片数或者称重，用解剖刀片仔细切成约 1mm 细条，用镊子轻夹入酶液中散开。

(3) 用镊子和解剖针分散细叶条，充分与酶液接触(避免叶条漂浮在酶液表面，不利于酶解)。

(4) 在避光条件下，低速(50～100r/min)摇床培养，温度控制在 25～28℃，酶解 4h 左右(依

材料不同需要摸索最佳时间)。

(5) 向培养皿中缓慢加入 10mL Washing I 溶液，轻轻摇动混合均匀。用剪掉枪尖的 1mL 移液枪吸取酶解液，尼龙网过滤入 15mL 塑料离心管。

(6) <100*g* 离心 3min，缓慢吸出上清，每管剩余少量上清液，轻轻晃动离心管，使 protoplasts 重悬(用剪掉枪尖的移液枪将重悬液合二为一，离心尽量使用低速水平转子离心机)。

(7) 沿离心管壁加入 10mL Washing Ⅱ，轻微颠倒混匀，<100*g* 离心 3min，缓慢吸出上清，剩余少量上清液，轻轻晃动离心管，使 protoplasts 重悬。

(8) 沿离心管壁加入 10mL WI 溶液，轻微颠倒混匀，<100*g* 离心 3min，尽量吸出上清，加入适量 WI 溶液，轻轻晃动离心管，使 protoplasts 重悬，重悬后的 protoplasts 置于冰上暂时保存(WI 的加入量视收集到的原生质体而定，在 1～3mL 的范围之内，使重悬后的溶液浓度至少在 10^6 个/mL)。

(9) 吸取 10～20μL 均匀混合的 protoplasts 悬浮液，进行 FDA 染色制片，在蓝色荧光下观测细胞活性(染色后等待 1～2min 的反应时间，再观察细胞活性，活细胞呈绿色或黄色)。

(二) 荧光素酶的活性测定

1. 细胞裂解

(1) 取 0.1g 的材料，加液氮充分研磨材料至粉末状后，加入 500mL 的细胞裂解液继续研磨，待溶化后，转入 1.5mL 的离心管中。

(2) 将充分裂解后的裂解产物，4℃、12 000r/min 离心 5min。离心后将上清液转入新的离心管中进行后续检测。

2. 蛋白定量

测定蛋白质浓度所用试剂为 Bio-Rad 的 Bradford Protein Quantitation Reagent(蛋白质定量测定试剂)。配制样品反应体系(800μL H_2O + 200μL solution + 2μL 样品蛋白液)，室温放置 2min，用容量为 1mL、光径为 1cm 的比色杯测定 595nm 处的光吸收值。确定每个样品的蛋白浓度后，最后测定酶活时在 300μL 样品中加入 20μg 蛋白。

3. 荧光素酶检测

(1) 按照仪器说明书将酶标仪打开，设定参数，振荡时间为 5s，激发波长为 545nm。

(2) 将样品按照 100μL 的体积加入酶标板中(保持每次样品的加样量一致)，另外加入 100μL Luciferase Assay Reagent 混匀。同时设置 Cell Lysis Buffer 为对照孔。

(三) GUS 蛋白活性的染色分析方法

植物组织浸入 GUS 染色液[80mmol/L 硫酸钠盐缓冲液(pH7.0)，0.4mmol/L 亚铁氰化钾，0.4mmol/L 铁氰化钾，8mmol/L EDTA，0.05%Triton-100，0.8mg/ml X-Gluc，20%甲醇]中，抽真空 30min，37℃保温过夜，去除 GUS 染色液，加入 75%乙醇，37℃脱色 3h，重复 2～3 次。

(四) GFP 的定量分析方法

取 1g 新鲜叶片(或其他组织)，加入 1mL 蛋白抽提液[50mmol/L Tris-HCl pH7.5，10%甘油，10mmol/L β-巯基乙醇，1mmol/L PMSF(phenylmethylsulfonyl fluoride)，2mmol/L EDTA，10%PVP(polyvinylpyrrolidone)]，研磨。于 4℃、12 000r/min，离心 25min，取上清。用 Bradford 方法测定植物上清中的蛋白质浓度。取 1mg 蛋白样品加入纯水到终体积 2mL，使用荧光分光光度计(发射光 488nm，吸收光 510nm)测定 510nm 处的吸收峰值。

(五) GUS 的定量分析方法

称取新鲜组织材料 0.5～1g，在液氮中磨碎植物组织，加入 100μL 抽提缓冲液(50mmol/L 磷酸盐缓冲液, pH7.0, 10mmol/L EDTA, 0.1% Triton X-100, 0.1%十二烷基肌酸钠，10mmol/L β-巯基乙醇)。4℃、15 000r/min 离心 5min，转移上清，用 Bradford 方法测定上清液中蛋白质的浓度。在新的 EP 管中加入 100μg 蛋白质溶液和 Assay Buffer[1mmol/L MUG (4-methylumbelliferyl-β-D-glucuronic acid), 37℃保温]到终体积为 200μL，混匀。在 0 时刻，取出 20μL 混合液加入 180μL 0.2mol/L Stop Buffer(0.2mol/L Na_2CO_3)终止反应，此时计为 T_0。其余混合物 37℃保温，在 12h 时刻，取出 20μL 加入 180μL 0.2mol/L Stop Buffer 终止反应，此时计为 T_{12}。用荧光分光光度计(BIO-RAD VersaFlour™Fluorometer)确定 MU 的浓度(发射光 365nm，吸收光 455nm)。用 1mmol/L MU 按 10μmol/L、1μmol/L、500nmol/L、100nmol/L、50nmol/L、10nmol/L(分别加入 0.2mol/L Na_2CO_3)梯度制备 MU 的标准曲线。

(六) $H^{13}CHO$ 标记和 ^{13}C NMR 分析

取植物材料 2g 浸入 70mL 处理液[5mmol/L $KHCO_3$，2mmol/L $H^{13}CHO$，0.1% MES(*m/V*, pH5.7)]中。在 25℃条件下持续光照[100μmol/(m^2 · s)]并振荡培养(100r/min)。处理相应时间后，用预冷无菌蒸馏水冲洗材料 5 次以去除表面残留 $H^{13}CHO$。用吸水纸吸取材料表面水分后将在液氮中速冻并在研钵中磨成粉末，加入 4mL 10mmol/L 磷酸钾缓冲液(KPB, pH7.4)抽提。抽提液在沸水浴处理 3min 使酶失活后离心(12 000*g*)10min 去除细胞碎片。上清液被冷冻抽干后溶于 0.5mL 10mmol/L KPB 缓冲液中，加入含有 50mmol/L 的甲酰胺或马来酸做内参，样品最终转移至 5mm 核磁管。

NMR 数据通过布鲁克核磁共振仪(DRX 500-MHz)获得，参数如下：宽带质子去耦，5-μs(90°)脉冲，谱宽 37 594Hz，采样时间 0.5s，延滞时间 1.2s，样品温度保持在 25℃，每个样品采集 32 000 个数据点，扫描 1200 次，处理数据时线宽为 4Hz。$H^{13}CHO$ 标记样品中化学位移参照甲酰胺共振峰(166.85ppm)。NMR 谱中共振峰通过参考已知化合物 NMR 谱进行验证。在计算不同样品中[1-^{13}C]F6P 和其他代谢物的相对含量时，以目标共振峰为内参进行积分。

(七) 盆栽植物吸收气体甲醛速率的测定

用一个特制玻璃密封舱装置来检测植盆栽物对气体 HCHO 的吸收能力，该装置规格为 700mm×600mm×700mm(长×宽×高)。密封舱的两侧提供光源，舱中光照强度为 75μmol/(m^2 · s)，密封舱的角落装有四个小风扇，以加速气体 HCHO 在舱内循环。密封舱中的温度和湿度是由传感器检测并在仪表盘自动显示。盆栽植物用塑料袋包裹以消除土壤吸收 HCHO 的影响。将植物通过密封舱前部的小门放入，再用小型泵或者注射器向舱内添加气体 HCHO。舱内的 HCHO 气体浓度由 HCHO 传感器(CH_2O/C-10，MEMBRAPOR，Swizerland)监测，可以通过一个小型显示屏幕直接读取 HCHO 浓度，传感器的数据也可以被数据记录装置记载并在计算机中分析。当舱中 HCHO 浓度下降至 5ppm 左右时开始记录 HCHO 消耗过程，并默认此时为起始时刻。在整个测定过程中，为维持 HCHO 的气体状态，温度和湿度分别控制在 26～32℃和 25%～60%。测定完毕后收集整株植物所有叶片，与一块已知面积小纸片共同扫描来计算每盆植物的叶片总面积。扫描获得的图片用软件处理得到叶片区域的像素(m)和纸片区域的像素(n)。纸片的面积设定为 Ap，那么叶片总面积(Al)的计算公式为：$Al=m/n\times Ap$。

(八) 植物组织吸收液体 HCHO 能力的测定

取 2g 植物材料放入三角瓶中，加入 30mL 的甲醛处理液(2mmol/L、4mmol/L、6mmol/L)，在 23℃持续光照条件下振荡培养，处理一定时间后用 Nash 试剂测定处理液中剩余的甲醛浓度。甲醛能与 Nash 试剂(乙酸氨：15%，冰醋酸：0.3%，乙酰丙酮：0.2%)发生反应，生成较稳定的微黄色化合物 2,6-二甲基-3,5-二乙酰基-l,4-二氢吡啶，此产物在波长为 410 nm 处时有最大吸收，按照 OD_{410} 与甲醛浓度的比例关系即可对甲醛含量进行定量分析。HCHO-Nash 标准曲线的制作见附表 7。

附表 7　HCHO-Nash 标准曲线制作

甲醛浓度/(mmol/L)	0	0.02	0.04	0.8	0.12	0.16	0.2
HCHO/μL	0	100	200	400	600	800	1000
H_2O/μL	1000	900	800	600	400	200	0
Nash 试剂/mL	1	1	1	1	1	1	1

上述反应体系在 30℃保温 30min 后，测定其 OD_{410} 的值，得出 HCHO-Nash 标准曲线 $y=0.2707x-0.0095$($R^2=0.9999$)，根据标准曲线计算测试样品中的甲醛浓度。

(九) 植物组织同化 HCHO 能力的测定

取 0.5g 植物组织材料浸泡在 10mL 处理液[含 5mmol/L $KHCO_3$, 2mmol/L HCHO, 0.1% MES (m/V，pH5.7)，以及 2.0μCi[^{14}C]HCHO, Sigma]中。样品在 25℃条件持续光照[100μmol/($m^2\cdot s$)]并振荡过夜。处理完毕用无菌水冲洗材料，去除表面游离 HCHO 后在液氮中冷冻，再用 10% 三氯乙酸(TCA)进行抽提。抽提完毕离心(12 000g)得到不溶性部分后，连续使用 5%TCA(1 次)、50%乙醇(2 次)、100%乙醇(1 次)清洗。用液闪仪(Hidex Oy，Finland)测定转基因不溶性部分的同位素强度。

(十) 可溶性总糖含量的测定

采用蒽酮比色法测定可溶性总糖含量。首先制作可溶性总糖含量的标准曲线。分别吸取 0.4μg/μL 的葡萄糖溶液 0μL、40μL、80μL、120μL、160μL、200μL、并向每个体系中加入 ddH_2O 补足至终体积 200μL 使可溶性糖含量分别达到 0μg、16μg、32μg、48μg、64μg、80μg。向每管可溶性糖溶液中加入 1mL 蒽酮混合反应后，在沸水浴中加热 10min，冰上冷却，用分光光度计测定 625nm 处光吸收值 OD_{625}，制备标准曲线。所得的回归方程为 y=41.077x+0.0331[x，OD_{625}；y，可溶性糖浓度(mg/mL)，R^2=0.9957]，配制样品反应体系(20μL 抽提液＋180μL ddH_2O＋1mL 蒽酮)，读取 625nm 处的光吸收值 OD_{625}，带入标准曲线公式，计算得出可溶性总糖含量。

(十一) 花青素含量测定

采用盐酸甲醇法提取植物材料中的花青素，取 0.5g 材料，液氮速冻后研磨，用抽提液(36.5% 浓盐酸：甲醇=1：99，V/V)抽提花青素，离心取上清，紫外分光光度法测定 535 nm 处光吸收值 OD_{535}，花青素的相对含量以 A_{535}/g F.W.表示。

(十二) 绿色素含量测定

采用乙醇提取植物叶片的绿色素：收集叶片，在液氮中充分研磨呈粉末状，用 95%乙醇和少许 $CaCO_3$ 对叶片中的叶绿素进行抽提。紫外分光光度法测定 665nm 和 649nm 处的光吸收值 OD_{665} 和 OD_{649}，根据下述公式计算总叶绿素、叶绿素 a 和 b 的含量。叶绿素 a[Ca(mg/L)]= $13.95\times A_{665}-6.88\times A_{649}$；叶绿素 b[Cb(mg/L)]=$24.96\times A_{649}-7.32\times A_{665}$；总叶绿素浓度 $C_{(a+b)}=C_a+C_b$。叶绿素含量(mg/g 鲜重)=(色素浓度×提取液体积×稀释倍数) / (样品鲜重×1000)。

(十三) MDA 含量测定

采用硫代巴比妥酸法测定丙二醛(MDA)的含量：取 0.4mL 抽提液加入 0.4mL 含有 0.6% TBA(硫代巴比妥酸)的 20%TCA(三氯乙酸)溶液中，沸水煮沸 15min 后立即置于冰上冷却。12 000r/min 离心 10min，在 532nm 和 450nm 处读取上清液的光吸收值 OD_{532} 和 OD_{450}。按照公式：MDA 浓度(μmol/L)=$6.45\cdot OD_{532}-0.56\cdot OD_{450}$ 计算 MDA 浓度。

(十四) PC 的含量测定

采用 2，4-二硝基苯肼(DNPH)法测定羰基化蛋白(PC)的含量：将 0.4mL 10mmol/L 的 DNPH 溶液和 0.1mL 样品抽提液混合，置于黑暗处反应 1h(每隔 10min 摇一次)，加入 0.5mL 20% TCA 溶液沉淀蛋白，12 000r/min 离心 15min，弃上清。用 1mL 乙酸/乙酸乙酯混合液(乙酸：乙酸乙酯=1：1，V/V)清洗沉淀三次，加入 1.25mL 6mol/L 盐酸胍充分溶解沉淀，37℃金属浴 15min 后测定 370nm 处光吸收值 OD_{370}。PC 浓度(mol/L)=(测定管吸光度−空白管吸光度)×(稀释体积)/22(22 为 PC 毫摩尔消光系数)。

(十五) H_2O_2 的含量测定

采用二甲酚橙法测定过氧化氢(H_2O_2)的含量：用 MiliQ 水配制试剂 A[3.3mmol/L $FeSO_4$，3.3mmol/L$(NH_4)_2SO_4$，412.5mmol/LH_2SO_4]和试剂 B[165μmol/L 二甲酚橙，165mmol/L 山梨醇]。使用前将试剂 A 和试剂 B 按照 1：10 的比例混合作为工作试剂。此工作试剂与 H_2O_2 待测液按照 2：1 的比例混合，30℃水浴显色 30min 后，测定 560nm 处光吸收值 OD_{560}，按照标准曲线 y=0.1734x−0.0055[x：H_2O_2 浓度(mg/mL)，y：OD_{560}，R^2=0.9995]计算 H_2O_2 含量。

(十六) 不依赖 GSH 甲醛脱氢酶 ADH 的活性测定

由于 PADH 酶催化的反应伴随着 NAD 的还原形成 NADH，因此可通过测量 ADH 反应液在 340nm 吸光度增加的量计算出其酶活。1mL 的反应体系[磷酸钾缓冲液(pH8.0)50mmol/L，甲醛 2mmol/L，NAD^+1mmol/L]在 40℃温育 10min 后加入 200μg 酶蛋白样品启动反应，测定 340nm 吸光度的增值。一个酶活单位(U)定义为 40℃每分钟还原 1μmol NAD^+为 NADH 所需的酶量。按公式：酶活性(U/mg)=(A/6.22)×(l/B)×(l/C)计算酶的活性，其中，A 是 ΔA_{340nm}；B 反应中可溶性蛋白含量；C 是时间；6.22 是 1μmol NADH 在 340 nm 处的吸光系数。

(十七) 质膜提取方法

冻存的组织用液氮快速研磨后加入提取质膜蛋白提取液[含 0.25mol/L 山梨醇,1mmol/L EDTA，10mmol/L Tris-HCl(pH7.4)，10μmol/L NaF，0.5mmol/L PMSF，0.015%(V/V)TritonX-100]。匀浆后于 4℃、9000g 离心 20min，弃沉淀。上清于 4℃、30 000g 离心 1h，收集沉淀并悬浮于 1mL 悬浮缓冲液[含有 330mmol/L 蔗糖(Suc)、5mmol/L 磷酸钾缓冲液(pH7.5)、5mmol/L KCl、1mmol/L DTT 和 0.1mmol/L EDTA]。随后加入 15mL 的两相缓冲液[含 6.5%(m/m)的右旋糖酐(Dextran)T-500(Sigma)和 6.5%(m/m)的聚乙二醇(PEG)3350(Sigma)，330mmol/L Suc，5mmol/L 磷酸钾缓冲液(pH7.5)，5mmol/L KCl，1mmol/L DTT，0.1mmol/L EDTA]，混匀后于 4℃、1000g 离心 5min，此步骤重复两次。取上相上清，溶于 3 倍体积的悬浮缓冲液中[330mmol/L Suc，5mmol/L 磷酸钾缓冲液(pH7.5)，5mmol/L KCl，1mmol/L DTT，1mmol/L EDTA]，在 4℃、30 000g 离心 1h，收集沉淀获得纯化的质膜。

(十八) 质膜 H^+-ATPase 活性测定

质膜 H^+-ATPase 活性测定在 0.5mL 的反应体系中进行，反应体系包含：50mmol/L BTP/MES，2mmol/L $MgSO_4$，50mmol/L KCl，0.05% Brij(m/V)，50mmol/L KNO_3，1mmol/L $(NH_4)_6Mo_7O_{24}$，1mmol/L NaN_3，5mmol/L ATP-Na_2。在 0.5mL 的反应体系中加入 500μg 的质膜蛋白后启动反应。将反应混合物置于 30℃水浴 30min 后，加入反应终止液 1mL[含 2%H_2SO_4 (V/V)、5%SDS(m/V) 和 0.7%$(NH_4)_2MoO_4$(m/V)]后，再加入显色液 0.5mL[0.25g 氨基苯磺酸溶于 100mL 1.5% Na_2SO_3 溶液中(pH5.5)，加入 0.5g Na_2SO_4，充分溶解混匀]，室温下放置约 40min，用分光光度计测定波长为 660～700nm 处的吸光值。根据无机磷标准曲线计算无机磷的释放含量。1 个单位的质膜 H^+-ATPase 活性定义为：在 30℃的反应条件下，在 1min 内每毫克蛋白催化 ATP 分解释放无机磷酸的微摩尔数。

(十九) 质膜纯度的检测

H^+-ATPase 主要有三种类型：P 型(质膜)、V 型(液泡膜、内质网膜、高尔基体膜等)和 F 型(线粒体和叶绿体)，其专一性抑制剂分别为 Na_3VO_4(VA)、KNO_3 和 NaN_3，可根据 H^+-ATPase 对各专一性抑制剂的敏感性来检测所得质膜的纯度。质膜蛋白纯度的测定操作：在 0.5mL 的上述反应体系中加入 VA 使其终浓度为 50μmol/L，检测 VA 对质膜 H^+-ATPase 的抑制率。如果 VA 对质膜 H^+-ATPase 的抑制率达到 85%以上，则说明所提取的质膜蛋白纯度较高，可用于后续试验。

(二十) 质膜 H^+泵活性测定

由于质膜 H^+-ATPase 将质子由膜内向外泵出，因此根据吖啶橙 A_{492} 处吸光值淬灭可以测定质子泵的活性。具体方法如下：首先配制标准反应体系，1.5mL 反应体系中含有 5mmol/L BTP/MES(pH6.0)、12μmol/L 吖啶橙、300mmol/L KCl、250mmol/L 蔗糖、50mmol/L KNO_3、0.5mmol/L EGTA(加入 BTP 调 pH 到 6.0)、1mmol/L Na_2MoO_4、1mmol/L NaN_3、0.05%(*m*/*V*)Brij58。添加离子去污剂 Brij58 能够让质膜原位膜翻转充分暴露 H^+-ATPase 酶蛋白。在上述反应体系中加入 50μg 质膜蛋白，在室温下放置 10～20min，再加入 5mmol/L ATP/BTP(pH6.0)来启动反应，用分光光度计测定 492nm 处的吸光度，15～30s 读一次值，测定 25min。

(二十一) 根尖 H^+分泌的测定

根尖 H^+泵分泌的可视化采用溴甲酚紫染色法观察。根尖经双蒸水清洗干净后，放入 5mm 厚的含有 0.75%琼脂、0.004%溴甲酚紫及 1mmol/L $CaCl_2$ (pH6.0)的玻璃平板中，室温放置 30min 后拍照。实验中根要保持完整不被损坏。H^+泵分泌的可视化通过琼脂周围颜色变化(由紫色变为黄色)来观察。

(二十二) 脯氨酸含量测定

植物材料用 Tris-HCl(pH 7.4)抽提，取 Tris-HCl 提取的上清 200μL 加入到 1mL3% 5-磺基水杨酸溶液中，沸水浴 10min 后，拿出来冷却至室温，再加入 400μL 冰醋酸、400μL2.5%酸性茚三酮溶液，封口后沸水浴 40min，拿出冷却至室温。加入 3mL 甲苯混匀，混匀时动作不要太剧烈，混匀充分后，静置分层 2min 后，取分层的上层溶液用分光光度计(岛津 UVmini-1240)测 520nm 处的吸光值，带入标准曲线：y=0.0113x–0.0011(y 为 OD 值，x 为计算得到的 Pro 的含量，μg)。

(二十三) H_2O_2 荧光探针染色原位观察 H_2O_2 的组织分布

新鲜植物材料用 dd H_2O 洗净，放入 Tris 缓冲液(10mmol/L Tris，50mmol/L KCl，pH6.1)中培养几分钟，然后取出放入装有 1mL 探针负载缓冲液(10mmol/L Tris，50mmol/L KCl，pH7.2)的 EP 管中培养，再加入 50mmol/L 的 H_2O_2 荧光探针 H2DCFDA(2′,7′-二氯氢化荧光素乙二脂)溶液 1mL(溶于二甲基亚砜，小包装冷冻保存)，混匀，室温避光孵育 20min。将负载 H2DCFDA 的植物材料用新鲜负载缓冲液漂洗 2 次，洗去细胞表层多余的探针，然后用盖玻片迅速将表皮条固定在显微镜载物台上，在荧光显微镜下观察(激发波长 420～485nm)绿色荧光的分布，用摄像软件记录细胞内的荧光亮度，通过绿色荧光的亮度定性观察细胞内 H_2O_2 的含量。

(二十四) 抗坏血酸过氧化物酶活性的测定

称取植物材料 0.5g，液氮研磨成粉末，加入 2mL 酶抽提缓冲液[含 1mmol/L EDTA，1mmol/L 抗坏血酸(ASA)，1%PVP，50mmol/L 的磷酸缓冲液中(pH7.8)]，4℃、12 000r/min 离心 20min，取上清于新的管子中备用。酶活测定反应体系：取上清 100μL，加入 3mL 反应液[56μL 30% H_2O_2(1mmol/L)，0.25mmol/L ASA，0.1mmol/L EDTA-Na_2，50mmol/L 的磷酸盐缓冲液]，空白对照不加样品，加 100μL ddH_2O，在分光光度计 290nm 下测吸光度，每隔 1min 读一次吸光值，

测定 3min。酶活性计算方法：APX 总活性[ΔOD_{290}/(min · g FW)]=($\Delta OD_{290}\times V$)/($a\times W\times t$);APX 比活力(ΔOD_{290}/(min · g Pr)=总活性/蛋白质浓度(其中，V=2mL(提取体积)；a 为反应时上样体积；W 为样品鲜重；t 为时间 1min)。

(二十五) POD 活性的测定

过氧化物酶(POD)活性测定用愈创木酚方法。反应液配制：加入加热溶解的愈创木酚 56μL 于 100mL 的 0.1mol/L(pH6.0)磷酸盐缓冲液中，加热溶解，冷却后加入 38μL 30% H_2O_2，混匀，存放在 4℃冰箱中。取 20μL 提取的酶液样品，加入 3mL 反应液，在分光光度计中测 470nm 下的吸光值，每隔 30s 读一次，活性测定 3min。计算方法同 APX 的方法。

(二十六) SOD 活性的测定

超氧化物歧化酶(SOD)活性的测定用氮蓝四唑(NBT)法，原理是：在光照下反应体系中产生氧自由基将硝基四唑蓝还原成蓝色物质，在 560nm 处有最大吸光度，SOD 能与氧自由基反应，从而清除氧自由基抑制该反应的进行。反应液的配制：14.5mmol/L 甲硫氨酸，30mmol/L EDTA-Na_2，2.25mmol/L 氮蓝四唑(NBT)，60μmol/L 核黄素。SOD 活性测定操作：取 4mL EP 管，加入 50μL 酶提取液(2 支对照管中加磷酸缓冲液 50μL)，然后再加入 3mL 反应液，其中一支对照管放于暗处，其余各管放置于 4000lux 日光下反应 20min，反应结束后将各反应样品管放于暗处，以一开始置于暗处的对照管作空白对照，用分光光度计测定 560nm 处的吸光值。酶活性计算：以 NBT 光化学还原被抑制 50%时所需要的酶量为一个酶活单位(U)。SOD 总活力(U/g FW)=[(照光对照管的吸光度−样品管的吸光度) ×样品液总的体积]/(0.5×照光对照管的吸光度×样品鲜重×样品的上样量)。SOD 比活力(U/mg Pr)=SOD 总活性/蛋白质含量，蛋白质含量单位：mg/g FW。

(二十七) CAT 活性的测定

反应液：0.1mol/L pH7.0 的磷酸缓冲液 100mL 中加入 0.1mol/L H_2O_2 25mL，用蒸馏水定容至 500mL。取 100μL 研磨提取的上清酶液，对照中加入 100μL 磷酸缓冲液，加入 3mL 上述的反应液，马上用分光光度计测定 240nm 下的吸光度值，每隔 30s 读一次值，测定 3min。酶活计算参考 APX 的酶活计算方法。

(二十八) 赤霉素含量测定

1. 制作标准曲线

用 95%乙醇配制 GA_3 母液(100μg/mL)，再分别用双蒸水配制浓度为 0、1μg/mL、2μg/mL、3μg/mL、4μg/mL、6μg/mL、12μg/mL、18μg/mL 的标准赤霉酸(GA_3)溶液。各取 2mL 与 3mL 浓硫酸反应(生成三环芳烃衍生物)后，测定反应产物在 412nm 处的吸光值 A，制作标准曲线。

2. 样品的测定

采取植物材料 0.2g，剪碎，置于 20mL 4℃预冷的 80%甲醇溶液中，低温研磨匀浆，4℃搅拌过夜；用 0.4mm 孔径滤膜过滤，残渣再用 80%甲醇溶液冲洗 3 次，第一次 2h，后 2 次 0.5h，将所有滤液合并；抽真空浓缩至原体积的 1/3；等量石油醚脱色(2 次)，将下层甲醇溶液除去，取上层石油醚部分；加 0.2g 聚乙烯吡咯烷酮(PVP)，振荡 30min，过滤；用 0.5mol/L 的 HCl 将滤液调至 pH3.0；先用等体积乙酸乙酯萃取 1 次，用分液漏斗萃取酯相，取水相再用乙酸乙酯萃取 2 次，合并酯相，沸水浴蒸干；冷却后加 2mL 95%的无水乙醇，再加入 85%的浓硫酸 3mL，摇匀，放置 20min；用紫外可见分光光度计在 412nm 测 OD 值。按公式计算 GA 的含量(ng/g)=$C·V/a$/(FW·107)。式中，C 为按标准曲线方程求得的 GA 量；V 为提取液体积；a 为测试样品液体积；FW 为叶片组织鲜重；

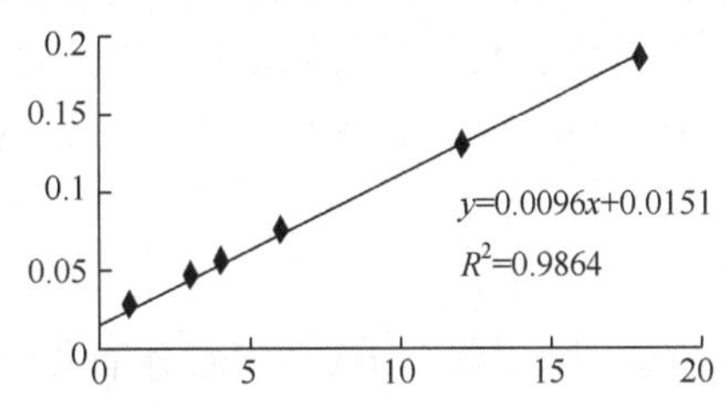

附图 27　赤霉素测定标准曲线

横坐标 x 为测定标准液中的赤霉素浓度(μg/mL)，纵坐标 y 为 412nm 波长下光吸收值(OD_{412})。

(二十九) 苹果酸脱氢酶 MDH 的活性分析

可溶性总蛋白的抽提：取 1g 植物材料，加 1mL 蛋白抽提液[100mmol/L Tris-HCl (pH7.5)、10%(V/V)甘油、10mmol/L 巯基乙醇、1mmol/L PMSF、5%(m/V)PVP]研磨，转移至 EP 管中，13 000g 离心 20min(4℃)。将上清移到新的 EP 管中，用 Bradford 方法测定上清的蛋白质浓度。

MDH 活性测定原理为：草酰乙酸与 NADH 在 MDH 的作用下能够生成 L-苹果酸和 NAD。在该反应中，通过测定波长为 340nm 下 NADH 的减少量从而获得 MDH 的相对酶活性。测定 MDH 酶活性的反应体系为：50mmol/L Tris-HCl(pH8.0)，4mmol/L 草酰乙酸，0.1mmol/L NADH。加入蛋白样品之前，用紫外分光光度仪测定反应溶液在波长 340nm 处的吸收值(OD 值)，然后在反应体系中加入 100μg 蛋白样品，再次检测 340nm 处的 OD 值。计算两次读数的差值得到 MDH 酶活性数据。

(三十) 根相对伸长量的测定

选取大小均匀一致的植物幼苗，铝胁迫的处理用含有 25 μmol/L 氯化铝($AlCl_3$)的 0.5mmol/L 氯化钙($CaCl_2$)溶液(pH4.3)，无铝胁迫处理用 0.5mmol/L 的 $CaCl_2$ 溶液(pH4.3)，在 25℃恒定光照[100μmol/(m^2 · s)]下处理 16h 之后，测量植株根的伸长长度，每个处理设置 10 个重复。根的相对伸长量=(有铝溶液处理植株的根伸长量/无铝溶液处理植株的根伸长量)×100%。

(三十一) 苹果酸含量及分泌量的测定

选取形态大小相对均一的植物小苗，分别置于 50mL 含 300μmol/L $AlCl_3$ 和不含 $AlCl_3$ 的 $CaCl_2$(0.5mmol/L，pH4.3)溶液中，于 25℃恒定光照[100μmol/(m^2 · s)]下处理 72h，每天更换新鲜的处理液，收集处理液浓缩干燥后溶于 1mL 蒸馏水中，用于苹果酸分泌量的测定。处理结束后分别取烟草叶片和根组织 0.1g，用液氮研磨成粉末后加入 1mL 80%乙醇(V/V)充分抽提，转移至 EP 管中，13 000g 离心 15min，将上清移到新的 EP 管中，苹果酸含量采用酶法测定。

将0.35mL样品与0.45mL缓冲液Tris-HCl(0.1mol/L, pH9.0)、30μL氧化型辅酶I(NAD)溶液(30g/L)混合，并读取波长为340nm处的OD值(A_1)。接着加入2μL苹果酸脱氢酶悬浮液(16.5U/μL)于上述反应溶液中并混合均匀。15min后，读取340 nm处的OD值A_2。根据样品和苹果酸标准溶液吸光度的增加值(A_2-A_1)计算样品中苹果酸的含量。

(三十二) 在铝胁迫下的植物生长情况分析

将形态大小近似的幼苗移栽到100g(干重)珍珠岩基质上进行盆栽，待幼苗生长正常后，用含500μmol/L $AlCl_3$的Blaydes营养液(pH4.3)进行铝胁迫处理，每周浇灌2次，在每天光照时间约为12h、光照强度约为1200μmol/(m^2 · s)的温室中培养60天后观察烟草的生长状况并拍照。

(三十三) 可溶性磷含量测定

植物材料0.2g用液氮研磨成粉末，再用1mL MiliQ水抽提后转移至EP管中，13 000*g*离心15min，将上清移到新的EP管中。用钼蓝法测定可溶性磷含量。取0.04mL样品抽提液加入0.64mL混合显色剂(1.25mol/L H_2SO_4、0.5mmol/L酒石酸锑钾、0.45mmol/L钼酸铵、3mmol/L抗坏血酸)，补水至体积为4mL，摇匀，显色10min，取1mL反应液测定650 nm处OD值。

(三十四) 柠檬酸合成酶CS的酶活性测定

反应体系为：0.05mol/L Tris-HCl (pH 7.5)，10mmol/L苹果酸，10 U/mL苹果酸脱氢酶(MDH)，0.5mmol/L氧化型辅酶I(NAD)，在1mL的反应体系中加入100μg烟草蛋白样品。在紫外分光光度仪上测其340 nm处的吸收值，待读数稳定后，加入10μL 4mmol/L乙酰辅酶A，反应1min之后检测340 nm处的吸收值。用两次读数的差值计算CS的酶活性。

(三十五) 柠檬酸浓度的测定-HPLC法

HPLC(LC-20AT, Suzuki, Japan)使用X-Terra苯基柱(4.6×250mm,Waters, Ireland)，以0.8% $NH_4H_2PO_4$(pH2.8)为流动相，流速为0.6mL/min，柱温30℃，检测波长为210nm，通过标准柠檬酸对照品的保留时间来确定柠檬酸峰。建立柠檬酸标准品的标准曲线，通过标准曲线的线性方程确定柠檬酸分泌量。

(三十六) 柠檬酸含量采用酶法测定

在1mL反应起始溶液[含30mmol/L Tris-HC1(pH7.8)、50μmol/L还原型辅酶I(NADH)、5U/mL乳酸脱氢酶(LDH)、5U/mL MDH]中加0.1mL样品，于37℃进行反应，待340nm处读数稳定后，加入70μg的柠檬酸水解酶(Sigma)，读取340nm下吸光度的减少值，根据柠檬酸标准溶液吸光度的减少值计算样品中柠檬酸的含量。

(三十七) 磷酸烯醇式丙酮酸羧化酶PEPC活性测定的方法

反应体系为：50mmol/L Tris-HCl (pH8.0)，10mmol/L $MgSO_4$，10mmol/L $KHCO_3$，5mmol/L磷酸烯醇式丙酮酸(PEP)，0.1mmol/LNADH，苹果酸脱氢酶(MDH,1U)，反应液总体积1mL，30℃水浴预温10min，以加入酶粗提物来启动反应，迅速检测340nm下60s内吸光度的下降

速率。

(三十八) 还原型谷胱甘肽含量法测定

植物组织材料 0.5g 在冰浴中用 1mL5%磺基水杨酸研磨匀浆，然后在 4℃、13 000*g* 离心 15min。取 0.25mL 样品测定 GSH 含量。GSH 的含量用 GSH 试剂盒(南京建成)依照操作说明测定。

(三十九) 傅里叶变换红外光谱分析

植物材料收集后 105℃杀青，放入 55℃烘箱中烘至恒重，用研钵磨碎，过 200 目筛。采用 KBr 压片法制备固体样品：准确称取 1.00mg 样本，混入 200.00mg 碎晶型 KBr 于玛瑙研钵中充分研磨，全部转移到模具中用压片机制备出均匀、透明锭片。使用 Nicolet FTIR-5700 傅里叶变换红外光谱仪，DTGS 检测器，扫描范围 400～450/cm，分辨率 4/cm，扫描累加次数 32 次。采用 OMNIC E.S.P.5.1 智能操作软件对谱图数据进行基线校正、11 点平滑和平均图谱等处理，并运用 ORIGIN8 软件进行后期处理。